国家自然科学基金（41471041）及区域开发与
环境响应湖北省重点实验室开放基金资助

# 湖北崩尖子自然保护区
## 生物多样性及其保护研究

HUBEI BENGJIANZI ZIRANBAOHUQU
SHENGWU DUOYANGXING JIQI BAOHUYANJIU

汪正祥　雷　耘　杨其仁　肖云峰　著

中国林业出版社

图书在版编目（CIP）数据

湖北崩尖子自然保护区生物多样性及其保护研究 ／汪正祥等著 ． —— 北
京 ： 中国林业出版社，2016.4
ISBN 978-7-5038-8463-4

Ⅰ．①湖… Ⅱ．①汪… Ⅲ．①自然保护区－生物多样性－生物资源
保护－研究－湖北省 Ⅳ．① S759.992.63 ② Q16

中国版本图书馆 CIP 数据核字（2016）第 059636 号

# 湖北崩尖子自然保护区
## 生物多样性及其保护研究

中国林业出版社·生态保护出版中心

策划编辑：刘家玲
责任编辑：刘家玲　张　力

出　版　中国林业出版社
　　　　　（北京西城区德内大街刘海胡同 7 号　100009）
网　址　www.lycb.forestry.gov.cn
电　话　(010) 83143519
发　行　中国林业出版社
印　刷　三河市祥达印刷包装有限公司
版　次　2016 年 4 月第 1 版
印　次　2016 年 4 月第 1 次
开　本　787mm×1092mm　1/16
印　张　16.5
彩　插　16 面
字　数　400 千字
定　价　80.00 元

山顶植被景观

岩层与地貌

清江水道

飞瀑

森林景观

**植物资源**

光叶珙桐

白辛树

叉唇角盘兰

刺楸

毛萼山珊瑚

八角莲

大花斑叶兰

金荞麦

红椿

紫茎

杜仲

金钱槭

扇脉杓兰

三翅铁角蕨

鄂西粗筒苣苔

水青树

香果树

银鹊树

珙桐林

短柄枹栎林

麻花杜鹃林

米心水青冈林

绵柯与锐齿槲栎混交林

锐齿槲栎林

水丝梨林

利川润楠林

动物资源

斑鳜

粗唇鮈

洛氏鱥

马口鱼

南方鲶

鲶

青梢红鲌

大鲵

中华鳑鲏

峨眉髭蟾

棘腹蛙

隆肛蛙

花臭蛙

绿臭蛙

巫山角蟾

铜蜓蜥

中国小鲵

乌梢蛇

渔游蛇

虎斑颈槽蛇

王锦蛇

菜花烙铁头

黑眉锦蛇

中华鳖

白颈鸦

白领凤鹛

白鹭

橙翅噪鹛

大斑啄木鸟

领雀嘴鹎

褐河乌

褐灰雀

红腹锦鸡

红隼

红尾水鸲

红嘴蓝鹊

红嘴相思鸟

灰胸竹鸡

黄臀鹎

金腰燕

金钱豹

疑似金钱豹足迹

豹猫

果子狸

猪獾

刺猬

中华竹鼠

草兔

## 科学考察与保护管理

公益林保护

封山育林

汪正祥教授（右）在植被考察中

植物资源科考队

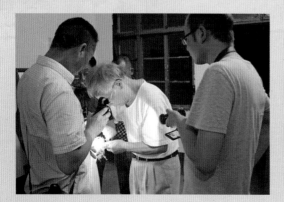

杨其仁教授（中）调查两栖爬行动物

夜间动物调查

## 湖北崩尖子自然保护区遥感影像图

制图单位：湖北大学资源环境学院

## 保护区概况

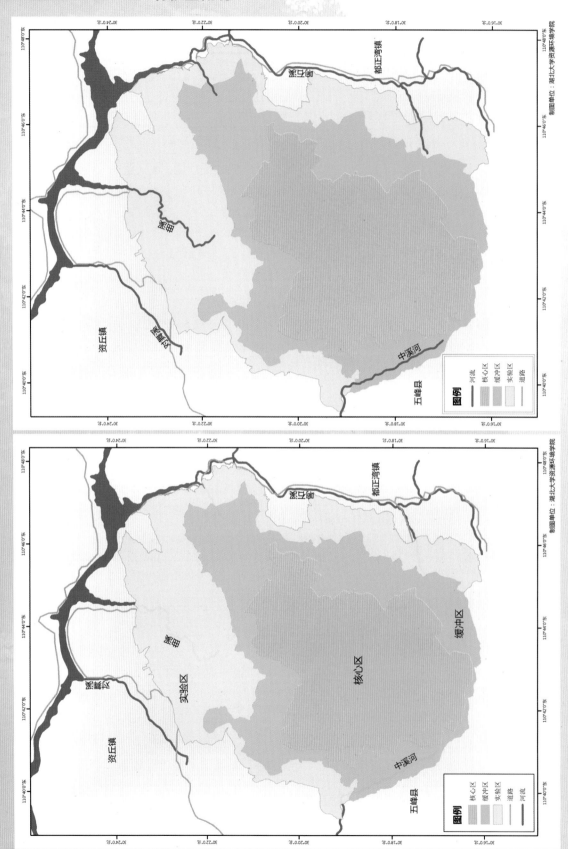

湖北崩尖子自然保护区水系图

湖北崩尖子自然保护区功能分布图

# 湖北崩尖子自然保护区植被分布图

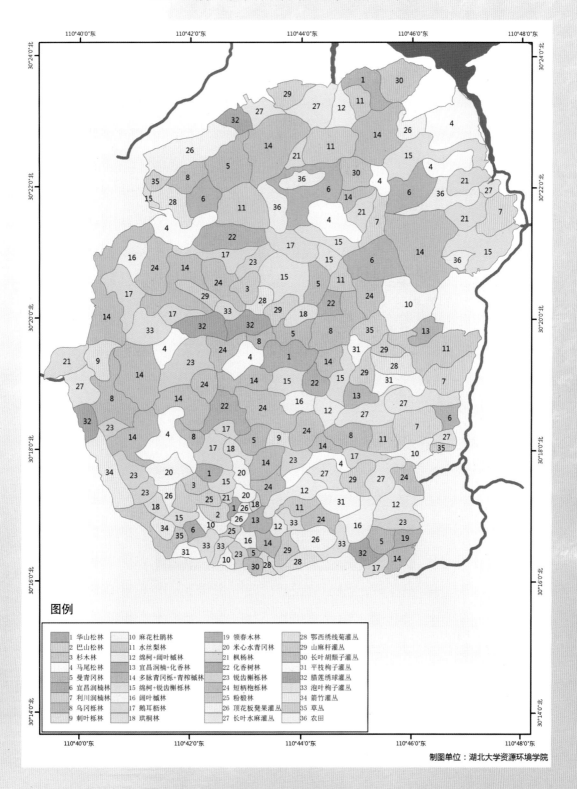

制图单位：湖北大学资源环境学院

## 保护区概况

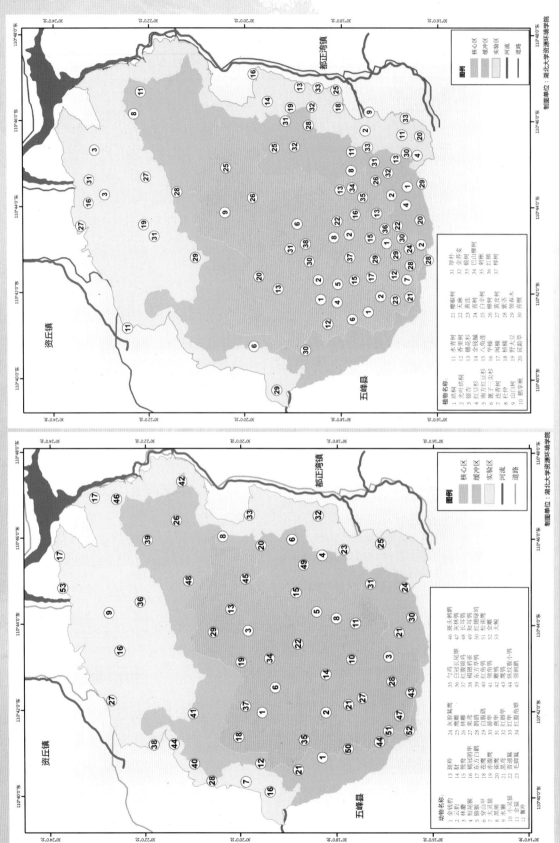

# 前 言

## FOREWORD

  湖北崩尖子自然保护区位于湖北长阳土家族自治县中南部，北连清江，南邻湖北五峰土家族自治县，地处 E 110°39′20″ ~ 110°48′2″，N 30°16′4″ ~ 30°23′58″，总面积 13313hm²。其行政区域涉及国有银峰林场及都镇湾镇朱栗山村、城五河村、响石村、重溪村、西湾村，资丘镇的陈家坪村、竹园坪村、黄柏山村、中溪村等 9 个行政村。

  湖北崩尖子自然保护区具有良好的区位优势。首先，该保护区地处武陵山余脉的东北缘，属我国中亚热带向北亚热带的过渡性地带。流经该保护区北部边缘的清江是长江出三峡后接纳的第一条较大支流，也是湖北省境内从南岸注入长江的主要支流之一，本保护区的建设将对清江乃至长江的生态安全产生重要影响。其次，崩尖子自然保护区所处的地域已被国家纳入一系列战略保护发展规划，在中华人民共和国环境保护部、中国科学院联合编制的《全国生态功能区划》中，崩尖子自然保护区属于生物多样性保护生态功能区。在国务院发布的《全国主体功能区规划》中，长阳土家族自治县被列入三峡库区水土保持生态功能区。在国务院批复的《武陵山片区区域发展与扶贫攻坚规划（2011 ~ 2020 年)》中，长阳土家族自治县也被列为重点区域之一，要实现经济、社会、生态的可持续发展。

  2014 年，受长阳县林业局、湖北崩尖子自然保护区管理局委托，湖北大学、华中师范大学、湖北生态工程职业技术学院、中国科学院武汉植物园的专家组成了综合科学考察队，对崩尖子自然保护区的自然地理、植物资源、动物资源等进行了科学考察，记录到维管束植物 185 科 791 属 1955 种，脊椎动物 106 科 286 属 397 种，昆虫 27 目 298 科 1660 种。本书在仔细甄别了前人研究文献的基础上，主要依据本次综合科考的成果撰写而成。

本书第1、2、3、5、6章由汪正祥、雷耘撰稿，第4章由杨其仁（脊椎动物部分）、江建国（昆虫部分）撰稿。研究生张娥参与了第3章撰搞，长阳县林业局肖云峰参与了第5章撰搞；图件由林丽群制作，照片由汪正祥、田凯提供。全书由汪正祥修改统稿。综合科考队由湖北大学资源环境学院汪正祥教授主持，由华中师范大学杨其仁教授、湖北生态工程职业技术学院江建国教授协助，湖北大学资源环境学院研究生张娥、田凯、王伟、李泽及本科生梁熙健、熊一博、易亚凤、曾军军、方定等，长阳县林业局刘春玉、肖云峰、陆万明、刘宗钊、汪燮、尚红喜、秦安波、李财荣、张少华等参加了综合科考工作。中国科学院武汉植物园的赵子恩研究员鉴定了部分植物标本。本书的出版也得到了环境保护部"生物多样性保护专项"及区域开发与环境响应湖北省重点实验室开放基金资助。

　　由于时间仓促，加之水平有限，错漏之处在所难免，敬请指正。

著　者

2016 年 1 月

# 目 录

CONTENTS

# 第1章

# 湖北崩尖子自然保护区综述

## 1.1　自　然　环　境

### 1.1.1　地理位置

　　湖北崩尖子自然保护区位于鄂西南山区长阳土家族自治县中南部，地处武陵山脉东北缘，清江中下游，地理坐标为 E 110°39′20″~110°48′2″，N 30°16′4″~30°23′58″。保护区东到响石溪，北抵长江支流清江，西至天池河，南沿中溪河及崩尖子山脉与湖北五峰土家族自治县毗连。保护区总面积 13313hm²。其中核心区面积 4602hm²、缓冲区面积 3883hm²、实验区面积 4828hm²，分别占保护区总面积的 34.57%、29.17% 和 36.27%。其行政区域涉及国有银峰林场及都镇湾镇朱栗山村、城五河村、响石村、重溪村、西湾村、资丘镇的陈家坪村、竹园坪村、黄柏山村、中溪村等 9 个行政村。

### 1.1.2　地质与地貌

　　湖北崩尖子自然保护区地处武陵山脉东北缘。地质构造隶属于扬子江下游东西向构造带的西延部分，即"长阳东西向构造带"。背斜呈近东西向伸驰，核部为震旦系地层，两翼为寒武系—二叠系地层。其地层为新生代以来强烈隆起的云贵高原东延尾部向平原过渡地带，境内震旦系、寒武系、奥陶系，志留系、泥盆系、石炭系等地层均有出露。保护区大部分为砂岩、页岩和岩溶强烈发育的灰溶岩、硅质岩，并夹杂有泥岩等，其中分布最广的为页岩区和泥灰质页岩区。

　　保护区地势由西南向东北倾斜，地势西高东低。保护区内海拔超过 1000m 山峰有 34 座。最高峰崩尖子，海拔 2259.1m；最低点清江库区，海拔 200m。保护区海拔相对高差达 2059m。保护区地貌呈层状分布，地貌类型完整，立体地貌突出。

### 1.1.3　气候

　　崩尖子自然保护区地处中亚热带北缘，具有亚热带季风湿润气候特征。其气候温暖湿润、雨量充沛、光照充足、雨热同季、四季分明。由于保护区相对高差较大，地表形态各异，从而导致水、热条件的重新分配，形成明显的垂直气候层，立体气候显著，地域性小气候明显。

不同海拔的气温相差悬殊。海拔每上升 100m，气温大致下降 0.56℃。以中低山地域(海拔 800~1500m)为例，其年平均气温为 12~16℃，最热月 7 月平均气温为 22~27℃，最冷月 1 月平均气温为 0~3℃；绝对最高温度为 29~35℃，绝对最低温度为 −16.7~−20.1℃。≥10℃积温为 3500~4800℃。保护区年降水量为 1300~1460mm。雨量分配年际变化较大，季节性特征明显。保护区平均相对湿度为 80%，多年平均无霜期为 181 天。太阳年辐射总量为 96 kc/cm$^2$。保护区盛行偏东风，历年平均风速为 1.2m/s。

## 1.1.4    水文

流经崩尖子自然保护区的主要河流为北部边缘的清江，东部边缘的响石溪，南部边缘的中溪河及保护区内的曲溪。清江是长江的主要支流之一，属山溪性河流，主要依靠降水补给，多年平均流量为 427 m$^3$/s。

响石溪发源于保护区内的崩尖子，沿保护区东缘向北流入清江，全长 13km。

曲溪发源于保护区的栗子坪，向北流经保护区于田家河注入清江。

保护区内石灰岩发达，溶洞多，地下暗河、泉较多。

## 1.1.5    土壤

该保护区境内土壤有 7 个土类。其中黄壤土类主要分布在海拔 800m 以下的低山及河谷地区；黄棕壤土类主要分布在保护区海拔 800~1200m 的地区；棕壤土类主要分布在海拔 1800m 以上的高山地带；石灰(岩)土土类在保护区低山至高山都有分布；紫色土土类零星分布于保护区低山地带；潮土土类主要分布在保护区实验区邻近清江及其支流两岸的河漫滩和河阶地；水稻土类主要分布在保护区 800m 以下的平坝、丘陵和山谷。

# 1.2    植 物 资 源

## 1.2.1    植物区系

据调查，崩尖子自然保护区现有维管束植物共 185 科 791 属 1955 种(含种下等级，下同。其中含栽培植物 15 种)，其中蕨类植物 27 科 55 属 100 种；裸子植物 6 科 16 属 25 种(含栽培植物 6 种)；被子植物 152 科 720 属 1830 种(含栽培植物 9 种)。维管束植物分别占湖北植物总科数的 76.76%，总属数的 54.48%，总种数的 32.48%；占全国总科数的 52.41%，总属数的 24.89%，总种数的 7.02%。

对崩尖子自然保护区植物区系成分分析的结果表明，其蕨类植物属的区系可以分为 9 个分布区类型，属于热带分布类型的共有 23 属，占蕨类植物总属数的 41.82%；属于温带分布类型的有14属，占总属数的25.45%，热带地理成分占较大优势。但在种子植物属的区系成分分析中，属于热带分布类型的共250属，占总属数的34.29%；属于温带分布类型的共396属，占总属数的54.32%，显示种子植物的区系以温带性质为主。总体来看，崩尖子自然保护区的植物区系仍以温带性质为主，但具有由亚热带向温带过渡的性质。在崩尖子自然保护区的植物区系中，集中分布着许多古老和原始的科、属，也包含了大量的单型属和少型属。可能崩尖子自然保护区由于水热条件丰富，自然地理环境复杂，加之古地史的原因，成为很多古老、珍稀植物的"避难所"，是我国第三纪植物区系重要保存地之一。

## 1.2.2 国家珍稀濒危及重点保护野生植物

崩尖子自然保护区具有丰富的国家珍稀濒危及重点保护植物。依据国务院1999年8月4日批准公布的《国家重点保护野生植物名录(第一批)》，1984年国家环保局、中国科学院植物研究所公布的《中国珍稀濒危保护植物名录(第一册)》及林业部1992年颁发的《国家珍贵树种名录(第一批)》，经调查统计，崩尖子自然保护区共有国家珍稀濒危保护野生植物38种，其中，国家重点保护野生植物21种(Ⅰ级5种，Ⅱ级16种)；国家珍贵树种16种(一级5种，二级11种)；国家珍稀濒危植物28种(1级1种，2级10种，3级17种)。

## 1.2.3 自然植被

崩尖子自然保护区地处中亚热带的北缘，该区域地形复杂，地势陡峭，生境复杂多样，海拔高差达2000m以上，这些都为多样性自然植被的形成和保存提供了丰富的生境。根据植被调查数据，结合《中国植被》的分类原则，可将崩尖子自然保护区自然植被划分为3个植被型组8个植被型42个群系。即：

**(一)针叶林**
**Ⅰ. 温性针叶林**
1. 华山松林(Form. *Pinus armandii*)
2. 巴山松林(Form. *Pinus henryi*)
**Ⅱ. 暖性针叶林**
3. 杉木林(Form. *Cunninghamia lanceolata*)
4. 马尾松林(Form. *Pinus massoniana*)

**(二)阔叶林**
**Ⅲ. 常绿阔叶林**
5. 曼青冈林(Form. *Cyclobalanopsis oxyodon*)
6. 宜昌润楠林(Form. *Machilus ichangensis*)
7. 利川润楠林(Form. *Machilus lichuanensis*)

8. 乌冈栎林（Form. *Quercus phillyraeoides*）

9. 刺叶栎林（Form. *Quercus spinosa*）

10. 麻花杜鹃林（Form. *Rhododendron maculiferum*）

11. 水丝梨林（Form. *Sycopsis sinensis*）

### IV. 常绿、落叶阔叶混交林

12. 绵柯＋阔叶槭混交林（Form. *Lithocarpus henryi* ＋ *Acer amplum*）

13. 宜昌润楠＋化香混交林（Form. *Machilus ichangensis* ＋ *Platycarya strobilacea*）

14. 多脉青冈栎＋青榨槭混交林（Form. *Cyclobalanopsis multinervis* ＋ *Acer davidii*）

15. 绵柯＋锐齿槲栎混交林（Form. *Lithocarpus henryi* ＋ *Quercus aliena*）

### V. 落叶阔叶林

16. 阔叶槭林（Form. *Acer amplum*）

17. 鹅耳枥林（Form. *Carpinus turczaninowii*）

18. 珙桐林（Form. *Davidia involucrata*）

19. 领春木林（Form. *Euptelea pleiosperma*）

20. 米心水青冈林（Form. *Fagus engleriana*）

21. 枫杨林（Form. *Pterocarya stenoptera*）

22. 化香树林（Form. *Platycarya strobilacea*）

23. 锐齿槲栎林（Form. *Quercus aliena*）

24. 短柄枹栎林（Form. *Quercus serrat*a var. *brevipetiolata*）

25. 粉椴林（Form. *Tilia oliveri*）

### （三）灌丛及草丛

### VI. 灌丛

26. 顶花板凳果灌丛（Form. *Pachysandra terminalis*）

27. 长叶水麻灌丛（Form. *Debregeasia longifolia*）

28. 鄂西绣线菊灌丛（Form. *Spiraea veitchii*）

29. 山麻杆灌丛（Form. *Alchornea davidii*）

30. 长叶胡颓子灌丛（Form. *Elaeagnus bockii*）

31. 平枝栒子灌丛（Form. *Cotoneaster horizontalis*）

32. 腊莲绣球灌丛（Form. *Hydrangea strigosa*）

33. 泡叶栒子灌丛（Form. *Cotoneaster bullatus*）

### VII. 竹林

34. 箭竹灌丛（Form. *Sinarundinaria nitida*）

### VIII. 草丛

35. 序叶苎麻草丛（Form. *Boehmeria clidemioides* var. *diffusa*）

36. 一年蓬草丛（Form. *Erigeron annuus*）

37. 睫萼凤仙花草丛（Form. *Impatiens blepharosepala*）

38. 苞叶景天草丛（Form. *Imperala cylindrica* var. *major*）

39. 芒草丛（Form. *Miscanthus sinensis*）

40. 博落回草丛（Form. *Macleaya cordata*）

41. 冷水花草丛（Form. *Pilea notata*）

42. 日本金星蕨草丛（Form. *Parathelypteris nipponica*）

# 1.3　动　物　资　源

## 1.3.1　动物区系

湖北崩尖子自然保护区动物资源十分丰富，这得益于其复杂的栖息地生境。调查统计的结果表明，湖北崩尖子自然保护区内有野生脊椎动物 35 目 106 科 286 属 397 种，其中，有鱼类 4 目 7 科 22 属 23 种；有陆生野生动物 31 目 99 科 264 属 374 种，占全省总种数(687 种)的 54.44%。在陆生野生动物中，两栖类有 2 目 9 科 23 属 37 种，爬行类有 3 目 11 科 32 属 41 种，鸟类有 18 目 56 科 161 属 237 种，兽类有 8 目 23 科 48 属 59 种。

此外，崩尖子自然保护区昆虫资源十分丰富，计有昆虫 27 目 298 科 1660 种。

分析崩尖子自然保护区内陆生野生动物各个类别的区系特征，其区系特征都以东洋种占优势，除了两栖类古北种匮缺外，其他类别都呈现出东洋种和古北种相混杂的格局。

## 1.3.2　珍稀濒危与重点保护动物

湖北崩尖子自然保护区内的陆生野生脊椎动物中，有国家重点保护动物共 54 种，其中国家Ⅰ级重点保护野生动物 5 种，Ⅱ级重点保护野生动物 49 种；有中国珍稀濒危动物 51 种；有中国特有动物 41 种；此外还有湖北省省级重点保护动物 98 种，国家保护的有益的或者有重要经济、科学研究价值的动物(简称"三有"动物)284 种。

在湖北崩尖子自然保护区的两栖动物中，有国家Ⅱ级重点保护种 1 种：大鲵。有中国濒危动物 6 种，分别是濒危 3 种：中国小鲵、大鲵、峨眉髭蟾；易危 3 种：中国林蛙、棘腹蛙、棘胸蛙。有 19 种中国特有两栖类动物，分别是中国小鲵、巫山北鲵、大鲵、东方蝾螈、无斑肥螈、峨眉髭蟾、峨山掌突蟾、峨眉角蟾、小角蟾、巫山角蟾、三港雨蛙、镇海林蛙、湖北侧褶蛙、威宁趾沟蛙、沼水蛙、花臭蛙、隆肛蛙、华南湍蛙、合征姬蛙。此外还有 15 种湖北省省级重点保护两栖动物，34 种"三有"动物。

在湖北崩尖子自然保护区的爬行动物中，有中国濒危动物 15 种，分别是极危 1 种：白头蝰；濒危 4 种：平胸龟、黄缘闭壳龟、滑鼠蛇、尖吻蝮；易危 8 种：中华鳖、王锦蛇、玉斑锦蛇、紫灰锦蛇、黑眉锦蛇、眼镜蛇、银环蛇、短尾蝮；依赖保护 1 种：乌龟；需予关注物种 1 种：乌梢蛇。有 8 种中国特有爬行动物，分别是黄缘闭壳龟、草绿龙蜥、丽纹龙蜥、中国石龙子、蓝尾石龙子、北草蜥、钝头蛇、双斑锦蛇。此外，还有 12 种湖北省省级重点保护爬行动物，41 种"三有"动物。

在湖北崩尖子自然保护区的鸟类中，有国家重点保护野生动物 39 种，其中Ⅰ级 2 种，分别是东方白鹳、金雕；Ⅱ级 37 种，分别是鸳鸯、黑鸢、栗鸢、褐冠鹃隼、苍鹰、赤腹鹰、雀鹰、松雀鹰、普通鵟、毛脚鵟、灰脸鵟鹰、鹰雕、林雕、白尾鹞、鹊鹞、白腹鹞、游隼、燕隼、红脚隼、红隼、红腹角雉、勺鸡、白冠长尾雉、红腹锦鸡、红翅绿鸠、褐翅鸦鹃、东方草鸮、红脚鸮、领角鸮、雕鸮、鹰鸮、纵纹腹小鸮、领鸺鹠、斑头鸺鹠、灰林鸮、长耳鸮、短耳鸮。有中国濒危动物 13 种，濒危 2 种：东方白鹳、白冠长尾雉；易危 6 种：鸳鸯、金雕、红腹角雉、红腹锦鸡、褐翅鸦鹃、红头咬鹃；稀有 5种：褐冠鹃隼、栗鸢、灰脸鵟鹰、红翅绿鸠、雕鸮。有 9 种中国特有鸟类，分别是灰胸竹鸡、白冠长尾雉、红腹锦鸡、白头鹎、宝兴歌鸫、橙翅噪鹛、三趾鸦雀、酒红朱雀、蓝鹀。此外还有湖北省省级重点保护种 53 种，182 种"三有"动物。

保护区内兽类中有国家Ⅰ级重点保护野生动物 3 种，分别是金钱豹、云豹、林麝；有国家Ⅱ级重点保护野生动物 11 种，分别是猕猴、短尾猴、穿山甲、豺、黑熊、水獭、大灵猫、小灵猫、金猫、鬣羚、斑羚。有中国濒危动物 17 种，濒危 2 种：金钱豹、林麝；易危 14 种：猕猴、短尾猴、穿山甲、复齿鼯鼠、狼、豺、黑熊、水獭、大灵猫、豹猫、金猫、云豹、鬣羚、斑羚；稀有 1 种：甘肃鼹。有 5 种中国特有兽类，分别是长吻鼹、岩松鼠、复齿鼯鼠、林麝、小麂。此外还有 18 种湖北省省级重点保护兽类，27种"三有"动物。

崩尖子自然保护区昆虫资源中没有记录到国家重点保护种，但有碧蝉、田鳖、中华脉齿蛉、双锯球胸虎甲、狭步甲、艳大步甲、丽叩甲、朱肩丽叩甲、木棉梳角叩甲、双叉犀金龟、宽尾凤蝶、双星箭环蝶（小鱼纹环蝶）、黑紫蛱蝶、天牛茧蜂、白绢蝶、中华蜜蜂等为"三有"动物。

# 1.4　社会经济发展状况

## 1.4.1　行政区域

湖北崩尖子自然保护区辖国有银峰林场及都镇湾镇朱栗山村、城五河村、响石村、重溪村、西湾村，资丘镇的陈家坪村、竹园坪村、黄柏山村、中溪村等 9 个行政村。

## 1.4.2　人口数量与民族组成

保护区内现有村民 812 户，2466 人，全部为土家族，人口密度 19 人/km$^2$，人均林业用地面积为 4.96hm$^2$。其中核心区为无人区，缓冲区 528 人，实验区 1938 人。

## 1.4.3　交通与通信

保护区内交通便利。有两条公路干线，一条从麻池办事处至城五河 45 km 乡道，另一条是长阳桃山至五峰的省道，还有村道 350km。保护区内供电、通讯良好。

## 1.4.4　土地利用现状

崩尖子自然保护区总面积 13313hm², 其中, 陆地面积 13310.5hm², 占保护区总面积的 99.98%, 内陆水域面积 2.5hm², 占保护区总面积的 0.02%。从土地利用结构分析, 现有林地 12036hm², 占保护区面积的 90.41%。其中纯林 8120hm², 混交林 2532hm², 特规灌木林 919hm², 其他灌木林 412hm², 未成林造林地 53hm²。非林地面积共 1277hm², 其中有农耕地 1207hm², 牧地 62hm², 水域 2.5hm², 工矿建设用地 5hm²。

## 1.4.5　地方经济发展水平

保护区和周边村庄农户的主要经济来源为种植业, 主要农作物有玉米、小麦、土豆等, 属典型的山区农业经济。整个保护区内依然保持着传统的农耕方式, 人均年收入达 2710 元。

## 1.4.6　社区发展状况

湖北崩尖子自然保护区内社会事业发展较快, 保护区周边各行政村实现了村村通电, 广播电视较为普及, 人民生活逐步改善, 基本解决了温饱问题。保护区内教育设施和师资力量较好, 九年制义务教育普及率达到 100%。保护区周边地区有中小学 5 所, 适龄儿童入学率为 100%。社区医疗事业近几年得到了较快发展, 除了林场外, 各乡镇均有医院, 各行政村均有医务室, 但卫生设施较简陋。

# 第2章

# 湖北崩尖子自然保护区自然环境

## 2.1 地理位置

湖北崩尖子自然保护区位于鄂西南山区长阳土家族自治县中南部，地处武陵山脉东北缘，清江中下游，地理坐标为 E 110°39′20″~110°48′2″，N 30°16′4″~30°23′58″。保护区所辖有国有银峰林场及都镇湾镇朱栗山村、城五河村、响石村、重溪村、西湾村，资丘镇的陈家坪村、竹园坪村、黄柏山村、中溪村等9个行政村。保护区东到响石溪，北抵长江支流清江，西至天池河，南沿中溪河及崩尖子山脉与湖北五峰土家族自治县毗连。保护区总面积13313hm²，东西长13890.6m，南北宽14586.2m。

## 2.2 地质地貌

湖北崩尖子自然保护区地处武陵山脉东北缘。地质构造隶属于扬子江下游东西向构造带的西延部分，即"长阳东西向构造带"。背斜呈近东西向伸驰，核部为震旦系地层，两翼为寒武系—二叠系地层。该构造带上部为海相碳酸岩建造，下部为陆相碎屑岩建造，表现为地台型沉积盖层的特征。其地层为新生代以来强烈隆起的云贵高原东延尾部向平原过渡地带，境内震旦系、寒武系、奥陶系，志留系、泥盆系、石炭系等地层均有出露。保护区大部分为砂岩、页岩和岩溶强烈发育的灰溶岩、硅质岩，并杂有泥岩等，其中分布最广的为页岩区和泥灰质页岩区，主要分布在保护区的缓冲区和实验区。其特性为层理分明、易破碎、且风化严重，大多较松软。

保护区地势由西南向东北倾斜，地势西高东低。位于保护区南端的崩尖子山峰为保护区最高峰，高达2259.1m，该峰也是长阳县最高峰。保护区最低点在清江库区，海拔为200m。保护区海拔相对高差达2059m。保护区内层峦叠嶂，山势陡峭，河流深切，具有深山峡谷的自然景观。保护区地貌呈层状分布，地貌类型完整，立体地貌突出，既有高山、半高山、低山、丘陵之分，还包括河谷、台地、山间平

表2-1 保护区内海拔1000m以上的具名山峰

| 序号 | 地名 | 海拔高度（m） |
|---|---|---|
| 1 | 抱虎口 | 1282.0 |
| 2 | 崩尖子 | 2259.1 |
| 3 | 曹家冲 | 2053.2 |
| 4 | 倒栽坑 | 1671.2 |
| 5 | 广东老 | 1510.0 |
| 6 | 火烧冲 | 1542.0 |
| 7 | 凉风坳 | 1050.0 |
| 8 | 隐灵观 | 1123.8 |
| 9 | 泽九包 | 1672.9 |

坝、沟槽、冲积锥、岩溶地貌及其溶蚀洼地、溶洞等中小地貌单元。保护区全境按海拔高度分为河谷丘陵地带(海拔 500m 以下)、中低山地带(海拔 800~1500m)、高山地带(海拔 1500m 以上)等。保护区内海拔超过 1000m 山峰有 34 座,其中 25 座不具名。海拔超过 1000m 已具名山峰见表 2-1。

## 2.3 气　候

崩尖子自然保护区地处中亚热带北缘,具有亚热带季风湿润气候特征。其气候温暖湿润、雨量充沛、光照充足、雨热同季、四季分明。由于保护区相对高差较大,地表形态各异,从而导致水、热条件的重新分配,形成明显的垂直气候层,立体气候显著。另外,在一些地区重峦叠障,形成了许多闭塞、温暖、多雾、多光的山间小盆地,这部分地区也会形成特殊的小气候。现将各个主要气候要素分述如下。

**气温:**保护区不同海拔的气温相差悬殊,俗有"山高一丈,水冷三分"之说。海拔每上升 100m,气温大致下降 0.56℃。保护区低丘河谷地域年平均气温为 16℃以上,中低山地域年平均气温为 12~16℃,高山地域年平均气温为 12℃以下。各地气温年变化呈单峰型,7 月最热,1 月最冷。保护区的低丘河谷地域 7 月平均气温为 27℃左右,1 月平均气温为 3℃左右;中低山地域 7 月平均气温为 22~27℃,1 月平均气温为 0~3℃;高山地域 7 月平均气温为 22℃以下,1 月平均气温在 0℃以下。保护区最热月气温均温为 24~28℃,最冷月气温均温为 1~5℃;有记录的绝对最高温度为 29~35℃,绝对最低温度为 -16.7~-20.1℃。≥10℃积温低丘河谷地域为 4800~5500℃,中低山地域为 3500~4800℃,高山地域为 3500℃以下。保护区多年平均无霜期为 181 天。

**降水:**保护区是长阳县的多雨区,年降水量为 1300~1460mm。雨量分配年际变化较大,季节性特征明显。春季降雨量占全年总量的 28%,夏季占全年总量的 40%以上,秋季占全年总量的 20%,冬季占全年总量的 5%左右。降雨日数每年一般 130~160 天,其中暴雨日(日降水量超过 50mm)6~7 天。最大降雨日一般在 8 月,由于山高路陡,极易出现山洪泥石流灾害。降雪多集中在每年的 11 月至次年的 1 月,且多集中在中高山,往往大雪封山、道路受阻、雪厚没膝。保护区终年比较湿润,平均相对湿度为 80%。

**光照:**年平均日照在空间和季节分配上,山上大于山下,夏季多于冬季。在保护区高山地域,历年平均日照时数为 1875.5 小时,日平均 5.1 小时。在保护区的低丘河谷地域,年平均日照时数为 1506.4 小时,日平均 4.1 小时。太阳年辐射总量,低丘河谷地域为 107.1kc/cm²,中低山地域为 96kc/cm²,高山地域为 98.9 kc/cm²。各类地势年辐射量均以夏季为最高,冬季为最低。高山低丘地域因云量较多,其辐射量反而比低丘河谷地域低。

**风:**保护区属于亚热带季风气候区。由于清江随着地势的倾斜而形成了东西向河谷地貌,因此,全年偏东风出现的频次高,东风出现的频次占 15%,东南风占 9%,西风占 8%,西南风占 5%,偏西风占 16%。历年平均风速 1.2m/s,最高年平均风速 1.5m/s。保护区内夏季容易产生焚风效应,往往产生雷雨大风,冬季由于山体的阻隔,出现大风的频率较小。

由于山高坡陡，在亚热带季风气候的作用下，保护区内自然灾害较频繁。山洪泥石流为主要自然灾害，风灾次之，旱灾再次之，虫灾也偶尔发生。

# 2.4　水　文

流经崩尖子自然保护区主要的河流为北部边缘的清江，东部边缘的响石溪，南部边缘的中溪河及保护区内的曲溪。清江是长江出三峡后接纳的第一条较大支流，也是湖北省境内从南岸注入长江的主要支流之一，其源出利川齐岳山，全长 423km。清江属山溪性河流，河水补给主要依靠降水，季节性降水不均，直接影响水位和水量变化。清江河道坡度大，下切深，多年平均流量为 403 $m^3/s$，平均年径流量 127 亿 $m^3$。位于保护区不远的隔河岩水库为湖北省第三大水库，库容量 37.7 亿 $m^3$。隔河岩水电站，位于清江干流上，是清江干流梯级开发的骨干工程，距葛洲坝电站约 50km。水电站于 1994 年建成，装机容量 121.2 万千瓦，年发电量 30.4 亿千瓦小时，主要供电华中电网，并配合葛洲坝电站运行。

响石溪发源于保护区最高峰崩尖子山峰，沿保护区东缘向北流入清江，全长 13km，流经地方落差大，蕴藏了丰富的水能资源。

曲溪发源于保护区的栗子坪，北流经保护区缓冲区和实验区，于田家河注入清江，水位高差达 1600 m，坡降 97%。

保护区内石灰岩分布面积较大，天坑、溶洞较为发达，区内以"洞"为名的地名不少。许多地表径流明流一段后，进入天坑、溶洞形成伏流，再形成泉水出露，补给地表径流。

# 2.5　土　壤

崩尖子自然保护区土壤的地理分区是江南红壤、黄壤、水稻土大区，贵州高原地区，湘西至黔东间山盆地红壤、黄壤和水稻土区，也是四川盆地及其边缘山地地区，三峡及鄂西山区石灰(岩)土、黄壤、水稻土区的分界线地带。

据调查，崩尖子自然保护区境内土壤有 7 个土类，即黄壤土、黄棕壤土、棕壤土、石灰(岩)土、紫色土、潮土、水稻土。

(1)黄壤土类

又可分黄壤和黄壤性土 2 个亚类 5 个土属，主要分布在海拔 800m 以下的低山及河谷地区，这些地方热量丰富，降水充足，冬无严寒，夏无酷热，雾露多，湿度大。在土壤形成过程中，水化作用极为明显，因而黄色和蜡黄色土层比较明显，淋溶作用强，盐基不饱和，pH 值 5.5～6.4，适作植物广泛。自然植被多为亚热带常绿阔叶林和常绿落叶针阔叶混交林，林内多生长苔藓、水竹等。次生林多为散生的马尾松和五节芒等。本类土壤主要有泥质岩类黄壤、石英质岩类黄壤、碳酸岩类黄壤、泥质岩黄壤性土、石英岩黄壤性土等土属。

（2）黄棕壤土类

黄棕壤可分山地黄棕壤和黄棕壤土2个亚类6个土属。主要分布在保护区海拔800~1200m的地区。在土壤形成过程中，淋溶作用强。剖面形态特征中最醒目的标志是：心土层黄棕色和红棕色，质地黏重。土壤呈微酸性至中性，pH值4.8~6.9，宜杉、松、漆、茶、油茶、水果等树木生长。本类土壤主要有泥质岩类黄棕壤、碳酸盐黄棕壤、泥质岩山地黄棕壤、石英岩山地黄棕壤、碳酸盐山地黄棕壤、泥质岩黄棕壤性土等土属。

（3）棕壤土类

棕壤土类在保护区有1个亚类3个土属。主要分布在海拔1800m以上的高山地带，棕壤形成于温凉湿润的气候条件下，气温低，雾日多，天然植物生长繁茂，土壤中生物积累作用和淋溶作用强烈。适宜种植药材和反季节蔬菜、水果。本类土壤主要有泥质岩山地棕壤、石英岩山地棕壤、泥质岩山地棕壤性土等土属。

（4）石灰（岩）土土类

可分2个亚类2个土属。石灰土发育于石灰岩、灰泥岩、有石灰反应的页岩、砾岩等风化残坡积母质。在温暖湿润的气候条件下，土壤形成过程中虽然碳酸钙遭到不断淋失，但又得到富含碳酸钙水的补充，延缓了土壤的发育，从而形成较为幼年的石灰（岩）土，质地黏重。土壤厚度受地形影响，一般比较浅，土层内多砾石，有均质和不均质的石灰反应，pH值呈中性至微酸性。此土宜于种植柏木、椿树、核桃、水竹、棕榈、板栗、柿子等。本类土壤主要有黑色石灰土、棕色石灰土等土属。

（5）紫色土土类

可分1个亚类3个土属。紫色土发育于紫色砂砾坡、残积物母质，零星分布于保护区低山地带，剖面性状不一，无明显发育土层。由于母岩化学成分中皆含碳酸钙、硫酸钙、硫酸镁、氯化钠等成分，因此土壤氮、磷、钾含量低，土壤宜于刺槐及豆类植物生长。本类土壤主要有中性紫渣土、石灰泥渣土、石灰紫渣土等土属。

（6）潮土土类

可分1个亚类2个土属。潮土主要分布在保护区实验区邻近清江及其支流两岸的河漫滩和河阶地。土色以暗棕色为主。适宜枫杨、旱柳、意杨生长。本类土壤主要有砂土型灰潮土、壤土型潮土。

（7）水稻土类

水稻土是全保护区的主要耕地，分布在保护区800m以下的平坝、丘陵和山谷。此地带由于人为的长期水耕熟化，加上当地雨水较多，还原淋浴、氧化淀积明显，形成全保护区水稻土特有的性状和剖面结构。由于水耕熟化程度不一，分为淹育型、潜育型、潴育型和沼泽型4个亚类。

**参考文献**

《湖北森林》编辑委员会. 1996. 湖北森林［M］. 武汉：湖北科学技术出版社.

湖北省长阳土家族自治县地方志编纂委员会. 2011. 长阳土家族自治县志［M］. 北京：方志出版社.

中国科学院《中国自然地理》编辑委员会. 1981. 中国自然地理［M］. 北京：科学出版社.

# 第3章

# 湖北崩尖子自然保护区的植物资源

## 3.1 植物区系

### 3.1.1 植物区系组成

崩尖子自然保护区地处鄂西南山区，属于武陵山脉东北缘，是云贵高原向我国地势第三级阶梯的过渡地带，生境复杂多样，海拔高差较大，小气候特征明显，生物多样性丰富。在中国植被分区中，该区域的植物区系属于中国植物区系中的泛北植物区，中国—日本森林植物亚区，华中地区中部偏东地区。

崩尖子自然保护区所在区域历来是植物学工作者的密切关注地，也是中国生物多样性研究的重点地区之一。最早到长阳采集植物标本的是英国人亨利(Augustine Henry)，其于1888年4~6月在宜昌—长阳—巴东—巫山一带采集，于高山地带采得一些前所未见的植物标本，仅槭属(Acer)就发现10个新种。美国人威尔逊(Ernest Henry Wilson)于1899—1902年、1907—1909年、1910—1911年三度到中国采集物种，均是以宜昌—长阳—兴山为中心进行。以后，也有一些中外植物学者在宜昌—长阳一带进行采集。1980年9月原华中师范学院班继德教授对长阳崩尖子自然保护区进行了植物区系和森林植被调查，发现了珙桐、水青树、南方红豆杉等较多的国家重点保护珍稀濒危植物。2005年8月，借崩尖子自然保护区申报省级自然保护区之机，中国科学院武汉植物园的植物研究学者对崩尖子自然保护区进行了较全面的植物区系、珍稀植物和森林植被调查。本次考察将在借鉴前人研究成果的基础之上，进一步进行深入的科学考察，通过植物标本采集和对历年积累的植物区系资料进行系统整理，补充完善植物名录并对其进行系统全面的区系分析。

通过对崩尖子自然保护区植物区系系统调查及资料整理，结合实地科学考察，发现保护区内有维管束植物共185科791属1955种(含种下等级，下同。其中含栽培植物15种)(表3-1)，其中蕨类植物27科55属100种；裸子植物6科16属25种(含栽培植物6种)；被子植物152科720属1830种(含栽培植物9种)。维管束植物分别占湖北总科数的76.76%、总属数的54.48%、总种数的32.48%；占全国总科数的52.41%、总属数的24.89%、总种数的7.02%。由此可见，崩尖子自然保护区的植物区系在湖北省乃至全国的植物区系中都占有较重要的地位。

表3-1 崩尖子自然保护区维管束植物统计表

| 地域范围 | 蕨类植物 | | | 种子植物 | | | | | | 合计 | | |
| | | | | 裸子植物 | | | 被子植物 | | | | | |
| | 科 | 属 | 种 | 科 | 属 | 种 | 科 | 属 | 种 | 科 | 属 | 种 |
|---|---|---|---|---|---|---|---|---|---|---|---|---|
| 自然保护区 | 27 | 55 | 100 | 6 | 16 | 25 | 152 | 720 | 1830 | 185 | 791 | 1955 |
| 湖北 | 41 | 97 | 370 | 9 | 31 | 100 | 191 | 1324 | 5550 | 241 | 1452 | 6020 |
| 全国 | 52 | 204 | 2600 | 10 | 34 | 238 | 291 | 2940 | 25000 | 353 | 3178 | 27838 |
| 占湖北(%) | 65.85 | 56.70 | 27.03 | 66.67 | 51.61 | 25 | 79.58 | 54.38 | 32.97 | 76.76 | 54.48 | 32.48 |
| 占全国(%) | 51.92 | 26.96 | 3.85 | 60 | 47.06 | 10.50 | 52.23 | 24.49 | 7.32 | 52.41 | 24.89 | 7.02 |

# 3.1.2 植物区系地理成分分析

通过对一个区域的植物区系的科、属、种数与分布区类型的统计分析，我们可以了解到该区域植物区系的一般特征和性质，增强我们对区域的物种多样性及区域地理环境的认识。

## 3.1.2.1 蕨类植物的地理成分分析

《中国植物志》(第一卷)将中国的蕨类植物分为13种分布类型，根据该文献，崩尖子自然保护区蕨类植物属的分布区类型统计状况如表3-2。

表3-2 崩尖子自然保护区蕨类植物属的分布区类型统计表

| 分布区类型 | 属数 | 占总属数的百分数(%) |
|---|---|---|
| 1. 世界分布 | 18 | 32.73 |
| 2. 泛热带分布 | 15 | 27.27 |
| 3. 旧大陆热带分布 | 1 | 1.82 |
| 4. 热带亚洲和热带美洲间断分布 | 0 | 0.00 |
| 5. 热带亚洲至热带大洋洲分布 | 2 | 3.64 |
| 6. 热带亚洲至热带非洲分布 | 4 | 7.27 |
| 7. 热带亚洲分布 | 1 | 1.82 |
| 8. 北温带分布 | 6 | 10.91 |
| 9. 东亚和北美间断分布 | 1 | 1.82 |
| 10. 旧大陆温带分布 | 0 | 0.00 |
| 11. 温带亚洲分布 | 0 | 0.00 |
| 12. 东亚(喜马拉雅－中国－日本)分布 | 3 | 5.45 |
| 12－1. 中国－喜马拉雅分布 | 1 | 1.82 |
| 12－2. 中国－日本分布 | 3 | 5.45 |
| 13. 中国特有分布 | 0 | 0.00 |
| 合计 | 55 | 100.00 |

（1）世界分布

崩尖子自然保护区蕨类植物世界分布类型共 18 个属，占总属数的 32.73%，隶属于 16 个科。它们分别是：铁线蕨属（*Adiantum*）、粉背蕨属（*Aleuritopteris*）、铁角蕨属（*Asplenium*）、蹄盖蕨属（*Athyrium*）、假阴地蕨属（*Botrypus*）、鳞毛蕨属（*Dryopteris*）、木贼属（*Hippochaete*）、石杉属（*Huperzia*）、膜蕨属（*Hymenophyllum*）、剑蕨属（*Loxogramme*）、石松属（*Lycopodium*）、瓶儿小草属（*Ophioglossum*）、耳蕨属（*Polystichum*）、蕨属（*Pteridium*）、石韦属（*Pyrrosia*）、卷柏属（*Selaginella*）、荚囊蕨属（*Struthiopteris*）、狗脊蕨属（*Woodwardia*）。其中属于世界分布的种有 41 种：铁线蕨（*Adiantum capillus-veneris*）、普通铁线蕨（*Adiantum edgewothii*）、团扇铁线蕨（*Adiantum capillus-junonis*）、月芽铁线蕨（*Adiantum edentulum*）、灰背铁线蕨（*Adiantum myriosorum*）、掌叶铁线蕨（*Adiantum pedatum*）、银粉背蕨（*Aleuritopteris argentea*）、虎尾铁角蕨（*Asplenium incisum*）、北京铁角蕨（*Asplenium pekinense*）、胎生铁角蕨（*Asplenium planicaule*）、华中铁角蕨（*Asplenium sarelii*）、铁角蕨（*Asplenium trichomanes*）、三翅铁角蕨（*Asplenium tripteropus*）、华东蹄盖蕨（*Athyrium nipponicum*）、华中蹄盖蕨（*Athyrium wardii*）、蕨萁（*Botrypus virginianum*）、黑足鳞毛蕨（*Dryopteris fuscipes*）、阔鳞鳞毛蕨（*Dryopteris championii*）、木贼（*Hippochaete hiemale*）、节节草（*Hippochaete ramosissimum*）、蛇足石杉（*Huperzia serrata*）、华东膜蕨（*Hymenphyllum barbatum*）、柳叶剑蕨（*Loxogramme salicifolia*）、石松（*Lycopodium clavatum*）、玉柏石松（*Lycopodium obscurum*）、蛇足石松（*Lycopodium serratum*）、瓶尔小草（*Ophioglossum vulgatum*）、多翼耳蕨（*Polystichum hecatopterum*）、黑鳞耳蕨（*Polystichum makinoi*）、革叶耳蕨（*Polystichum neolobatum*）、三叉耳蕨（*Polystichum tripteron*）、蕨（*Pteridium aquilinum*）、北京石韦（*Pyrrosia davidii*）、石韦（*Pyrrosia lingua*）、庐山石韦（*Pyrrosia sheareri*）、兖州卷柏（*Selaginella involvens*）、细叶卷柏（*Selaginella labordei*）、江南卷柏（*Selaginella moellendorffii*）、荚囊蕨（*Struthiopteris eburnea*）、狗脊蕨（*Woodwardia japonica*）、单芽狗脊蕨（*Woodwardia unigemmata*）。

（2）泛热带分布

崩尖子自然保护区蕨类植物泛热带分布类型共 15 个属，占总属数的 27.27%，隶属于 13 个科。它们分别是：短肠蕨属（*Allantodia*）、复叶耳蕨属（*Arachniodes*）、乌毛蕨属（*Blechnum*）、碎米蕨属（*Cheilosoria*）、凤丫蕨属（*Coniogramme*）、毛蕨属（*Cyclosorus*）、碗蕨属（*Dennstaedtia*）、海金沙属（*Lygodium*）、蕗蕨属（*Mecodium*）、肾蕨属（*Nephrolepis*）、金粉蕨属（*Onychium*）、金星蕨属（*Parathelypteris*）、瘤足蕨属（*Plagiogyria*）、凤尾蕨属（*Pteris*）、乌蕨属（*Stenoloma*）。崩尖子自然保护区泛热带分布的种有 26 种：假耳羽短肠蕨（*Allantodia okudairai*）、中华复叶耳蕨（*Arachniodes chinensis*）、长尾复叶耳蕨（*Arachniodes simplicior*）、乌毛蕨（*Blechnum orientale*）、毛轴碎米蕨（*Cheilanthes chusana*）、峨眉凤丫蕨（*Coniogramme emeiensis*）、镰羽凤丫蕨（*Coniogramme falcipinna*）、普通凤丫蕨（*Coniogramme intermedia*）、凤丫蕨（*Coniogramme japonica*）、乳头凤丫蕨（*Coniogramme rosthornii*）、渐尖毛蕨（*Cyclosorus acuminatus*）、溪洞碗蕨（*Dennstaedtia wifordii*）、海金沙（*Lygodium japonicum*）、蕗蕨（*Mecodium badium*）、

肾蕨（*Nephrolepis cordifolia*）、野鸡尾（*Onychium japonicum*）、金星蕨（*Parathelypteris glanduligera*）、日本金星蕨（*Parathelypteris nipponica*）、华中瘤足蕨（*Plagiogyria euphlebia*）、猪鬃凤尾蕨（*Pteris actiniopteroides*）、溪边凤尾蕨（*Pteris excelsa*）、井栏边草（*Pteris multifida*）、半边旗（*Pteris semipinnata*）、凤尾蕨（*Pteris nervosa*）、蜈蚣草（*Pteris vittata*）、乌蕨（*Stenoloma chusanum*）。

（3）旧大陆热带分布

崩尖子自然保护区该分布类型只有 1 个属即介蕨属（*Dryoathyrium*），占总属数的 1.82%，隶属于蹄盖蕨科。属于该分布类型的种有 3 种，即鄂西介蕨（*Dryoathyrium henryi*）、华中介蕨（*Dryoathyrium okuboanum*）、峨眉介蕨（*Dryoathyrium unifurcatum*）。

（4）热带亚洲和热带美洲间断分布

崩尖子自然保护区没有该分布类型的属。

（5）热带亚洲至热带大洋洲分布

崩尖子自然保护区该分布类型只有 2 个属，占总属数的 3.64%，隶属于 2 科，即槲蕨属（*Drynaria*）、针毛蕨属（*Macrothelypteris*）。属于该分布类型的种有 2 种，即槲蕨（*Drynaria fortunei*）、普通针毛蕨（*Macrothelypteris toressiana*）。

（6）热带亚洲至热带非洲分布

崩尖子自然保护区该分布类型共 4 个属，占总属数的 7.27%，隶属于 2 个科。它们分别是：贯众属（*Cyrtomium*）、瓦韦属（*Lepisorus*）、星蕨属（*Microsorium*）、盾蕨属（*Neolepisorus*）。属于该分布类型的种有 9 种：镰羽贯众（*Cyrtomium balansae*）、刺齿贯众（*Cyrtomium caryotideum*）、贯众（*Cyrtomium fortunei*）、大羽贯众（*Cyrtomium macrophyllum*）、网眼瓦韦（*Lepisorus clathratus*）、瓦韦（*Lepisorus thunbergianus*）、攀援星蕨（*Microsorium buergerianum*）、江南星蕨（*Microsorium fortunei*）、盾蕨（*Neolepisorus ovatus*）。

（7）热带亚洲分布

崩尖子自然保护区该分布类型只有 1 个属即新月蕨属（*Pronephrium*），占总属数的 1.82%，隶属于金星蕨科。属于该分布类型的种有 1 种，即披针新月蕨（*Pronephrium penangianum*）。

（8）北温带分布

崩尖子自然保护区该分布类型共 6 个属，占总属数的 10.91%，隶属于 6 个科。它们分别是：问荆属（*Equisetum*）、荚果蕨属（*Matteuccia*）、紫萁属（*Osmunda*）、卵果蕨属（*Phegopteris*）、阴地蕨属（*Sceptridium*）、岩蕨属（*Woodsia*）。属于该分布类型的种有 8 种：问荆（*Equisetum arvense*）、东方荚果蕨（*Matteuccia orientalis*）、荚果蕨（*Matteuccia struthiopteris*）、紫萁（*Osmunda japonica*）、延羽卵果蕨（*Phegopteris decursive－pinnata*）、绒毛阴地蕨（*Sceptridium lanuginosum*）、阴地蕨（*Sceptridium ternatum*）、耳羽岩蕨（*Woodsia polystichoides*）。

（9）东亚和北美间断分布

崩尖子自然保护区该分布类型只有 1 个属，即峨眉蕨属（*Lunathyrium*），占总属数的 1.82%，隶属于蹄盖蕨科。属于该分布类型的种有 1 种，即华中峨眉蕨（*Lunathyrium centro-chinense*）。

（10）旧大陆温带分布

崩尖子自然保护区没有该分布类型的属。

（11）温带亚洲分布

崩尖子自然保护区没有该分布类型的属。

（12）东亚（喜马拉雅—中国—日本）分布

崩尖子自然保护区该分布类型共3个属，占总属数的5.45%，隶属于2个科。它们分别是：假蹄盖蕨属（*Athyriopsis*）、假密网蕨属（*Phymatopsis*）、水龙骨属（*Polypodium*）。属于该分布类型的种有5种：假蹄盖蕨（*Athyriopsis japonica*）、金鸡脚（*Phymatopsis hastata*）、友水龙骨（*Polypodium amoena*）、水龙骨（*Polypodium nipponica*）、假友水龙骨（*Polypodium pseudo-amoena*）。

（13）中国—喜马拉雅分布

崩尖子自然保护区该分布类型只有1个属，即骨牌蕨属（*Lepidogrammitis*），占总属数的1.82%，隶属于水龙骨科。属于该分布类型的种有1种，即抱石莲（*Lepidogrammitis drymoglossoides*）。

（14）中国—日本分布

崩尖子自然保护区该分布类型共3个属，占总属数的5.45%，隶属于1个科。它们分别是：丝带蕨属（*Drymotaenium*）、鳞果星蕨属（*Lepidomicrosorum*）、石蕨属（*Saxiglossum*）。属于该分布类型的种有3种：丝带蕨（*Drymotaenium miyoshianum*）、鳞果星蕨（*Lepidomicrosorum buergerianum*）、石蕨（*Saxiglossum angustissimum*）。

（15）中国特有分布

崩尖子自然保护区没有该分布类型的属。

经统计崩尖子自然保护区蕨类植物的地理分布类型发现，属于世界分布类型共18属，占32.73%，属于热带分布类型的共有23属，占41.82%，属于温带分布类型的共有14属，占25.45%，没有中国特有分布的属。热带分布属占比最大，温带分布型也很可观，表明崩尖子自然保护区区域蕨类植物中渗透了丰富的热带成分，且处于热带向温带过渡的地带。

蕨类植物的地理分布与森林植被类型密切相关。由于崩尖子自然保护区生境复杂多变，蕨类植物种类比较丰富，其分布的蕨类植物占湖北蕨类植物总科数的65.85%，总属数的56.70%，总种数的27.03%。崩尖子自然保护区蕨类植物生态类型也丰富多样。既有旱生蕨类植物如蜈蚣草、井栏边草，也有中生蕨类植物如日本金星蕨，荚果蕨；既有土生蕨类植物如各种鳞毛蕨和耳蕨等，也有石生蕨类如抱石莲等，构成了崩尖子自然保护区丰富的的蕨类区系。有些蕨类甚至成为崩尖子自然保护区主要的植被群系，如日本金星蕨等。

## 3.1.2.2　种子植物的地理成分分析

1）科的种数统计与地理成分分析

（1）科的种数统计分析

崩尖子自然保护区内共有种子植物158科，根据其所含种数的多少可划分为5个级

别，顺序依次为：大型科、较大科、中等科、寡种科、单种科，其分组统计情况见图
3-1。

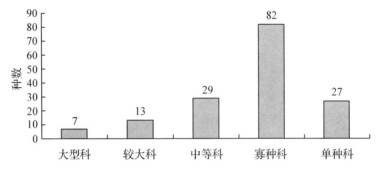

**图3-1　崩尖子自然保护区种子植物科的分组统计图**

其中，大于 50 种的大型科有 7 科，包括菊科 Compositae（50 属 113 种）、蔷薇科
Rosaceae（27 属 94 种）、禾本科 Gramineae（48 属 78 种）、毛茛科 Ranunculaceae（17 属 68
种）、蝶形花科 Papilionaceae（35 属 65 种）、唇形科 Labiatae（25 属 57 种）、百合科
Liliaceae（21 属 56 种）。

含 21～50 种的较大科有 13 科，包括樟科 Lauraceae（8 属 39 种）、忍冬科
Caprifoliaceae（7 属 39 种）、蓼科 Polygonaceae（5 属 39 种）、伞形科 Umbelliforae（20 属 37
种）、兰科 Orchidaceae（21 属 37 种）、大戟科 Euphorbiaceae（14 属 35 种）、石竹科
Caryophyllaceae（12 属 30 种）、荨麻科 Urticaceae（9 属 30 种）、壳斗科 Fagaceae（6 属 29
种）、玄参科 Scrophulariaceae（16 属 27 种）、小檗科 Berberidaceae（7 属 27 种）、景天科
Crassulaceae（5 属 21 种）、茜草科 Rubiaceae（12 属 21 种）。

含 11～20 种的中等科有 29 科，包括卫矛科 Celastraceae（4 属 20 种）、四照花科
Cornaceae（5 属 20 种）、莎草科 Cyperaceae（7 属 20 种）、芸香科 Rutaceae（8 属 20 种）、
葡萄科 Vitaceae（5 属 19 种）、槭树科 Aceraceae（2 属 18 种）、五加科 Araliaceae（8 属 18
种）、杜鹃花科 Ericaceae（3 属 18 种）、绣球科 Hydrangeaceae（8 属 17 种）、桑科
Moraceae（5 属 17 种）、报春花科 Primulaceae（2 属 16 种）、马鞭草科 Verbenaceae（7 属
16 种）、鼠李科 Rhamnaceae（7 属 16 种）、冬青科 Aquifoliaceae（1 属 15 种）、十字花科
Cruciferae（8 属 15 种）、茶科 Theaceae（5 属 14 种）、堇菜科 Violaceae（1 属 14 种）、菝
葜科 Smilacaceae（2 属 14 种）、天南星科 Araceae（7 属 14 种）、木犀科 Oleaceae（5 属 14
种）、虎耳草科 Saxifragaceae（7 属 13 种）、榆科 Ulmaceae（5 属 13 种）、漆树科
Anacardiaceae（5 属 12 种）、苦苣苔科 Gesneriaceae（10 属 12 种）、龙胆科 Gentianaceae（5
属 12 种）、牻牛儿苗科 Geraniaceae（2 属 11 种）、马兜铃科 Aristolochiaceae（3 属 11 种）、
凤仙花科 Balsaminaceae（1 属 11 种）、椴树科 Tiliaceae（3 属 11 种）。

含 2～10 种的寡种科有 82 科，包括紫草科 Boraginaceae（6 属 10 种）、桔梗科
Campanulaceae（4 属 10 种）、旋花科 Convolvulaceae（6 属 10 种）、榛科 Corylaceae（2 属
10 种）、葫芦科 Cucurbitaceae（5 属 10 种）、金丝桃科 Hypericaceae（1 属 10 种）、防己科
Menispermaceae（6 属 10 种）、柳叶菜科 Onagraceae（3 属 10 种）、茄科 Solanaceae（5 属 9

种)、金缕梅科 Hamamelidaceae(7 属 9 种)、败酱科 Vaorianaceae(2 属 9 种)、胡颓子科 Elaeagnaceae(1 属 9 种)、薯蓣科 Dioscoreaceae(1 属 9 种)、萝藦科 Asclepiadaceae(4 属 9 种)、爵床科 Acanthaceae(6 属 9 种)、猕猴桃科 Actinidiaceae(2 属 8 种)、苋科 Amaranthaceae(4 属 8 种)、黄杨科 Buxaceae(3 属 8 种)、苏木科 Caesalpiniaceae(5 属 8 种)、茶藨子科 Grossulariaceae(1 属 8 种)、杨柳科 Salicaceae(2 属 8 种)、延龄草科 Trilliaceae(2 属 8 种)、山矾科 Symplocaceae(1 属 8 种)、瑞香科 Thymelaeaceae(3 属 7 种)、安息香科 Styracaceae(3 属 7 种)、紫堇科 Fumariaceae(2 属 7 种)、清风藤科 Sabiaceae(2 属 7 种)、木兰科 Magnoliaceae(3 属 7 种)、木通科 Lardizabalaceae(5 属 7 种)、藜科 Chenopodiaceae(3 属 6 种)、金粟兰科 Chloranthaceae(1 属 6 种)、罂粟科 Papaveraceae(4 属 6 种)、鸭跖草科 Commelinaceae(5 属 6 种)、灯心草科 Juacaceae(2 属 6 种)、胡桃科 Juglandaceae(4 属 6 种)、锦葵科 Malvaceae(5 属 6 种)、紫金牛科 Myrsinaceae(3 属 6 种)、松科 Pinaceae(3 属 6 种)、五味子科 Schisandraceae(2 属 6 种)、杉科 Taxodiaceae(4 属 6 种)、省沽油科 Staphyleaceae(3 属 5 种)、海桐科 Pittosporaceae(1 属 5 种)、桑寄生科 Loranthaceae(3 属 5 种)、柏科 Cupressaceae(4 属 5 种)、珙桐科 Nyssaceae(3 属 4 种)、列当科 Orobanchaceae(3 属 4 种)、酢浆草科 Oxalidaceae(1 属 4 种)、车前草科 Plantaginaceae(1 属 4 种)、越橘科 Vaccinium(1 属 4 种)、红豆杉科 Taxaceae(3 属 4 种)、马钱科 Loganiaceae(1 属 4 种)、夹竹桃科 Apocynaceae(1 属 4 种)、千屈菜科 Lythraceae(3 属 4 种)、大风子科 Flacourtiaceae(4 属 4 种)、鸢尾科 Iridaceae(2 属 4 种)、柿树科 Ebenaceae(1 属 4 种)、苦木科 Simarubaceae(2 属 3 种)、楝科 Meliaceae(2 属 3 种)、八角枫科 Alangiaceae(1 属 3 种)、旌节花科 Stachyuraceae(1 属 3 种)、石蒜科 Amaryllidaceae(1 属 3 种)、三尖杉科 Cephalotaxaceae(1 属 3 种)、虎皮楠科 Daphniphyllaceae(1 属 3 种)、姜科 Zingiberaceae(3 属 3 种)、远志科 Polygalaceae(1 属 3 种)、马齿苋科 Portulacaceae(2 属 3 种)、七叶树科 Aesculiaceae(1 属 2 种)、泽泻科 Alismataceae(1 属 2 种)、蛇菰科 Balanophoraceae(1 属 2 种)、秋海棠科 Begoniaceae(1 属 2 种)、桦木科 Betulaceae(1 属 2 种)、紫葳科 Bignoniaceae(1 属 2 种)、大麻科 Cannabidaceae(2 属 2 种)、川续断科 Dipsacaceae(2 属 2 种)、杜英科 Elaeocarpaceae(1 属 2 种)、八角科 Illiciaceae(1 属 2 种)、半边莲科 Lobeliaceae(1 属 2 种)、含羞草科 Mimosaceae(1 属 2 种)、水晶兰科 Monotropaceae(2 属 2 种)、鹿蹄草科 Pyrolaceae(1 属 2 种)、无患子科 Sapindaceae(2 属 2 种)、商陆科 Phytolaccaceae(1 属 2 种)。

单种科共 27 科,包括蜡梅科 Calycanthaceae、连香树科 Cercidiphyllaceae、山柳科 Clethraceae、马桑科 Coriariaceae、谷精草科 Eriocaulaceae、鼠刺科 Escalloniaceae、杜仲科 Eucommiaceae、领春木科 Eupteleaceae、银杏科 Ginkgoaceae、茶茱萸科 Icacinaceae、野牡丹科 Melastomaceae、粟米草科 Molluginaceae、芭蕉科 Musaceae、铁青树科 Olacaceae、棕榈科 Palmaceae、透骨草科 Phrymaceae、胡椒科 Piperaceae、檀香科 Santalaceae、大血藤科 Sargentodoxaceae、三白草科 Saururaceae、百部科 Stemonaceae、梧桐科 Sterculiaceae、水青树科 Tetracentraceae、假繁缕科 Theligonaceae、鞘柄木科 Torricelliaceae、香蒲科 Typhaceae、蒺藜科 Zygophyllaceae。单种科中有不少是古老子遗

类型，是本区系原始和古老性的重要标志。

在所有的158科种子植物中，寡种科达82科，占总科数的51.90%，单种科共27科，占总科数的17.09%，寡种科与单种科占总科数的68.99%，充分凸显该地区植物区系科的组成的脆弱性，一旦部分种类消失可能导致整个科的消失，也凸显其保护价值。

（2）科的分布型统计

植物分布区的类型称为分布型。针对植物科、属、种的地理分布型的分析是进行植物区系分析的十分重要的手段。2003年，吴征镒等发表《世界种子植物科的分布区类型系统》，为种子植物的科的分布型分析提供了依据。据此，崩尖子自然保护区种子植物科的分布型统计如表3-3。

表3-3 崩尖子自然保护区种子植物科的分布型统计表

| 分布类型 | 科数 | 比例（%） |
| --- | --- | --- |
| 1 世界广布 | 41 | 25.95 |
| 2 泛热带 | 49 | 31.01 |
| 3 东亚（热带、亚热带）及热带南美间断 | 10 | 6.33 |
| 4 旧世界热带 | 3 | 1.90 |
| 5 热带亚洲至热带大洋洲 | 3 | 1.90 |
| 6 热带亚洲至热带非洲 | 1 | 0.63 |
| 7 热带亚洲 | 2 | 1.27 |
| 8 北温带 | 30 | 18.99 |
| 9 东亚及北美间断 | 7 | 4.43 |
| 10 旧世界温带 | 2 | 1.27 |
| 11 温带亚洲 | 0 | 0.00 |
| 12 地中海区、西亚至中亚 | 0 | 0.00 |
| 13 中亚 | 0 | 0.00 |
| 14 东亚 | 7 | 4.43 |
| 15 中国特有 | 2 | 1.27 |
| 16 其他 | 1 | 0.63 |
| 合 计 | 158 | 100.00 |

①世界广布类型的科有41科，占总科数的25.95%。分别是：泽泻科 Alismataceae、苋科 Amaranthaceae、紫草科 Boraginaceae、桔梗科 Campanulaceae、石竹科 Caryophyllaceae、藜科 Chenopodiaceae、菊科 Compositae、旋花科 Convolvulaceae、景天科 Crassulaceae、十字花科 Cruciferae、莎草科 Cyperaceae、龙胆科 Gentianaceae、禾本科 Gramineae、茶藨子科 Grossulariaceae、唇形科 Labiatae、半边莲科 Lobeliaceae、千屈菜科 Lythraceae、桑科 Moraceae、木犀科 Oleaceae、柳叶菜科 Onagraceae、兰科 Orchidaceae、酢浆草科 Oxalidaceae、蝶形花科 Papilionaceae、车前草科 Plantaginaceae、远志科 Polygalaceae、马齿苋科 Portulacaceae、蓼科 Polygonaceae、报春花科 Primulaceae、毛茛科 Ranunculaceae、鼠李科 Rhamnaceae、蔷薇科 Rosaceae、茜草科 Rubiaceae、虎耳草科 Saxifragaceae、玄参科 Scrophulariaceae、茄科 Solanaceae、瑞香科 Thymelaeaceae、香蒲科

Typhaceae、榆科 Ulmaceae、伞形科 Umbelliferae、败酱科 Vaorianaceae、堇菜科 Violaceae。

②泛热带分布科有49科,占总科数的31.01%。分别是:爵床科 Acanthaceae、石蒜科 Amaryllidaceae、漆树科 Anacardiaceae、夹竹桃科 Apocynaceae、天南星科 Araceae、马兜铃科 Aristolochiaceae、萝藦科 Asclepiadaceae、蛇菰科 Balanophoraceae、凤仙花科 Balsaminaceae、秋海棠科 Begoniaceae、紫葳科 Bignoniaceae、苏木科 Caesalpiniaceae、卫矛科 Celastraceae、金粟兰科 Chloranthaceae、鸭跖草科 Commelinaceae、葫芦科 Cucurbitaceae、薯蓣科 Dioscoreaceae、柿树科 Ebenaceae、谷精草科 Eriocaulaceae、大戟科 Euphorbiaceae、大风子科 Flacourtiaceae、茶茱萸科 Icacinaceae、鸢尾科 Iridaceae、樟科 Lauraceae、马钱科 Loganiaceae、桑寄生科 Loranthaceae、锦葵科 Malvaceae、野牡丹科 Melastomaceae、楝科 Meliaceae、防己科 Menispermaceae、含羞草科 Mimosaceae、粟米草科 Molluginaceae、紫金牛科 Myrsinaceae、铁青树科 Olacaceae、棕榈科 Palmaceae、商陆科 Phytolaccaceae、胡椒科 Piperaceae、芸香科 Rutaceae、檀香科 Santalaceae、无患子科 Sapindaceae、苦木科 Simarubaceae、菝葜科 Smilacaceae、梧桐科 Sterculiaceae、山矾科 Symplocaceae、茶科 Theaceae、椴树科 Tiliaceae、荨麻科 Urticaceae、葡萄科 Vitaceae、蒺藜科 Zygophyllaceae。

③东亚(热带、亚热带)及热带南美间断分布有10科,占总科数的6.33%。分别是:七叶树科 Aesculiaceae、冬青科 Aquifoliaceae、五加科 Araliaceae、山柳科 Clethraceae、杜英科 Elaeocarpaceae、苦苣苔科 Gesneriaceae、木通科 Lardizabalaceae、省沽油科 Staphyleaceae、安息香科 Styracaceae、马鞭草科 Verbenaceae。

④旧世界热带分布有3科,占总科数的1.90%。分别是八角枫科 Alangiaceae、芭蕉科 Musaceae、海桐科 Pittosporaceae。

⑤热带亚洲至热带大洋洲分布有3科,占总科数的1.90%。分别是:虎皮楠科 Daphniphyllaceae、百部科 Stemonaceae、姜科 Zingiberaceae。

⑥热带亚洲至热带非洲仅杜鹃花科 Ericaceae 1科,占总科数的0.63%。

⑦热带亚洲(即热带东南亚至印度—马来西亚,太平洋诸岛)有2科,占总科数的1.27%。分别是清风藤科 Sabiaceae、大血藤科 Sargentodoxaceae。

⑧北温带分布类型有30科,占总科数的18.99%。分别是:槭树科 Aceraceae、小檗科 Berberidaceae、桦木科 Betulaceae、黄杨科 Buxaceae、大麻科 Cannabidaceae、忍冬科 Caprifoliaceae、马桑科 Coriariaceae、榛科 Corylaceae、四照花科 Cornaceae、柏科 Cupressaceae、胡颓子科 Elaeagnaceae、壳斗科 Fagaceae、紫堇科 Fumariaceae、牻牛儿苗科 Geraniaceae、金缕梅科 Hamamelidaceae、绣球科 Hydrangeaceae、金丝桃科 Hypericaceae、胡桃科 Juglandaceae、灯心草科 Juncaceae、百合科 Liliaceae、水晶兰科 Monotropaceae、列当科 Orobanchaceae、罂粟科 Papaveraceae、松科 Pinaceae、鹿蹄草科 Pyrolaceae、杨柳科 Salicaceae、红豆杉科 Taxaceae、杉科 Taxodiaceae、延龄草科 Trilliaceae、越橘科 Vacciniaceae。

⑨东亚及北美间断分布类型有7科,占总科数的4.43%。分别是:蜡梅科 Calycanthaceae、八角科 Illiciaceae、木兰科 Magnoliaceae、珙桐科 Nyssaceae、透骨草科

Phrymaceae、三白草科 Saururaceae、五味子科 Schisandraceae。

⑩旧世界温带分布有 2 科，占总科数的 1.27%。分别是：川续断科 Dipsacaceae、假繁缕科 Theligonaceae。

⑪温带亚洲分布型，地中海区、西亚至中亚分布型，中亚分布型缺乏。

⑫东亚分布有 7 科，占总科数的 4.43%。分别是猕猴桃科 Actinidiaceae、三尖杉科 Cephalotaxaceae、连香树科 Cercidiphyllaceae、领春木科 Eupteleaceae、旌节花科 Stachyuraceae、水青树科 Tetracentraceae、鞘柄木科 Torricelliaceae。

⑬中国特有分布有 2 科，占总科数的 1.27%。分别是：杜仲科 Eucommiaceae、银杏科 Ginkgoaceae。

⑭其他分布型有 1 科，是鼠刺科 Escalloniaceae，占总科数的 0.63%，为澳大利亚、新西兰、新喀里多尼亚、北可达新几内亚至菲律宾和温带南美间断分布。

上述统计表明，在崩尖子自然保护区，除去世界分布的科外，热带性分布型的科有 68 科，占总科数的 43.04%，温带性分布型的科只有 49 科，占总科数的 31.01%，热带性分布型的科与温带性分布型的科的比值为 1：0.72。但热带性分布型的这些科所含的属种数则较少，在世界性分布的科中，有许多科是主产温带地区的科，从而使温带分布的属种数在数量上占有优势，这说明该地区植物区系性质兼具有温带性质和热带亲缘性，同时也说明，该地区各类区系成分并存，表现了区系成分的复杂性。

亚洲特有科在该区系上占十分重要的地位，特别是杜仲科、银杏科、领春木科、连香树科、水青树科等，这些科多为古老孑遗类型，表现出崩尖子植物区系具有较强的原始性质。亚洲特有科如表3-4所示。

**表3-4　崩尖子自然保护区亚洲特有科统计表**

| 科名 | 拉丁名 | 种属数 | 分布 |
| --- | --- | --- | --- |
| 杜仲科 | Eucommiaceae | 1/1：1/1：1/1 | 西南－华中 |
| 银杏科 | Ginkgoaceae | 1/1：1/1：1/1 | 中国 |
| 领春木科 | Eupteleaceae | 1/1：1/1：1/2 | 东亚 |
| 鞘柄木科 | Torricelliaceae | 1/1：1/3：1/3 | 中国－喜马拉雅 |
| 猕猴桃科 | Actinidiaceae | 2/8：2/53：2/55 | 东亚 |
| 旌节花科 | Stachyuraceae | 1/3：1/8：1/10 | 东亚、西亚 |
| 三尖杉科 | Cephalotaxaceae | 1/3：1/7：1/9 | 东亚 |
| 连香树科 | Cercidiphyllaceae | 1/1：1/1：1/1 | 中国－日本 |
| 水青树科 | Tetracentraceae | 1/1：1/1：1/1 | 中国－喜马拉雅 |

注：种属数依次为崩尖子属数/崩尖子种数；中国属数/中国种数；全科属数/全科种数

2）属的分析

（1）属的分布类型统计

在分类学研究中，属这一分类学等级具有较强的稳定性。与科的分布类型相比，属的分布型更能体现一个地区植物区系的基本特征，因而属的分布型特征成为划分植物区系的重要标志和依据。目前，中国种子植物分布区类型的划分多依据吴征镒（1991）的《中国种子植物分布区类型》的划分原则进行。根据历年的调查积累及本次综合科学考察，将崩尖子保护区种子植物729属（除去7个栽培属）划分为15个分布区类型，属的分布型统计见表3-5。

表3-5　崩尖子自然保护区种子植物属的分布区类型统计表

| 分布区类型 | 属数 | 占总属数的百分数（%） |
|---|---|---|
| 1 世界分布 | 54 | 7.41 |
| 2 泛热带分布及其变型 | 108 | 14.81 |
| 3 热带亚洲和热带美洲间断分布 | 11 | 1.51 |
| 4 旧世界热带分布及其变型 | 29 | 3.98 |
| 5 热带亚洲至热带大洋洲分布及其变型 | 23 | 3.16 |
| 6 热带亚洲至热带非洲分布及其变型 | 24 | 3.29 |
| 7 热带亚洲（印度—马来西亚）分布及其变型 | 55 | 7.54 |
| 8 北温带分布及其变型 | 153 | 20.99 |
| 9 东亚和北美间断分布及其变型 | 66 | 9.05 |
| 10 旧世界温带分布及其变型 | 47 | 6.45 |
| 11 温带亚洲分布 | 13 | 1.78 |
| 12 地中海区、西亚至中亚分布及其变型 | 4 | 0.55 |
| 13 中亚分布 | 1 | 0.14 |
| 14 东亚分布及其变型 | 112 | 15.36 |
| 15 中国特有分布 | 29 | 3.98 |
| 合计 | 729 | 100.00 |

①世界分布

指遍布世界各大洲而无特殊分布中心的属。该分布区类型共54属，占总数属的7.41%。它们是苋属（*Amaranthus*）、银莲花属（*Anemone*）、黄芪属（*Astragalus*）、鬼针草属（*Bidens*）、碎米荠属（*Cardamine*）、苔草属（*Carex*）、藜属（*Chenopodium*）、铁线莲属（*Clematis*）、臭荠属（*Coronopus*）、莎草属（*Cyperus*）、马唐属（*Digitaria*）、飞蓬属（*Erigeron*）、牛膝菊属（*Galinsoga*）、猪殃殃属（*Galium*）、龙胆属（*Gentiana*）、老鹳草属（*Geranium*）、鼠曲草属（*Gnaphalium*）、金丝桃属（*Hypericum*）、灯心草属（*Juncus*）、独行菜属（*Lepidium*）、羊耳蒜属（*Liparis*）、半边莲属（*Lobelia*）、地杨梅属（*Luzula*）、珍珠菜属（*Lysimachia*）、千屈菜属（*Lythrum*）、沟酸浆属（*Mimulus*）、酢浆草属（*Oxalis*）、黍属（*Panicum*）、芦苇属（*Phragmites*）、酸浆属（*Physalis*）、商陆属（*Phytolacca*）、茴芹属（*Pimpinella*）、车前草属（*Plantago*）、早熟禾属（*Poa*）、远志属（*Polygala*）、蓼属（*Polygonum*）、毛茛属（*Ranunculus*）、鼠李属（*Rhamnus*）、蔊菜属（*Rorippa*）、悬钩子属（*Rubus*）、酸模属（*Rumex*）、鼠尾草属（*Salvia*）、变豆菜属（*Sanicula*）、藨草属（*Scirpus*）、黄芩属（*Scutellaria*）、千里光属（*Senecio*）、茄属（*Solanum*）、槐属（*Sophora*）、水苏属（*Stachys*）、繁缕属（*Stellaria*）、香科科属（*Teucrium*）、香蒲属（*Typha*）、堇菜属（*Viola*）、苍耳属（*Xanthium*）。在本分布类型中，木本植物仅有鼠李属和槐属，木本、草本兼有的有铁线莲属、金丝桃属、苦参属、悬钩子属、千里光属、茄属，余皆为草本，它们是主要的林下草本层常见的种类。

②泛热带分布

指分布于东、西两半球热带地区，以及在全球范围内有1个或数个分布中心，但其他地区也有一些种类分布的属；有部分属尽管也分布到亚热带乃至温带，但其分布中心和原始类型仍然在热带范围之内的属也属此种类型。该分布区类型共有108属，占14.81%。植物种类多以暖温带为其天然分布的北界。主要有苘麻属（*Abutilon*）、铁苋菜属（*Acalypha*）、牛膝属（*Achyranthes*）、田皂角属（*Aeschynomene*）、山麻杆属（*Alchornea*）、莲子草属（*Alternanthera*）、紫金牛属（*Ardisia*）、马兜铃属（*Aristolochia*）、芦竹属（*Arundo*）、羊蹄甲属（*Bauhinia*）、秋海棠属（*Begonia*）、苎麻属（*Boehmeria*）、孔颖草属（*Bothriochloa*）、醉鱼草属（*Buddleja*）、球柱草属（*Bulbostylis*）、石豆兰属（*Bullbophyllum*）、黄杨属（*Buxus*）、云实属（*Caesalpinia*）、虾脊兰属（*Calanthe*）、紫珠属（*Callicarpa*）、打碗花属（*Calystegia*）、决明属（*Cassia*）、南蛇藤属（*Celastrus*）、青葙属（*Celosia*）、朴属（*Celtis*）、积雪草属（*Centella*）、金粟兰属（*Chloranthus*）、大青属（*Clerodendrum*）、木防己属（*Cocculus*）、鸭跖草属（*Commelina*）、白酒草属（*Conyza*）、猪屎豆属（*Crotalaria*）、菟丝子属（*Cuscuta*）、鹅绒藤属（*Cynanchum*）、狗牙根属（*Cynodon*）、黄檀属（*Dalbergia*）、曼陀罗属（*Datura*）、鱼藤属（*Derrias*）、马蹄金属（*Dichondra*）、薯蓣属（*Dioscorea*）、柿树属（*Diospyros*）、鳢肠属（*Eclipta*）、杜英属（*Elaeocarpus*）、䅟属（*Eleusine*）、谷精草属（*Eriocaulon*）、野黍属（*Eriochloa*）、卫矛属（*Euonymus*）、泽兰属（*Eupatorium*）、大戟属（*Euphorbia*）、榕属（*Ficus*）、飘拂草属（*Fimbristylis*）、栀子属（*Gardenia*）、算盘子属（*Glochidion*）、牛鞭草属（*Hemarthria*）、黄茅属（*Heteropogon*）、木槿属（*Hibiscus*）、天胡荽属（*Hydrocotyle*）、冬青属（*Ilex*）、凤仙花属（*Impatiens*）、白茅属（*Imperata*）、槐蓝属（*Indigofera*）、柳叶箬属（*Isachne*）、素馨属（*Jasminum*）、水蜈蚣属（*Kyllinga*）、艾麻属（*Laportea*）、千金子属（*Leptochloa*）、母草属（*Lindernia*）、红丝线属（*Lycianthes*）、牛奶菜属（*Marsdenia*）、崖豆藤属（*Millettia*）、粟米草属（*Mollugo*）、油麻藤属（*Mucuna*）、球米草属（*Oplismenus*）、红豆属（*Ormosia*）、雀稗属（*Paspalum*）、狼尾草属（*Pennisetum*）、牵牛属（*Pharbitis*）、叶下珠属（*Phyllanthus*）、冷水花属（*Pilea*）、胡椒属（*Piper*）、棒头草属（*Polypogon*）、马齿苋属（*Portulaca*）、鹿藿属（*Rhynchosia*）、节节菜属（*Rotala*）、乌桕属（*Sapium*）、鹅掌柴属（*Schefflera*）、青皮木属（*Schoepfia*）、一叶荻属（*Securinega*）、狗尾草属（*Setaria*）、黄花稔属（*Sida*）、豨莶属（*Siegesbeckia*）、菝葜属（*Smilax*）、鼠尾粟属（*Sporobolus*）、野茉莉属（*Styrax*）、山矾属（*Symplocos*）、土人参属（*Talinum*）、厚皮香属（*Ternstroemia*）、山黄麻属（*Trema*）、蒺藜属（*Tribulus*）、蝴蝶草属（*Torenia*）、钩藤属（*Uncaria*）、梵天花属（*Urena*）、马鞭草属（*Verbena*）、斑鸠菊属（*Vernonia*）、牡荆属（*Vitex*）、柞木属（*Xylosma*）、花椒属（*Zanthoxylum*）、枣属（*Ziziphus*）。该类型中的一些种类，如山麻杆属、黄檀属、卫矛属、榕属、菝葜属、花椒属、牡荆属等，是该地区森林植被灌木层中的重要类型。草本属中的凤仙花属、白茅属、冷水花属等是组成林下草本层的重要种类。

③热带亚洲和热带美洲间断分布

该类型的属间断分布于热带美洲和亚洲温暖地区，在亚洲可能延伸到澳大利亚东北部或西南太平洋岛屿，但它们的分布中心都局限于亚洲、美洲热带。该分布类型在本区共11属，占总属数的1.51%。具体包括山柳属（*Clethra*）、秋英属（*Cosmos*）、柃属（*Eurya*）、木姜子属（*Litsea*）、泡花树属（*Meliosma*）、假卫矛属（*Microtropis*）、楠属（*Phoebe*）、过江藤属（*Phyla*）、苦木属（*Picrasma*）、雀梅藤属（*Sageretia*）、无患子属（*Sapindus*）。其中有一些木本属，如柃属、木姜子属、泡花树属的许多种类是该区域森林和灌丛的重要组成成分。

④旧世界热带分布

指分布于亚洲、非洲和大洋洲热带地区的属。该分布类型在本区共29属，占3.98%，包括本类型仅有的一个变型，即热带亚洲、非洲和大洋洲间断分布。主要有八角枫属（*Alangium*）、合欢属（*Albizia*）、天门冬属（*Asparagus*）、细柄草属（*Capillipedium*）、乌敛莓属（*Cayratia*）、厚壳树属（*Ehretia*）、楼梯草属（*Elatostema*）、吴茱萸属（*Evodia*）、水蛇麻属（*Fatoua*）、山珊瑚属（*Galeola*）、扁担杆属（*Grewia*）、桑寄生属（*Loranthus*）、杜茎山属（*Maesa*）、野桐属（*Mallotus*）、楝属（*Melia*）、苦瓜属（*Momordica*）、芭蕉属（*Musa*）、玉叶金花属（*Mussaenda*）、水竹叶属（*Murdannia*）、金锦香属（*Osbeckia*）、海桐属（*Pittosporum*）、杜若属（*Pollia*）、飞蛾藤属（*Porana*）、爵床属（*Rostellularia*）、千金藤属（*Stephania*）、百蕊草属（*Thesium*）、青牛胆属（*Tinospora*）、槲寄生属（*Viscum*）、山姜属（*Alpinia*）。本类型中合欢属的山合欢（*Albizia kalkora*）、八角枫属的八角枫（*Alangium chinense*）和瓜木（*Alangium platanilolium*）多出现于沟谷边及林缘；海桐属也是沟谷边常见的常绿灌木；野桐属的石岩枫（*Mallotus repandus*）是低海拔常见种。草本植物的天门冬属、千金藤属等，为林下及灌丛中较常见成分。虽然该类型在本区域所占的比重不大，但大多数属的种类是本区各类森林植被的主要伴生种。

⑤热带亚洲至热带大洋洲分布

指分布于旧世界热带分布区的东翼，西端有时到马达加斯加但通常不及非洲大陆的属。该分布类型在本区域共23属，占3.16%。主要包括臭椿属（*Ailanthus*）、银背藤属（*Argyreia*）、白接骨属（*Asystasiella*）、蛇菰属（*Balanophora*）、旋蒴苣苔属（*Boea*）、樟属（*Cinnamomum*）、柘树属（*Cudrania*）、兰属（*Cymbidium*）、天麻属（*Gastrodia*）、紫薇属（*Lagerstroemia*）、雀儿舌头属（*Leptopus*）、淡竹叶属（*Lophatherum*）、通泉草属（*Mazus*）、新耳草属（*Neanotis*）、梁王茶属（*Nothopanax*）、石仙桃属（*Pholidota*）、猫乳属（*Rhamnella*）、百部属（*Stemona*）、崖爬藤属（*Tetrastigma*）、香椿属（*Toona*）、栝楼属（*Trichosanthes*）、荛花属（*Wikstroemia*）、姜属（*Zingiber*）。尽管这些属的许多种类常出现在各自相关的林分中，但一般数量稀少。但樟属、梁王茶属中的种类是林中重要的常绿树种。草本植物中兰属中的蕙兰（*Cymbidium faberi*）在林下较常见；藤本植物的崖爬藤在中低海拔崖坡边较常见；天麻属为该区域重要的中草药种类。

⑥热带亚洲至热带非洲分布

指分布于旧世界热带分布区西翼的属，其分布范围一般指热带非洲至印度—马来西亚，有时也达斐济等南太平洋岛屿但不到澳大利亚大陆。该分布类型在本区共24属，占总属数的3.29%。有水团花属（*Adina*）、魔芋属（*Amorphophallus*）、荩草属（*Arthraxon*）、水麻属（*Debregeasia*）、山黑豆属（*Dumasia*）、画眉草属（*Eragrostis*）、大豆属（*Glycine*）、三七草属（*Gynura*）、常春藤属（*Hedera*）、六棱菊属（*Laggera*）、钟萼草属

(*Lindenbergia*)、莠竹属(*Microstegium*)、芒属(*Miscanthus*)、铁仔属(*Myrsine*)、杠柳属(*Periploca*)、九头狮子草属(*Peristrophe*)、豆腐柴属(*Premna*)、香茶菜属(*Rabdosia*)、马蓝属(*Strobilanthes*)、钝果寄生属(*Taxillus*)、菅属(*Themeda*)、赤爮属(*Thladiantha*)、飞龙掌血属(*Toddalia*)、狗骨柴属(*Tricalysia*)。木本植物中的水麻属(*Debregeasia*)是河岸带灌丛重要的成分；草本植物中的芒属种类是河流河漫滩主要群落类型的优势种。常春藤攀缘于岩石及树干上，林中较为常见。

⑦热带亚洲分布

即分布于旧世界热带分布中心部分的属。该分布类型在本区共55属，占总属数的7.54%。该类型中许多属的种类在区域森林群落组成中具有重要作用。具体包括黄肉楠属(*Actinodaphne*)、赤杨叶属(*Alniphyllum*)、穗花杉属(*Amentotaxus*)、重阳木属(*Bischofia*)、松风草属(*Boenninghausenia*)、来江藤属(*Brandisia*)、粗筒苣苔属(*Briggsia*)、构属(*Broussonetia*)、山茶属(*Camellia*)、金钱豹属(*Campanumoea*)、山羊角树属(*Carrierea*)、唇柱苣苔属(*Chirita*)、宽萼苣苔属(*Chlamydoboea*)、柑橘属(*Citrus*)、芋属(*Colocasia*)、轮环藤属(*Cyclea*)、青冈属(*Cyclobalanopsis*)、虎皮楠属(*Daphniphyllum*)、石斛属(*Dendrobium*)、黄常山属(*Dichroa*)、竹根七属(*Disporopsis*)、蚊母树属(*Distylium*)、蛇莓属(*Duchesnea*)、山豆根属(*Euchresta*)、舞花姜属(*Globba*)、糯米团属(*Gonostegia*)、斑叶兰属(*Goodyera*)、山一笼鸡属(*Gutzlaffia*)、绞股蓝属(*Gynostemma*)、半蒴苣苔属(*Hemiboea*)、肖菝葜属(*Heterosmilax*)、箬竹属(*Indocalams*)、苦荬菜属(*Ixeris*)、南五味子属(*Kadsura*)、山胡椒属(*Lindera*)、润楠属(*Machilus*)、含笑属(*Michelia*)、冠唇花属(*Microtoena*)、新木姜子属(*Neolitsea*)、蛇根草属(*Ophiorrhiza*)、紫麻属(*Oreocnide*)、鸡矢藤属(*Paederia*)、蛛毛苣苔属(*Paraboea*)、地皮消属(*Pararuellia*)、赤车属(*Pellionia*)、独蒜兰属(*Pleione*)、球子草属(*Peliosanthes*)、石柑属(*Pothos*)、翅果菊属(*Pterocypsela*)、葛属(*Pueraria*)、清风藤属(*Sabia*)、野扇花属(*Sarcococca*)、守宫木属(*Sauropus*)、水丝梨属(*Sycopsis*)、犁头尖属(*Typhonium*)。在本区的该分布类型中有较多的常绿木本成分，如青冈栎属，常沿海拔1000m以下的沟谷分布，有时甚至成为群落的优势种或共建种，但一般面积不大，沿小地形呈带状或斑块状分布。润楠属、山茶属、水丝梨属、山胡椒属等常绿乔灌木与青冈栎的分布状况类似，但局限性更大，仅零星地出现在沟谷林中，是原始植被残留下来的成分。构树属为本区常见种之一，然而林中并不多见。草本植物不多，主要是生于林下的蛇根草属、苦荬菜属、半蒴苣苔属等植物。竹类的箬竹属的种类为较高海拔林下灌木层优势种类。本分布类型还有较多的藤本植物，如鸡矢藤属、葛属、清风藤属等。

⑧温带分布

通常指北半球温带地区的属。该分布类型在本区共153属，占总属数的20.99%。主要有槭树属(*Acer*)、蓍属(*Achillea*)、乌头属(*Aconitum*)、类叶升麻属(*Actaea*)、腺梗菜属(*Adenocaulon*)、七叶树属(*Aesculus*)、龙牙草属(*Agrimonia*)、葱属(*Allium*)、看麦娘属(*Alopecurus*)、香青属(*Anaphalis*)、当归属(*Angelica*)、耧斗菜属(*Aquilegia*)、蚤缀属(*Arenaria*)、天南星属(*Arisaema*)、蒿属(*Artemisia*)、假升麻属(*Aruncus*)、野古草属(*Arundinella*)、细辛属(*Asarum*)、紫菀属(*Aster*)、燕麦属(*Avena*)、茵草属

（*Beckmannia*）、小檗属（*Berberis*）、桦木属（*Betula*）、雀麦属（*Bromus*）、柴胡属（*Bupleurum*）、拂子茅属（*Calamagrostis*）、荠属（*Capsella*）、鹅耳枥属（*Carpinus*）、栗属（*Castanea*）、头蕊兰属（*Cephalanthera*）、卷耳属（*Cerastium*）、樱属（*Cerasus*）、紫荆属（*Cercis*）、柳兰属（*Chamaenerion*）、金腰属（*Chrysosplenium*）、升麻属（*Cimicifuga*）、露珠草属（*Circaea*）、蓟属（*Cirsium*）、风轮菜属（*Clinopodium*）、黄连属（*Coptis*）、马桑属（*Coriaria*）、梾木属（*Cornus*）、紫堇属（*Corydalis*）、榛属（*Corylus*）、黄栌属（*Cotinus*）、栒子属（*Cotoneaster*）、山楂属（*Crataegus*）、鸭儿芹属（*Cryptotaenia*）、柏木属（*Cupressus*）、琉璃草属（*Cynoglossum*）、杓兰属（*Cypripedium*）、鸭茅属（*Dactylis*）、胡萝卜属（*Daucus*）、翠雀属（*Delphinium*）、野青茅属（*Deyeuxia*）、葶苈属（*Draba*）、稗属（*Echinochloa*）、胡颓子属（*Elaeagnus*）、柳叶菜属（*Epilobium*）、火烧兰属（*Epipactis*）、羊胡子草属（*Eriophorum*）、水青冈属（*Fagus*）、羊茅属（*Festuca*）、草莓属（*Fragaria*）、白蜡树属（*Fraxinus*）、贝母属（*Fritillaria*）、路边青属（*Geum*）、活血丹属（*Glechoma*）、花锚属（*Halenia*）、岩黄芪属（*Hedysarum*）、独活属（*Heracleum*）、葎草属（*Humulus*）、八宝属（*Hylotelephium*）、鸢尾属（*Iris*）、胡桃属（*Juglans*）、刺柏属（*Juniperus*）、地肤属（*Kochia*）、香豌豆属（*Lathyrus*）、火绒草属（*Leontopodium*）、藁本属（*Ligusticum*）、百合属（*Lilium*）、对叶兰属（*Listera*）、紫草属（*Lithospermum*）、忍冬属（*Lonicera*）、枸杞属（*Lycium*）、地笋属（*Lycopus*）、山茱萸属（*Macrocarpium*）、锦葵属（*Malva*）、苹果属（*Malus*）、山萝花属（*Melampyrum*）、女娄菜属（*Melandrium*）、臭草属（Melica）、薄荷属（*Mentha*）、粟草属（*Milium*）、水晶兰属（*Monotropa*）、桑属（*Morus*）、列当属（*Orobanche*）、稠李属（*Padus*）、芍药属（*Paeonia*）、梅花草属（*Parnassia*）、马先蒿属（*Pedicularis*）、蜂斗菜属（*Petasites*）、山梅花属（*Philadelphus*）、松属（*Pinus*）、黄精属（*Polygonatum*）、杨属（*Populus*）、委陵菜属（*Potentilla*）、报春花属（*Primula*）、夏枯草属（*Prunella*）、白头翁属（*Pulsatilla*）、鹿蹄草属（*Pyrola*）、栎属（*Quercus*）、红景天属（*Rhodiola*）、杜鹃花属（*Rhododendron*）、盐肤木属（*Rhus*）、茶藨子属（*Ribes*）、蔷薇属（*Rosa*）、茜草属（*Rubia*）、圆柏属（*Sabina*）、漆姑草属（*Sagina*）、慈姑属（*Sagittaria*）、柳属（*Salix*）、接骨木属（*Sambucus*）、地榆属（*Sanguisorba*）、风毛菊属（*Saussurea*）、虎耳草属（*Saxifraga*）、玄参属（*Scrophularia*）、景天属（*Sedum*）、蝇子草属（*Silene*）、一支黄花属（*Solidago*）、苦苣菜属（*Sonchus*）、花楸属（*Sorbus*）、绣线菊属（*Spiraea*）、缬草属（*Spiranthes*）、省沽油属（*Staphylea*）、獐牙菜属（*Swertia*）、蒲公英属（*Taraxacum*）、红豆杉属（*Taxus*）、唐松草属（*Thalictrum*）、菥蓂属（*Thlaspi*）、椴树属（*Tilia*）、岩菖蒲属（*Tofieldia*）、车轴草属（*Trifolium*）、三毛草属（*Trisetum*）、榆属（*Ulmus*）、荨麻属（*Urtica*）、越橘属（*Vaccinium*）、缬草属（*Valeriana*）、藜芦属（*Veratrum*）、婆婆纳属（*Veronica*）、荚蒾属（*Viburnum*）、野豌豆属（*Vicia*）、葡萄属（*Vitis*）。木本植物属多为落叶树木，其中的大部分是地带性森林植被的优势种或建群种，如槭树属、桦木属、鹅耳枥属、栎属、杨属、柳属、榆属、胡桃属、椴树、榛属、花楸属、梾木属、稠李属等，并构成了群落的乔木层。灌木层主要由胡颓子属、忍冬属、山梅花属、山楂属、黄栌属、栒子属、李属、杜鹃花属、荚蒾属、蔷薇属中的许多种类构成；木质藤本中葡萄属的植物十分常见。草本植物极为丰富，菊科的蒿属在本分布类型中种类最多、分布最普

遍，本区植物群落组成上具有较大意义的还有乌头属、紫菀属、当归属、龙牙草属、楼斗菜属、野古草属、柳叶菜属、翠雀属、花锚属、鸢尾属、藁本属等。它们分别在自然保护区各种植被类型中具有不同的作用。

⑨东亚和北美间断分布

指间断分布于东亚和北美洲温带及亚热带地区的属。该分布类型在本区共 66 属，占总属数的 9.05%。主要有六道木属（*Abelia*）、菖蒲属（*Acorus*）、藿香属（*Agastache*）、粉条儿菜属（*Aletris*）、紫穗槐属（*Amorpha*）、蛇葡萄属（*Ampelopsis*）、两型豆属（*Amphicarpaea*）、金线草属（*Antenoron*）、楤木属（*Aralia*）、落新妇属（*Astilbe*）、勾儿茶属（*Berchemia*）、草苁蓉属（*Boschniakia*）、蟹甲草属（*Parasenecio*）、栲属（*Castanopsis*）、梓属（*Catalpa*）、红毛七属（*Caulophyllum*）、香槐属（*Cladrastis*）、七筋姑属（*Clintonia*）、赤壁木属（*Decumaria*）、山蚂蝗属（*Desmodium*）、荷包牡丹属（*Dicentra*）、山荷叶属（*Diphylleia*）、万寿竹属（*Disporum*）、皂荚属（*Gleditsia*）、金缕梅属（*Hamamelis*）、绣球属（*Hydrangea*）、松下兰属（*Hypopitys*）、八角属（*Illicium*）、鼠刺属（*Itea*）、大丁草属（*Leibnitzia*）、胡枝子属（*Lespedeza*）、枫香属（*Liquidambar*）、鹅掌楸属（*Liriodendron*）、石栎属（*Lithocarpus*）、南烛属（*Lyonia*）、木兰属（*Magnolia*）、十大功劳属（*Mahonia*）、龙头草属（*Meehania*）、蝙蝠葛属（*Menispermum*）、乱子草属（*Muhlenbergia*）、蓝果树属（*Nyssa*）、木犀属（*Osmanthus*）、板凳果属（*Pachysandra*）、人参属（*Panax*）、爬山虎属（*Parthenocissus*）、扯根菜属（*Penthorum*）、石楠属（*Photinia*）、透骨草属（*Phryma*）、长柄山蚂蝗属（*Podocarpium*）、朱兰属（*Pogonia*）、刺槐属（*Robinia*）、檫木属（*Sassafras*）、五味子属（*Schisandra*）、鹿药属（*Smilacina*）、珍珠梅属（*Sorbaria*）、紫茎属（*Stewartia*）、人血草属（*Stylophorum*）、黄水枝属（*Tiarella*）、榧树属（*Torreya*）、漆树属（*Toxicodendron*）、络石属（*Trachelospermum*）、延龄草属（*Trillium*）、莛子藨属（*Triosteum*）、铁杉属（*Tsuga*）、腹水草属（*Veronicastrum*）、紫藤属（*Wisteria*）。六道木属是东亚—墨西哥间断分布。在这一分布类型中有些属起源古老原始，如榧树属、鹅掌楸属、木兰属、枫杨属、金缕梅属、八角属、五味子属等。这些洲际间断分布的属以及原始类群，显示了东亚和北美在地质历史上的联系。

⑩旧世界温带分布

系指分布于欧洲、亚洲中高纬度的温带和寒温带的属。该分布类型在本区共 47 属，占总属数的 6.45%。主要包括沙参属（*Adenophora*）、筋骨草属（*Ajuga*）、水棘针属（*Amethystea*）、巴旦杏属（*Amygdalus*）、牛蒡属（*Arctium*）、天名精属（*Carpesium*）、蛇床属（*Cnidium*）、狗筋蔓属（*Cucubalus*）、瑞香属（*Daphne*）、菊属（*Dendranthema*）、石竹属（*Dianthus*）、川续断属（*Dipsacus*）、香薷属（*Elsholtzia*）、淫羊藿属（*Epimedium*）、荞麦属（*Fagopyrum*）、连翘属（*Forsythia*）、萱草属（*Hemerocallis*）、獐耳细辛属（*Hepatica*）、角盘兰属（*Herminium*）、旋覆花属（*Inula*）、莴苣属（*Lactuca*）、野芝麻属（*Lamium*）、益母草属（*Leonurus*）、囊吾属（*Ligularia*）、女贞属（*Ligustrum*）、百脉根属（*Lotus*）、剪秋罗属（*Lychnis*）、苜蓿属（*Medicago*）、草木樨属（*Melilotus*）、鹅肠菜属（*Myosoton*）、荆芥属（*Nepeta*）、水芹属（*Oenanthe*）、牛至属（*Origanum*）、马甲子属（*Paliurus*）、重楼属（*Paris*）、前胡属（*Peucedanum*）、糙苏属（*Phlomis*）、毛莲菜属（*Picris*）、福王草属

（*Prenanthes*）、火棘属（*Pyracantha*）、梨属（*Pyrus*）、鹅观草属（*Roegneria*）、假繁缕属（*Theligonum*）、窃衣属（*Torilis*）、麦蓝菜属（*Vaccaria*）、毛蕊花属（*Verbascum*）、榉树属（*Zelkova*）。该分布类型中，木本属种较少，较常见的主要有榉树属、女贞属等。草本植物很多种都是森林群落的主要伴生种，如菊属、天名精属、淫羊藿属、旋覆花属、益母草属、橐吾属、水芹属等。

⑪温带亚洲分布

指分布区主要局限于亚洲温带地区的属，该类型在本区共有13属，占1.78%。主要有：亚菊属（*Ajania*）、杭子梢属（*Campylotropis*）、锦鸡儿属（*Caragana*）、刺儿菜属（*Cephalanoplos*）、米口袋属（*Gueldenstaedtia*）、马兰属（*Kelimeris*）、豆列当属（*Mannagettaea*）、瓦松属（*Orostachys*）、孩儿参属（*Pseudostellaria*）、大黄属（*Rheum*）、防风属（*Saposhnikovia*）、山牛蒡属（*Synurus*）、附地菜属（*Trigonotis*）。这一类型在群落组成上主要是草本层的伴生种。

⑫地中海区、西亚至中亚分布

指分布于现代地中海周围，仅西亚或西南亚到俄罗斯中亚和我国新疆、青藏高原及蒙古高原一带的属，在本地区较少，仅有牻牛儿苗属（*Erodium*）、糖荠属（*Erysimum*）、茴香属（*Foeniculum*）、黄连木属（*Pistacia*）4属，占0.55%。

⑬中亚分布

指只分布于中亚而不见于西亚及地中海周围的属，即位于古地中海的东半部。在本地区分布最少，仅有大麻属（*Cannabis*）1属，占0.14%。在本地区群落组成上意义不大。

⑭东亚分布

指主要分布从东喜马拉雅至日本的属。该分布类型在本区共112属，占总属数的15.36%。包括有五加属（*Acanthopanax*）、千针苋属（*Acroglochin*）、猕猴桃属（*Actinidia*）、兔儿风属（*Ainsliaea*）、木通属（*Akebia*）、无柱兰属（*Amitostigma*）、苍术属（*Atractylodes*）、云木香属（*Aucklandia*）、桃叶珊瑚属（*Aucuba*）、铁破锣属（*Beesia*）、射干属（*Belamcanda*）、白及属（*Bletilla*）、鸡爪草属（*Calathodes*）、大百合属（*Cardiocrinum*）、莸属（*Caryopteris*）、三尖杉属（*Cephalotaxus*）、连香树属（*Cercidiphyllum*）、独花兰属（*Changnienia*）、南酸枣属（*Choerospondias*）、党参属（*Codonopsis*）、珊瑚苣苔属（*Corallodiscus*）、田麻属（*Corchoropsis*）、蜡瓣花属（*Corylopsis*）、杜鹃兰属（*Cremastra*）、猫儿屎属（*Decaisnea*）、叉叶蓝属（*Deinanthe*）、四照花属（*Dendrobenthamia*）、溲疏属（*Deutzia*）、人字果属（*Dichocarpum*）、双盾木属（*Dipelta*）、假奓包叶属（*Discocleidion*）、八角莲属（*Dysosma*）、结香属（*Edgeworthia*）、吊钟花属（*Enkianthus*）、枇杷属（*Eriobotrya*）、领春木属（*Euptelea*）、野鸦椿属（*Euscaphis*）、大吴风草属（*Farfugium*）、梧桐属（*Firmiana*）、青荚叶属（*Helwingia*）、泥胡菜属（*Hemistepta*）、雪胆属（*Hemsleya*）、鹰爪枫属（*Holboellia*）、无须藤属（*Hosiea*）、玉簪属（*Hosta*）、蕺草属（*Houttuynia*）、枳椇属（*Hovenia*）、荷青花属（*Hylomecon*）、刺楸属（*Kalopanax*）、棣棠花属（*Kerria*）、油杉属（*Keteleeria*）、栾树属（*Koelreuteria*）、鸡眼草属（*Kummerowia*）、山麦冬属（*Liriope*）、檵木属（*Loropetalum*）、石蒜属（*Lycoris*）、吊石苣苔属（*Lysionotus*）、博落回属（*Macleaya*）、萝

摩属(*Metaplexis*)、臭樱属(*Maddenia*)、石荠苎属(*Mosla*)、南天竹属(*Nandina*)、绣线梅属(*Neillia*)、沿阶草属(*Ophiopogon*)、马铃苣苔属(*Oreocharis*)、败酱属(*Patrinia*)、泡桐属(*Paulownia*)、紫苏属(*Perilla*)、显子草属(*Phaenosperma*)、黄柏属(*Phellodendron*)、松蒿属(*Phtheirospermum*)、毛竹属(*Phyllostachys*)、似囊果芹属(*Physospermopsis*)、冠盖藤属(*Pileostegia*)、半夏属(*Pinellia*)、化香树属(*Platycarya*)、侧柏属(*Platycladus*)、桔梗属(*Platycodon*)、苦竹属(*Pleioblastus*)、囊瓣芹属(*Pternopetalum.*)、枫杨属(*Pterocarya*)、白辛属(*Pterostyrax*)、地黄属(*Rehmannia*)、吉祥草属(*Reineckea*)、鬼灯檠属(*Rodgersia*)、钻地风属(*Schizophragma*)、天葵属(*Semiaquilegia*)、六月雪(*Serissa*)、箭竹属(*Sinarundinaria*)、石莲属(*Sinocrassula*)、防己属(*Sinomenium*)、蒲儿根属(*Sinosenecio*)、阴行草属(*Siphonostegia*)、茵芋属(*Skimmia*)、竹叶吉祥草属(*Spatholirion*)、旌节花属(*Stachyurus*)、野木瓜属(*Stauntonia*)、红果树属(*Stranvaesia*)、竹叶子属(*Streptolirion*)、兔儿伞属(*Syneilesis*)、水青树属(*Tetracentron*)、鞘柄木属(*Torricellia*)、棕榈属(*Trachycarpus*)、油点草属(*Tricyrtis*)、双参属(*Triplostegia*)、双蝴蝶属(*Tripterospermum*)、雷公藤属(*Tripterygium*)、开口箭属(*Tupistra*)、油桐属(*Vernicia*)、锦带花属(*Weigela*)、黄鹌菜属(*Youngia*)、山桐子属(*Idesia*)。本分布区类型中的许多木本种类，除裸子植物的几个属外，其余全部木本属于落叶植物，其中领春木属、四照花属、枫杨属、化香树属的种类为落叶阔叶林中的优势种。

⑮中国特有分布

中国特有分布，标准有所不同，本文根据吴征镒院士的观点，共有 29 属，占 3.98%。见表 3-6。它们是喜树属(*Camptotheca*)、蜡梅属(*Chimonanthus*)、川明参属(*Chuanminshen*)、藤山柳属(*Clematoclethra*)、青钱柳属(*Cyclocarya*)、珙桐属(*Davidia*)、金钱槭属(*Dipteronia*)、香果树属(*Emmenopterys*)、血水草属(*Eomecon*)、杜仲属(*Eucommia*)、拐棍竹属(*Fargesia*)、动蕊花属(*Kinostemon*)、羌活属(*Notopterygium*)、石山苣苔属(*Petrocodon*)、山拐枣属(*Poliothyrsis*)、裸芸香属(*Psilopeganum*)、青檀属(*Pteroceltis*)、翼萼蔓属(*Pterygocalyx*)、钩子木属(*Rostrinucula*)、大血藤属(*Sargentodoxa*)、马蹄香属(*Saruma*)、车前紫草属(*Singogohnstonia*)、串果藤属(*Sinofranchetia*)、山白树属(*Sinowilsonia*)、地构叶属(*Speranskia*)、瘿椒树属(*Tapiscia*)、通脱木属(*Tetrapanax*)、盾果草属(*Thyrocarpus*)、石笔木属(*Tutcheria*)。在这些属中，有不少属起源古老、系统位置原始或孤立。无论是古特有属还是新特有属，从植物地理学角度来看，都是分布范围或物种的发展、迁徙受到限制的类群。古特有属可能是在较长的地质年代期间，自然地理环境特别是气候要素的变化对它的分布和发展起到了压缩和抑制的作用，甚至对其绝灭也产生一定的影响，残留下来的主要是一些孑遗类群；而新特有属则由于特殊的地理条件和局部特殊环境组成的小生境既促进了它们的形成和发展，同时也阻碍了它们的传播。这些特有属的存在有力地论证了崩尖子自然保护区植物区系的古老性，及其在华中植物区系中的重要地位。深入研究这些特有属在生态系统中的作用和功能，能了解物种的发生、维持、发展和灭绝机制。这些特有属的存在，体现了保护区建设的重要意义。

表3-6　崩尖子自然保护区的中国特有属

| 属名 | 拉丁名 | 属名 | 拉丁名 |
|------|--------|------|--------|
| 喜树属 | *Camptotheca* Decne | 裸芸香属 | *Psilopeganum* Hemsl. |
| 蜡梅属 | *Chimonanthus* Lindl. | 青檀属 | *Pteroceltis* Maxim. |
| 川明参属 | *Chuanminshen* Sheh et Shan | 翼萼蔓属 | *Pterygocalyx* Maxim. |
| 藤山柳属 | *Clematoclethra* Maxim. | 钩子木属 | *Rostrinucula* Kudo |
| 青钱柳属 | *Cyclocarya* Iljinsk. | 大血藤属 | *Sargentodoxa* Rehd. et Wils. |
| 珙桐属 | *Davidia* Baill | 马蹄香属 | *Saruma* Oliv. |
| 金钱槭属 | *Dipteronia* Oliv. | 车前紫草属 | *Singojohnstonia* Hu. |
| 香果树属 | *Emmenopterys* Oliv. | 串果藤属 | *Sinofranchetia* Hemsl. |
| 血水草属 | *Eomecon* Hance | 山白树属 | *Sinowilsonia* Hemsl. |
| 杜仲属 | *Eucommia* Oliv. | 地构叶属 | *Speranskia* Baill. |
| 拐棍竹属 | *Fargesia* Franch. | 瘿椒树属 | *Tapiscia* Oliv. |
| 动蕊花属 | *Kinostemon* Kudo | 通脱木属 | *Tetrapanax* K. Koch. |
| 羌活属 | *Notopterygium* H. Boiss. | 盾果草属 | *Thyrocarpus* Hance |
| 石山苣苔属 | *Petrocodon* Hance | 石笔木属 | *Tutcheria* Dunn |
| 山拐枣属 | *Poliothyrsis* Oliv. | | |

综合分析崩尖子自然保护区种子植物区系性质，其中属于热带分布类型的共250属，占总属数的34.29%；属于温带分布类型的共396属，占总属数的54.32%；中国特有分布类型有29属，占总属数的3.98%。表明该地区的种子植物区系以温带性质为主，但具有由亚热带向温带过渡的性质。

## 3.1.3　与其他自然保护区种子植物区系的比较

植物区系特征与自然地理环境有着紧密的联系。为了进一步分析崩尖子自然保护区植物区系特征，我们选择位于鄂东南地区的九宫山(幕阜山系)、鄂西南地区的七姊妹山(武陵山余脉)、鄂西北的神农架(大巴山脉东延余脉)及太白山(秦岭山系)4个国家级自然保护区与位于鄂西南地区的崩尖子自然保护区(武陵山东段北部余脉)的种子植物区系进行比较，其分布类型如表3-7所示。为了更清晰地比较各地的植物区系，我们选择了种子植物属的区系成分中热带成分(R)、温带成分(T)及中国特有成分(C)、R/T值(热带成分/温带成分)进行比较分析，如表3-8，图3-2所示。

比较5个自然保护区种子植物属的区系成分，特别是从R/T值可以看出，崩尖子自然保护区的植物区系成分与同属武陵山余脉的七姊妹山比较接近，七姊妹山热带成分略显丰富一些，这与两地山系接近，地理位置紧邻且七姊妹山相对偏南相关。而位于鄂东南地区的九宫山自然保护区的热带成分相比崩尖子自然保护区更加丰富，这可能是由于九宫山的纬度位置比崩尖子自然保护区更偏南有关系；位于鄂西北的神农架自然保护区相对于崩尖子更偏向于北边，它的温带成分相较于热带成分更加丰富，所以它的R/T

值偏小；太白山则由于山系或地理环境与崩尖子自然保护区的差别较大，因此植物区系也有较大的差别。

表 3-7 崩尖子自然保护区与其他自然保护区植物区系的比较

| 分布区类型 | 崩尖子 | 神农架 | 九宫山 | 七姊妹山 | 太白山 |
|---|---|---|---|---|---|
| 1 | 7.41% | 7.50% | 8.70% | 8.90% | 10.00% |
| 2 | 14.81% | 12.10% | 18.10% | 16.70% | 10.70% |
| 3 | 1.51% | 1.40% | 3.20% | 2.40% | 0.60% |
| 4 | 3.98% | 3.40% | 4.90% | 4.10% | 2.30% |
| 5 | 3.16% | 2.90% | 2.70% | 3.40% | 1.70% |
| 6 | 3.29% | 2.80% | 3.20% | 3.10% | 2.10% |
| 7 | 7.54% | 6.10% | 6.50% | 6.70% | 2.40% |
| 8 | 20.99% | 23.80% | 17.40% | 18.90% | 29.40% |
| 9 | 9.05% | 8.50% | 7.40% | 7.50% | 7.30% |
| 10 | 6.45% | 7.80% | 8.60% | 6.00% | 11.70% |
| 11 | 1.78% | 2.20% | 1.20% | 1.40% | 3.20% |
| 12 | 0.55% | 0.50% | 1.50% | 1.30% | 1.10% |
| 13 | 0.14% | 0.30% | 0.30% | 0.10% | 0.80% |
| 14 | 15.36% | 15.40% | 12.80% | 14.90% | 12.90% |
| 15 | 3.98% | 5.50% | 3.70% | 4.50% | 3.80% |

表 3-8 崩尖子自然保护区与其他 4 个自然保护区植物区系统计分析

| 区系统计 | 崩尖子 | 神农架 | 九宫山 | 七姊妹山 | 太白山 |
|---|---|---|---|---|---|
| R | 34.29% | 28.70% | 38.60% | 36.40% | 19.80% |
| T | 54.32% | 58.50% | 49.20% | 50.10% | 66.40% |
| R/T | 0.631 | 0.4906 | 0.7846 | 0.7265 | 0.2982 |
| C | 3.98% | 5.50% | 3.70% | 4.50% | 3.80% |

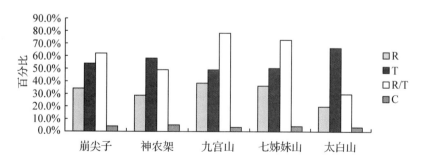

图 3-2 5 个自然保护区植物区系分布比较图

## 3.1.4　崩尖子自然保护区植物区系特征

(1)生境复杂，植物种类丰富

通过深入的科学考察及对历年积累的植物区系资料进行系统整理，查明保护区有维管束植物共 185 科 791 属 1955 种(含种下等级，下同。其中含部分栽培植物 15 种)，其中蕨类植物 27 科 55 属 100 种；裸子植物 6 科 16 属 25 种(含栽培植物 6 种)；被子植物 152 科 720 属 1830 种(含栽培植物 9 种)。维管束植物分别占湖北总科数的 76.76%、总属数的 54.48%、总种数的 32.48%；占全国总科数的 52.41%、总属数的 24.89%、总种数的 7.02%。充分表明崩尖子自然保护区植物种类丰富，植物区系成分复杂，其植物区系在湖北省乃至全国的植物区系中都占有重要的地位。该区域复杂多样的生境，超过 2000m 的海拔高差，为丰富的生物多样性提供了极有利的支撑。

(2)植物地理成分复杂多样

中国的蕨类植物区系分为 13 个分布区类型，而崩尖子自然保护区的蕨类植物除中国特有及其他 3 个分布类型缺乏外，其他 9 个分布区类型都存在。中国的种子植物科的区系分为 16 个分布区类型，崩尖子自然保护区的分布型有 13 个，仅缺少温带亚洲、地中海区、西亚至中亚和中亚三个类型。中国的种子植物属的区系分为 15 个分布区类型，在崩尖子自然保护区这些分布型都存在，并且还有许多变型。这些不同的地理区系成分相互渗透，充分显示了崩尖子自然保护区植物区系成分的复杂性和过渡性的特征。

(3)植物区系成分以温带性质为主，但具有过渡性特征

崩尖子自然保护区蕨类植物的地理分布类型中，属于热带分布型的共有 23 属，占蕨类植物总数属的 41.82%；属于温带分布类型的有 14 属，占总数属的 25.45%，显示热带地理成分占较大优势。但在种子植物属的区系成分分析中，属于热带分布类型的共 250 属，占总属数的 34.29%；属于温带分布类型的共 396 属，占总属数的 54.32%，显示种子植物的区系以温带性质为主。总体来看，崩尖子自然保护区的植物区系以温带性质为主，但具有由亚热带向温带过渡的性质。

(4)特有成分多，是部分植物的模式产地

在崩尖子自然保护区的种子植物中，有亚洲特有科 9 科，中国特有分布的科 2 科。有中国特有属 29 属，占总属数的 3.98%。在这 29 个中国特有属中，单种特有属有 28 属。同时该地还是一些植物的模式产地，如：长阳虾脊兰(*Calanthe henryi*)、长阳十大功劳(*Mahonia sheridaniana*)、长阳山樱桃(*Cerasus cyclamina*)，充分显示了自然保护区植物地理成分的独特性与典型性。

(5)植物区系具有古老、原始和孑遗性质

在崩尖子自然保护区的植物区系中，集中分布着许多古老和原始的科、属，也包含了大量的单型属和少型属。该地区第三纪古老植物很多，可能是我国第三纪植物区系重要保存地之一。在裸子植物中，有三叠纪的松属、红豆杉属、三尖杉属等；在被子植物中，有许多在白垩纪就已经形成的原始类型，如木兰科、八角科、毛茛科、防己科、杜仲科、桦木科、榆科、领春木科等。有些物种已形成较大的群落类型，如领春木

（*Euptelea pleiosperma*）、珙桐（*Davidia involucrata*），显示出崩尖子自然保护区植物区系的古老、原始和孑遗的性质。

# 3.2 自 然 植 被

崩尖子自然保护区位于中亚热带的北缘，地处我国东南低山丘陵与西南高原的过渡性地带，该区域地形复杂、地势陡峭、生境复杂多样。北有秦岭、大巴山作屏障，从地质年代的第三纪以来，几乎没有受到第四纪大陆冰川的侵袭，形成了得天独厚的生态地理环境，因而保存着大量的第三纪遗留下来的古第三纪植物区系和古第三纪植被。根据《中国自然区划》、《中国植被》及《湖北森林》有关植被区划的划分方法，崩尖子自然保护区的自然植被分区应属于中国亚热带常绿阔叶林区域、东部（湿润）常绿阔叶林亚区、中亚热带常绿阔叶林地带、清江流域低山丘陵樟、楠、栲、毛竹、松杉、柏木林小区。由于崩尖子海拔高差大，从河谷地区的 200m 至崩尖子最高峰 2259.1m，海拔高差达 2000m 以上，也为垂直地带性植被提供了优良的栖息地。2014 年 7 月，湖北大学、华中师范大学、湖北生态学院的研究人员组成综合科学考察队，在参考前人植被调查成果的基础上，对崩尖子自然保护区的植被进行了深入的调查与研究。

## 3.2.1 植被分类系统与植被调查方法

崩尖子自然保护区的植被分类原则与系统仍采用了《中国植被》的分类原则和系统，即以生态－外貌为分类依据构建植被分类体系，特别是在群系以上水平上体现这一原则。但由于《中国植被》分类系统中，对植被系统的基本单位——群丛重视不够，样方资料相当匮乏，研究人员对群丛这一基本植被单位命名十分混乱。在崩尖子自然保护区内，为了更好地反映该区域植被的状况，我们针对群落调查采用了植物社会学的调查方法，吸收利用了法瑞学派植被调查标准化和系统化的长处，力求植被分类更趋于自然，同时更好地体现植被类型与环境的相关性，也有利于崩尖子地区的植被与中国植被系统的"对接"。

崩尖子自然保护区的植被调查采用国际植被学会通用的植物社会学的方法进行（Braun-Blanquet，1964；Fujiwara，1987）。在方法论上特别强调以下要点：

（1）样地选择强调环境及立地条件的均一性，样地可以为任意形状，以保证植被与环境的同一性。

（2）在保护区范围内，强调选点的多样性及样方的数量，以保证植被调查资料的科学性。

（3）强调调查资料的准确性。特别是样方中所出现的全部植物种类要分层进行识别，记载每一种的综合优势度（total estimate）和多度（abundance）。记录调查地的位置（经度，纬度），地形，方位，坡度，海拔高度，土壤与地质条件，风的强度，干扰状况等。

（4）根据现地调查所得植被调查资料作成初表，按照 Ellenberg 的方法进行一系列表的操作（Ellenberg，1956），即按照初表—常在度表—部分表—区分表—综合常在度表—群集表（群丛表）的顺序进行一系列表的变换，确定群落类型及各群落的特征种、优势种等。描绘主要建群种的立木结构图与植被群落的断面图。

在有些样方调查不变的地域，也采用了目测样方的调查方法，主要记录样方内物种的主要种类，估测群落结构中各层的盖度等。

根据植被调查数据，结合《中国植被》的分类原则，可将崩尖子自然保护区自然植被划分为 3 个植被型组，8 个植被型，42 个群系。

## 崩尖子自然保护区植被分类系统
### 针叶林

I. 温性针叶林

1. 华山松林（Form. *Pinus armandii*）
2. 巴山松林（Form. *Pinus henryi*）

II. 暖性针叶林

3. 杉木林（Form. *Cunninghamia lanceolata*）
4. 马尾松林（Form. *Pinus massoniana*）

### 阔叶林

III. 常绿阔叶林

5. 曼青冈林（Form. *Cyclobalanopsis oxyodon*）
6. 宜昌润楠林（Form. *Machilus ichangensis*）
7. 利川润楠林（Form. *Machilus lichuanensis*）
8. 乌冈栎林（Form. *Quercus phillyraeoides*）
9. 刺叶栎林（Form. *Quercus spinosa*）
10. 麻花杜鹃林（Form. *Rhododendron maculiferum*）
11. 水丝梨林（Form. *Sycopsis sinensis*）

IV. 常绿、落叶阔叶混交林

12. 绵柯＋阔叶槭混交林（Form. *Lithocarpus henryi ＋ Acer amplum*）
13. 宜昌润楠＋化香混交林（Form. *Machilus ichangensis ＋ Platycarya strobilacea*）
14. 多脉青冈栎＋青榨槭混交林（Form. *Cyclobalanopsis multinervis ＋ Acer davidii*）
15. 绵柯＋锐齿槲栎混交林（Form. *Lithocarpus henryi ＋ Quercus aliena* var. *acuteserrata*）

V. 落叶阔叶林

16. 阔叶槭林（Form. *Acer amplum*）
17. 鹅耳枥林（Form. *Carpinus turczaninowii*）
18. 珙桐林（Form. *Davidia involucrata*）
19. 领春木林（Form. *Euptelea pleiosperma*）
20. 米心水青冈林（Form. *Fagus engleriana*）
21. 枫杨林（Form. *pterocarya stenoptera*）
22. 化香树林（Form. *Platycarya strobilacea*）
23. 锐齿槲栎林（Form. *Quercus aliena* var. *acuteserrata.*）

24. 短柄枹栎林( Form. *Quercus serrata* var. *brevipetiolata* )

25. 粉椴林( Form. *Tilia oliveri* )

**灌丛及草丛**

**VI. 灌丛**

26. 顶花板凳果灌丛( Form. *Pachysandra terminalis* )

27. 长叶水麻灌丛( Form. *Debregeasia longifolia* )

28. 鄂西绣线菊灌丛( Form. *Spiraea veitchii* )

29. 山麻杆灌丛( Form. *Alchornea davidii* )

30. 长叶胡颓子灌丛( Form. *Elaeagnus bockii* )

31. 平枝栒子灌丛( Form. *Cotoneaster horizontalis* )

32. 腊莲绣球灌丛( Form. *Hydrangea strigosa* )

33. 泡叶栒子灌丛( Form. *Cotoneaster bullatus* )

**VII. 竹林**

34. 箭竹灌丛( Form. *Sinarundinaria nitida* )

**VIII. 草丛**

35. 序叶苎麻草丛( Form. *Boehmeria clidemioides* var. *diffusa* )

36. 一年蓬草丛( Form. *Erigeron annuus* )

37. 睫萼凤仙花草丛( Form. *Impatiens blepharosepala* )

38. 苞叶景天草丛( Form. *Imperala cylindrica* var. *major* )

39. 芒草丛( Form. *Miscanthus sinensis* )

40. 博落回草丛( Form. *Macleaya cordata* )

41. 冷水花草丛( Form. *Pilea notata* )

42. 日本金星蕨草丛( Form. *Parathelypteris nipponica* )

## 3.2.2　主要植被类型概述

### Ⅰ. 针叶林

针叶林是以针叶树为建群种所组成的各种森林植被群落的总称,包括针叶纯林和以针叶树为主的针阔叶混交林。我国亚热带地区的针叶林,除一些高海拔地域外,大都是次生类型,占有很大面积。这些针叶林除少数种类,如水杉、水松、金钱松等为落叶乔木,组成小片群落和群落片段外,其余均为常绿针叶乔木。在崩尖子自然保护区,温性针叶林如华山松林与巴山松林均为原生的自然植被,暖性针叶林主要分布在较低海拔地域,以次生类型或人工植被为主,如马尾松林和杉木林。

1）温性针叶林

（1）华山松林( Form. *Pinus armandii* )

华山松较耐干旱、瘠薄,能在石灰缝中生长。多生长在黄褐土或钙质土上,林下枯枝落叶层较厚。华山松林外貌粉绿色,天然林林冠不整齐。华山松在崩尖子自然保护区分布于海拔 1800m 左右的山坡中上部、山顶或山脊,未见大片的天然纯林,乔木层中混生着各种阔叶树种,组成针阔混交林,但华山松在群落中占优势。

在崩尖子接近山顶上坡处进行了记名样方调查（调查地点：崩尖子；样方位置：E 110°42′54.75″，N 30°17′01.87″；海拔：1875m），在 20m×20m 的样方内，除了优势种华山松外，还有伴生种照山白（*Rhododendron micranthum*）、万寿竹（*Disporum cantoniense*）、插田泡（*Rubus coreanus*）、蛇菰（*Balanophora japonica*）等。其立木结构如图 3-3 所示。

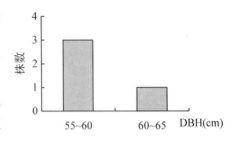

图 3-3　华山松林的立木结构

（2）巴山松林（Form. *Pinus henryi*）

巴山松是亚热带山地常绿针叶林，主要分布在大巴山、巫山和鄂西北山地，一般分布在海拔 1000~1900m 的地区，其上界为落叶阔叶林，下方则常与马尾松林、杉木林或常绿阔叶林相衔接。群落外貌浓绿色，结构简单，层次分明，一般具有乔木、灌木、草本三层。在土壤瘠薄的向阳坡山脊上常形成纯林。巴山松为中国特产，属喜光树种，适应性强，在较恶劣的环境下均能正常生长，在悬岩陡壁以及瘠薄的土壤上常可见到巴山松林的分布。

对崩尖子接近山顶上坡处（调查地点：崩尖子；样方位置：E 110°42′55.23″，N 30°17′13.16″；海拔：1818m）的巴山松林进行记名样方调查，除了优势种巴山松以外，还有伴生种藏刺榛（*Corylus ferox* var. *thibetica*）、山胡椒（*Lindera glauca*）、粉红杜鹃（*Rhododendron oreodoxa* var. *fargesii*）、华中五味子（*Schisandra sphenanthena*）、三桠乌药（*Lindera obtusiloba*）、青荚叶（*Helwingia japonica*）、箭竹（*Sinarundinaria nitida*）、箬竹（*Indocalamus tessellatus*）、皱叶荚蒾（*Viburnum rhytidophyllum*）、中华绣线菊（*Spiraea chinensis*）、拉拉藤（*Galium aparine* var. *tenerum*）、萱草（*Hemerocallis fulva*）、日本金星蕨（*Parathelypteris nipponica*）、短梗南蛇藤（*Celastrus rosthornianus*）、蕨（*Pteridium aquilinum* var. *latiusculum*）、鞘柄菝葜（*Smilax stans*）、毛当归（*Angelica pubescens*）、薄雪火绒草（*Leontopodium japonicum*）、大戟（*Euphorbia pekinensis*）、红花车轴草（*Trifolium pratense*）、插田泡（*Rubus coreanus*）。

2）暖性针叶林

（3）杉木林（Form. *Cunninghamia lanceolata*）

杉木林适宜生长在土层深厚且排水良好的地方，以阴坡或半阳坡为主。广泛分布于亚热带的东部地区，尤以闽、浙、赣、粤交界的武夷山区、南岭山区和湘、黔、桂交界的山区生长最好，为杉木林中心产区。崩尖子自然保护区内较大面积的杉木林主要分布在海拔 1200m 以下。

在海拔 510m 的云丰嘴进行了杉木林样方调查。乔木层只有杉木，盖度达 60%。平均树高 10m，平均胸径 10cm，形成单优势群落。

灌木层不发达，盖度 10% 左右，主要有山合欢（*Albizia kalkora*）、油茶（*Camellia oleifera*）、珍珠枫（*Callicarpa bodinieri*）等少数种类。

草本层种类较多，盖度 20% 左右，没有明显优势种，一年蓬（*Erigeron annuus*）、土牛膝（*Achyranthes aspera*）、荩草（*Arthraxon hispidus*）、地枇杷（*Ficus tikoua*）、苔草（*Carex* sp.）、

蝴蝶花(*Iris japonica*)略占优势。其群落组成如表3-9所示。

杉木是我国特有的植物种类，材质优良，生长速度快，保护区内保留部分杉木和它的群落是必要的。

### 表3-9 杉木群落组成表

(调查地点：云丰嘴；样方位置：E 110°45′16.05″，N 30°17′23.77″；地形地貌：台地；海拔：510m；样方面积：15m×20m)

| 层次 | 物 | 种 | 优势度·多度 |
|---|---|---|---|
| T | 杉木 | *Cunninghamia lanceolata* | 3·4 |
| S | 油茶 | *Camellia oleifera* | + |
| | 珍珠枫 | *Callicarpa bodinieri* | + |
| | 油桐 | *Vernicia fordii* | + |
| | 山合欢 | *Albizia kalkora* | + |
| | 芭蕉 | *Musa basjoo* | + |
| | 棕榈 | *Trachycarpus fortunei* | + |
| H | 悬钩子 | *Rubus* sp. | + |
| | 一年蓬 | *Erigeron annuus* | +·2 |
| | 糯米团 | *Gonostegia hirta* | + |
| | 瓜木 | *Alangium platanifolium* | + |
| | 土牛膝 | *Achyranthes aspera* | 1·2 |
| | 荩草 | *Arthraxon hispidus* | +·2 |
| | 地枇杷 | *Ficus tikoua* | +·2 |
| | 苔草 | *Carex* sp. | +·2 |
| | 龙牙草 | *Agrimonia pilosa* | + |
| | 蝴蝶花 | *Iris japonica* | +·2 |
| | 魔芋 | *Amorphophallus rivieri* | + |

（4）马尾松林(Form. *Pinus massoniana*)

马尾松林是我国亚热带东部湿润地区分布最为广泛的森林群落类型。由于马尾松具有耐土壤瘠薄和喜光的特性，崩尖子自然保护区内的马尾松主要分布在海拔1200m以下的山坡，形成林相整齐的大面积群落，这类森林多为原生的森林群落遭到砍伐后的天然次生林。也有极少部分飞播后养护而成，成林后多为半自然生长状态。

马尾松林的群落外貌呈翠绿色，林冠疏散，层次分明。在崩尖子多处记名样方显示，马尾松一般高10~16m。乔木层一般只有马尾松，组成单优群落，盖度达60%左右，有时掺杂有少量的亮叶桦(*Betula luminifera*)、枫香(*Liquidambar formosana*)、茅栗(*Castanea seguinii*)、杉木(*Cunninghamia lanceolata*)等。灌木层比较发达，盖度为50%左右，主要种类有油茶(*Camellia oleifera*)、柃木(*Eurya japonica*)、檵木(*Loropetalum chinense*)、多种菝葜(*Smilax* spp.)、算盘子(*Glochidion puberum*)等。草本层主要以铁芒萁(*Dicranopteris dichotoma*)、光里白(*Hicriopteris laevissima*)等为主，形成覆盖度较大的

草本层。

马尾松林作为一种先锋植物群落，正处于森林群落演替的常规阶段，最终将被阔叶林取代。

## Ⅱ. 阔叶林

阔叶林系指以阔叶树种为主要成分的森林群落，是我国东部湿润半湿润气候条件下广泛分布的植被类型，包括常绿阔叶林、落叶阔叶林以及常绿落叶阔叶混交林。由于崩尖子自然保护区位于中亚热带地区北缘，水热条件丰富，加之地形复杂，高差较大以及植物种类繁多，区系成分复杂，因而形成了不同的阔叶林类型。保护区的阔叶林根据海拔梯度的变化，表现出一定的垂直分布规律：在低海拔地区为中亚热带的地带性常绿阔叶林；在山地的一定海拔地段，出现的是常绿落叶阔叶混交林；在山体上部的地段生长发育着落叶阔叶林。

崩尖子自然保护区内阔叶林的建群种较为复杂，构成常绿阔叶林的建群植物主要为壳斗科、樟科、山茶科等植物。构成落叶阔叶林的建群植物，主要为壳斗科栎属、水青冈属、栗属的种类以及桦木科、胡桃科、杨柳科等植物。

### 3）常绿阔叶林

常绿阔叶林又称照叶林，是我国亚热带的地带性植被类型，以中亚热带最为典型。其种类组成十分丰富。主要以常绿的壳斗科乔木树种（栲属 *Castanopsis*、石栎属 *Lithocarpus*、青冈属 *Cyclobalanopsis*、栎属 *Quercus* 的一部分）、樟科的乔木树种（樟属 *Cinnamomum*、楠木属 *Phoebe*、润楠属 *Machilus*）、山茶科的乔木（山茶属 *Camellia*、柃木属 *Eurya* 等）为建群种。由于我国亚热带常绿阔叶林所在地区水热条件优越，是发展农业生产的好地方。大部分常绿阔叶林分布的地方，目前已开垦为主要的农业耕作区，常绿阔叶林只在山地交通不便的地区有少量残存。崩尖子保护区由于自然地理条件优越，加之地形复杂，交通不便，许多地域人迹罕至，因而保留了部分呈镶嵌状分布的常绿阔叶林。

### （5）曼青冈林（Form. *Cyclobalanopsis oxyodon*）

曼青冈在崩尖子自然保护区海拔 1300~1600m 的中山下部的沟谷地区常呈群落状分布，其分布地土层深厚肥沃、湿度大。

曼青冈群落外貌深绿，结构复杂，在保护区烧鸡包进行群落样方调查。乔木层平均高度 18m，盖度达 75% 左右，以曼青冈为优势种类，伴生种有青榨槭（*Acer davidii*）。乔木亚层盖度 50% 左右，优势种有四照花（*Dendrobenthamia japonica* var. *Chinensis*）、光亮山矾（*Symplocos lucida*）、交让木（*Daphniphullum macropodum*）和曼青冈。

灌木层除一些乔木的幼苗和幼树外，种类较多，总盖度 30% 左右。常见种类有猫儿刺（*Ilex pernyi*）、山鸡椒（*Litsea cubeba*）、尖连蕊茶（*Camellia cuspidata*）、翅柃（*Eurya alata*）等。

草本层种类较少，总盖度 5% 左右，其中以蕨状苔草（*Carex filicina*）、扶芳藤（*Euonymus fortunei*）和长穗兔儿风（*Ainsliaea henryi*）略占优势。其群落组成如表 3-10 所示，立木结构如图 3-4 所示。

### 表3-10　曼青冈群落组成表

（调查地点：烧鸡包；样方位置：E 110°44′48.51″，N 30°16′32.01″；坡度：50°；坡向：东北60°；海拔：1531m；样方面积：20m×20m）

| 层次 | 物　种 | | 优势度·多度 |
|---|---|---|---|
| T1 | 曼青冈 | *Cyolobalanopsis oxyodon* | 4·5 |
| | 青榨槭 | *Acer davidii* | + |
| T2 | 四照花 | *Dendrobenthamia japonica* var. *Chinensis* | 2·3 |
| | 交让木 | *Daphniphullum macropodum* | 1·2 |
| | 耳叶杜鹃 | *Rhododendron auriculatum* | + |
| | 光亮山矾 | *Symplocos lucida* | 2·3 |
| | 武当木兰 | *Magnolia sprengeri* | + |
| | 曼青冈 | *Cyolobalanopsis oxyodon* | 1·2 |
| S | 猫儿刺 | *Ilex pernyi* | 1·2 |
| | 山鸡椒 | *Litsea cubeba* | 1·2 |
| | 箭竹 | *Sinarundinaria nitida* | +·2 |
| | 猫儿屎 | *Decaisnea fargesii* | + |
| | 曼青冈苗 | *Cyolobalanopsis oxyodon* | 1·2 |
| | 绵柯 | *Lithocarpus henryi* | + |
| | 鸡爪茶 | *Rubus henryi* | + |
| | 尖连蕊茶 | *Camellia cuspidata* | 1·2 |
| | 翅柃 | *Eurya alata* | 1·2 |
| | 异叶梁王茶 | *Nothopanax davidii* | + |
| | 交让木 | *Daphniphullum macropodum* | 1·2 |
| | 宜昌荚蒾 | *Viburnum erosum* | + |
| | 鞘柄菝葜 | *Smilax stans* | + |
| H | 蕨状苔草 | *Carex filicina* | 1·2 |
| | 猫儿刺 | *Ilex pernyi* | + |
| | 山胡椒苗 | *Lindera glauca* | + |
| | 卫矛苗 | *Euonymus alatus* | + |
| | 鸡爪茶苗 | *Rubus henryi* | + |
| | 扶芳藤 | *Euonymus fortunei* | +·2 |
| | 长穗兔儿风 | *Ainsliaea henryi* | +·2 |

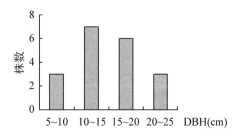

### 图3-4　曼青冈林的立木结构

（6）宜昌润楠林（Form. *Machilus ichangensis*）

宜昌润楠为樟科润楠属乔木植物，树冠呈卵形，高 7～15m。在崩尖子自然保护区分布较广泛，在海拔 560～1400m 的山坡或山谷的疏林内均有分布。在部分沟谷地带形成主要群落。对崩尖子低山沟谷地域的宜昌润楠林进行了记名样方调查（调查地点：崩尖子；样方位置：E 110°46′39.53″，N 30°18′39.90″；海拔：455m；样方面积：20m × 20m），乔木层只有宜昌润楠，盖度达 65% 左右，形成单优势群落。乔木亚层盖度 10% 左右，种类稀少，仅有漆树（*Toxicodendron verniciflum*）、绵柯（*Lithocarpus henryi*）、利川润楠（*Machilus lichuanensis*）。

灌木层种类稀少，总盖度 5% 左右。以宜昌润楠为主。

草本层种类稀疏，总盖度 5% 左右，披针新月蕨（*Pronephrium penangianum*）略占优势。

（7）利川润楠林（Form. *Machilus lichuanensis*）

利川润楠为樟科润楠属高大乔木植物，主产湖北西部、贵州北部，生于中低山的山丘、山坡及沟谷地域。对崩尖子低山沟谷地域的利川润楠林进行了记名样方调查（调查地点：崩尖子；样方位置：E 110°46′37.45″，N 30°18′36.21″；海拔：494m；样方面积：20m × 20m），乔木层只有利川润楠，盖度达 65% 左右，形成单优势群落。乔木亚层盖度 25% 左右，有枫杨（*Pterocarya stenoptera*）、枫香（*Liquidambar formosana*）、南酸枣（*Choerospondias axillaris*）。

灌木层种类稀少，总盖度 10% 左右。有长叶水麻（*Debregeasia longifolia*）、尖叶四照花（*Dendrobenthamia angustata*）。

草本层总盖度 25% 左右，有披针新月蕨（*Pronephrium penangianum*）、蝴蝶花（*Iris japonica*）、紫麻（*Oreocnide frutescens*）、单芽狗脊蕨（*Woodwardia unigemmata*）等。

（8）乌冈栎林（Form. *Quercus phillyraeoides*）

乌冈栎主要分布在海拔 1000m 左右、有岩石裸露、土壤厚度小、光照充足、地表排水性强、坡度较大的石灰岩山地上。形成了林内较干燥的小气候，地表覆盖有一层较薄的枯枝落叶层，树干多弯曲，有枯立木，较少受人为活动的干扰。

据多个记名样方调查，乌冈栎群落外貌呈暗绿色，其结构及组成均较简单，乔木层高度 8～13m。其伴生树种包括细叶青冈（*Cyclobalanopsis myrsineafolia*）、槲栎（*Quercus aliena*）等常绿树种及鹅耳枥（*Carpinus turczaninowii*）、球核荚蒾（*Viburnum propinquum*）等落叶树种。灌木层主要包括毛黄栌（*Cotinus coggygria* var. *pubesens*）、铁仔（*Myrsine africana*）、月月青（*Itea illicifolia*）、异叶花椒（*Zanthoxylum dimorphophyllum*）、黑壳楠（*Lindera megaphylla*）及巫山新木姜子（*Neolitsea wushanica*）等。其草本层较简单，常见种类有苔草（*Carex* sp.）、茜草（*Rubia cordifolia*）、野青茅（*Deyeuxia arundianacea*）等。

（9）刺叶栎林（Form. *Quercus spinosa*）

刺叶栎喜光、耐干旱、瘠薄，常生于石灰岩地区的山地石灰土上，生长缓慢，当地称为"铁橡子树"。在崩尖子自然保护区刺叶栎主要分布在海拔 1500～2000m 之间的山坡中上部、山脊或陡坡峭壁上，在海拔 1800～2000m 处有大量分布。

据多个记名样方调查，刺叶栎林林冠较整齐、茎干多、通直、分枝低矮。伴生树种乔木层有铁杉(*Tsuga chinensis*)、大穗鹅耳枥(*Carpinus fargesii*)、红椋子(*Cornus hemsleyi*)、四照花(*Dendrobenthamia japonica* var. *chinensis*)等。灌木层主要有猫儿刺(*Ilex pernyi*)、荚蒾(*Viburnum dilatatum*)、卫矛(*Euonymus alatus*)、中华绣线菊(*Spiraea chinensis*)等，草木植物有具芒碎末莎草(*Cyperus microiria*)、苔草(*Carex* sp.)、蕨类(*Pteridium aquilinum* var. *latiusculum*)、淫羊藿(*Epimedium brevicornu*)等。层外植物有多种猕猴桃(*Actinidia* spp.)、三叶木通(*Akebia trifoliate*)。

（10）麻花杜鹃林(Form. *Rhododendron maculiferum*)

杜鹃林是我国亚热带和热带山地的一类特殊的群落类型，常分布于云雾线以上的山脊。在崩尖子自然保护区主要分布在海拔 2000m 以上的地段。其生境具有风大、气温低、湿度大、土层薄的特点。群落外貌深绿色，林冠稠密，树干弯曲，低矮。

在崩尖子界岭进行了麻花杜鹃样方调查，麻花杜鹃群落结构简单，只分为 3 层。乔木层盖度 50% 左右。灌木层盖度 45% 左右，主要种类有箭竹(*Sinarundinaria nitida*)、泡叶栒子(*Cotoneaster bullatus*)、峨眉蔷薇(*Rosa omeiensis*)等。草本层盖度 70% 左右，主要有三褶脉紫菀(*Aster ageratoides*)、灰苞蒿(*Artemisia roxburghiana*)、合掌消(*Cynanchum amplexicaule*)、蕨(*Pteridium aquilinum* var. *latiusculum*)、丛毛羊胡子草(*Eriophorum comofum*)、萱草(*Hemerocallis fulva*)、藜芦(*Veratrum nigrum*)、珠光香青(*Anaphalis margaritacea*)等。其群落组成如表 3-11 所示。

**表3-11　麻花杜鹃群落组成表**

（调查地点：界岭；样方位置：E 110°42′39.04″，N 30°16′14.90″；海拔：2171m）

| 层次 | 物　种 | | 优势度·多度 |
|---|---|---|---|
| T | 麻花杜鹃 | *Rhododendron maculiferum* | 3·4 |
| S | 箭竹 | *Sinarundinaria nitida* | 3·4 |
| | 泡叶栒子 | *Cotoneaster bullatus* | + |
| | 合轴荚蒾 | *Viburnum sympodiale* | + |
| | 峨眉蔷薇 | *Rosa omeiensis* | + |
| | 黄皮树 | *Phellodendron chinensis* | + |
| | 三花假卫矛 | *Microtropis triflora* | + |
| H | 灰苞蒿 | *Artemisia roxburghiana* | + · 2 |
| | 合掌消 | *Cynanchum amplexicaule* | 3·4 |
| | 蕨 | *Pteridium aquilinum* var. *latiusculum* | 1·2 |
| | 三褶脉紫菀 | *Aster ageratoides* | + · 2 |
| | 丛毛羊胡子草 | *Eriophorum comofum* | 2·3 |
| | 吊钟花 | *Enkianthus quinqueflorus* | + |
| | 山胡椒 | *Lindera glauca* | + |
| | 萱草 | *Hemerocallis fulva* | 2·3 |
| | 藜芦 | *Veratrum nigrum* | + · 2 |
| | 画眉草 | *Eragrostis pilosa* | + |
| | 野胡萝卜 | *Daucus carota* | + |
| | 珠光香青 | *Anaphalis margaritacea* | + · 2 |

（11）水丝梨林（Form. *Sycopsis sinensis*）

此群落主要分布在崩尖子保护区海拔 800～1300m 左右的沟谷地带，是高山峡谷地貌所形成的温暖、湿润、避风的小气候环境中常见的群落类型。群落的外貌为暗绿色，林冠不整齐，结构较简单，常分为 3 层。

在崩尖子山海拔 1211m 沟谷处进行水丝梨样方调查，乔木层以水丝梨占绝对优势，总盖度为 60% 左右。均高 15m，伴生有金钱槭（*Dipteronia sinensis*）和四照花（*Dendrobenthamia japonica* var. *chinensis*）。

灌木层盖度为 15% 左右。尖连蕊茶（*Camellia cuspidata*）和箬竹（*Indocalamus tessellatus*）略占优势，除此之外，还有水丝梨（*Sycopsis sinensis*）、绵柯（*Lithocarpus henryi*）和糙叶五加（*Acanthopanax henryi*）。

草本层总盖度 60%，以万寿竹（*Disporum cantoniense*）和楼梯草（*Elatostema involucratum*）占绝对优势。其他种为贯众（*Cyrtomium fortunei*）、大叶金腰（*Chrysosplenium macrophyllum*）、菱叶茴芹（*Pimpinella rhombidea*）、黑鳞耳蕨（*Polystichum makinoi*）、大花斑叶兰（*Goodyera biflora*）、白脉蒲儿根（*Sinosenecio albonervius*）等。其群落组成如表 3-12 所示，立木结构如图 3-5 所示。

表 3-12　水丝梨群落组成表

（调查地点：崩尖子；样方位置：E 110°43′43.32″，N 30°16′58.81″；地形：下坡；坡度：20°；坡向：西北 70°；海拔：1211m；样方面积：15m×10m）

| 层次 | 物　　种 | | 优势度·多度 |
|---|---|---|---|
| T | 水丝梨 | *Sycopsis sinensis* | 3·4 |
| | 金钱槭 | *Dipteronia sinensis* | + |
| | 四照花 | *Dendrobenthamia japonica* var. *chinensis* | + |
| S | 水丝梨 | *Sycopsis sinensis* | +·2 |
| | 尖连蕊茶 | *Camellia cuspidata* | 1·2 |
| | 绵柯 | *Lithocarpus henryi* | + |
| | 箬竹 | *Indocalamus tessellatus* | 1·2 |
| | 糙叶五加 | *Acanthopanax henryi* | +·2 |
| H | 万寿竹 | *Disporum cantoniense* | 2·3 |
| | 贯众 | *Cyrtomium fortunei* | + |
| | 楼梯草 | *Elatostema involucratum* | 2·3 |
| | 大叶金腰 | *Chrysosplenium macrophyllum* | 1·2 |
| | 菱叶茴芹 | *Pimpinella rhombidea* | +·2 |
| | 黑鳞耳蕨 | *Polystichum makinoi* | + |
| | 拉拉藤 | *Galium aparine* var. *tenerum* | +·2 |
| | 大花斑叶兰 | *Goodyera biflora* | +·2 |
| | 变豆菜 | *Sanicula chinensis* | +·2 |
| | 白脉蒲儿根 | *Sinosenecio albonervius* | +·2 |
| | 上天梯 | *Rotala rotundifolia* | +·2 |
| | 小四块瓦 | *Chloranthus angustifolius* | + |
| | 四块瓦 | *Chloranthus holostegius* var. *trichoneurus* | + |
| | 花叶冷水花 | *Pilea cadierei* | + |
| | 乌毛蕨 | *Blechnum orientale* | + |

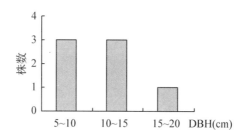

图 3-5 水丝梨林的立木结构

4）常绿、落叶阔叶混交林

常绿落叶阔叶混交林是介于常绿阔叶林和落叶阔叶林之间的过渡类型，也是亚热带中山地带一种典型的植被类型，在崩尖子自然保护区的中山地带较常见。这种混交林一般是由于随着海拔的升高，气温降低，喜温的常绿树种受到限制，耐寒的常绿阔叶树种和落叶阔叶树种增加而形成混交林。从垂直海拔来看，这种混交林通常位于常绿阔叶林带之上，虽属演替中的过渡性植被类型，但具有相对的稳定性。组成此类型的主要树种有阔叶槭（*Acer amplum*）、曼青冈（*Cyolobalanopsis oxyodon*）、多脉青冈（*Cyclobalanopsis multinervis*）等。在区系组成中，这种植被类型中古老和我国特有的一些植物种类特别丰富，如珙桐（*Davidia involucrata*）、香果树（*Emmenopterys henryi*）、鹅掌楸（*Liriodendron chinense*）、连香树（*Cercidiphyllum japonicum*）、水青树（*Tetracentron sinense*）、白辛树（*Pterostyrax psilophyllus*）和天师栗（*Aesculus wilsonii*）等，有的甚至形成优势种群。

（12）绵柯 + 阔叶槭混交林（Form. *Lithocarpus henryi* + *Acer amplum*）

本群落主要分布在崩尖子自然保护区海拔 1400～1600m 的范围内，是保护区内常见植被类型。

在崩尖子保护区海拔 1419m 进行群落样方调查，乔木层盖度 60% 左右，除优势种绵柯和阔叶槭以外，还有多脉青冈（*Cyclobalanopsis multinervis*）、异叶榕（*Ficus heteromorpha*）、漆树（*Toxicodendron verniciflum*）、米心水青冈（*Fagus engleriana*）等。

灌木层种类较少，总盖度 40% 左右，箭竹（*Sinarundinaria nitida*）占优势，除此之外还有木姜子（*Litsea pungens*）、猫儿刺（*Ilex pernyi*）和光亮山矾（*Symplocos lucida*）。

草本层种类稀疏，总盖度仅 10% 左右，其中吉祥草（*Reineckea carnea*）略占优势。其群落组成如表 3-13 所示。

表 3-13 绵柯 + 阔叶槭群落组成表

（调查地点：崩尖子；样方位置：E 110°43′29.08″，N 30°16′44.32″；地形：中坡；坡度：40°；坡向：东北 30°；海拔：1419m；样方面积：10m×10m）

| 层次 | 物 种 | | 优势度·多度 |
|---|---|---|---|
| T | 绵柯 | *Lithocarpus henryi* | 3·4 |
| | 阔叶槭 | *Acer amplum* | 2·3 |
| | 多脉青冈 | *Cyclobalanopsis multinervis* | 1·2 |
| | 异叶榕 | *Ficus heteromorpha* | + |
| | 漆树 | *Toxicodendron verniciflum* | + |
| | 米心水青冈 | *Fagus engleriana* | + |

（续）

| 层次 | 物　　种 | | 优势度·多度 |
|---|---|---|---|
| S | 木姜子 | *Litsea pungens* | 1·2 |
| | 猫儿刺 | *Ilex pernyi* | + |
| | 箭竹 | *Sinarundinaria nitida* | 2·3 |
| | 光亮山矾 | *Symplocos lucida* | 1·2 |
| H | 吉祥草 | *Reineckea carnea* | 1·2 |
| | 乌毛蕨 | *Blechnum orientale* | + |

（13）宜昌润楠＋化香树混交林（Form. *Machilus ichangensis ＋ Platycarya strobilacea*）

此群落类型主要分布在崩尖子保护区海拔1400m以下地带，一般分布在河谷的两侧，坡度较大，土壤为山地黄壤。

据多个记名样方显示，该混交林的乔木层主要由润楠和化香树占优势，伴生种主要有石楠（*Photinia serrulata*）、紫荆（*Cercis chinensis*）、黑壳楠（*Lindera megaphylla*）、猴樟（*Cinnamomum bodinieri*）、山羊角树（*Carrierea calycina*）等。

灌木层有冬青（*Ilex* sp.）、猫儿刺（*Ilex pernyi*）、红茴香（*Illicium henryi*）、茶荚蒾（*Viburnum setigerum*）、石楠（*Photinia serrulata*）等。

草木层分布不均匀，主要有单芽狗脊蕨（*Woodwardia unigemmata*）、苔草（*Carex* sp.）、显子草（*Phaenosperma globosua*）等。该群落在水土保持方面具有重要作用，由于生长环境条件恶劣，应加强保护。

（14）多脉青冈＋青榨槭混交林（Form. *Cyclobalanopsis multinervis + Acer davidii*）

此群落类型在保护区内主要分布于海拔1500m左右的山坡，其中多脉青冈是比较耐低温的树种。群落外貌深绿浓密，生境土层较厚。

在崩尖子海拔1511m处进行群落样方调查，乔木层总盖度65%左右，此层除优势种青榨槭和多脉青冈以外，还有青麸杨（*Rhus potaninii*）和槲栎（*Quercus aliena*）。乔木亚层10%左右，主要有多脉青冈（*Cyclobalanopsis multinervis*）、中华猕猴桃（*Actinidia chinensis*）、小果南烛（*Lyonia ovalifolia* var. *elliptica*）等。

灌木层种类比较丰富，总盖度60%左右，箭竹（*Sinarundinaria nitida*）占绝对优势，除此之外还有桦叶荚蒾（*Viburnum betulifolium*）、黑果荚蒾（*Viburnum melanocarpum*）、石枣子（*Euonymus sanguineus*）、无须藤（*Hosiea sinensis*）、牛奶子（*Elaeagnus umbellata*）、中华绣线菊（*Spiraea chinensis*）等。

草本层总盖度15%左右，其中三褶脉紫菀（*Aster ageratoides*）、苔草（*Carex* sp.）、柔毛堇菜（*Viola principis*）略占优势。其群落组成如表3-14所示。

**表 3-14 青榨槭+多脉青冈群落组成表**

(调查地点：崩尖子；样方位置：E 110°43′13.93″，N 30°16′44.69″；地形地貌：上坡；坡度：50°；坡向：东南 60°；海拔：1511m；样方面积：15m×20m)

| 层次 | | 物　　种 | | 优势度·多度 |
|---|---|---|---|---|
| T1 | 多脉青冈 | *Cyclobalanopsis multinervis* | | 2·3 |
| | 青榨槭 | *Acer davidii* | | 3·4 |
| | 青麸杨 | *Rhus potaninii* | | + |
| | 槲栎 | *Quercus aliena* | | 1·2 |
| T2 | 多脉青冈 | *Cyclobalanopsis multinervis* | | 1·2 |
| | 中华猕猴桃 | *Actinidia chinensis* | | + |
| | 小果南烛 | *Lyonia ovalifolia* var. *elliptica* | | 1·2 |
| | 川桂 | *Cinnamomum wilsonii* | | + |
| S | 桦叶荚蒾 | *Viburnum betulifolium* | | + |
| | 黑果荚蒾 | *Viburnum melanocarpum* | | + |
| | 宜昌荚蒾 | *Viburnum erosum* | | + |
| | 石枣子 | *Euonymus sanguineus* | | + |
| | 小果南烛 | *Lyonia ovalifolia* var. *elliptica* | | + |
| | 无须藤 | *Hosiea sinensis* | | + |
| | 箭竹 | *Sinarundinaria nitida* | | 3·4 |
| | 牛奶子 | *Elaeagnus umbellata* | | + |
| | 中华绣线菊 | *Spiraea chinensis* | | + |
| | 柔毛绣球 | *Hydrangea villosa* | | + |
| | 四照花 | *Dendrobenthamia japonica* var. *chinensis* | | + |
| H | 宽卵叶长柄山蚂蟥 | *Podocarpium podocarpum* var. *fallax* | | +·2 |
| | 三褶脉紫菀 | *Aster ageratoides* | | 1·2 |
| | 牡蒿 | *Artemisia japonica* | | +·2 |
| | 淫羊藿 | *Epimedium brevicornu* | | + |
| | 油点草 | *Tricyrtis macropoda* | | +·2 |
| | 菝葜 | *Smilax china* | | + |
| | 长叶茜草 | *Rubia cordifolia* var. *longifolia* | | + |
| | 苔草 | *Carex* sp. | | 1·2 |
| | 托柄菝葜 | *Smilax discotis* | | + |
| | 柔毛堇菜 | *Viola principis* | | 1·2 |
| | 过路黄 | *Lysimachia christinae* | | + |

(15) 绵柯+锐齿槲栎混交林（Form. *Lithocarpus henryi* + *Quercus aliena* var. *acuteserrata*）

这种植被类型主要分布在海拔 1600~1800m 的地带，分布地域多为山脊或缓坡的中上部，气候冷湿，土壤为山地棕色森林土，腐殖层较厚。群落的外貌比较整齐，植株茎干端直，自然整枝良好，枝下高超过树高的一半，萌芽力较强。

在崩尖子海拔 1774m 处进行样方调查，乔木层高度达 55%左右，除优势种绵柯和锐齿槲栎外，还有粉椴（*Tilia oliveri*）和珂楠树（*Meliosma beaniana*）。乔木亚层较稀疏，盖度仅 10% 左右，有绵柯（*Lithocarpus henryi*）和中华槭（*Acer sinense*）。

灌木层总盖度 40% 左右，鄂西茶藨子（*Ribes franchetii*）比较多，除此之外还有鸡爪槭（*Acer palmatum*）、大枝绣球（*Hydrangea longipes* var. *rosthornii*）等常见。

草本层总盖度 60% 左右，其中苞叶景天（*Sedum amplibracteatum*）占绝对优势，除此之外还有大叶金腰（*Chrysosplenium macrophyllum*）、上天梯（*Rotala rotundifolia*）、常春藤（*Hedera nepalensis* var. *sinensis*）等较常见。其群落组成如表 3-15 所示。

**表 3-15　绵柯 + 锐齿槲栎群落组成表**

（调查地点：崩尖子；样方位置：E 110°43′01.04″，N 30°16′58.11″；地形地貌：斜坡，中坡；坡度：40°；海拔：1774m；样方面积：15m×15m）

| 层次 | 物　　　种 | | 优势度·多度 |
|---|---|---|---|
| T1 | 绵柯 | *Lithocarpus henryi* | 2·3 |
| | 锐齿槲栎 | *Quercus aliena* var. *acuteserrata* | 2·3 |
| | 粉椴 | *Tilia oliveri* | + |
| | 珂楠树 | *Meliosma beaniana* | + |
| T2 | 绵柯 | *Lithocarpus henryi* | 1·2 |
| | 中华槭 | *Acer sinense* | + |
| S | 直角荚蒾 | *Viburnum foetidum* var. *rectangulatum* | + |
| | 中华绣线菊 | *Spiraea chinensis* | +·2 |
| | 鄂西茶藨子 | *Ribes franchetii* | 2·3 |
| | 鸡爪槭 | *Acer palmatum* | 1·2 |
| | 毛榆 | *Ulums wilsoniana* | + |
| | 托柄菝葜 | *Smilax discotis* | + |
| | 山胡椒 | *Lindera glauca* | + |
| | 苦糖果 | *Lonicera fragrantissima* | + |
| | 大枝绣球 | *Hydrangea longipes* var. *rosthornii* | 1·2 |
| | 角翅卫矛 | *Euonymus cornutus* | + |
| | 棣棠花 | *Kerria japonica* | + |
| | 南蛇藤 | *Celastrus orbiculatus* | + |
| | 托柄菝葜 | *Smilax discotis* | + |
| | 黑叶菝葜 | *Smilax* | + |
| H | 千金藤 | *Stephania japonica* | +·2 |
| | 拟缺香茶菜 | *Rabdosia excisoides* | + |
| | 苞叶景天 | *Sedum amplibracteatum* | 3·4 |
| | 常春藤 | *Hedera nepalensis* var. *sinensis* | +·2 |
| | 大叶金腰 | *Chrysosplenium macrophyllum* | 1·2 |
| | 粗壮冠唇花 | *Microtoena robusta* | + |
| | 牡蒿 | *Artemisia japonica* | + |
| | 拉拉藤 | *Galium aparine* var. *tenerum* | +·2 |
| | 鼠曲草 | *Gnaphalium affine* | + |
| | 黑鳞耳蕨 | *Polystichum makinoi* | +·2 |
| | 上天梯 | *Rotala rotundifolia* | 1·2 |
| | 小花黄堇 | *Corydalis racemosa* | + |
| | 蕨状苔草 | *Carex filicina* | +·2 |

5）落叶阔叶林

落叶阔叶林是以在对植物生长不利的季节（如寒冷的冬季或无雨的旱季）落叶的一类阔叶树种为优势所组成的森林群落。中亚热带地区落叶阔叶林有两大类型，一类是亚热带中山地区的落叶阔叶林，出现在山体上部较高海拔地段，它的发生发展受制于山地特殊的气候条件，群落的建群种类以落叶方式度过山地冬季的寒冷。另一类是在海拔较低的地带，由常绿阔叶林、暖性常绿针叶林及常绿落阔叶混交林被破坏后，植被退化，一些向阳的落叶树种迅速侵入所形成。在崩尖子自然保护区，这两种类型都存在。

（16）阔叶槭林（Form. *Acer amplum*）

阔叶槭是落叶高大乔木，高 10～20m，稀达25m。树皮平滑，黄褐色或深褐色。在湖北西部分布广泛。在崩尖子保护区有较大群落类型。

在崩尖子海拔 1455m 处进行阔叶槭群落样方调查，乔木层只有阔叶槭，总盖度50%左右，均高22m，平均胸径31cm，形成单优势群落。乔木亚层种类不多，盖度为25%左右，金钱槭（*Dipteronia sinensis*）略占优势，除此之外还有领春木（*Euptelea pleiosperma*）和绵柯（*Lithocarpus henryi*）。

灌木层较稀疏，总盖度15%左右，有小叶青冈（*Cyclobalanopsis granilis*）、绵柯（*Lithocarpus henryi*）、小叶青荚叶（*Helwingia chinensis* var. *microphylla*）等。

草本层种类相对比较丰富，总盖度达80%左右，其中大叶金腰（*Chrysosplenium macrophyllum*）、苞叶景天（*Sedum amplibracteatum*）、开口箭（*Tupistra chinensis*）较占优势。其群落组成如表3-16所示。

表3-16　阔叶槭群落组成表

（调查地点：崩尖子；样方位置：E 110°43′15.11″，N 30°16′43.33″；地形：上坡；坡度：45°；坡向：东北60°；海拔：1455m；样方面积：15m×15m）

| 层次 | 物　种 | | 优势度·多度 |
|------|--------|----|------------|
| T1 | 阔叶槭 | *Acer amplum* | 3·4 |
| T2 | 领春木 | *Euptelea pleiosperma* | + |
| | 金钱槭 | *Dipteronia sinensis* | 2·3 |
| | 绵柯 | *Lithocarpus henryi* | + |
| S | 异叶榕 | *Ficus heteromorpha* | + |
| | 长柄绣球 | *Hydrangea longipes* | + |
| | 小叶青荚叶 | *Helwingia chinensis* var. *microphylla* | + |
| | 小叶青冈 | *Cyclobalanopsis granilis* | 1·2 |
| | 绵柯 | *Lithocarpus henryi* | 1·2 |
| H | 大叶金腰 | *Chrysosplenium macrophyllum* | 2·3 |
| | 上天梯 | *Rotala rotundifolia* | +·2 |
| | 苞叶景天 | *Sedum amplibracteatum* | 2·3 |
| | 绵毛金腰 | *Chrysosplenium lanuginosum* | 1·2 |
| | 乌敛莓 | *Cayratia japonica* | +·2 |
| | 唐松草 | *Thalictrum aquilegifolium* var. *sibiricum* | + |
| | 吉祥草 | *Reineckea carnea* | 1·2 |

（续）

| 层次 | 物　种 | | 优势度·多度 |
|---|---|---|---|
| | 黑鳞耳蕨 | *Polystichum makinoi* | 1·2 |
| | 动蕊花 | *Kinostemon ornatum* | +·2 |
| | 黄水枝 | *Tiarella polyphylla* | +·2 |
| | 开口箭 | *Tupistra chinensis* | + |
| | 星果草 | *Asteropyrum peltatum* | 2·3 |
| | 箭叶淫羊藿 | *Epimedium acuminatum* | + |
| | 荞麦叶大百合 | *Cardiocrinum cathayanum* | +·2 |

（17）鹅耳枥林（Form. *Carpinus turczaninowii*）

鹅耳枥是桦木科鹅耳枥属植物，稍耐阴，喜肥沃湿润土壤，也耐干旱瘠薄。该属植物全世界约有 40 余种，我国约 30 种。在鄂西山地分布广泛，主要生于海拔 500～2000m 的山坡或山谷林中，山顶及贫瘠山坡亦能生长。

在崩尖子保护区烧鸡包进行鹅耳枥群落样方调查，乔木层总盖度 60% 左右，除了鹅耳枥之外，还有漆树（*Toxicodendron verniciflum*）混生其中，鹅耳枥均高 14m。乔木亚层总盖度 10% 左右，有鹅耳枥（*Carpinus turczaninowii*）、锦带花（*Weigela florida*）、猫儿刺（*Ilex pernyi*）、交让木（*Daphniphullum macropodum*）和四照花（*Dendrobenthamia japonica* var. *chinensis*）。

灌木层种类较多，总盖度达 60%，箭竹（*Sinarundinaria nitida*）占绝对优势，另外还有山胡椒（*Lindera glauca*）、中华槭（*Acer sinense*）、四照花（*Dendrobenthamia japonica* var. *chinensis*）、桦叶荚蒾（*Viburnum betulifolium*）等植物种类。

草本层种类较多，总盖度 25% 左右，主要种类有鸡矢藤（*Paederia scandens*）、鸡腿堇菜（*Viola acuminata*）、柔毛堇菜（*Viola principis*）、开口箭（*Tupistra chinensis*）、日本金星蕨（*Parathelypteris nipponica*）、茅叶荩草（*Arthraxon prionodes*）等。其群落组成如表 3-17 所示，立木结构如图 3-6 所示。

### 表3-17　鹅耳枥群落组成表

（调查地点：烧鸡包；样方位置：E 110°44′47.68″，N 30°16′30.83″；地形：台地；海拔：1542m；样方面积：20m×20m）

| 层次 | 物　种 | | 优势度·多度 |
|---|---|---|---|
| T1 | 鹅耳枥 | *Carpinus turczaninowii* | 3·4 |
| | 漆树 | *Toxicodendron verniciflum* | + |
| T2 | 鹅耳枥 | *Carpinus turczaninowii* | 1·2 |
| | 锦带花 | *Weigela florida* | + |
| | 猫儿刺 | *Ilex pernyi* | + |
| | 交让木 | *Daphniphullum macropodum* | + |
| | 四照花 | *Dendrobenthamia japonica* var. *chinensis* | + |
| S | 山胡椒 | *Lindera glauca* | 1·2 |
| | 箭竹 | *Sinarundinaria nitida* | 3·4 |

（续）

| 层次 | | 物　　种 | 优势度·多度 |
|---|---|---|---|
| | 中华械 | Acer sinense | + |
| | 四照花 | Dendrobenthamia japonica var. chinensis | + |
| | 紫荆 | Cercis chinensis | + |
| | 鸡爪茶 | Rubus henryi | + |
| | 楤木 | Aralia chinensis | + |
| | 桦叶荚蒾 | Viburnum betulifolium | + |
| | 多脉青冈 | Cyclobalanopsis multinervis | + |
| | 猫儿刺 | Ilex pernyi | + |
| | 三桠乌药 | Lindera obtusiloba | + |
| H | 鸡矢藤 | Paederia scandens | + · 2 |
| | 大枝绣球 | Hydrangea longipes var. rosthornii | + · 2 |
| | 鸡腿堇菜 | Viola acuminata | + · 2 |
| | 沿阶草 | Ophiopogon bodinieri | + |
| | 柔毛堇菜 | Viola principis | + · 2 |
| | 三褶脉紫菀 | Aster ageratoides | 1 · 2 |
| | 过路黄 | Lysimachia christinae | + |
| | 托柄菝葜 | Smilax discotis | + |
| | 蟹甲草 | Parasenecio forrestii | + |
| | 开口箭 | Tupistra chinensis | + · 2 |
| | 日本金星蕨 | Parathelypteris nipponica | + · 2 |
| | 矛叶荩草 | Arthraxon prionodes | + · 2 |
| | 风毛菊 | Saussurea japonica | + |
| | 细茎双蝴蝶 | Tripterospermum filicaule | + |
| | 蕨 | Pteridium aquilinum var. latiusculum | + |
| | 散斑竹根七 | Disporopsis aspera | + · 2 |
| | 扶芳藤 | Euonymus fortunei | + |
| | 小四块瓦 | Chloranthus angustifolius | + |
| | 虾脊兰 | Calanthe discolor | + |
| | 紫萼 | Hosta ventricosa | + · 2 |

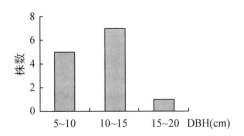

图3-6　鹅耳枥林的立木结构

（18）珙桐林（Form. *Davidia involucrata*）

珙桐是国家Ⅰ级重点保护野生植物，国家一级保护珍贵树木，国家1级保护的珍稀濒危物种。是我国特有的第三纪古热带植物区系的孑遗种，常与其他树种组成群落，分布于我国亚热带西南部的中山地带，但多为星散分布，多生于土壤深厚、肥沃、湿润、水分充足的沟谷地带，对生境要求比较严格。此群落分布于崩尖子自然保护区海拔1400～1800m的沟谷两旁。

群落外貌呈波状，树冠连续，由于珙桐系落叶树种，春季发芽、夏季葱绿、秋季枯黄、冬季落叶，一年中有明显的季相变化。

在崩尖子海拔1785m处进行了群落样方调查，乔木层仅有珙桐一种，总盖度50%左右，均高20m，形成单优势群落。乔木亚层总盖度10%左右，除珙桐外，还伴生有美脉花楸（*Sorbus caloneura*）、青榨槭（*Acer davidii*）和多脉青冈（*Cyclobalanopsis multinervis*）。

灌木层种类稀少，总盖度仅10%左右，主要有冰川茶藨子（*Ribes glaciale*）、中华槭（*Acer sinense*）、卫矛（*Euonymus alatus*）、京梨猕猴桃（*Actinidia callosa* var. *henryi*）和糙叶五加（*Acanthopanax henryi*）。

草本较为丰富，总盖度在80%以上，苞叶景天（*Sedum amplibracteatum*）占绝对优势，还有上天梯（*Rotala rotundifolia*）、黄水枝（*Tiarella polyphylla*）、钻地风（*Schizophragma integrifolium*）及油点草（*Tricyrtis macropoda*）等多种。其群落组成如表3-18所示，立木结构如图3-7所示。

**表3-18  珙桐群落组成表**

（调查地点：崩尖子；样方位置：E 110°43′02.00″，N 30°16′57.87″；地形：中坡；坡度：40°；坡向：东北40°；海拔：1785m；样方面积：15m×15m）

| 层次 | 物　种 | | 优势度·多度 |
|---|---|---|---|
| T1 | 珙桐 | *Davidia involucrata* | 3·4 |
| T2 | 美脉花楸 | *Sorbus caloneura* | + |
| | 青榨槭 | *Acer davidii* | + |
| | 多脉青冈 | *Cyclobalanopsis multinervis* | 1·2 |
| | 珙桐 | *Davidia involucrata* | + |
| S | 冰川茶藨子 | *Ribes glaciale* | 1·2 |
| | 中华槭 | *Acer sinense* | + |
| | 卫矛 | *Euonymus alatus* | + |
| | 京梨猕猴桃 | *Actinidia callosa* var. *henryi* | + |
| | 糙叶五加 | *Acanthopanax henryi* | + |
| H | 苞叶景天 | *Sedum amplibracteatum* | 4·5 |
| | 上天梯 | *Rotala rotundifolia* | +·2 |
| | 黄水枝 | *Tiarella polyphylla* | + |
| | 钻地风 | *Schizophragma integrifolium* | + |
| | 油点草 | *Tricyrtis macropoda* | + |
| | 异叶蛇葡萄 | *Ampelopsis humulifolia* var. *heterophylla* | + |
| | 八棱麻 | *Iris speculatrix* | + |
| | 蕨 | *Pteridium aquilinum* var. *latiusculum* | + |
| | 大叶金腰 | *Chrysosplenium macrophyllum* | 1·2 |

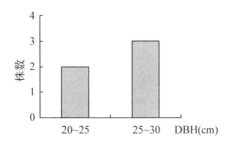

图 3-7　珙桐林的立木结构

（19）领春木林（Form. *Euptelea pleiosperma*）

领春木是国家三级保护珍稀植物，稀有种，是典型的东亚植物区系成分特征种，又是古老的残遗植物，对研究植物系统发育、植物区系都有一定的科学意义。其在崩尖子自然保护区的海拔分布范围为 700～1800m，为中性偏阳树种，多生于避风、空气湿润的山谷、沟壑或山麓林缘。

在锯子齿林设置样方调查，群落结构较为简单，只分为 3 层。乔木层盖度 50％ 左右，除了领春木外，还有灯台树（*Cornus controversa*）和梾木（*Cornus macrophylla*）。

灌木层种类相对比较丰富，盖度 40％ 左右，鄂西绣线菊（*Spiraea veitchii*）占优势，此外还有腊莲绣球（*Hydrangea strigosa*）、箭竹（*Sinarundinaria nitida*）、猫儿屎（*Decaisnea fargesii*）等。

草本层较稀疏，盖度仅 5％ 左右，主要是芒（*Miscanthus sinensis*）其群落组成如表 3-19 所示。

表 3-19　领春木群落组成表

（调查地点：锯子齿林；样方位置：E 110°45′09.82″，N 30°16′24.05″；地形：坡度：65°；坡向：东北40°；海拔：1385m；样方面积：10m×10m）

| 层次 | 物 种 | | 优势度·多度 |
| --- | --- | --- | --- |
| T | 领春木 | *Euptelea pleiosperma* | 3·4 |
| | 灯台树 | *Cornus controversa* | + |
| | 梾木 | *Cornus macrophylla* | + |
| S | 野梧桐 | *Mallotus japonicus* | + |
| | 鄂西绣线菊 | *Spiraea veitchii* | 2·3 |
| | 腊莲绣球 | *Hydrangea strigosa* | 1·2 |
| | 箭竹 | *Sinarundinaria nitida* | 1·2 |
| | 猫儿屎 | *Decaisnea fargesii* | + |
| | 锈毛莓 | *Rubus reflexus* | + |
| | 羊尿泡 | *Sphaerophysa salsula* | + |
| H | 芒 | *Miscanthus sinensis* | +·2 |

（20）米心水青冈林（Form. *Fagus engleriana*）

米心水青冈是典型的暖温带树种，主要分布在海拔 1800m 左右的中山地带。群落外貌黄绿色，林冠整齐而宽大，林内植株常自基部分作多干，林下土壤为山地粗腐殖层棕壤，枯枝落叶层较厚，局部林地有砾石裸露。米心水青冈林是比较稳定的森林植物群落，一般不易为其他树种所更替，当人为干扰严重、森林被破坏后，有可能被锐齿槲栎林、华山松林等更替。

在崩尖子保护区海拔1812m处设置样方调查，乔木层盖度65%，米心水青冈占优势，还伴生有建始槭（*Acer henryi*）、珙桐（*Davidia involucrata*）、香果树（*Emmenopterys henryi*）。乔木亚层盖度10%，有绵柯（*Lithocarpus henryi*）和华中木兰（*Magnolia biondii*）。

灌木层种类丰富，盖度45%左右，主要种类有：小叶青荚叶（*Helwingia chinensis* var. *microphylla*）、鄂西茶藨子（*Ribes franchetii*）、竹叶鸡爪茶（*Rubus bambusarum*）、大枝绣球（*Hydrangea longipes* var. *rosthornii*）、木半夏（*Elaeagnus multiflora*）等。

草本层种类较丰富，盖度40%左右。优势种有：荞麦叶大百合（*Cardiocrinum cathayanum*）、上天梯（*Rotala rotundifolia*）、黑鳞耳蕨（*Polystichum makinoi*）、凹叶糙苏（*Phlomis umbrosa* var. *emarginata*）、苞叶景天（*Sedum amplibracteatum*）、蕨状苔草（*Carex filicina*）等。其群落组成如表3-20所示，立木结构如图3-8所示。

**表3-20　米心水青冈群落组成表**

（调查地点：崩尖子；样方位置：E 110°42′58.66″，N 30°16′58.49″；地形地貌：斜坡，中坡；坡度：40°；海拔：1821m；样方面积：20m×20m）

| 层次 | 物　种 | | 优势度・多度 |
| --- | --- | --- | --- |
| T1 | 米心水青冈 | *Fagus engleriana* | 3・4 |
| | 建始槭 | *Acer henryi* | 1・2 |
| | 珙桐 | *Davidia involucrata* | + |
| | 香果树 | *Emmenopterys henryi* | + |
| T2 | 绵柯 | *Lithocarpus henryi* | + |
| | 华中木兰 | *Magnolia biondii* | + |
| S | 木半夏 | *Elaeagnus multiflora* | 1・2 |
| | 棣棠花 | *Kerria japonica* | + |
| | 小叶青荚叶 | *Helwingia chinensis* var. *microphylla* | 2・3 |
| | 大枝绣球 | *Hydrangea longipes* var. *rosthornii* | 1・2 |
| | 异叶榕 | *Ficus heteromorpha* | + |
| | 卫矛 | *Euonymus alatus* | + |
| | 大穗鹅耳枥 | *Carpinus fargesii* | + |
| | 常春藤 | *Hedera nepalensis* var. *sinensis* | + |
| | 鸡爪槭 | *Acer palmatum* | + |
| | 鄂西茶藨子 | *Ribes franchetii* | +・2 |
| | 竹叶鸡爪茶 | *Rubus bambusarum* | +・2 |
| | 糙叶五加 | *Acanthopanax henryi* | + |
| H | 荞麦叶大百合 | *Cardiocrinum cathayanum* | 1・2 |
| | 上天梯 | *Rotala rotundifolia* | 1・2 |
| | 龙牙草 | *Agrimonia pilosa* | + |
| | 花叶冷水花 | *Pilea cadierei* | +・2 |
| | 黑鳞耳蕨 | *Polystichum makinoi* | 1・2 |

（续）

| 层次 | 物 种 | | 优势度·多度 |
|------|------|------|------|
| | 升麻 | *Cimicifuga foetida* | + |
| | 莲叶橐吾 | *Ligularia nelumbifolia* | + |
| | 凹叶糙苏 | *Phlomis umbrosa* var. *emarginata* | 1·2 |
| | 苞叶景天 | *Sedum amplibracteatum* | 1·2 |
| | 绞股蓝 | *Gynostemma pentaphyllum* | + |
| | 三角叶蟹甲草 | *Parasenecio deltophyllus* | +·2 |
| | 千金藤 | *Stephania japonica* | + |
| | 乳浆大戟 | *Euphorbia esula* | + |
| | 菱叶茴芹 | *Pimpinella rhombidea* | + |
| | 拉拉藤 | *Galium aparine* var. *tenerum* | +·2 |
| | 大叶金腰 | *Chrysosplenium macrophyllum* | +·2 |
| | 蕨状苔草 | *Carex filicina* | 1·2 |

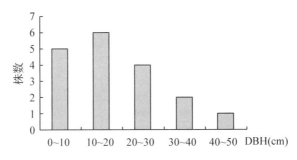

图 3-8　米心水青冈林的立木结构

（21）枫杨林（Form. *Pterocarya stenoptera*）

枫杨在崩尖子自然保护区主要分布于海拔 400～800m 溪流两岸及沟谷地带。在河岸两旁的枫杨，由于受人类活动的强烈干扰，以散生为主，群落少见。在沟谷地域，特别是在一些缓坡或台地，则常常形成枫杨群落。枫杨林分布地域土壤深厚而湿润，坡向以阳坡及半阳坡为主。

据多地记名样方调查，枫杨林乔木层盖度可达 50%～70% 左右，除了优势种枫杨外，还有色木槭（*Acer mono*）、青钱柳（*Cyclocarya paliurus*）等伴生。灌木层稀疏，盖度 10% 左右，黑壳楠（*Lindera megaphylla*）较常见。草本层丰富，盖度 75% 左右，主要种类有花葶乌头（*Aconitum scaposum*）、鸭儿芹（*Cryptotaenia japonica*）、狗脊蕨（*Woodwardia japonica*）、秃果千里光（*Senecio globigerus*）、蝴蝶花（*Iris japonica*）、楼梯草（*Elatostema involucratum*）等。

（22）化香树林（Form. *Platycarya strobilacea*）

为喜光性树种，喜温暖湿润气候和深厚肥沃的砂质土壤，对土壤的要求不严，酸性、中性、钙质土壤均可生长。耐干旱瘠薄，深根性，萌芽力强。多生于向阳山坡杂木林中，在低山丘陵次生林中为常见树种。常鄂西一般生长在海拔 600～1300 m 地域。在崩尖子自然保护区锯子齿林设置样方调查，乔木层总盖度 60% 左右，除了优势种化香树外，混生有灯台树（*Cornus controversa*）。乔木亚层种类不多，盖度 10% 左右，枫杨（*Pterocarya stenoptera*）略占优势，还有猫儿屎（*Decaisnea fargesii*）、含羞草叶黄檀（*Dalbergia mimosoides*）、锦带花（*Weigela florida*）。

灌木层种类比较丰富，盖度 40% 左右，优势种有美脉花楸（*Sorbus caloneura*）、槭树（*Toxicodendron verniciflum*）和卵果蔷薇（*Rosa helenae*）。除此之外还有山胡椒（*Lindera glauca*）、腊莲绣球（*Hydrangea strigosa*）、箭竹（*Sinarundinaria nitida*）、鞘柄菝葜（*Smilax stans*）等其他种类。

草本层种类亦较多，总盖度 80% 左右，三褶脉紫菀（*Aster ageratoides*）占绝对优势，另外日本金星蕨（*Parathelypteris nipponica*）、齿叶橐吾（*Ligularia dentata*）、七叶灯台莲（*Arisaema sikokianum* var. *henryanum*）也较多。其群落组成如表 3-21 所示，立木结构如图 3-9 所示。

表 3-21　化香树群落组成表

（调查地点：锯子齿林；样方位置：E 110°44′58.20″，N 30°16′33.42″；地形：中下坡；坡度：40°；坡向：东南 10°；海拔：1515m；样方面积：20m×15m）

| 层次 | 物　　　种 | | 优势度·多度 |
|---|---|---|---|
| T1 | 化香树 | *Platycarya strobilacea* | 3·4 |
| | 灯台树 | *Cornus controversa* | + |
| T2 | 枫杨 | *Pterocarya stenoptera* | 1·2 |
| | 猫儿屎 | *Decaisnea fargesii* | + |
| | 含羞草叶黄檀 | *Dalbergia mimosoides* | + |
| | 锦带花 | *Weigela florida* | + |
| S | 美脉花楸 | *Sorbus caloneura* | 1·2 |
| | 漆树 | *Toxicodendron verniciflum* | 2·3 |
| | 山胡椒 | *Lindera glauca* | + |
| | 榔榆 | *Ulmus parvifolia* | + |
| | 腊莲绣球 | *Hydrangea strigosa* | + |
| | 卵果蔷薇 | *Rosa helenae* | 1·2 |
| | 箭竹 | *Sinarundinaria nitida* | + |
| | 鞘柄菝葜 | *Smilax stans* | + |
| | 五叶瓜藤 | *Holboellia fargesii* | + |
| | 托柄菝葜 | *Smilax discotis* | + |
| | 散斑竹根七 | *Disporopsis aspera* | + |
| | 瓜叶乌头 | *Aconitum hemsleyanum* | + |
| | 兴山五味子 | *Schisandra incarnata* | + |
| | 建始槭 | *Acer henryi* | + |
| | 木姜子 | *Litsea pungens* | + |
| | 桦叶荚蒾 | *Viburnum betulifolium* | + |
| | 青榨槭 | *Acer davidii* | + |
| H | 三褶脉紫菀 | *Aster ageratoides* | 3·4 |
| | 蕨 | *Pteridium aquilinum* var. *latiusculum* | + |

（续）

| 层次 | 物　种 | | 优势度·多度 |
|---|---|---|---|
|  | 万寿竹 | *Disporum cantoniense* | + |
|  | 日本金星蕨 | *Parathelypteris nipponica* | 1·2 |
|  | 穿龙薯蓣 | *Dioscorea nipponica* | + |
|  | 鸡腿堇菜 | *Viola acuminata* | +·2 |
|  | 深山堇菜 | *Viola selkirkii* | +·2 |
|  | 多花勾儿茶 | *Berchemia floribunda* | + |
|  | 齿叶橐吾 | *Ligularia dentata* | 1·2 |
|  | 漆树 | *Toxicodendron verniciflum* | +·2 |
| H | 鸡矢藤 | *Paederia scandens* | + |
|  | 葛藤 | *Argyreia seguinii* | + |
|  | 野大豆 | *Glycine soja* | + |
|  | 苦荬菜 | *Ixeris denticulata* | + |
|  | 鸡爪茶 | *Rubus henryi* | +·2 |
|  | 风毛菊 | *Saussurea japonica* | + |
|  | 苔草 | *Carex* sp. | 1·2 |
|  | 七叶灯台莲 | *Arisaema sikokianum* var. *henryanum* | + |
|  | 淫羊藿 | *Epimedium brevicornu* | + |
|  | 灯台莲 | *Arisaema sikokianum* var. *serratum* | + |

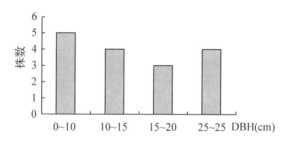

图3-9　化香林的立木结构

（23）锐齿槲栎林（Form. *Quercus aliena* var. *acuteserrata*）

锐齿槲栎多分布在山脊或缓坡的中上部，气候冷湿，土壤为山地棕色森林土，腐殖层较厚的区域。锐齿槲栎林是崩尖子自然保护区海拔1500～1800m山地分布最广的稳定的植被类型。锐齿槲栎林向上分布一般可达山顶，向下常与短柄枹林、锥栗林相连。其群落外貌比较整齐，植株茎干端直，自然整枝良好，枝下高超过树高的一半，萌芽力较强，林木组成比较简单。

为较全面反映崩尖子保护区不同海拔处锐齿槲栎的生长情况和群落结构，我们分别在垂直海拔不同的4个地点对锐齿槲栎作了样方调查。

在崩尖子海拔1539m处设置样方调查，乔木层锐齿槲栎占绝对优势，盖度60%左右，混生有大穗鹅耳枥（*Carpinus fargesii*）、青榨槭（*Acer davidii*）。乔木亚层稀疏，盖度10%，主要种类有锐齿槲栎（*Quercus aliena* var. *acuteserrata*）、大穗鹅耳枥（*Carpinus fargesii*）、多脉青冈（*Cyclobalanopsis multinervis*）、细齿叶柃（*Eurya nitida*）。

灌木层盖度 50% 左右，主要种类有腊莲绣球（*Hydrangea strigosa*）、映山红（*Rhododendron simsii*）、锐齿槲栎（*Quercus aliena* var. *acuteserrata*）、箭竹（*Sinarundinaria nitida*）等。

草本层盖度 45% 左右，主要种类有苔草（*Carex sp.*）、乌毛蕨（*Blechnum orientale*）、日本金星蕨（*Parathelypteris nipponica*）等。其群落组成如表 3-22 所示，立木结构如图 3-10 所示。

### 表 3-22  锐齿槲栎群落组成表

（调查地点：崩尖子；样方位置：E 110°43′13.54″，N 30°16′45.39″；地形：中坡；坡度：50°；坡向：东南 40°；海拔：1539m；样方面积：20m×20m）

| 层次 | 物 | 种 | 优势度·多度 |
|------|------|------|------|
| T1 | 锐齿槲栎 | *Quercus aliena* var. *acuteserrata* | 3·4 |
|  | 大穗鹅耳枥 | *Carpinus fargesii* | 1·2 |
|  | 青榨槭 | *Acer davidii* | + |
| T2 | 大穗鹅耳枥 | *Carpinus fargesii* | + |
|  | 锐齿槲栎 | *Quercus aliena* var. *acuteserrata* | + |
|  | 多脉青冈 | *Cyclobalanopsis multinervis* | + |
|  | 细齿叶柃 | *Eurya nitida* | + |
| S | 宜昌荚蒾 | *Viburnum erosum* | + |
|  | 锐齿槲栎 | *Quercus aliena* var. *acuteserrata* | 1·2 |
|  | 腊莲绣球 | *Hydrangea strigosa* | 2·3 |
|  | 卫矛 | *Euonymus alatus* | + |
|  | 锦带花 | *Weigela florida* | + |
|  | 盐肤木 | *Rhus chinensis* | +·2 |
|  | 映山红 | *Rhododendron simsii* | 1·2 |
|  | 无须藤 | *Hosiea sinensis* | + |
|  | 箭竹 | *Sinarundinaria nitida* | 1·2 |
| H | 芒 | *Miscanthus sinensis* | +·2 |
|  | 苔草 | *Carex sp.* | 2·3 |
|  | 散序地杨梅 | *Luzula effusa* | +·2 |
|  | 乌毛蕨 | *Blechnum orientale* | 1·2 |
|  | 日本金星蕨 | *Parathelypteris nipponica* | 1·2 |
|  | 牡蒿 | *Artemisia japonica* | +·2 |
|  | 金丝桃 | *Hypericum monogynum* | +·2 |
|  | 山褶脉紫菀 | *Aster ageratoides* | + |
|  | 过路黄 | *Lysimachia christinae* | + |
|  | 深山堇菜 | *Viola selkirkii* | + |
|  | 宽卵叶长柄山蚂蝗 | *Podocarpium podocarpum* var. *fallax* | +·2 |

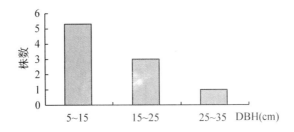

**图3-10** 锐齿槲栎林的立木结构(Ⅰ)

在崩尖子海拔1639m处也设置样方调查,乔木层总盖度75%左右,除了优势种锐齿槲栎外,青榨槭(Acer davidii)也占有一定比例。乔木亚层稀疏,盖度15%左右,有锐齿槲栎(Quercus aliena var. acuteserrata)、异叶榕(Ficus heteromorpha)、多脉青冈(Cyclobalanopsis multinervis)、小果南烛(Lyonia ovalifolia var. elliptica)。

灌木层种类丰富,盖度50%左右,主要种类有山鸡椒(Litsea cubeba)、映山红(Rhododendron simsii)、多脉青冈(Cyclobalanopsis multinervis)、箭竹(Sinarundinaria nitida)等。

草本层稀疏,盖度25%左右,主要种类有苔草(Carex sp.)、黑鳞耳蕨(Polystichum makinoi)。其群落组成如表3-23所示,立木结构如图3-11所示。

**表3-23** 锐齿槲栎群落组成表

(调查地点:崩尖子;样方位置:E 110°43′13.40″, N 30°16′49.23″;地形:台地;海拔:1639m;样方面积:20m×10m)

| 层次 | 物 种 | | 优势度·多度 |
|------|------|------|------|
| T1 | 锐齿槲栎 | Quercus aliena var. acuteserrata | 3·4 |
| | 青榨槭 | Acer davidii | 2·3 |
| T2 | 锐齿槲栎 | Quercus aliena var. acuteserrata | 1·2 |
| | 多脉青冈 | Cyclobalanopsis multinervis | + |
| | 异叶榕 | Ficus heteromorpha | + |
| | 小果南烛 | Lyonia ovalifolia var. elliptica | 1·2 |
| S | 山鸡椒 | Litsea cubeba | 1·2 |
| | 箭竹 | Sinarundinaria nitida | 2·3 |
| | 映山红 | Rhododendron simsii | 1·2 |
| | 鹅耳枥 | Carpinus turczaninowii | + |
| | 多脉青冈 | Cyclobalanopsis multinervis | 1·2 |
| | 二翅六道木 | Abelia macrotera | 1·2 |
| | 桦叶荚蒾 | Viburnum betulifolium | + |
| | 宜昌荚蒾 | Viburnum erosum | + |
| | 鸡爪槭 | Acer palmatum | + |
| H | 苔草 | Carex sp. | 2·3 |
| | 黑鳞耳蕨 | Polystichum makinoi | + |

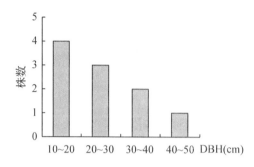

图3-11  锐齿槲栎林的立木结构(Ⅱ)

在崩尖子海拔1696m处设置样方调查,乔木层总盖度80%左右,除了优势种锐齿槲栎外,还混生有漆树(*Toxicodendron verniciflum*)和多脉青冈(*Cyclobalanopsis multinervis*)。乔木亚层稀疏,盖度20%左右,有锐齿槲栎(*Quercus aliena* var. *acuteserrata*)、细齿叶柃(*Eurya nitida*)、多脉青冈(*Cyclobalanopsis multinervis*)、猫儿刺(*Ilex pernyi*)。

灌木层种类较丰富,盖度10%左右,箭竹(*Sinarundinaria nitida*)略占优势。

草本层稀疏,盖度10%左右,主要种类有苔草(*Carex* sp.)、淫羊藿(*Epimedium brevicornu*)、托柄菝葜(*Smilax discotis*)、堇菜(*Viola verecunda*)等。其群落组成如表3-24所示,立木结构如图3-12所示。

表3-24  锐齿槲栎群落组成表

(调查地点:崩尖子;样方位置:E 110°43′05.93″, N 30°16′55.33″;地形:中坡;坡度:50°;坡向:东北30°;海拔:1696m;样方面积:15m×20m)

| 层次 | 物　种 | | 优势度·多度 |
|---|---|---|---|
| T1 | 锐齿槲栎 | *Quercus aliena* var. *acuteserrata* | 4·5 |
| | 漆树 | *Toxicodendron verniciflum* | + |
| | 多脉青冈 | *Cyclobalanopsis multinervis* | + |
| T2 | 细齿叶柃 | *Eurya nitida* | 1·2 |
| | 猫儿刺 | *Ilex pernyi* | + |
| | 锐齿槲栎 | *Quercus aliena* var. *acuteserrata* | + |
| | 多脉青冈 | *Cyclobalanopsis multinervis* | 1·2 |
| S | 箭竹 | *Sinarundinaria nitida* | 1·2 |
| | 鸡爪槭 | *Acer palmatum* | + |
| | 多脉青冈 | *Cyclobalanopsis multinervis* | + |
| | 竹叶鸡爪茶 | *Rubus bambusarum* | + |
| | 宜昌荚蒾 | *Viburnum erosum* | + |
| | 山鸡椒 | *Litsea cubeba* | + |
| | 鹅耳枥 | *Carpinus turczaninowii* | + |
| | 牛奶子 | *Elaeagnus umbellata* | + |

（续）

| 层次 | 物 种 | | 优势度·多度 |
|---|---|---|---|
| H | 苔草 | *Carex* sp. | 1·2 |
| | 淫羊藿 | *Epimedium brevicornu* | + |
| | 桦叶荚蒾苗 | *Viburnum betulifolium* | + |
| | 托柄菝葜 | *Smilax discotis* | + |
| | 堇菜 | *Viola verecunda* | + |

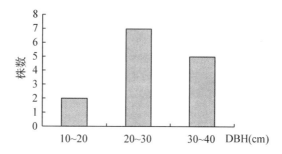

图3-12 锐齿槲栎林的立木结构（Ⅲ）

在崩尖子海拔1770m处设置样方调查，乔木层总盖度80%左右，除了优势种锐齿槲栎外，还混生有粉椴（*Tilia oliveri*）和米心水青冈（*Fagus engleriana*）。乔木亚层稀疏，盖度10%左右，有小果南烛（*Lyonia ovalifolia* var. *elliptica*）、毛榆（*Ulums wilsoniana*）、多脉青冈（*Cyclobalanopsis multinervis*）、阔叶槭（*Acer amplum*）、米心水青冈（*Fagus engleriana*）。

灌木层种类较丰富，盖度15%左右，箬竹（*Indocalamus tessellatus*）和竹叶鸡爪茶（*Rubus bambusarum*）略占优势。

草本层种类亦多，但盖度只有20%左右，主要种类有异叶蛇葡萄（*Ampelopsis humulifolia* var. *heterophylla*）、上天梯（*Rotala rotundifolia*）、常春藤（*Hedera nepalensis* var. *sinensis*）、拉拉藤（*Galium aparine* var. *tenerum*）等。其群落组成如表3-25所示，立木结构如图3-13所示。

表3-25 锐齿槲栎群落组成表

（调查地点：崩尖子；样方位置：E 110°43′02.22″，N 30°16′57.56″；地形地貌：斜坡，中坡；海拔：1770m；样方面积：20m×20m）

| 层次 | 物 种 | | 优势度·多度 |
|---|---|---|---|
| T1 | 锐齿槲栎 | *Quercus aliena* var. *acuteserrata* | 4·5 |
| | 粉椴 | *Tilia oliveri* | + |
| | 米心水青冈 | *Fagus engleriana* | + |
| T2 | 冠盖绣球 | *Hydrangea anomala* | + |
| | 小果南烛 | *Lyonia ovalifolia* var. *elliptica* | + |
| | 多脉青冈 | *Cyclobalanopsis multinervis* | + |
| | 毛榆 | *Ulums wilsoniana* | 1·2 |

（续）

| 层次 | | 物　种 | 优势度·多度 |
|---|---|---|---|
| T2 | 阔叶槭 | *Acer amplum* | + |
| | 米心水青冈 | *Fagus engleriana* | + |
| S | 山胡椒 | *Lindera glauca* | + |
| | 猫儿刺 | *Ilex pernyi* | + |
| | 箬竹 | *Indocalamus tessellatus* | 1·2 |
| | 木姜子 | *Litsea pungens* | + |
| | 托柄菝葜 | *Smilax discotis* | + |
| | 鸡爪槭 | *Acer palmatum* | + |
| | 阔叶槭 | *Acer amplum* | + |
| | 竹叶鸡爪茶 | *Rubus bambusarum* | 1·2 |
| | 苦糖果 | *Lonicera fragrantissima* subsp. *standishii* | + |
| | 羊尿泡 | *Sphaerophysa salsula* | + |
| | 米心水青冈 | *Fagus engleriana* | + |
| H | 异叶蛇葡萄 | *Ampelopsis humulifolia* var. *heterophylla* | 1·2 |
| | 上天梯 | *Rotala rotundifolia* | 1·2 |
| | 球米草 | *Oplismenus undulatifolius* | +·2 |
| | 常春藤 | *Hedera nepalensis* var. *sinensis* | 1·2 |
| | 拉拉藤 | *Galium aparine* var. *tenerum* | +·2 |
| | 冠盖绣球 | *Hydrangea anomala* | + |
| | 蕨状苔草 | *Carex filicina* | + |
| | 革叶耳蕨 | *Polystichum neolobatum* | + |
| | 黑鳞耳蕨 | *Polystichum makinoi* | +·2 |
| | 开口箭 | *Tupistra chinensis* | + |
| | 苔草 | *Carex* sp. | + |

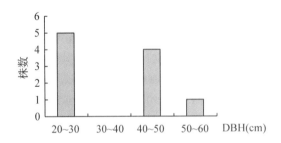

图 3-13　锐齿槲栎林的立木结构（Ⅳ）

（24）短柄枹栎林（Form. *Quercus serrata* var. *brevipetiolata*）

短柄枹栎林主要分布在海拔为 1200～1600m 的中山地带的山梁与山脊两侧的坡面及平缓山岭的顶部，以阳坡、半阳坡为主，林地土壤为山地黄棕壤。是崩尖子自然保护区保护较好的植被类型之一。向上常与锐齿槲栎林相接，山脊分布多为纯林，山脊两侧继续延伸，则常与化香、亮叶桦、华山松、栓皮栎、鹅耳枥等树种混生。

在崩尖子海拔 1419m 处设置样方调查，乔木层总盖度 80% 左右，除了优势种锐齿槲栎外，还混生有粉椴（*Tilia oliveri*）和多脉鹅耳枥（*Carpinus polyneura*）。乔木亚层稀疏，盖度10%左右，仅有多脉鹅耳枥（*Carpinus polyneura*）。

灌木层种类相对较丰富，盖度达65%左右，除映山红（*Rhododendron simsii*）占较大优势，还有宜昌荚蒾（*Viburnum erosum*）、小果南烛（*Lyonia ovalifolia* var. *elliptica*）、鹅耳枥（*Carpinus turczaninowii*）等。

草本层盖度仅5%左右，有芒（*Miscanthus sinensis*）、蕨（*Pteridium aquilinum* var. *latiusculum*）、黑鳞耳蕨（*Polystichum makinoi*）、腊莲绣球（*Hydrangea strigosa*）。其群落组成如表3-26所示，立木结构如图3-14所示。

表3-26 短柄枹栎群落组成表

（调查地点：崩尖子；样方位置：E 110°43′44.66″，N 30°16′49.08″；地形地貌：台地；海拔：1419m；样方面积：20m×10m）

| 层次 | 物 种 | | 优势度·多度 |
|---|---|---|---|
| T1 | 短柄枹栎 | *Quercus serrata* var. *brevipetiolata* | 4·5 |
| | 粉椴 | *Tilia oliveri* | + |
| | 多脉鹅耳枥 | *Carpinus polyneura* | + |
| T2 | 多脉鹅耳枥 | *Carpinus polyneura* | 1·2 |
| S | 小果南烛 | *Lyonia ovalifolia* var. *elliptica* | 1·2 |
| | 映山红 | *Rhododendron simsii* | 3·4 |
| | 鹅耳枥 | *Carpinus turczaninowii* | + |
| | 宜昌荚蒾 | *Viburnum erosum* | 1·2 |
| | 短柄枹栎 | *Quercus serrata* var. *brevipetiolata* | 1·2 |
| H | 芒 | *Miscanthus sinensis* | +·2 |
| | 蕨 | *Pteridium aquilinum* var. *latiusculum* | + |
| | 黑鳞耳蕨 | *Polystichum makinoi* | + |
| | 腊莲绣球 | *Hydrangea strigosa* | +·2 |

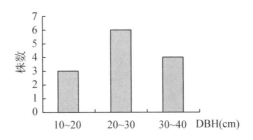

图3-14 短柄枹栎林的立木结构

（25）粉椴林（Form. *Tilia oliveri*）

粉椴为椴树科椴树属乔木，是我国特有的植物。在鄂西海拔600m～2200m的山地有较多分布。一般生长在山坡、山谷阔叶林中。在崩尖子保护区海拔1885m处设置样方调查，乔木层只有粉椴一种，总盖度50%，形成单优势群落。乔木亚层盖度10%左右，有阔叶槭（*Acer amplum*）、三桠乌药（*Lindera obtusiloba*）、大穗鹅耳枥（*Carpinus fargesii*）、中华猕猴桃（*Actinidia chinensis*）、七叶树（*Aesculus chinensis*）等。

灌木层总盖度40%左右，鄂西茶藨子（*Ribes franchetii*）略占优势，还有大穗鹅耳枥（*Carpinus fargesii*）、房县槭（*Acer franchetii*）、卫矛（*Euonymus alatus*）、常春藤（*Hedera nepalensis* var. *sinensis*）等。

草本层种类丰富，总盖度达80%左右，苞叶景天（*Sedum amplibracteatum*）占较大优势，除此之外还有藜芦（*Veratrum nigrum*）、凹叶糙苏（*Phlomis umbrosa* var. *emarginata*）、花叶冷水花（*Pilea cadierei*）、蟹甲草（*Parasenecio forrestii*）、拟缺香茶菜（*Rabdosia excisoides*）等。其群落组成如表3-27所示，立木结构如图3-15所示。

### 表3-27　粉椴群落组成表

（调查地点：崩尖子；样方位置：E 110°42′57.09″，N 30°16′56.44″；地形地貌：斜坡，中坡；坡度：45°；海拔：1885m；样方面积：20m×20m）

| 层次 | 物　　种 | | 优势度·多度 |
|---|---|---|---|
| T1 | 粉椴 | *Tilia oliveri* | 3·4 |
| T2 | 阔叶槭 | *Acer amplum* | + |
| | 三桠乌药 | *Lindera obtusiloba* | + |
| | 大穗鹅耳枥 | *Carpinus fargesii* | + |
| | 中华猕猴桃 | *Actinidia chinensis* | + |
| | 七叶树 | *Aesculus chinensis* | + |
| | 猫儿刺 | *Ilex pernyi* | + |
| | 鸡爪槭 | *Acer palmatum* | + |
| S | 大穗鹅耳枥 | *Carpinus fargesii* | + |
| | 房县槭 | *Acer franchetii* | + |
| | 卫矛 | *Euonymus alatus* | 1·2 |
| | 鄂西茶藨子 | *Ribes franchetii* | 2·3 |
| | 粉椴 | *Tilia oliveri* | + |
| | 常春藤 | *Hedera nepalensis* var. *sinensis* | +·2 |
| | 猫儿刺 | *Ilex pernyi* | + |
| | 鸡爪槭 | *Acer palmatum* | + |
| H | 藜芦 | *Veratrum nigrum* | 1·2 |
| | 凹叶糙苏 | *Phlomis umbrosa* var. *emarginata* | 1·2 |
| | 苞叶景天 | *Sedum amplibracteatum* | 3·4 |
| | 裂叶乌头 | *Aconitum carmichaeli* var. *tripartitum* | + |
| | 草芍药 | *Paeonia obovata* | +·2 |
| | 八棱麻 | *Iris speculatrix* | + |
| | 菱叶茴芹 | *Pimpinella rhombidea* | +·2 |
| | 花叶冷水花 | *Pilea cadierei* | 1·2 |
| | 茜草 | *Rubia cordifolia* | +·2 |
| | 革叶耳蕨 | *Polystichum neolobatum* | +·2 |
| | 蟹甲草 | *Parasenecio forrestii* | 1·2 |
| | 络石 | *Trachelospermum jasminoides* | +·2 |

（续）

| 层次 | | 物　种 | 优势度·多度 |
|---|---|---|---|
| | 拟缺香茶菜 | *Rabdosia excisoides* | 1·2 |
| | 多花黄精 | *Polygonatum cyrtonema* | +·2 |
| | 七叶一枝花 | *Paris polyphylla* | + |
| | 异叶蛇葡萄 | *Ampelopsis humulifolia* var. *heterophylla* | +·2 |
| | 拉拉藤 | *Galium aparine* var. *tenerum* | +·2 |
| | 苔草 | *Carex* sp. | +·2 |
| | 上天梯 | *Rotala rotundifolia* | +·2 |
| | 大枝绣球 | *Hydrangea longipes* var. *rosthornii* | + |
| | 开口箭 | *Tupistra chinensis* | + |
| | 大叶金腰 | *Chrysosplenium macrophyllum* | 1·2 |
| | 风毛菊 | *Saussurea japonica* | +·2 |
| | 鬼灯擎 | *Rodgersia aesculifolia* | +·2 |
| | 三叶木通 | *Akebia trifoliata* | + |
| | 绞股蓝 | *Gynostemma pentaphyllum* | + |

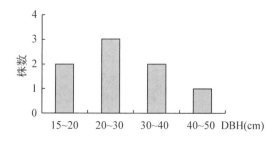

图3-15　粉椴林的立木结构

## Ⅲ．灌丛及草丛

### 6）灌丛

灌丛是指由灌木或灌木占优势所组成的植物群落。灌丛植株无明显的主干，高度一般在5 m以下。灌丛可分为原生灌丛与次生灌丛两类。亚热带地区的灌丛，一般都是次生的，它不是一种地带性的植被类型。其形成，一种为森林严重破坏后的恢复阶段；一种是岩壁，由于环境条件恶劣，植物生长受到制约，只有一些能忍受严酷条件的灌木可在此生长；第三种是山顶，由于风大和土壤贫瘠，常生长一些灌丛。

（26）顶花板凳果灌丛（Form. *Pachysandra terminalis*）

顶花板凳果为常绿亚灌木，生于山谷溪边、杂木林下、海拔1350～2200m的山谷沟边或林中较阴湿处多见。顶花板凳果茎稍粗壮，下部根茎状，布满长须状不定根，低矮长约30cm，横卧蔓性生长，常成片分布。在崩尖子海拔1795m处（E 110°42′59.93″，N 30°16′58.74″）目测样方调查，除优势种顶花板凳果外，还伴生有大枝绣球（*Hydrangea longipes* var. *rosthornii*）、鄂西茶藨子（*Ribes franchetii*）、黑鳞耳蕨（*Polystichum makinoi*）、大叶金腰（*Chrysosplenium macrophyllum*）、拟缺香茶菜（*Rabdosia excisoides*）、苞叶景天（*Sedum amplibracteatum*）等。

（27）长叶水麻灌丛（Form. *Debregeasia longifolia*）

长叶水麻主要分布在海拔800m以下的河边沟谷地带，常呈带状分布。在崩尖子响石溪（E 110°46′41.69″，N 30°17′48.45″；海拔：448m）记名样方调查，灌丛总盖度55%～70%，除了优势种长叶水麻外，常见的伴生种有博落回（*Macleaya cordata*）、异叶榕（*Ficus heteromorpha*）等。草本植物有苔草（*Carex* sp.）、芒（*Miscanthus sinensis*）、崖爬藤（*Tetrastigma obtectum*）等。

（28）鄂西绣线菊灌丛（Form. *Spiraea veitchii*）

鄂西绣线菊灌丛多生于高海拔山地。在崩尖子接近山顶处（E 110°42′46.63″，N 30°16′08.72″；海拔：2049m。地形：上坡；坡度：30°；坡向：S）记名样方调查，灌木层总盖度80%左右，除了优势种鄂西绣线菊外，还有山胡椒（*Lindera glauca*）、泡叶栒子（*Cotoneaster bullatus*）、皱叶荚蒾（*Viburnum rhytidophyllum*）、野山楂（*Crataegus cuneata*）、阔叶槭（*Acer amplum*）、灯台树（*Cornus controversa*）等。

草本层盖度可达60%左右，东方野扇花（*Sarcococca orientalis*）占优势，除此之外还有水金凤（*Impatiens noli-tangere*）、细茎双蝴蝶（*Tripterospermum filicaule*）、藜芦（*Veratrum nigrum*）、蕨状苔草（*Carex filicina*）、丛毛羊胡子草（*Eriophorum comofum*）、白苞蒿（*Artemisia lactiflora*）、鸡腿堇菜（*Viola acuminata*）、牛尾菜（*Smilax riparia*）、深山堇菜（*Viola selkirkii*）、乌毛蕨（*Blechnum orientale*）、龙牙草（*Agrimonia pilosa*）等。

（29）山麻杆灌丛（Form. *Alchornea davidii*）

山麻杆主要生长在海拔800m以下的沟谷地带，在崩尖子（E 110°45′05.19″，N 30°17′18.98″；海拔：601m）目测样方调查，山麻杆常形成单优势群落，伴生有长叶水麻（*Debregeasia longifolia*）、蝴蝶花（*Iris japonica*）、冷水花（*Pilea notata*）、茅叶荩草（*Arthraxon prionodes*）、风轮菜（*Clinopodium chinense*）、野棉花（*Anemone vitifolia*）、野胡萝卜（*Daucus carota*）、一年蓬（*Erigeron annuus*）、高粱泡（*Rubus lambertianus*）、荨麻（*Urtica thunbergiana*）、委陵菜（*Potentilla chinensis*）、过路黄（*Lysimachia christinae*）、异叶蛇葡萄（*Ampelopsis humulifolia* var. *heterophylla*）等。

（30）长叶胡颓子灌丛（Form. *Elaeagnus bockii*）

长叶胡颓子主要分布在崩尖子自然保护区海拔600～2100m的向阳山坡、路旁灌丛中。在崩尖子保护区界岭（E 110°42′46.45″，N 30°16′11.63″；海拔：2103m）进行记名样方调查，优势种长叶胡颓子总盖度50%左右，伴生种有大戟（*Euphorbia pekinensis*）、蕨（*Pteridium aquilinum* var. *latiusculum*）、齿叶橐吾（*Ligularia dentata*）、水金凤（*Impatiens noli - tangere*）、白苞蒿（*Artemisia lactiflora*）、三褶脉紫菀（*Aster ageratoides*）、一年蓬（*Erigeron annuus*）、萱草（*Hemerocallis fulva*）等。

（31）平枝栒子灌丛（Form. *Cotoneaster horizontalis*）

在崩尖子自然保护区，平枝栒子多生长在高海拔的岩坡上。在崩尖子接近山顶部（E 110°42′32.72″，N 30°16′13.95″；海拔：2243m）设置样方调查，优势种平枝栒子盖度50%，伴生种总盖度60%左右，其中日本金星蕨（*Parathelypteris nipponica*）占绝对优势，除此之外还混生有草原老鹳草（*Geranium pratense* var. *affine*）、鞘柄菝葜（*Smilax stans*）、细茎双蝴蝶（*Tripterospermum filicaule*）、萱草（*Hemerocallis fulva*）、赤胫散（*Polygonim runcinatum* var. *sinenes*)等。

（32）腊莲绣球灌丛（Form. *Hydrangea strigosa*）

腊莲绣球在崩尖子自然保护区主要分布在中低山的溪沟边及林缘。在崩尖子保护区泡桐树槽设置样方调查（E 110°44′40.32″，N 30°16′27.64″；坡度：25°；坡向：西北50°；海拔：1504m；样方面积：10m×10m），除了优势种腊莲绣球外，伴生种有中华绣线菊（*Spiraea chinensis*）、三褶脉紫菀（*Aster ageratoides*）、瓜叶乌头（*Aconitum hemsleyanum*）、异叶蛇葡萄（*Ampelopsis humulifolia* var. *heterophylla*）、山酢浆草（*Oxalis griffithii*）、鸭儿芹（*Cryptotaenia japonica*）、穿龙薯蓣（*Dioscorea nipponica*）、蛇莓（*Duchesnea indica*）、猫儿屎（*Decaisnea fargesii*）、单胞狗脊蕨（*Woodwardia unigemmata*）、离舌橐吾（*Ligularia veitchiana*）、荨麻（*Urtica thunbergiana*）、大戟（*Euphorbia pekinensis*）、华中五味子（*Schisandra sphenanthena*）等。

（33）泡叶栒子灌丛（Form. *Cotoneaster bullatus*）

泡叶栒子在崩尖子自然保护区主要分布在1800m以上高海拔山地，在接近山顶部形成群落。在崩尖子海拔2203m处（E 110°42′36.51″，N 30°16′14.00″）进行样方调查，优势种泡叶栒子盖度50%左右，伴生种总盖度70%左右，主要有：日本金星蕨（*Parathelypteris nipponica*）、箭竹（*Sinarundinaria nitida*）、萱草（*Hemerocallis fulva*）、尾叶樱（*Cerasus dielsiana*）、南蛇藤（*Celastrus orbiculatus*）、醉鱼草（*Buddleja lindleyana*）、鞘柄菝葜（*Smilax stans*）、中华绣线菊（*Spiraea chinensis*）、藜芦（*Veratrum nigrum*）、蕨（*Pteridium aquilinum* var. *latiusculum*）、画眉草（*Eragrostis pilosa*）等。

7）竹林

竹林是一种特殊的植被类型，不同于一般意义上的灌丛，其植被的扩张主要是靠营养繁殖和克隆生长。在鄂西山地常成片分布，成为一种重要的植被类型，对保持水土有不可替代的作用。

（34）箭竹灌丛（Form. *Sinarundinaria nitida*）

箭竹灌丛多分布在开阔、宽大的山坡或山顶，以阳坡、半阳坡多见。在崩尖子海拔2288m处（E 110°42′26.09″，N 30°16′14.90″）设置记名样方调查，其群落组成单一，箭竹占绝对优势，生长稠密连片，总盖度80%左右。平均高度1~3m。其间伴生有灌木及草本种类如：细茎双蝴蝶（*Tripterospermum filicaule*）、麦冬（*Ophiopogon japonicus*）、华中五味子（*Schisandra sphenanthena*）、金山五味子（*Schisandra glaucescens*）、蕨（*Pteridium aquilinum* var. *latiusculum*）等。

8）草丛

我国亚热带地区的草丛草坡，大多是原始植被遭受严重破坏或长期受到人为高强度干扰而形成，如森林遭受破坏后或农地抛荒以及其他强烈自然干扰（如流水冲刷）形成的次生植被类型。这种草丛草坡的演替也较快，一旦干扰停止，有可能重新形成森林类型。

（35）序叶苎麻草丛（Form. *Boehmeria clidemioides* var. *diffusa*）

序叶苎麻主要分布在鄂西海拔500~1500m的山谷林中或林边。在崩尖子海拔610m处（E 110°44′57.05″，N 30°17′15.71″）记名样方调查。除了优势种序叶苎麻外，伴生种还有一年蓬(*Erigeron annuus*)、平车前(*Plantago depressa*)、野大豆(*Glycine soja*)、狗尾草(*Setaria viridis*)等。

(36) 一年蓬草丛(Form. *Erigeron annuus*)

一年蓬群落多见于弃耕地或森林砍伐后不久的林地空隙里,属于次生演替中早期的群落类型,一年蓬作为先锋植物群落类型,主要生长在弃耕地上,由于退耕还林等政策的执行,该类型大量出现,但不久将为其他类型所取代。是一种极为不稳定的群落类型。

在崩尖子自然保护区内,一年蓬群落分布海拔范围为600~1400m,群落面积较大。该群落种类结构较简单,群落的组成物种除一年蓬外还有野菊(*Dendranthema indicum*)、狗尾草(*Setaria viridis*)、各种蕨类等。

(37) 睫萼凤仙花草丛(Form. *Impatiens blepharosepala*)

该群落主要分布在保护区海拔1300~1500m左右潮湿的沟谷两旁。在崩尖子白岩屋(E 110°44′27.76″, N 30°16′34.16″;海拔:1393m)、燕子岩(E 110°45′15.83″, N 30°16′27.34″;海拔:1387m)等多处进行目测样方调查显示,在此群落中,睫萼凤仙花占优势,盖度80%左右,零星分布有蕨(*Pteridium aquilinum* var. *latiusculum*)、杏香兔儿风(*Ainsliaea fragrans*)、黄花蒿(*Artemisia annus*)、珠光香青(*Anaphalis margaritacea*)、一年蓬(*Erigeron annuus*)、艾蒿(*Artemisia argyi*)、球米草(*Oplismenus undulatifolius*)、蓟(*Cirsium japonicum*)、野大豆(*Glycine soja*)、冷水花(*Pilea notata*)、苔草(*Carex* sp.)等。

(38) 苞叶景天草丛(Form. *Imperala cylindrica* var. *major*)

苞叶景天草丛在崩尖子保护区中山地带林下较常见。在大的林隙往往成片分布,成为优势草丛类型。在崩尖子海拔1475m处(E 110°43′17.57″, N 30°16′43.79″)设置记名样方调查,除了优势种苞叶景天外,还伴生有大叶金腰(*Chrysosplenium macrophyllum*)、楼梯草(*Elatostema involucratum*)、吉祥草(*Reineckea carnea*)、淫羊藿(*Epimedium brevicornu*)、凤丫蕨(*Coniogramme japonica*)、八棱麻(*Iris speculatrix*)、荞麦叶大百合(*Cardiocrinum cathayanum*)、金线草(*Antenoron filiforme*)等。

(39) 芒草丛(Form. *Miscanthus sinensis*)

该类型主要是生长在向阳的沟谷河滩的一种草丛类型,在弃耕荒地也较常见。在崩尖子白岩屋(E 110°44′26.23″, N 30°16′34.02″;海拔:1397m)进行样方调查,以芒为优势种,其他有日本金星蕨(*Parathelypteris nipponica*)、蕨(*Pteridium aquilinum* var. *latiusculum*)、龙牙草(*Agrimonia pilosa*)、蕺菜(*Houttuynia cordata*)、升麻(*Cimicifuga foetida*)、序叶苎麻(*Boehmeria clidemioides*)、三褶脉紫菀(*Aster ageratoides*)等。

(40) 博落回草丛(Form. *Macleaya cordata*)

此群落在崩尖子自然保护区主要分布在海拔800m以下的山坡、沟谷中,以道路两旁,弃耕地常见。在崩尖子响石溪附近海拔448m处(E 110°46′41.69″, N 30°17′48.45″)记名样方调查,群落中除了优势种博落回外,主要伴生种还有长叶水麻(*Debregeasia longifolia*)、山麻杆(*Alchornea davidii*)、牛尾菜(*Smilax riparia*)、地枇杷(*Ficus tikoua*)、蝴蝶花(*Iris japonica*)、苦荞麦(*Fagopyrum tataricum*)、苎麻(*Urtica thunbergiana*)等。

（41）冷水花草丛（Form. *Pilea notata*）

冷水花为多年生草本，具匍匐茎，生长在鄂西山地一些阴湿的环境。在崩尖子自然保护区主要生于海拔 600~1500m 的山谷、溪旁或林下阴湿处。在崩尖子海拔 1469m 处（E 110°42′59.93″，N 30°16′58.74″）进行目测样方调查，除了优势种冷水花之外，还伴生有荞麦叶大百合（*Cardiocrinum cathayanum*）、三褶脉紫菀（*Aster ageratoides*）、白脉蒲儿根（*Sinosenecio albonervius*）、绵毛金腰（*Chrysosplenium lanuginosum*）、凹叶景天（*Sedum emarginatum*）等。

（42）日本金星蕨草丛（Form. *Parathelypteris nipponica*）

日本金星蕨在崩尖子自然保护区的路旁、林缘及干旱的坡地较常见，分布海拔高度 1000~2000m 左右。在崩尖子白岩屋（E 110°44′26.23″，N 30°16′34.02″；海拔：1397m）和接近崩尖子山顶附近（E 110°42′33.11″，N 30°16′13.77″；海拔：2239m）设置调查样方，群落中除日本金星蕨外，常见的伴生种类有：蕨（*Pteridium aquilinum* var. *latiusculum*）、珠光香青（*Anaphalis margaritacea*）、芒（*Miscanthus sinensis*）、川鄂橐吾（*Ligularia wilsoniana*）、蕺菜（*Houttuynia cordata*）、升麻（*Cimicifuga foetida*）、平车前（*Plantago depressa*）、葛藤（*Argyreia seguinii*）、苦荬菜（*Ixeris denticulata*）、一年蓬（*Erigeron annuus*）、赤胫散（*Polygonim runcinatum* var. *sinenes*）等。

## 3.2.3　植被的分布规律

崩尖子自然保护区位于中亚热带北缘，属于季风湿润气候区，处于武陵山脉东北缘，自然条件复杂，沟谷纵横，地形起伏悬殊，海拔高差大，因而在植被分布规律上也表现出复杂性与多样性。在水平带谱上，以常绿阔叶林和常绿落叶阔叶混交林为主，镶嵌有暖性针叶林。在垂直带谱上，大体可分为 4 个植被带：1200m 以下为常绿阔叶林带，沟谷两旁也会形成一些喜湿的落叶林分；1200~1800m 为常绿落叶阔叶混交林带；1800~2000m 为落叶阔叶林带，混生有温性针叶林；2000m 以上为高山灌丛草甸带。

### 3.2.3.1　常绿阔叶林带

海拔 1200m 以下的地带性植被，其代表类型为亚热带常绿阔叶林。常绿阔叶林在本带内低山、封闭沟谷有零星、小块状残存分布。以曼青冈（*Cyolobalanopsis oxyodon*）、宜昌润楠（*Machilus ichangensis*）、利川润楠（*Machilus lichuanensis*）、乌冈栎（*Quercus phillyraeoides*）、刺叶栎（*Quercus spinosa*）、水丝梨（*Sycopsis sinensis*）等为主组成的常绿阔叶林。常见的伴生种类有青榨槭（*Acer davidii*）、四照花（*Dendrobenthamia japonica* var. *chinensis*）、黑壳楠（*Lindera megaphylla*）、绵柯（*Lithocarpus henryi*）、交让木（*Daphniphyllum macropodum*）等。由于人类活动的原因，地带性常绿阔叶林基本破坏，目前在沟谷地区主要有以润楠属、青冈属和水丝梨属植物为主的常绿阔叶林存在，以及栎属中的山地硬叶常绿阔叶林。在一些沟谷两旁，由于受到山间溪流的干扰，也会形成一些喜湿的落叶阔叶林，如枫杨林。在沟谷尽头、路缘处，森林被破坏的地方，容易形成博落回草丛、长叶水麻灌丛、山麻杆灌丛、序叶苎麻草丛等。也有一些暖温性针叶林如马尾松林、杉木林在这一基带混生。

### 3.2.3.2　常绿、落叶阔叶混交林带

常绿、落叶阔叶混交林带分布在海拔 1200~1800m，分布范围广阔，面积较大。一般多出现于沟谷两侧的山坡上。此带为保护区植被的主体，海拔 1500m 以下地段，常绿树种的比例较高，随着海拔的升高，气温下降，湿度增大，落叶树种的比例逐渐增大，在海拔 1500m 以上，落叶树种成分较高。本带的常绿种类有曼青冈（*Cyclobalanopsis oxyodon*）、多脉青冈（*Cyclobalanopsis multinervis*）、绵柯（*Lithocarpus henryi*）、宜昌润楠（*Machilus ichangensis*）等。落叶树种主要有阔叶槭（*Acer amplum*）、青榨槭（*Acer davidii*）、米心水青冈（*Fagus engleriana*）、珙桐（*Davidia involucrata*）、化香树（*Platycarya strobilacea*）、短柄枹栎（*Quercus serrata* var. *brevipetiolata*）、锐齿槲栎（*Quercus aliena* var. *acuteserrata*）等组成的群落类型，伴生种类主要有金钱槭（*Dipteronia sinensis*）、异叶榕（*Ficus heteromorpha*）、小果南烛（*Lyonia ovalifolia* var. *elliptica*）、粉椴（*Tilia oliver*）、中华槭（*Acer sinense*）等。此外，在弃耕地或森林遭砍伐及路缘，分布有腊莲绣球灌丛、一年蓬草丛、睫萼凤仙花草丛、苞叶景天草丛、芒草丛、顶花板凳果草丛、冷水花草丛、日本金星蕨草丛。

### 3.2.3.3　落叶阔叶林带

落叶阔叶林带位于海拔 1800~2000 m 之间，常分布于山坡的中上部，呈不连续的片状分布，在海拔较高、人烟稀少的地方，尚保存有原始状态的植被。

本垂直植被带的主要植被类型主要有锐齿槲栎林、阔叶槭林、鹅耳枥林、领春木林、米心水青冈林、粉椴林等，主要伴生种有金钱槭（*Dipteronia sinensis*）、小叶青冈（*Cyclobalanopsis granilis*）、绵柯（*Lithocarpus henryi*）、青榨槭（*Acer davidii*）、美脉花楸（*Sorbus caloneura*）等。这些林分人为干扰较少，是保护区较原始的植被类型。此外，温性针叶林如华山松林、巴山松林在这一植被带内常形成纯林或组成混交林群落。

### 3.2.3.4　高山灌丛草甸带

海拔 2000m 以上主要是以麻花杜鹃（*Rhododendron maculiferum*）、箭竹（*Sinarundinaria nitida*）及各种栒子（*Cotoneaster* sp.）、绣线菊（*Spiraea* sp.）、胡颓子（*Elaeagnus* sp.）等矮灌木和日本金星蕨（*Parathelypteris nipponica*）、珠光香青（*Anaphalis margaritacea*）、丛毛羊胡子草（*Eriophorum comofum*）等各种草本组成的灌草丛，是山顶特有景观。

## 3.2.4　植被保护与合理利用

自然保护区是生物多样性保护的重点区域，也是国家保护自然历史遗产的重要场所。一个好的自然保护区首先必须使区域内的自然资源得到就地保护，这就要求保护区要有良好健全的管理机构和管理制度，素质较高的精干的管理队伍，还要有定期不断的

科研监测等等。根据崩尖子保护区目前的具体情况，在自然植被的保护上应特别关注以下几方面的问题。

（1）功能区的科学合理规划。保护区要根据自然植被丰富程度及保护现状，人口分布状况，结合各区域自然地理环境条件科学划定核心区、缓冲区和实验区。崩尖子在审批省级自然保护区时，由于各种原因，所划分的核心区、缓冲区、实验区不尽合理，不能起到有效的核心保护作用。核心区、缓冲区内村庄、农田较多，人员干扰太大，应借晋升国家级自然保护区之机，根据实际情况对核心区、缓冲区和实验区作出适当调整。

（2）建立健全科研保护管理机构。崩尖子保护区目前基础条件较差，保护区应设立保护站点、气象站、固定样地、观测塔、界碑、界牌。由于该区域调查研究较少，尚有许多的未知之谜未解开，保护区要积极与大专院校及科研院所展开合作，有计划地组织力量，开展科学调查与研究，以实现保护区生物资源的保护、开发和可持续利用。

（3）退耕还林与植被恢复。保护区内植被斑块化较严重，部分地域山民森林砍伐、农地抛荒后，形成演替变化快的草丛或次生植被。要有计划地退耕还林，有针对性提出科学的植被恢复方案，促使植被正常演替。在植被恢复过程中，尤其要防止外来种的入侵。

（4）加强对重点保护对象特别是地带性植被——常绿阔叶林的保护。常绿阔叶林在崩尖子自然保护区因分布海拔较低受人为干扰严重，目前主要集中分布在一些沟谷地带，特别是其中的有些类型，如水丝梨林、宜昌润楠林、利川润楠林等，生存环境十分脆弱，应予以高度关注。

（5）对保护区内的珍稀树种和古大乔木要重点保护。如位于银峰村龙颈项的枫杨古树（E 110°46′41.84″，N 30°17′50.40″），还有白辛树、香果树、榉树、青檀、光叶珙桐等保护植物，要挂牌示意，明确保护规定。

# 3.3　国家珍稀濒危及重点保护野生植物

## 3.3.1　国家珍稀濒危及重点保护野生植物概述

崩尖子自然保护区由于水热条件丰富，自然地理环境复杂，加之古地史的原因，成为很多古老、珍稀植物的"避难所"，具有较丰富的国家珍稀濒危及重点保护植物。

这里所称的国家珍稀濒危保护植物种类包括国家重点保护野生植物、国家珍贵树种和国家珍稀濒危植物三类。国家重点保护野生植物根据国务院 1999 年 8 月 4 日批准公布的《国家重点保护野生植物名录（第一批）》而定；国家珍稀濒危植物根据 1984 年国家环保局、中国科学院植物所公布的《中国珍稀濒危保护植物名录（第一册）》而定；国家珍贵树种以林业部 1992 年颁发的《国家珍贵树种名录（第一批）》而定。由于依据的标准不同，它们之间会有相互交叉重叠，有的物种可能依据不同的标准而划分在不同的类别中。

崩尖子自然保护区内，国家珍稀濒危保护野生植物较丰富，经调查统计，共有国家珍稀濒危保护野生植物38种，其中，国家重点保护野生植物21种(Ⅰ级5种，Ⅱ级16种)；国家珍贵树种16种(一级5种，二级11种)；国家珍稀濒危植物27种(1级1种，2级10种，3级16种)（表3-28）。

表3-28　崩尖子自然保护区的珍稀濒危保护植物

| 序号 | 种名 | 拉丁名 | 濒危等级 | 国家重点野生植物保护级别 | 国家珍贵树种保护级别 | 国家珍稀濒危植物保护级别 |
|---|---|---|---|---|---|---|
| 1 | 珙桐 | *Davidia involucrata* | 稀有 | Ⅰ | 一级 | 1 |
| 2 | 光叶珙桐 | *Davidia involucrata* var. *vilmoriniana* | 稀有 | Ⅰ | 一级 | 2 |
| 3 | 银杏(古树) | *Ginkgo biloba* | 稀有 | Ⅰ | 一级 | 2 |
| 4 | 红豆杉 | *Taxus chinensis* | 濒危 | Ⅰ | | |
| 5 | 南方红豆杉 | *Taxus chinensis* var. *mairei* | | Ⅰ | 一级 | |
| 6 | 篦子三尖杉 | *Cephalotaxus oliveri* | 稀有 | Ⅱ | 二级 | 2 |
| 7 | 连香树 | *Cercidiphyllum japonicum* | 稀有 | Ⅱ | | 2 |
| 8 | 杜仲 | *Eucommia ulmoides* | 稀有 | | 二级 | 2 |
| 9 | 山白树 | *Sinowilsonia henryi* | 稀有 | | | 2 |
| 10 | 核桃 | *Juglans regia* | 渐危 | | | 2 |
| 11 | 鹅掌楸 | *Liriodendron chinense* | 稀有 | Ⅱ | 二级 | 2 |
| 12 | 水青树 | *Tetracentron sinense* | 稀有 | Ⅱ | 二级 | 2 |
| 13 | 香果树 | *Emmenopterys henryi* | 稀有 | Ⅱ | 一级 | 2 |
| 14 | 穗花杉 | *Amentotaxus argotaenia* | 渐危 | | | 3 |
| 15 | 金钱槭 | *Dipteronia sinensis* | 稀有 | | | 3 |
| 16 | 八角莲 | *Dysosma versipellis* | 渐危 | | | 3 |
| 17 | 华榛 | *Corylus chinensis* | 渐危 | | | 3 |
| 18 | 闽楠 | *Phoebe bournei* | 渐危 | Ⅱ | 二级 | 3 |
| 19 | 桢楠 | *Phoebe zhennan* | 渐危 | Ⅱ | 二级 | 3 |
| 20 | 野大豆 | *Glycine soja* | 渐危 | Ⅱ | | 3 |
| 21 | 延龄草 | *Trillium tschonoskii* | 渐危 | | | 3 |
| 22 | 瘿椒树 | *Tapiscia sinenisis* | 稀有 | | | 3 |
| 23 | 天麻 | *Gastrodia elata* | 渐危 | | | 3 |
| 24 | 黄连 | *Coptis chinensis* | 渐危 | | | 3 |
| 25 | 喜树 | *Camptotheca acuminate* | | Ⅱ | | |
| 26 | 白辛树 | *Pterostyrax psilophyllus* | 渐危 | | | 3 |
| 27 | 樟树 | *Cinnamomum camphora* | | Ⅱ | | |
| 28 | 黄皮树 | *Phellodendron chinensis* | | Ⅱ | | |
| 29 | 紫茎 | *Stewartia sinensis* | 渐危 | | | 3 |
| 30 | 领春木 | *Euptelea pleiosperma* | 稀有 | | | 3 |
| 31 | 青檀 | *Pteroceltis tatarinowii* | 稀有 | | | 3 |
| 32 | 厚朴 | *Magnolia officinalis* | 渐危 | Ⅱ | 二级 | 3 |
| 33 | 金荞麦 | *Fagopyrum dibotrys* | | Ⅱ | | |

（续）

| 序号 | 种名 | 拉丁名 | 濒危等级 | 国家重点野生植物保护级别 | 国家珍贵树种保护级别 | 国家珍稀濒危植物保护级别 |
|---|---|---|---|---|---|---|
| 34 | 椴树 | *Tilia tuan* | | | 二级 | |
| 35 | 巴山榧树 | *Torreya fargesii* | | Ⅱ | | |
| 36 | 刺楸 | *Kalopanax sepgemlobus* | | | 二级 | |
| 37 | 红椿 | *Toona ciliata* | 渐危 | Ⅱ | 二级 | 3 |
| 38 | 榉树 | *Zelkova schneideriana* | | Ⅱ | 二级 | |

## 1. 国家重点保护野生植物

湖北崩尖子自然保护区有国家重点保护野生植物 21 种，占湖北省总数 51 种的 41.18%。其中Ⅰ级有银杏（古树）（*Ginkgo biloba*）、红豆杉（*Taxus chinensis*）、南方红豆杉（*Taxus chinensis* var. *mairei*）、珙桐（*Davidia involucrata*）、光叶珙桐（*Davidia involucrata* var. *vilmoriniana*）共 5 种；Ⅱ级有篦子三尖杉（*Cephalotaxus oliveri*）、连香树（*Cercidiphyllum japonicum*）、鹅掌楸（*Liriodendron chinense*）、樟树（*Cinnamomum camphora*）、闽楠（*Phoebe bournei*）、桢楠（*Phoebe zhennan*）、野大豆（*Glycine soja*）、喜树（*Camptotheca acuminata*）、金荞麦（*Fagopyrum dibotrys*）、黄皮树（*Phellodendron chinensis*）、水青树（*Tetracentron sinense*）、香果树（*Emmenopterys henryi*）、巴山榧树（*Torreya fargesii*）、厚朴（*Magnolia officinalis*）、红椿（*Toona ciliata*）、榉树（*Zelkova schneideriana*）共 16 种。

## 2. 国家珍贵树种

湖北崩尖子自然保护区有国家珍贵树种 16 种，占湖北省总数 28 种的 57.14%。其中一级珍贵树种有银杏（*Ginkgo biloba*）、珙桐（*Davidia involucrata*）、光叶珙桐（*Davidia involucrata* var. *vilmoriniana*）、南方红豆杉（*Taxus chinensis* var. *mairei*）、香果树（*Emmenopterys henryi*）共 5 种；二级珍贵树种有篦子三尖杉（*Cephalotaxus oliveri*）、闽楠（*Phoebe bournei*）、桢楠（*Phoebe zhennan*）、鹅掌楸（*Liriodendron chinense*）、杜仲（*Eucommia ulmoides*）、水青树（*Tetracentron sinense*）、刺楸（*Kalopanax sepgemlobus*）、椴树（*Tilia tuan*）、红椿（*Toona ciliata*）、厚朴（*Magnolia officinalis*）、榉树（*Zelkova schneideriana*）11 种。

## 3. 国家珍稀濒危植物

湖北崩尖子自然保护区有国家保护的珍稀濒危植物 28 种，占湖北省总数 66 种的 42.42%。其中国家 1 级有珙桐；国家 2 级有光叶珙桐（*Davidia involucrata* var. *vilmoriniana*）、篦子三尖杉（*Cephalotaxus oliveri*）、连香树（*Cercidiphyllum japonicum*）、银杏（*Ginkgo biloba*）、山白树（*Sinowilsonia henryi*）、杜仲（*Eucommia ulmoides*）、核桃（*Juglans regia*）、香果树（*Emmenopterys henryi*）、水青树（*Tetracentron sinense*）、鹅掌楸（*Liriodendron chinense*）共 10 种；3 级有穗花杉（*Amentotaxus argotaenia*）、闽楠（*Phoebe bournei*）、桢楠（*Phoebe zhennan*）、延龄草（*Trillium tschonoskii*）、领春木（*Euptelea pleiosperma*）、黄连（*Coptis chinensis*）、八角莲（*Dysosma versipellis*）、紫茎（*Stewartia* sinensis)、华榛(*Corylus chinensis*)、青檀(*Pteroceltis tatarinowii*)、金钱槭(*Dipteronia sinensis*)、瘿椒树(*Tapiscia sinensis*)、白辛树(*Pterostyrax psilophyllus*)、天麻(*Gastrodia elata*)、红椿(*Toona ciliata*)、厚朴(*Magnolia officinalis*)、野大豆(*Glycine soja*)17 种。

## 3.3.2　国家珍稀濒危及重点保护野生植物分述

### 1. 珙桐(*Davidia involucrata*)

又名鸽子树、水梨子。属蓝果树科,国家 I 级重点保护野生植物,国家一级保护珍贵树种,国家 1 级保护珍稀濒危植物,是我国特有的第三纪古热带植物区系孑遗种。主要分布在湖南、湖北、四川、贵州、云南等省的山区。湖北省主要分布在鄂西大巴山,武陵山区及神农架海拔 800~2200m 的山坡、沟谷,有成片纯林及混交林。

在保护区的银峰村崩尖子山 E 110°43′58.61″, N 30°16′58.56″, 海拔 1798m 发现一棵,胸径 42cm, 高度 20m; 在 E 110°43′44.40″, N 30°16′59.04″, 海拔 1203m 发现一棵,胸径 8cm, 高度 4m; 在 E 110°44′28.36″, N 30°16′34.54″, 海拔 1392m 发现两棵,胸径是 10cm、7cm, 高度分别是 10m、8m。除此之外,在崩尖子 E 110°43′02.00″, N 30°16′57.87″, 海拔 1785m 处有 1 个珙桐群落,样方内有 5 株大的珙桐,均高 20m, 胸径分别为 30cm、25cm、26cm、26cm、25cm。

珙桐花朵奇特,是著名的庭院观赏植物,有"美丽的中国鸽子树"之称。要妥善保护崩尖子的珙桐林,并促进其自然更新,使之成为重要的种源基地。要严格控制外来人员采种或移植幼树,切实保护好现存群落。加强对珙桐的生理、生态、引种驯化等方面的科学研究,为扩大珙桐的引种、栽培提供科学依据。

### 2. 光叶珙桐(*Davidia involucrata* var. *vilmoriniana*)

光叶珙桐是蓝果树科国家 I 级重点保护野生植物,国家一级保护珍贵树种,国家 2 级保护珍稀濒危植物,为珙桐的变种,与珙桐一样具有重要的科研价值,主要分布在四川、湖北、湖南、贵州等省,常与珙桐混生,科研价值与珙桐相同。

在银峰村 E 110°44′16.86″, N 30°16′57.43″, 海拔 888m 和 E 110°43′12.97″, N 30°16′46.30″, 海拔 1549m 处发现 5 棵光叶珙桐,胸径分别为 15cm、14cm、8cm、2cm、4cm, 高度分别是 10m、10m、6m、3m、5m; 在响石村四方洞水电站附近 E 110°45′47″, N 30°17′30″, 海拔 518m 有 1 棵,胸径 15cm, 高度 5m; 另外在竹园坪双瑶湾 E 110°43′22″, N 30°17′50″, 海拔 1333m 处发现 7 棵光叶珙桐,胸径分别是 44cm、15cm、6cm、20cm、8cm、8cm、6cm, 高度分别是 25m、10m、5m、16m、8m、8m、7m。

### 3. 银杏(*Ginkgo biloba*)

又名白果树、公孙树。银杏科单属种植物,国家 I 级重点保护野生植物,国家一级保护珍贵树种,国家 2 级保护珍稀濒危植物。中生代时银杏植物是一个高度多样化的类群,几乎全球分布,但现在仅存一种。为现存种子植物中最古老的孑遗植物,是研究生物进化的活标本。全国多在海拔 1200m 以下分布,湖北省的银杏多栽培,少野生,但古树较多。该种在崩尖子保护区内有零星分布。在崩尖子 E 110°44′17″, N 30°22′55″, 海拔 250m 处有 3 棵银杏树,其中 1 棵树高 25m, 胸径约 100cm, 生长良好。

### 4. 红豆杉（*Taxus chinensis*）

红豆杉属红豆杉科国家 I 级重点保护野生植物。由于材质优良，树型优美，加之其树皮能提取抗癌原料紫杉醇，故常遭盗挖或砍伐，致使资源稀少，加之雌雄异株，雄多雌少，生长缓慢，其生存和繁衍不易。主要分布云南、贵州、四川、陕西、甘肃、安徽、广西等地。在保护区主要分布于崩尖子中溪河两岸，此外在崩尖子 E 110°43′54.50″，N 30°16′55.94″，海拔 1192m 和 E 110°45′12.53″，N 30°16′25.30″，海拔 1385m 处发现 3 棵红豆杉。

### 5. 南方红豆杉（*Taxus chinensis* var. *mairei*）

南方红豆杉属红豆杉科，国家 I 级重点保护野生植物，国家一级保护珍贵树木，中国特有种。为红豆杉一变种，南方红豆杉既是名贵的药用植物，也是园林、庭院绿化、美化的佳品。分布于陕、甘、豫南部、川、贵、黔东北部，湘、鄂西部及两广北部。湖北省见于鄂南及鄂西南、鄂西北海拔 1200m 以下山地，星散分布较多，极少群落分布。在崩尖子自然保护区主要分布于崩尖子山的沟谷两岸，常与红豆杉混生。

### 6. 篦子三尖杉（*Cephalotaxus oliveri*）

又名花枝杉。三尖杉科三尖杉属植物，我国特有的孑遗树种，国家 II 级重点保护野生植物，国家二级保护珍贵树种，国家 2 级保护珍稀濒危植物。自 20 世纪 60 年代以来，植物化学家从篦子三尖杉的枝叶、树皮中提取的生物碱，制成新型的抗癌新药，对治疗人体非淋巴系统白血病有较好的疗效。主要分布在我国华南和西南，湖北省见于鄂西南及神农架海拔 1000m 以下山区。喜湿润温暖气流及酸性山地黄壤土，多生长在山坡和溪边阴湿处。在崩尖子自然保护区主要分布在岩屋墩等地。

### 7. 连香树（*Cercidiphyllum japonicum*）

又名五君树、紫荆叶木。连香树科连香树属树种。国家 II 级重点保护野生植物，国家二级保护珍贵树木，国家 2 级保护珍稀濒危植物。东亚孑遗植物，中国和日本的间断分布种，对于研究第三纪植物区系起源以及中国与日本植物区系的关系，有十分重要的科研价值。连香树树干通直，叶形美观，是优良的园林绿化树种。主要分布在浙、皖、鄂、湘、川、陕、甘、晋等地。湖北省内主要分布于鄂西山地海拔 900~1500m 的地域，喜温凉湿润气候及深厚湿润微暖性土壤，不耐阴，在山谷沟旁常与水青树、珙桐、瘿椒树伴生。崩尖子自然保护区内有少量零星分布。

### 8. 杜仲（*Eucommia ulmoides*）

俗称丝棉树。是杜仲科杜仲属单种属植物，国家 2 级保护珍稀植物，稀有种，国家二级保护珍贵树种，第三纪孑遗植物，我国特有。杜仲被列为我国特有的多用途经济树种，杜仲树皮为珍贵中药材，它在研究被子植物系统演化上也有重要的科学价值，其药用至少已有 2000 多年历史。主要分布于黄河、秦岭以南、五岭以北，包括长江流域以南各省（自治区）。湖北省是我国杜仲主产区之一，且以鄂西地区的杜仲资源最为丰富，具体分布海拔 300~1300m 山地。因市场需求量大，天然资源已十分罕见，现广为栽培。在银峰村岩板稻场（E 110°44′36.90″，N 30°17′03.32″，海拔 724m）和竹园坪双瑶湾（E 110°43′18″，N 30°18′09″，海拔 1200m）共发现 12 棵杜仲，其胸径分别为 26cm、10cm、8cm、7cm、8cm、6cm、8cm、7cm、8cm、6cm、8cm、6cm，高度分别是 15m、

15m、15m、10m、15m、12m、10m、12m、13m、10m、8m、10m。

### 9. 山白树（*Sinowilsonia henryi*）

山白树为国家二级保护珍稀濒危植物，稀有种，我国特有的单种属植物。其模式标本为英国人亨利（A．Henry）1889 年采自湖北。山白树在金缕梅科中所处的地位对于阐明某些类群的起源和进化有较重要的科学价值，在研究植物区系和起源、进化等方面有学术价值。山白树以川东—鄂西为分布中心，向北延伸直到山西的中山地，包括甘肃、陕西、河南、四川、山西和湖北等地。在湖北省内分布于神农架、房县、利川、五峰、十堰、丹江口、竹溪、保康等地，生于海拔 800～1600m 的山坡和谷地河岸杂木中。山白树其貌不扬，易被人忽视为杂灌林砍掉。崩尖子自然保护区的崩尖子山等地林缘有零星分布。

### 10. 核桃（*Juglans regia*）

也称"胡桃"。国家 2 级保护珍稀濒危植物。核桃是我国四大木本油料植物之一，是珍贵的第三纪残遗植物，对研究古植物区系、古地理和古气候等方面有重要的科学价值。野生种仅产于新疆天山西部伊犁谷地，湖北和我国各地广为栽培或有沦为野生。主要分布在保护区海拔 300～1800m 的山坡和谷地。

### 11. 鹅掌楸（*Liriodendron chinense*）

又名马褂木、鸭脚树。木兰科鹅掌楸属植物，国家Ⅱ级重点保护野生植物，国家二级保护珍贵树种，国家 2 级保护珍稀濒危植物。是古老残存的孑遗植物，新生代冰河时代之前本属植物曾广布北半球，现在绝大多数地区已灭绝，只留下 2 个间断分布的种类，即中国与北美各 1 种。鹅掌楸对研究东亚和北美植物关系及起源、探讨地史的变迁等具有重要价值，同时也是优良的用材树和珍贵的观赏树种。我国华东、华中、西南均有分布。湖北省主产鄂西山区，生长在海拔 500～1700m 的沟谷山坡，喜湿润气候，怕寒冷。崩尖子自然保护区主要分布在中山墩。在银峰村崩尖子山 E 110°43′50.54″，N 30°16′58.16″，海拔 1209m 处有 1 棵鹅掌楸，胸径 28cm，高度 20m；在 E 110°45′17.54″，N 30°16′30.78″，海拔 1389m 处发现 1 棵，胸径 8cm，高度 6m。

### 12. 水青树（*Tetracentron sinense*）

水青树属水青树科水青树属单属种植物，国家Ⅱ级重点保护野生植物，国家二级保护珍贵树种，国家 2 级保护珍稀濒危植物。材质优良，树姿优美，可为庭园观赏树。水青树为东亚特征植物，现仅存于东亚局部地区，被誉为"冰川元老"，在我国分布于陕西、甘肃、四川、湖北、湖南、云南、贵州及西藏南部，海拔 1100～3500m 山地，多生长于地势起伏小的山地沟谷两侧，常与连香树、瘿椒树等形成古老植物群落。水青树分布虽广，但数量很少。湖北省内分布于鄂西海拔 1000～2000m 的山地林中。在银峰村崩尖子山 E 110°42′58.61″，N 30°16′58.56″，海拔 1798m 处有 1 棵胸径 40cm，高度 25m 的水青树；在竹园坪双瑶湾 E 110°43′22″，N 30°17′50″，海拔 1333m 处发现 3 棵水青树，其胸径分别是 6cm、6cm、7cm，高度分别是 4m、4m、6m。

### 13. 香果树（*Emmenopterys henryi*）

又名丁木。属茜草科香果树属植物。国家Ⅱ级重点保护野生植物，国家一级保护珍贵树种。我国特有单种属古老孑遗树种，对研究茜草科分类系统及植物地理学具有一定学术价值。香果树材质优良，树姿优美，花形奇特，为珍贵园林观赏树种。主要分布长江以南各省（自治区），湖北省产于鄂西山地海拔 600～1800m 的区域。耐阴喜光喜湿，多生长在山谷、沟槽、溪边。香果树分布范围虽广，但多零散生长。崩尖子自然保护区内零星分布于曲溪等地。在银峰村岩板稻场 E 110°44′29.95″，N 30°17′03.35″，海拔 794m 处有 1 棵胸径 18cm，高度 18m 的香果树；在 E 110°44′03.93″，N 30°16′53.75″，海拔 960m 处有 1 棵胸径 10cm，高度 12m 的香果树；在 E 110°43′42.12″，N 30°16′57.66″，海拔 1208m 处有 1 棵胸径 30cm，高度 22m 的香果树；在 E 110°43′41.23″，N 30°16′57.74″；海拔 1218m 处有 2 棵平均胸径 5cm，均高 4m 的香果树；在响石村叫花子岩 E 110°46′38″，N 30°18′38″，海拔 487m 处发现 5 棵香果树，其平均高度为 2m。

### 14. 穗花杉（*Amentotaxus argotaenia*）

红豆杉科穗花杉属植物，国家 3 级保护珍稀濒危植物，渐危种，第三纪孑遗植物。穗花杉起源古老，形态、结构和发育特异，对研究古地质、古地理、植物区系以及植物分类等方面有着重要意义。穗花杉树型优美，四季常青，种子秋季成熟时肉质假种皮鲜红色，十分鲜艳夺目，是极好的庭园绿化观赏树。除越南北部有少量分布外，主要分布于我国南方，特别是中亚热带和南亚热带的山地。具体分布于赣北、湘西、甘南及川、黔、粤、桂、浙等地海拔 300～1500m 的山地，湖北省内鄂西北等地分布较多。穗花杉喜温凉气候和肥沃湿润黄壤及黄棕壤，多生长在山坡及沟谷两侧，耐阴，较耐寒。崩尖子保护区内栗子坪有零星分布。

### 15. 金钱槭（*Dipteronia sinensis*）

槭树科金钱槭属植物，国家 3 级保护珍稀濒危植物，稀有种，特产于我国。金钱槭树姿优美，花序大型，翅果状似古铜钱，色淡红而美丽，为珍贵观赏树种，是重要的园林植物。金钱槭又是我国特有的寡种属植物，在阐明某些类群的起源和进化、研究植物区系与地理分布等方面都有较重要的价值。零星分布于河南西南部、陕西南部、甘肃东南部、湖北西部、四川、贵州等地海拔 1000～2000m 的疏林中。湖北省产于鄂西山地。在银峰村的崩尖子山 E 110°43′28.94″，N 30°16′43.45″，海拔 1478m 处有 1 棵胸径 15cm，高度 17m 的金钱槭；在 E 110°43′43.50″，N 30°16′58.39″，海拔 1199m 处有 2 棵金钱槭，胸径分别是 20cm、8cm，均高 10m；在 E 110°43′51.92″，N 30°16′58.12″，海拔 1227m 处有 1 棵胸径 22cm，高度 18m 的金钱槭；在竹园坪石竹溪 E 110°43′18″，N 30°18′09″，海拔 950m 处有 2 棵金钱槭，胸径分别是 8cm、5cm，高度分别是 7m、5m。

### 16. 八角莲（*Dysosma versipellis*）

又名一碗水。属小檗科八角莲属植物，国家 3 级保护珍稀濒危植物，渐危种。八角莲叶形奇特，具有很好的观赏价值，可作园林种植或作为观叶植物盆植于室内。八角莲也具有很高的药用价值，能清热解毒、化痰散结、祛瘀消肿。特别在治毒蛇咬伤、抑制肿瘤方面具有奇特的疗效，为民间常用草药。八角莲分布于我国中亚热带至南亚热带广大地区，主产滇、川、桂、粤、湘、赣、浙、豫等地。湖北省西部海拔 500～2200m 的密林下均有分布。喜凉爽湿润气候，一般生长在山沟石缝阴湿处。崩尖子自然保护区主要分布于中溪河低谷地带。在银峰村崩尖子山 E 110°43′46.75″，N 30°16′58.82″，海拔 1202m 处发现有八角莲。

### 17. 华榛(*Corylus chinensis*)

又名山白果、榛树。榛科榛属植物，国家3级保护珍稀濒危植物，渐危种。华榛为我国特有的稀有珍贵树种，是榛属中罕见的大乔木，常与其他阔叶树种组成混交林。华榛坚果俗称"猴板栗"，种仁可食，亦可榨油，木材暗红褐色、有光泽，是上等的建筑、家具等用材。该物种喜温暖湿润的气候及深厚、中性或酸性的土壤。主要分布在川、黔、湘、鄂、滇等地。湖北省内主要分布于鄂西南及神农架林区海拔800～1800m深山沟谷，湿润山坡和林中。崩尖子自然保护区内各地均有分布，多分布在海拔1000m以上的山坡林中或山沟边。

### 18. 闽楠(*Phoebe bournei*)

属樟科植物，国家Ⅱ级重点保护野生植物，国家二级保护珍贵树种，国家3级保护珍稀濒危植物。闽楠是我国特有的珍贵树种，木材黄褐色，有香气，结构细，不变形，易加工，为建筑、家具、造船、雕刻精密木模的上等良材。湖北、湖南、江西、河南、福建、广西、贵州等地有分布，零星生长在海拔1000m以下的沟谷常绿阔叶林中，以山谷沟槽、阴坡坡脚及河边台地生长最佳。崩尖子自然保护区内闽楠主要分布于中溪河和曲溪两岸低谷地带。

### 19. 桢楠(*Phoebe zhennan*)

又称楠木、香楠。樟科楠属植物，国家Ⅱ级重点保护野生植物，国家二级保护珍贵树种，国家3级保护珍稀濒危植物，是著名的珍贵用材树种。分布在川、鄂、黔等地。湖北省产鄂西南、神农架林区及鄂南山区，生长在海拔1200m以下的山坡或谷地林中。崩尖子保护区1200m以下常绿阔叶林阔叶落叶混交林中有分布。调查过程中在银峰村(E 110°44′03.93″，N 30°16′53.75″，海拔960m)发现有桢楠。

### 20. 野大豆(*Glycine soja*)

野大豆是蝶形花科野大豆属植物。国家Ⅱ级重点保护野生植物，国家3级保护的珍稀濒危种。野大豆与大豆(*Glycin max*)是近缘种，有耐盐碱、抗寒、抗病等优良性状，为珍贵的种质资源，是本属植物选种育种的好材料。种子富含蛋白质，油脂，除可食用外，还可榨油，药用。野大豆分布广泛，我国东北、华北、西北及西南均有，主产长江流域及湖北地区，湖北省各地均有分布。崩尖子自然保护区内的低山灌丛中多有分布，在银峰村岩板稻场(E 110°44′29.52″，N 30°17′04.07″，海拔796m)、银峰村崩尖子山(E 110°44′49.30″，N 30°17′12.61″，海拔660m；E 110°43′58.72″，N 30°16′53.06″，海拔1106m；E 110°43′43.20″，N 30°16′45.28″，海拔1350m；E 110°43′58.72″，N 30°16′53.06″，海拔1106m；E 110°43′43.13″，N 30°16′56.93″，海拔1365m；E 110°43′49.44″，N 30°16′59.13″，海拔1213m；E 110°45′25.68″，N 30°16′34.06″，海拔1388m)均发现有零星分布，但没有发现群落。

### 21. 延龄草(*Trillium tschonoskii*)

又名头顶一颗珠。属延龄草科，国家3级保护珍稀濒危植物，渐危种。延龄草属间断分布于东亚及北美，在我国主产藏、滇、川、皖、陕、甘等地。湖北省主要分布在鄂西海拔1600～2900m的山坡或山谷阴湿草丛中。该属形态解剖较特殊，对于研究延龄草属的系统位置以及植物区系等均有科学意义。延龄草性味甘平，具镇静安神、活血止血、解毒等功效，对治疗高血压、神经衰弱、眩晕头痛有较好的疗效，是重要的中草药。由于延龄草挖掘过量和种子发芽率很低，致使种群数量逐渐减少，野外已少见。在崩尖子自然保护区崩尖子山海拔1400～1700m常绿落叶阔叶混交林下有零星分布。

### 22. 瘿椒树(*Tapiscia sinenisis*)

省沽油科瘿椒树属植物，国家3级保护珍稀濒危植物，稀有种，是我国特有的第四纪冰川孑遗植物，对研究我国亚热带植物区系与省沽油科的系统发育，有一定的科学价值。瘿椒树是落叶大乔木，其木材材质优良，树姿美观，可作园林绿化树种。分布在长江中下游及以南省区，在湖北省多产于鄂西山地海拔600～1400m左右山坡沟边林中。在崩尖子自然保护区零星分布于海拔600～1700m的山坡，沟边，林中。在银峰村崩尖子山(E 110°43′42.25″，N 30°16′57.39″，海拔1226m)有2棵瘿椒树，胸径分别是28cm、26cm，均高22m；在竹园坪石竹溪(E 110°43′09″，N 30°18′44″，海拔900m)有6棵瘿椒树，胸径分别是45cm、40cm、38cm、35cm、15cm、18cm，高度分别是25m、20m、15m、18m、10m、8m；在竹园坪双瑶湾(E 110°43′24″，N 30°17′52″，海拔1290m)发现7棵瘿椒树，胸径分别是50cm、45cm、50cm、41cm、42cm、40cm、42cm，高度分别是25m、20m、26m、23m、25m、22m、20m。

### 23. 天麻(*Gastrodia elata*)

兰科天麻属植物，国家3级保护珍稀濒危植物，渐危种，为腐寄生植物，对研究兰科植物的系统发育有一定的价值。天麻是一味常用而较名贵的中药，中医认为天麻具有息风、止痉、祛风除痹的功效，是中医治疗大脑及神经系统疾病的常用药物。野生天麻分布广泛，全国南北山地均有分布，海拔1000m左右。其中贵州西部，四川南部及云南东北部所产为著名地道药材，质量尤佳。由于大量采挖，野生植株已较少见。在崩尖子自然保护区较少分布于林下。

### 24. 黄连(*Coptis chinensis*)

毛茛科黄连属植物，国家3级保护珍稀濒危植物，渐危种。分布黔、川、湘、陕、浙等地。黄连以根茎入药，性寒味苦，有泻火、燥湿、解毒之功效。主治消化不良，止泻止痛，有抗炎的作用。主要分布在四川东部、湖北西部、陕西南部一带的海拔1200～1800m高寒山区。黄连是中国特产的药用植物，向来被视为珍贵药材之一，又名"川连"，以四川出产的为佳。崩尖子保护区多见于海拔1200～1650m山地林下阴湿处，野生资源极为稀少，人工栽培较多，应加强对野生资源的保护。

### 25. 喜树 (*Camptotheca acuminata*)

又名旱莲木。珙桐科喜树属单种属植物，国家Ⅱ级重点保护野生植物，我国特有。主要分布在长江流域及南方各省区，生于海拔1000m以下。喜树木材可制家具及造纸原料；果及根、茎皮含有抗肿瘤生物碱，为喜树碱，可以治疗多种癌症，外用可治疗牛皮癣。崩尖子保护区海拔1000m以下的林缘、溪边偶有分布，野生种稀少，多为栽培。调查过程中在响石村(E 110°46′53.89″，N 30°18′20.61″，海拔745m)发现有喜树。

### 26. 白辛树(*Pterostyrax psilophyllus*)

野茉莉科白辛树属植物，国家3级保护珍稀濒危植物，渐危种，是我国寡种属特有树种，它在植物分类和区系分布的研究上有一定价值。白辛树树形雄伟挺拔、生长快、花香叶美，为庭园绿化之优良树种。主要分布在我国西南川、鄂、黔、滇等省区海拔800～1800m的山地。湖北产于鄂西山地。崩尖子自然保护区主要分布于保护区的沟谷及林缘。在银峰村岩板稻场(E 110°44′35.66″，N 30°17′03.94″，海拔7166m)有1棵胸径13cm，高度15m的白辛树；在响石村中溪湾(E 110°45′07″，N 30°17′20″，海拔597m)发现4棵白辛树，胸径分别是6cm、15cm、10cm、7cm，高度分别是6m、9m、7m、6m；竹园坪双瑶湾(E 110°43′23″，N 30°17′50″，海拔1300m)发现4棵白辛树，胸径分别是62cm、55cm、62cm、55cm，均高30m。

### 27. 樟树(*Cinnamomum camphora*)

又名香樟。樟科樟属植物，国家Ⅱ级重点保护野生植物。我国亚热带常绿阔叶林中的重要成分，为优良用材及特用经济兼备的名贵树种。樟树木材致密，纹理美观，富有香气，耐腐抗虫，是造船、箱柜、家具及工艺美术品优良用材；樟树的根、干、枝、叶皆可提取樟脑及樟油，为医药、防腐及香料、农药的重要原料。樟树四季常青，芳香，树冠庞大，是优良城镇绿化及庭院树种，现已大量作为城市园林绿化和行道树种。樟树主要分布在长江流域以南各地。崩尖子自然保护区内有零星分布。

### 28. 黄皮树(*Phellodendron chinensis*)

黄皮树是芸香科黄檗属落叶乔木，国家Ⅱ级重点保护野生植物，中国特有。其树皮可提取小檗碱，有清热解毒、泻火燥湿之效。其木质坚硬，木纹细致、轻便，可作家具或器具柄。分布于四川、云南及鄂西海拔500～2100m山地。但是由于此种栽培较广，野生种和栽培种不易分别。在崩尖子自然保护区竹园坪双瑶湾(E 110°43′18″，N 30°18′09″，海拔1200m)发现10棵黄皮树，胸径分别是7cm、6cm、6cm、5cm、6cm、5cm、7cm、6cm、6cm、7cm，高度分别是4m、3m、4m、3m、3m、3m、4m、3m、3m、3m；在银峰村崩尖子山(E 110°42′39.04″，N 30°16′33.71″，海拔2171m；E 110°42′33.04″，N 30°16′13.85″；E 110°42′46.55″，N 30°16′11.40″，海拔2116m)发现5棵，胸径分别是8cm、7cm、6cm、5cm、8cm，高度分别是3m、3m、3m、2m、7m。

### 29. 紫茎(*Stewartia sinensis*)

又称马林光。山茶科紫茎属植物，国家3级保护珍稀濒危植物，渐危种，我国特产。为东亚—北美间断分布，在研究东亚—北美植物区系上有一定的科学意义。紫茎木材极坚实耐用，根皮、茎皮入药，能清寒表汗，治跌打损伤、风湿麻木。种子油可食用或制肥皂及润滑油，具有较高的经济价值。紫茎树皮剥落后露出金黄色光滑洁净的内皮，是优良的园林树种。主要分布在川、鄂、湘、赣、皖、闽等地，湖北省见于鄂西山区，生长在海拔300～1900m的山谷或林中，喜光，喜温和湿润气候及深厚肥沃土壤。崩尖子自然保护区有零星分布，在银峰村崩尖子山(E 110°43′05.34″，N 30°16′57.33″，海拔1737m；E 110°43′00.08″，N 30°16′58.71″，海拔1795m；E 110°43′07.43″，N 30°17′16.89″，海拔1844 m)共发现5棵紫茎，其胸径分别是35cm、20cm、8cm、30cm、25cm，高度分别是22m、20m、20m、16m、16m；在白岩屋(E 110°44′31.30″，N 30°16′14.89″，海拔1385m)有7棵紫茎，其胸径分别是25cm、25cm、12cm、12cm、12cm、12cm、12cm，高度分别是12m、12m、9m、9m、9m、9m、9m。

### 30. 领春木（*Euptelea pleiosperma*）

领春木科领春木属植物，国家3级保护珍稀濒危植物，稀有种。它是典型的东亚植物区系成分的特征种，也是古老的孑遗植物。对研究植物系统发育、植物区系都有一定的科学意义。领春木花果成簇、果形奇特、红艳夺目，为优良的观赏树木。主要分布在川、甘、黔、滇等地，生长于海拔900～3600m的林中或林缘，多沿溪旁缓坡地生长。湖北省主产鄂西南及神农架林区。崩尖子自然保护区内各地均有分布。在银峰村崩尖子山（E 110°43′15.93″，N 30°16′44.26″，海拔1465m；E 110°43′03.64″，N 30°16′53.20″，海拔1646m；E 110°45′16.58″，N 30°16′29.06″，海拔1387m；E 110°45′15.24″，N 30°16′26.61″，海拔1383m）共有6株，胸径分别为12cm、13cm、8cm、8cm、8cm、8cm，高度分别是10m、12m、8m、8m、8m、8m；在竹园坪（E 110°43′23″，N30°17′52″，海拔1300m；E 110°43′04″，N 30°18′47″，海拔900m）共有领春木8株，胸径分别为7cm、5cm、8cm、6cm、5cm、5cm、5cm、5cm，高度分别是6m、4m、5m、4m、5m、5m、5m、6m；在锯子齿林（E 110°45′09.82″，N 30°16′24.05″，海拔1385m）有领春木群落，10m×10m样方面积内，乔木层领春木群落盖度50%左右。

### 31. 青檀（*Pteroceltis tatarinowii*）

又名金钱朴。榆科青檀属单种属树种，国家3级保护珍稀濒危植物，稀有种。为我国特有单种属树种，对研究榆科系统发育有重要学术价值。青檀的茎皮、枝皮纤维为制造驰名国内外的书画宣纸的优质原料；该物种在石灰岩山地生长快、长势好、木材坚重，是优良的造林树种，也被列入园林植物栽培。青檀零星或成片分布于我国东部、黄河及长江流域，海拔分布100～1500m。湖北省产于鄂西、神农架等山地，分布范围较广。在崩尖子自然保护区响石村中溪湾（E 110°44′49″，N 30°17′13″，海拔640m）有13株青檀，胸径分别为10cm、9cm、8cm、8cm、7cm、8cm、7cm、6cm、7cm、8cm、7cm、8cm、7cm，高度分别为10m、10m、8m、8m、7m、7m、8m、7m、8m、7m、6m、8m、7m；在响石村叫花子岩（E 110°46′23″，N 30°18′43″，海拔484m）有青檀25株，平均胸径约8～10cm，高度约9m；在陈家坪瓦窑坪（E 110°44′27″，N 30°23′13″，海拔233m）发现10株，胸径分别为8cm、10cm、8cm、7cm、8cm、6cm、7cm、6cm、6cm、7cm，高度分别为5m、6m、6m、6m、5m、6m、5m、6m、7m、6m；在竹园坪中间屋场（E 110°43′19″，N 30°21′53″，海拔350m）发现10株，其胸径分别为12cm、10cm、10cm、9cm、10cm、9cm、8cm、9cm、8cm、8cm，高度分别为8m、7m、8m、6m、7m、6m、7m、8m、7m、8m；在竹园坪安财土地（E 110°43′02″，N 30°18′54″，海拔877m）发现10株，胸径分别为5cm、6cm、5cm、7cm、5cm、6cm、5cm、6cm、7cm、8cm，高度分别为5m、5m、5m、4m、5m、4m、5m、4m、5m、6m。

### 32. 厚朴（*Magnolia officinalis*）

厚朴是木兰科国家Ⅱ级重点保护野生植物，国家二级保护珍贵树种，国家3级保护珍稀濒危植物。中国中亚热带东部特有种。厚朴树皮为重要药材，木材纹理直，结构细，少开裂，是优良用材。叶大，树冠荫浓，花洁而玉立枝头，还可供庭园观赏树栽培。主要分布在四川、陕西、甘肃、湖北、湖南、广西、江西等省（自治区）海拔1500m以下山地。湖北省内西部各县（自治县）有分布，原生种已少见，在湖北省山地丘陵广为栽培。崩尖子自然保护区范围内银峰村岩板稻场(E 110°44′37.58″, N 30°17′03.77″, 海拔 732m)有 6 株厚朴, 其胸径分别是 14cm、12cm、16cm、9cm、8cm、10cm, 平均高度 16m; 在响石村叫花子岩(E 110°46′34″, N 30°18′39″, 海拔 892m)有 2 株小厚朴, 高度 1~2 m 左右; 在竹园坪双瑶湾(E 110°43′18″, N 30°18′09″, 海拔 1200m)有 10 株厚朴, 其胸径分别是 25cm、24cm、20cm、15cm、18cm、16cm、15cm、10cm、12cm、10cm, 高度分别为 15m、15m、12m、10m、15m、13m、9m、6m、10m、9m。

### 33. 金荞麦(*Fagopyrum dibotrys*)

属蓼科国家Ⅱ级重点保护野生植物。金荞麦为多年生草本植物, 是重要的种质资源。全草有清热解毒、祛风散湿功效。金荞麦是中国荞麦属野生种类中分布最广的一种, 在我国从大巴山以南到中国南部均有分布。湖北省境内金荞麦分布较广, 多分布海拔 1000m 以下低山丘陵、路旁、沟边广布。在崩尖子自然保护区响石村(E 110°46′56.22″, N 30°18′31.46″, 海拔 333m), 银峰村龙颈项(E 110°45′23.60″, N 30°17′27.12″, 海拔 469m), 都镇湾镇(E 110°46′39.01″, N 30°16′07.81″, 海拔 471m), 银峰村(E 110°45′17.10″, N 30°17′22.29″, 海拔 471m; E 110°44′59.77″, N 30°17′17.11″, 海拔 602m; E 110°44′48.08″, N 30°17′11.74″, 海拔 664m)均有小丛分布。

### 34. 椴树(*Tilia tuan*)

属椴树科, 国家二级保护珍贵树种。椴树树干通直挺拔、材质坚硬, 是优良硬木之一。主要分布于湖北、四川、云南、贵州、广西、湖南、江西等省海拔 1000~1500m 的山地。在崩尖子自然保护区银峰村(E 110°44′01.18″, N 30°16′52.76″, 海拔 982m)发现 1 株, 胸径 18cm, 高度 15m; 在银峰村(E 110°43′58.61″, N 30°16′58.56″, 海拔 1798m)发现 1 株, 胸径 18cm, 高度 18m。

### 35. 巴山榧树(*Torreya fargesii*)

巴山榧树是红豆杉科国家Ⅱ级重点保护野生植物, 是优质用材树种。主要分布于陕西南部、湖北西部及四川海拔 800~1800m 的山地, 多散生于混交林中。崩尖子自然保护有零星分布。在竹园坪安财土地(E 110°43′05″, N 30°18′51″, 海拔 912m)有 10 株巴山榧树, 高度在 0.5~3m 左右。

### 36. 刺楸(*Kalopanax sepgemlobus*)

属五加科, 国家二级保护珍贵树种。刺楸叶形美观, 叶色浓绿, 树干通直挺拔而多硬刺, 适合作行道树或园林配植。此外, 刺楸木质坚硬细腻、花纹明显, 是制作高级家具良好材料。树根、皮可入药, 有清热解毒、消炎祛痰、镇痛等功效。春季的嫩叶采摘后可供食用。刺楸适应性很强, 从中国东北到华南都有分布, 日本、朝鲜半岛也有分布。在崩尖子自然保护区银峰村(E 110°43′50.54″, N 30°16′58.16″, 海拔 1209m)有 8 株刺楸, 其胸径分别是 23cm、30cm、25cm、28cm、15cm、18cm、23cm、29cm, 平均高度为 20m。

### 37. 红椿(*Toona ciliata*)

属楝科, 国家Ⅱ级重点保护野生植物, 国家二级保护珍贵树种, 国家 3 级保护珍稀濒危植物。红椿为我国热带和南亚热带重要速生用材树种, 其木材纹理直, 有光泽, 材质软硬适中, 耐腐朽和虫蛀, 是上等家具及建筑、车船用材, 有"中国桃花心木"之美誉，常生长于海拔 1000m 以下山区。主要分布在粤、桂、黔、滇等省（自治区），湖北省少有分布。在崩尖子自然保护区银峰村（E 110°43′30.50″，N 30°16′45.49″，海拔 1454m；E 110°43′44.90″，N 30°16′59.13″，海拔 1214m）共发现 4 株红椿，其胸径分别是 16cm、8cm、22cm、32cm，高度分别是 18m、10m、20m、25m；在竹园坪双瑶湾（E 110°43′24″，N 30°17′52″，海拔 1290m）共发现 3 株红椿，其胸径分别是 70cm、80cm、45cm，高度分别是 25m、27m、18m。

### 38. 榉树（*Zelkova schneideriana*）

属榆科国家 Ⅱ 级重点保护野生植物，国家二级保护珍贵树种，中国特有种。在我国分布广泛，主要产于淮河流域和长江中下游及其以南地区，分布自秦岭、淮河流域，至广东、广西、贵州和云南。该物种性喜光、喜温暖气候和肥沃湿润土壤，多生长在海拔 1500m 以下的沟谷地带。在崩尖子保护区竹园坪双瑶湾（E 110°43′22″，N 30°17′50″，海拔 1333m）有 1 株胸径 16cm，高度为 5m 的榉树；在竹园坪石竹溪（E 110°43′09″，N 30°18′44″，海拔 900m）也发现了榉树。

## 3.3.3　保护对策

崩尖子自然保护区珍稀濒危植物数量比较多，且分布相对集中，因而在保护上需注重以下几点：

（1）加强核心区的保护，因为崩尖子自然保护区的珍稀濒危及重点保护植物主要分布在核心区，所以要对核心区实行更严格的保护，特别是对崩尖子山集中分布区的监测管理。

（2）加强崩尖子珍稀物种的保护生物学研究，对以群落出现的珍稀濒危及重点保护植物，如珙桐、领春木等，可与相关科学研究单位和大学进行科研合作，设置固定样地进行长期的定位观测研究。

（3）以就地保护为主，就地保护与迁地保护相结合。对保护区内处于衰退型的种群采取合理的管理措施进行保护，同时积极开展珍稀植物的繁殖特性研究。

（4）加强管理人员的专业素质培养，对一些珍稀濒危及重点保护植物实行科学有效的保护。加强社区共管，在保护区周围积极开展科普宣传教育，减少人类活动对珍稀濒危及重点保护植物生境的影响。

（5）依照有关法律法规，加强野生植物的监管，严格执法，严厉打击采伐珍稀树木和破坏珍稀植物生态环境的违法行为。

**参考文献**

陈灵芝. 1993. 中国的生物多样性现状及其保护对策[M]. 北京：科学出版社.

陈志远，姚崇怀. 1996. 湖北省珍稀濒危植物区系地理研究[J]. 华中农业大学学报，15(3)，284 – 288.

方元平，葛继稳，袁道临，等. 2000. 湖北省国家重点保护野生植物名录及特点[J]. 环境科学与技术，2：14 – 17.

傅立国. 1989. 中国珍稀濒危植物[M]. 上海：上海教育出版社.

傅立国. 1991. 中国植物红皮书——稀有濒危植物(第1册)[M]. 北京：科学出版社.

国家环保局. 1987. 中国珍稀濒危植物保护名录[M]. 北京：科学出版社.

国务院. 1999. 国家重点保护野生植物名录(第一批)[M]. 植物杂志, 23(5)：4-11.

葛继稳, 吴金清, 朱兆泉, 等. 1998. 湖北省珍稀濒危植物现状及其就地保护[J]. 生物多样性, 6(3)：220-228.

湖北林业志编纂委员会. 1989. 湖北林业志[M]. 武汉：武汉出版社.

湖北珍古名木编委会. 1993. 湖北珍古名木[M]. 武汉：湖北科学技术出版社.

湖北森林编辑委员会. 1991. 湖北森林[M]. 武汉：湖北科学技术出版社.

蒋有绪, 郭泉水, 马娟, 等. 1998. 中国森林群落分类及其群落学特征[M]. 北京：科学出版社、中国林业出版社.

蒋志刚, 马克平, 韩兴国. 1997. 保护生物学[M]. 杭州：浙江科学技术出版社.

李锡文. 1996. 中国种子植物区系统计分析[J]. 云南植物研究, 18(4)：363-384.

刘胜祥, 瞿建平. 2006. 湖北七姊妹山自然保护区科学考察与研究报告[M]. 武汉：湖北科学技术出版社.

刘胜祥, 瞿建平. 2003. 星斗山自然保护区科学考察报告集[M]. 武汉：湖北科学技术出版社.

Richard B. Primack. 1996. 保护生物学概论(祁承经译)[M]. 长沙：湖南科学技术出版社.

宋朝枢, 张清华. 1989. 中国珍稀濒危保护植物[M]. 北京：中国林业出版社.

宋建中, 殷荣华. 1991. 湖北省辖自然保护区设置的植物区系地理学依据[J]. 华中师范大学学报(自然科学版), 25(2)：203-208.

吴征镒. 1991. 中国种子植物属的分布区类型[M]. 云南植物研究, 增刊Ⅳ：1-139.

吴征镒, 王荷生. 1983. 中国自然地理(上册)[M]. 北京：科学出版社.

许再富, 陶国达. 1987. 地区性的植物受威胁及优先保护综合评价方法探讨[J]. 云南植物研究, 9(2)：19-20.

王献溥. 1996. 关于IUCN红色名录类型和标准的应用[J]. 植物资源与环境, 5(3)：46-51.

王诗云, 徐惠珠, 赵子恩, 等. 1995. 湖北及其邻近地区珍稀濒危植物保护的研究[J]. 武汉植物学研究, 13(4)：354-368.

王诗云, 郑重, 彭辅松, 等. 1988. 湖北珍稀危植物保护现状及对今后开展研究的建议[J]. 武汉植物学研究, 6(3)：285-298.

王映明. 1995. 湖北植被地理分布的规律性(上)[J]. 武汉植物学研究, 13(1), 47-54.

王映明. 1995. 湖北植被地理分布的规律性(下)[J]. 武汉植物学研究, 13(2), 127-136.

汪正祥. 2005. 中国のFagus lucida林とFagus lucida林に関する植物社会学的研究[J]. 植物地理分类研究, 51(2)：137-157.

汪正祥, 朱兆泉, 雷耘, 等. 2008. 湖北漳河源自然保护区生物多样性研究及保护[M]. 北京：科学出版社.

汪正祥, 蔡德军. 2013. 湖北五道峡自然保护区生物多样性及其保护研究[M]. 北京：中国林业出版社.

汪正祥, 雷耘, 赵开德, 等. 2013. 湖北南河自然保护区生物多样性及其保护研究[M]. 北京：科学出版社.

汪正祥, 何建平, 雷耘, 等. 2013. 湖北野人谷自然保护区生物多样性及其保护研究[M]. 北京：中国林业出版社.

汪正祥. 2012. 湖北八卦山自然保护区生物多样性及其保护研究[M]. 北京：科学出版社.

郜二虎，汪正祥，王志臣 . 2012. 湖北堵河源自然保护区科学考察与研究[M]. 北京：科学出版社 .

郑重 . 1993. 湖北植物大全[M]. 武汉：武汉大学出版社 .

郑重 . 1986. 湖北的珍贵稀有植物[J]. 武汉植物学研究，4(3)：279 - 295.

中国森林编辑委员会 . 1997. 中国森林(第1卷)[M]. 北京：中国林业出版社 .

中国森林编辑委员会 . 1999. 中国森林(第2卷)[M]. 北京：中国林业出版社 .

中国森林编辑委员会 . 2000. 中国森林(第3卷)[M]. 北京：中国林业出版社 .

中国森林编辑委员会 . 2000. 中国森林(第4卷)[M]. 北京：中国林业出版社 .

中国植被编辑委员会 . 1980. 中国植被[M]. 北京：科学出版社 .

中国生物多样性保护行动计划总报告编写组 . 1994. 中国生物多样性保护行动计划[M]. 北京：中国环境科学出版社 .

Braun-Blanquet J. 1964. Pflanzensoziologie, Grundzuge der Vegetationskunde, 3 Aufl. Springer – Verlag, Wien.

Fujiwara K . 1987. Aims and methods of phytosociology or "vegetation science". In：*Plant ecology and taxonomy to the memory of Dr. Satoshi Nakanishi*, pp. 607 – 628. Kobe Geobotanical Society, Kobe.

Wang ZX & Fujiwara K . 2003. A preliminary vegetation study of *Fagus* forests in central China：species composition, structure and ecotypes[J]. Journal of Phytogeography and Taxonomy, 51 (2)：137 – 157.

# 第4章

# 湖北崩尖子自然保护区的动物资源

2005年8月，湖北省野生动植物保护总站和长阳土家族自治县林业局联合组织湖北省野生动植物保护总站、华中师范大学的有关专家，对长阳县崩尖子自然保护区的部分脊椎动物资源(含两栖类、爬行类、鸟类、兽类)进行了初步的科学考察。2014年7月，长阳县人民政府为了进一步摸清崩尖子自然保护区的本底资源状况，借崩尖子自然保护区申报晋升国家级自然保护区之机，委托湖北大学资源环境学院汪正祥教授主持组成综合科学考察队，再次对崩尖子自然保护区的脊椎动物资源(含鱼类、两栖类、爬行类、鸟类、兽类)及昆虫资源进行了调查。相比2005年的调查，本次综合调查更加深入、具体，特别增加了鱼类资源与昆虫资源的专项调查。调查内容除了生物多样性以外，还增加了对夏季易见种类的数量统计分析。

## 4.1 脊 椎 动 物

### 4.1.1 鱼类

#### 4.1.1.1 调查方法

主要采用网捕、市场调查、访问调查、查阅文献，对捕捉到及目击到的种类鉴定、统计、拍摄照片。

#### 4.1.1.2 物种多样性

2013年长阳县水产局曾对清江长阳段的鱼类资源进行过调查，调查结果发现鱼类5目13科45种，其中鲤科27种，占60%；2014年7月，科考队在崩尖子自然保护区有关清江支流和清江河段捕鱼并结合渔市场调查，共发现4目7科23种，并对发现鱼类的数量进行了统计(表4-1)。

表 4-1　湖北崩尖子自然保护区鱼类名录与调查期间的数量统计

| 目、科、种 | 数量(尾) | 优势种群 | 常见种群 | 少见种群 |
|---|---|---|---|---|
| 一、鲤形目 CYPRINIFORMES | | | | |
| （一）鲤科 Cyprinidae | | | | |
| 1. 马口鱼 *Opsariichthys bidens* | 100 | ● | | |
| 2. 尖头鲅 *Phoxinus oxycephalus* | 50 | | ● | |
| 3. 翘嘴鲌 *Culter alburnus* | 3 | | | ● |
| 4. 团头鲂 *Megalobrama amblycephala* | 10 | | ● | |
| 5. 似鮈 *Pseudogobio vaillanti* | 40 | | ● | |
| 6. 中华鳑鲏 *Rhodeus sinensis* | 130 | ● | | |
| 7. 唇鲴 *Hemibarbus labeo* | 1 | | | ● |
| 8. 白鲦 *Hemiculter leucisculus* | 115 | ● | | |
| 9. 墨头鱼 *Garra pingi* | 1 | | | ● |
| 10. 草鱼 *Ctenopharyngodon idellus* | 6 | | | ● |
| 11. 鲤 *Cyprinus carpio* | 20 | | ● | |
| 12. 鲫 *Carassius auratus* | 15 | | ● | |
| 13. 鳙 *Aristichthys nobilis* | 8 | | | ● |
| 14. 鲢 *Hypophthalmichthys molitrix* | 3 | | | ● |
| 15. 宜昌鳅鮀 *Gobiobotia filifer* | 40 | | ● | |
| （二）鳅科 Cobitidae | | | | |
| 16. 泥鳅 *Misgurnus anguillicaudatus* | 4 | | | ● |
| 二、鲇形目 SILURIFORMES | | | | |
| （三）鲇科 Siluridae | | | | |
| 17. 鲇 *Silurus asotus* | 4 | | | ● |
| 18. 南方鲇 *S. meridionalis* | 20 | | ● | |
| （四）鲿科 Bagridae | | | | |
| 19. 黄颡鱼 *Pelteobagrus fulvidraco* | 108 | ● | | |
| 20. 粗唇鮠 *Leiocassis crassilabris* | 10 | | ● | |
| 三、合鳃鱼目 SYNBRANCHIFORMES | | | | |
| （五）合鳃鱼科 Synbranchidae | | | | |
| 21. 黄鳝 *Monopterus albus* | 120 | ● | | |
| 四、鲈形目 PERCIFORMES | | | | |
| （六）鮨科 Serranidae | | | | |
| 22. 鳜 *Siniperca chuatsi* | 30 | | ● | |
| （七）鳢科 Channidae | | | | |
| 23. 乌鳢 *Channa argus* | 4 | | | ● |

在 23 种鱼类中，以鲤形目鱼类最多，共 16 种，占 69.57%；其次是鲇形目，共 4 种，占 17.39%；鲈形目 2 种；合鳃鱼目 1 种。

## 4.1.1.3　数量分析

按 100 尾以上为优势种群、10~99 尾为常见种群、1~9 尾为少见种群的标准划分，崩尖子自然保护区鱼类共有优势种群 5 个：马口鱼、中华鳑鲏、白鲦、黄颡鱼、黄鳝；

常见种群9个：尖头鳊、团头鲂、似鮈、鲤、鲫、宜昌鳅鮀、南方鲶、粗唇鮠、鳜；少见种群9个：翘嘴鲌、唇鱲、墨头鱼、草鱼、鳙、鲢、泥鳅、鲶、乌鳢。

#### 4.1.1.4  类群特征

崩尖子自然保护区鱼类数量多的优势种群及常见种群以定居性及半洄游性鱼类占主体，缺乏洄游性鱼类；以小型鱼类占主体，在河口交汇处有少数个体较大的种类。

#### 4.1.1.5  价值分析

由于崩尖子自然保护区的河流海拔高，地处水源源头，其水温低，鱼类虽个体小，但生长期长，肉质好，营养价值高，深受人们喜爱。

## 4.1.2  两栖类

#### 4.1.2.1  调查方法

主要采取野外踏查、样线法调查、访问调查、文献调查等方法，对捕捉到的种类进行数量统计、拍照、收集标本。

野外踏查：在进行鸟兽类调查的同时，沿途调查和记录所见两栖动物的实体及其他信息，如产卵、蝌蚪等。因白天活动频度低，夜间进行2小时左右的补充调查。

样线法调查：在调查所经路径若干样线重点调查：样线长度1000～2000m，宽度10～20m。记录所见实体及活动痕迹，记录样线内的地形、生境等各种要素。对所获数据进行统计分析。

访问调查：走访当地有经验的猎人、干部和村民，对所经地带的餐馆、农贸市场进行调查。

查阅资料：查阅湖北省及邻近地区已发表的文献资料，参考多年野外考察累积的资料，分析该地区两栖类的种类、数量、分布及其种群动态。

#### 4.1.2.2  物种多样性

（1）数据来源

拍到照片11种、目击到12种、文献记载26种，共37种。

（2）多样性现状

表4-2  湖北崩尖子自然保护区两栖类多样性组成

| 目<br>科 | 有尾目 | | | 无尾目 | | | | | |
|---|---|---|---|---|---|---|---|---|---|
| | 小鲵科 | 隐鳃鲵科 | 蝾螈科 | 锄足蟾科 | 蟾蜍科 | 雨蛙科 | 蛙科 | 树蛙科 | 姬蛙科 |
| 种数 | 2 | 1 | 2 | 6 | 1 | 3 | 14 | 2 | 6 |
| % | 5.41 | 2.70 | 5.41 | 16.22 | 2.70 | 8.11 | 37.84 | 5.41 | 16.22 |
| 序位 | 5 | 6 | 5 | 2 | 6 | 4 | 1 | 5 | 2 |

湖北崩尖子自然保护区的两栖类动物有2目9科37种（表4-2），以无尾目的科数、种数最多，共6科32种，分别占66.67%和86.49%；而无尾目蛙科的种类最多，共14种，占无尾目的43.75%；其他8科依种类由多到少排序为：锄足蟾科和姬蛙科各6种，雨蛙科3种，小鲵科、蝾螈科、树蛙科各2种，隐鳃鲵科、蟾蜍科各1种。

### 4.1.2.3 区系特征

表4-3 湖北省崩尖子自然保护区两栖类区系成分及分布型

| | 区系成分 | | | 分布型 | | |
|---|---|---|---|---|---|---|
| | 东洋种 | 古北种 | 跨界种 | 仅华中区分布型 | 华中区分布型兼西南区分布型 | 华中区分布型兼华南区分布型 |
| 种数 | 31 | 0 | 6 | 11 | 17 | 16 |
| % | 83.78 | 0 | 16.22 | 29.73(11/37) | 45.95(17/37) | 43.24(16/37) |

湖北崩尖子自然保护区的37种两栖动物中，区系成分为东洋种31种，占83.78%；跨界种6种，占16.22%，以东洋种占绝对优势，古北种匮缺（表4-3）。

37种两栖动物全部为华中区分布型，其中仅为华中区分布型11种；兼西南区分布型17种；兼华南区分布型16种，从动物地理分布型的角度说明其两栖动物具有西南区和华南区的区系特征。

区系特征和分布型特征与崩尖子自然保护区的地理位置相一致。

### 4.1.2.4 类群特征

将湖北崩尖子自然保护区的两栖动物划分为流溪型、静水型、陆栖型、树栖型4种生态类群。

表4-4 湖北崩尖子自然保护区两栖类生态类群

| 类群 | 流溪型 | 静水型 | 陆栖型 | 树栖型 |
|---|---|---|---|---|
| 种数 | 17 | 7 | 9 | 4 |
| % | 45.95 | 18.92 | 24.32 | 10.81 |

有尾目中除中国小鲵外的其他3种两栖动物，无尾目中的臭蛙类、棘蛙类、湍蛙类及锄足蟾类属于流溪型两栖动物，由于崩尖子自然保护区地处河流上游源头，溪流环境很丰富，所以流溪型两栖动物最多，共17种，占45.95%；其次为陆栖型9种、静水型7种、树栖型4种（表4-4）。

4种生态类群的两栖动物在崩尖子自然保护区都存在，说明该保护区各种两栖动物生存所需湿地环境的多样性丰富。除了鱼类以外，另一种类型的湿地动物——两栖动物物种也很丰富，再一次从动物资源的角度反映了崩尖子自然保护区的保护意义。

表 4-5 湖北崩尖子自然保护区调查期间两栖类数量统计

| 种名 | 中华大蟾蜍 | 巫山角蟾 | 峨眉髭蟾 | 棘胸蛙 | 棘腹蛙 | 隆肛蛙 | 花臭蛙 | 绿臭蛙 | 泽陆蛙 | 黑斑侧褶蛙 | 中国小鲵 |
|---|---|---|---|---|---|---|---|---|---|---|---|
| 数量 | 6 | 4 | 2 | 2 | 12 | 30 | 46 | 6 | 1 | 3 | 4 |
| % | 5.17 | 3.45 | 1.72 | 1.72 | 10.34 | 25.86 | 39.66 | 5.17 | 0.86 | 2.59 | 3.45 |
| 序位 | 4 | 5 | 7 | 7 | 3 | 2 | 1 | 4 | 8 | 6 | 5 |

2014 年 7 月在崩尖子自然保护区进行两栖动物数量统计，共捕捉到 11 种两栖动物，共 116 只。经过统计分析，种群数量在 10% 以上的有 3 种：棘腹蛙、隆肛蛙、花臭蛙，这是保护区两栖动物的优势种群，特别是花臭蛙和隆肛蛙，两者所占的比例加起来高达 65.52%（39.66% +25.86%），是当地的绝对优势种群；中华大蟾蜍、巫山角蟾、峨眉髭蟾、棘胸蛙、绿臭蛙、黑斑侧褶蛙、中国小鲵各所占的比例在 1% ~9% 之间，是常见种群；泽陆蛙所占比例在 1% 以下，为少见种群（表 4-5）。

从种群数量的角度来分析崩尖子自然保护区两栖动物的生态类群，以流溪型两栖动物占绝对优势，占 87.92%（巫山角蟾 3.45% +峨眉髭蟾 1.72% +棘胸蛙 1.72% +棘腹蛙 10.34% +隆肛蛙 25.86% +花臭蛙 39.66% +绿臭蛙 5.17%）。

### 4.1.2.5 关键物种

在湖北崩尖子自然保护区的 37 种两栖动物中，有 1 种国家 II 级重点保护野生动物：大鲵；有 6 种中国濒危动物：大鲵（极危）、中国小鲵（濒危）、峨眉髭蟾（濒危）、中国林蛙（易危）、棘腹蛙（易危）、棘胸蛙（易危）；19 种中国特有动物：大鲵、中国小鲵、巫山北鲵、东方蝾螈、无斑肥螈、峨眉髭蟾、峨山掌突蟾、峨眉角蟾、小角蟾、巫山角蟾、三港雨蛙、镇海林蛙、湖北侧褶蛙、威宁趾沟蛙、沼水蛙、花臭蛙、隆肛蛙、华南湍蛙、合征姬蛙（表 4-6）。

表 4-6 湖北崩尖子自然保护区两栖类关键物种

| 种　名 | 国家保护动物 | 濒危动物 | 中国特有种 |
|---|---|---|---|
| 1. 大鲵 Andrias davidianus | II | 极危 | 特有 |
| 2. 中国小鲵 Hynobius chinensis | | 濒危 | 特有 |
| 3. 巫山北鲵 Ranodon shihi | | | 特有 |
| 4. 东方蝾螈 Cynops orientalis | | | 特有 |
| 5. 无斑肥螈 Pachytriton labiatus | | | 特有 |
| 6. 峨眉髭蟾 Vibrissaphora boringii | | 濒危 | 特有 |
| 7. 峨山掌突蟾 Leptolalax oshanensis | | | 特有 |
| 8. 峨眉角蟾 Megophrys omeimontis | | | 特有 |
| 9. 小角蟾 M. minor | | | 特有 |
| 10. 巫山角蟾 M. wushanensis | | | 特有 |
| 11. 三港雨蛙 Hyla sanchiangensis | | | 特有 |
| 12. 中国林蛙 Rana chensinensis | | 易危 | |
| 13. 镇海林蛙 R. chinahaiensis | | | 特有 |

（续）

| 种 名 | 国家保护动物 | 濒危动物 | 中国特有种 |
|---|---|---|---|
| 14. 湖北侧褶蛙 *Pelophylax hubeiensis* | | | 特有 |
| 15. 威宁趾沟蛙 *Pseudorana weiningensis* | | | 特有 |
| 16. 沼水蛙 *Hylarana guentheri* | | | 特有 |
| 17. 花臭蛙 *Cdorrana schmackeri* | | | 特有 |
| 18. 棘腹蛙 *Paa boulengeri* | | 易危 | |
| 19. 棘胸蛙 *P. spinosa* | | 易危 | |
| 20. 隆肛蛙 *P. quadrana* | | | 特有 |
| 21. 华南湍蛙 *Amolops ricketti* | | | 特有 |
| 22. 合征姬蛙 *Microhyla mixtura* | | | 特有 |

此外，在崩尖子自然保护区的 37 种两栖动物中，还有 15 种湖北省重点保护野生动物和 34 种国家"三有"动物（表 4-7）。

---

**关于中国小鲵**

中国小鲵（*Hynobius chinensis*）是一种处于濒危状态的中国特有两栖动物，中国小鲵是 A. Gùnther（1889）依据 A. E. Pratt 在中国湖北宜昌采到的两号标本命名的种。此后，虽在福建崇安（CH Pope，1931）和浙江温岭（TK Chang，1933）有采到中国小鲵的报道，但前者只有幼体，后者虽有幼体和成体而形态与中国小鲵不完全一致。因此，福建与浙江是否有中国小鲵的分布迄今尚无定论。2005 年王熙等在宜昌长阳县高家堰再次采集到中国小鲵。这是 116 年后在模式标本产地再次发现。在鄂西的几个自然保护区如神农架自然保护区、五道峡自然保护区、野人谷自然保护区及万朝山自然保护区的有关文献中都记载有中国小鲵分布，但笔者近几年的野外科考中，在上述几个自然保护区的小鲵分布区所采集到的活体，通过分析鉴定（外部特征及犁骨齿特征），都是巫山北鲵，而笔者在 2014 年 7 月在长阳榔坪镇文家坪村将军坳（海拔 1530m）所采集到的小鲵属活体，根据其分类特征和小生境鉴定为中国小鲵。在保护区访问调查时，陈家坪村的对语坪、大堰和竹园坪堰坪等地的居民曾经捕捉到中国小鲵，其生境与之前所发现中国小鲵的区域极为相似。分析判断保护区内也应该分布有中国小鲵，但数量可能极为有限，需要以后进一步监测。综合分析长阳很可能是目前所发现的中国小鲵的唯一分布区。

2007 年，经湖北省野生动植物保护站认可，在长阳设立了中国小鲵长阳禾园观察站，但目前并未见到其他的什么保护措施，如果按这样的状况下去，中国小鲵这一极为珍稀的中国特产动物，面临绝种危险。

---

### 4.1.2.6 价值分析

（1）种质资源

湖北长阳清江大鲵特种养殖有限公司于 2009 年 3 月注册，现有资本 2000 万元，养殖区 100m²，年销售商品鲵 3000kg，年逾 300 万元。除了掌握饲养技术外，还掌握了大鲵繁殖的核心技术，2013 年繁殖数量达 2000 多尾。

科考队于 2014 年 7 月 13 日参观了其养殖基地，亲眼目睹了其养殖环境和设施以及养殖的大鲵。该公司所取得的养殖成果及技术，为今后崩尖子自然保护区大鲵野生种群的恢复打下了良好的基础。

（2）天敌动物

两栖动物是典型的食虫动物，是农林害虫的天敌，对绿色植被的健康起着重要的生物防治作用。从这一点出发，加强对两栖动物的保护极为重要。湖北崩尖子自然保护区的两栖动物名录见表4-7。

**表 4-7　湖北崩尖子自然保护区两栖动物名录**

| 目、科、种 | 依据 | | | | 区系成分 | | | 中国特有种 | 濒危等级 | 保护类型 | | |
|---|---|---|---|---|---|---|---|---|---|---|---|---|
| | 拍到照片 | 目击 | 访问 | 文献记载 | 古北种 | 东洋种 | 跨界种 | | | 国家重点保护 | 省级重点保护 | "三有"动物 |
| **一、有尾目 CAUDATA（URODELA）** | | | | | | | | | | | | |
| **（一）小鲵科 Hynobiidae** | | | | | | | | | | | | |
| 1. 中国小鲵 *Hynobius chinensis* | ● | ● | | | | ● | | 特有 | 濒危 | | | ● |
| 2. 巫山北鲵 *Ranodon shihi* | | | | ● | | ● | | 特有 | | | | |
| **（二）隐鳃鲵科 Cryptobranchidae** | | | | | | | | | | | | |
| 3. 大鲵 *Andrias davidianus* | ● | ● | | ● | | | ● | 特有 | 极危 | II | | ● |
| **（三）蝾螈科 Salamandridae** | | | | | | | | | | | | |
| 4. 东方蝾螈 *Cynops orientalis* | | | | ● | | ● | | 特有 | | | | ● |
| 5. 无斑肥螈 *Pachytriton labiatus* | | | | ● | | ● | | 特有 | | | | ● |
| **二、无尾目 SALIENTIA** | | | | | | | | | | | | |
| **（四）锄足蟾科 Pelobatidae** | | | | | | | | | | | | |
| 6. 峨眉髭蟾 *Vibrissaphora boringii* | ● | ● | | | | ● | | 特有 | 濒危 | | | ● |
| 7. 峨山掌突蟾 *Leptolalax oshanensis* | | | | ● | | ● | | 特有 | | | ● | ● |
| 8. 峨眉角蟾 *Megophrys omeimontis* | | | | ● | | ● | | 特有 | | | | ● |
| 9. 淡肩角蟾 *M. boettgeri* | | | | ● | | ● | | 特有 | | | | ● |
| 10. 小角蟾 *M. minor* | | | | ● | | ● | | 特有 | | | | ● |
| 11. 巫山角蟾 *M. wushanensis* | ● | ● | | | | ● | | 特有 | | | | ● |
| **（五）蟾蜍科 Bufonidae** | | | | | | | | | | | | |
| 12. 中华蟾蜍 *Bufo gargarizans* | ● | ● | | | | | ● | | | | | ● |
| **（六）雨蛙科 Hylidae** | | | | | | | | | | | | |
| 13. 华西雨蛙 *Hyla annectans* | | | | ● | | ● | | | | | | ● |
| 14. 三港雨蛙 *H. sanchiangensis* | | | | ● | | ● | | 特有 | | | | ● |
| 15. 无斑雨蛙 *H. immaculata* | | | | ● | | | ● | | | | | ● |
| **（七）蛙科 Ranidae** | | | | | | | | | | | | |
| 16. 中国林蛙 *Rana chensinensis* | | | | ● | | | ● | | 易危 | | ● | ● |
| 17. 镇海林蛙 *R. chinahaiensis* | | | | ● | | ● | | 特有 | | | | ● |
| 18. 黑斑侧褶蛙 *Pelophylax nigromaculata* | ● | ● | | | | | ● | | | | ● | ● |
| 19. 湖北侧褶蛙 *P. hubeiensis* | | | | ● | | | ● | 特有 | | | ● | ● |
| 20. 威宁趾沟蛙 *Pseudorana weiningensis* | | | | ● | | ● | | 特有 | | | | ● |

（续）

| 目、科、种 | 依据 | | | | 区系成分 | | | 中国特有种 | 濒危等级 | 保护类型 | | |
|---|---|---|---|---|---|---|---|---|---|---|---|---|
| | 拍到照片 | 目击 | 访问 | 文献记载 | 古北种 | 东洋种 | 跨界种 | | | 国家重点保护 | 省级重点保护 | "三有"动物 |
| 21. 沼水蛙 *Hylarana guentheri* | | | | ● | | ● | | 特有 | | | ● | ● |
| 22. 泽陆蛙 *Fejervarya limnocharis* | ● | ● | | ● | | ● | | | | | ● | ● |
| 23. 绿臭蛙 *Odorrana margaratae* | ● | ● | | ● | | ● | | | | | | ● |
| 24. 花臭蛙 *O. schmackeri* | ● | ● | | ● | | ● | | 特有 | | | | ● |
| 25. 棘腹蛙 *Paa boulengeri* | ● | ● | | ● | | ● | | | 易危 | | ● | ● |
| 26. 棘胸蛙 *P. spinosa* | | ● | | ● | | ● | | | 易危 | | ● | ● |
| 27. 隆肛蛙 *P. quadrana* | ● | ● | | ● | | ● | | 特有 | | | | ● |
| 28. 棘皮湍蛙 *Amolops granulosus* | | | | ● | | ● | | | | | | ● |
| 29. 华南湍蛙 *A. ricketti* | | | | ● | | ● | | 特有 | | | | ● |
| （八）树蛙科 **Rhacophoridae** | | | | | | | | | | | | |
| 30. 斑腿树蛙 *Rhacophorus megacephalus* | | | | ● | | ● | | | | | ● | ● |
| 31. 大泛树蛙 *R. dennysi* | | | | ● | | ● | | | | | ● | ● |
| （九）姬蛙科 **Microhylidae** | | | | | | | | | | | | |
| 32. 合征姬蛙 *Microhyla mixtura* | | | | ● | | ● | | 特有 | | | ● | ● |
| 33. 粗皮姬蛙 *M. butleri* | | | | ● | | ● | | | | | ● | ● |
| 34. 小弧斑姬蛙 *M. heymonsi* | | | | ● | | ● | | | | | ● | ● |
| 35. 花姬蛙 *M. pulchra* | | | | ● | | ● | | | | | ● | ● |
| 36. 饰纹姬蛙 *M. ornata* | | | | ● | | ● | | | | | ● | ● |
| 37. 四川狭口蛙 *Kaloula rugifera* | | | | ● | | ● | | | | | | ● |

· 注：本名录的分类体系依据《中国动物志》，并参考费梁（2000年）中国两栖动物图鉴；"文献记载"指2010年科考报告记载；"濒危等级"指中国濒危动物红皮书所列等级

# 4.1.3 爬行类

## 4.1.3.1 调查方法

调查方法与两栖类相似。主要采取野外踏查、样线法调查、访问调查、文献调查方法，对捕捉到和目击到的种类进行数量统计、拍照、收集标本。

## 4.1.3.2 物种多样性

（1）数据来源
拍到照片8种，目击到9种，访问到3种，文献记载29种，共41种。
（2）多样性现状

表 4-8　湖北崩尖子自然保护区爬行类多样性组成

| 目 | 科 | 种数 | % | 序位 |
|---|---|---|---|---|
| 龟鳖目 TESTODOFORMES | 鳖科 Trionychidae | 1 | 2.44 | 5 |
| | 平胸龟科 Platysternidae | 1 | 2.44 | 5 |
| | 龟科 Emydidae | 2 | 4.88 | 4 |
| 蜥蜴目LACERTIFORMES | 鬣蜥科 Agamidae | 2 | 4.88 | 4 |
| | 壁虎科 Gekkonidae | 1 | 2.44 | 5 |
| | 石龙子科 Scincidae | 3 | 7.32 | 3 |
| | 蜥蜴科 Lacertidae | 3 | 7.32 | 3 |
| 蛇目 SERPENTIFORMES | 游蛇科 Coluridae | 21 | 51.22 | 1 |
| | 眼镜蛇科 Elapidae | 2 | 4.88 | 4 |
| | 蝰科 Viperidae | 1 | 2.44 | 5 |
| | 蝮科 Crotalidae | 4 | 9.76 | 2 |

崩尖子自然保护区的爬行动物有 3 目 11 科 41 种(表 4-8),蜥蜴目和蛇目各 4 科,其次龟鳖目 3 科;以蛇目的种类最多,共 28 种,占总数的 68.29%,其中又以游蛇科的种类最多,共 21 种,占蛇目的 75%;其他 10 科按种的多少排序为:蝮科为 4 种科,石龙子科、蜥蜴科为 3 种科,龟科、鬣蜥科、眼镜蛇科为 2 种科,鳖科、平胸龟科、壁虎科、蝰科为单种科。

## 4.1.3.3　区系特征

表 4-9　湖北崩尖子自然保护区爬行类区系成分及分布

| | 区系成分 | | | 分布型 | | |
|---|---|---|---|---|---|---|
| | 东洋种 | 古北种 | 跨界种 | 仅华中区分布型 | 华中区分布型兼西南区分布型 | 华中区分布型兼华南区分布型 |
| 种数 | 31 | 1 | 9 | 1 | 29 | 35 |
| % | 75.61 | 2.44 | 21.95 | 2.44 | 70.73 | 85.37 |

崩尖子自然保护区的 41 种爬行动物中,区系成分为东洋种 31 种,占 75.61%;跨界种 9 种,占 21.95%;古北种仅 1 种。以东洋种占绝对优势(表 4-9)。

41 种爬行动物全部为华中区分布型,其中仅华中区分布型 1 种、兼西南区分布型 29 种、兼华南区分布型 35 种,从地理分布型的角度说明该保护区的爬行动物具有西南和华南区的区系特征。

区系成分和分布型的特征与崩尖子自然保护区所处的地理位置相一致,其区系特征与两栖类相似。

## 4.1.3.4　分布特征

爬行类是真正的陆生动物,它们不仅能在陆地生活,还能在陆地繁殖,在长期对陆生环境的适应辐射中,不同的类群形成了对不同环境的倾向性。

部分种类如多疣壁虎、黑眉锦蛇、赤链蛇喜欢与人类伴居;部分种类如黑脊蛇、钝尾两头蛇生活在土中,当天气变化时再爬到地面活动;中华鳖及龟类、红点锦蛇喜欢在水中觅食;多数蛇类喜欢在森林边缘有水源的地方活动,如山间溪流旁的灌丛、草丛,因为这种环境既容易找到食物如小型啮齿类、蛙类、小鱼等,又容易避敌;少数种类如草蜥、翠青蛇、竹叶青、菜花烙铁头多在树上活动觅食,是树栖爬行动物。

### 4.1.3.5 种群数量分析

表4-10 湖北崩尖子自然保护区调查期间爬行类数量统计

| 种名 | 铜蜓蜥 | 王锦蛇 | 黑眉锦蛇 | 乌梢蛇 | 虎斑颈槽蛇 | 竹叶青 | 短尾蝮 | 中华鳖 | 菜花烙铁头 | 渔游蛇 |
|---|---|---|---|---|---|---|---|---|---|---|
| 数量 | 1 | 4 | 6 | 17 | 1 | 1 | 1 | 3 | 1 | 1 |

在2014年的科考(野外调查)中,共统计到上述10种爬行动物,能在比较短的时间里统计到这些动物(目击到并拍到照片或只目击到),说明它们的种群数量相对较多,故随机遇见率比较高;而那些未被统计到的种类则由于其种群数量相对较少而随机遇见率比较低。

在统计到的10种爬行动物中,乌梢蛇数量最多,共17条;其次是黑眉锦蛇,共6条;王锦蛇排到第三,共4条。这3种无毒蛇是崩尖子自然保护区爬行动物的优势种群,这一结果与笔者曾在鄂西进行蛇类资源调查的结果完全一致。由于崩尖子自然保护区清江水系发达,所以中华鳖这种水栖爬行动物也比较多(排列第四)见表4-10。

### 4.1.3.6 关键物种

表4-11 湖北崩尖子自然保护区爬行类关键物种

| 种 名 | 濒危动物 | 中国特有种 |
|---|---|---|
| 1. 中华鳖 *Pelodiscus sinensis* | 易危 | |
| 2. 平胸龟 *Platysternon megacephalum* | 濒危 | |
| 3. 乌龟 *Chinemys reevesii* | 依赖保护 | |
| 4. 黄缘闭壳龟 *Cuora flavomarginata* | 濒危 | 特有 |
| 5. 草绿龙蜥 *Japalura flaviceps* | | 特有 |
| 6. 丽纹龙蜥 *J. splendida* | | 特有 |
| 7. 中国石龙子 *Eumeces chinensis* | | 特有 |
| 8. 蓝尾石龙子 *E. elegans* | | 特有 |
| 9. 北草蜥 *Takydromus septentrionalis* | | 特有 |
| 10. 钝头蛇 *Pareas chinensis* | | 特有 |
| 11. 王锦蛇 *Elaphe carinata* | 易危 | |
| 12. 玉斑锦蛇 *E. mandarina* | 易危 | |
| 13. 双斑锦蛇 *E. bimaculata* | | 特有 |
| 14. 紫灰锦蛇 *E. porphyracea* | 易危 | |
| 15. 黑眉锦蛇 *E. taeniura* | 易危 | |
| 16. 滑鼠蛇 *Ptyas mucosus* | 濒危 | |

（续）

| 种　　名 | 濒危动物 | 中国特有种 |
|---|---|---|
| 17. 乌梢蛇 *Zaocys dhumnades* | 需予关注 | |
| 18. 舟山眼镜蛇 *Naja atra* | 易危 | |
| 19. 银环蛇 *Bungarus multicinctus* | 易危 | |
| 20. 白头蝰 *Azemiops feae* | 极危 | |
| 21. 短尾蝮 *Agkistrodon brevicaudus* | 易危 | |
| 22. 尖吻蝮 *Deinagkistrodon acutus* | 濒危 | |

　　崩尖子自然保护区的 41 种爬行动物中，有 15 种中国濒危动物：白头蝰被列为极危物种；平胸龟、黄缘闭壳龟、滑鼠蛇、尖吻蝮被列为濒危物种；中华鳖、王锦蛇、玉斑锦蛇、紫灰锦蛇、黑眉锦蛇、眼镜蛇、银环蛇、短尾蝮被列为易危物种；乌龟被列为依赖保护物种；乌梢蛇被列为需予关注物种。黄缘闭壳龟、草绿龙蜥、丽纹龙蜥、中国石龙子、蓝尾石龙子、北草蜥、钝头蛇、双斑锦蛇等 8 种为中国特有种（表 4-11）。

　　此外，还有 12 种被列为湖北省重点保护野生动物，41 种全部被列为国家三有保护动物。

## 4.1.3.7　价值分析

（1）种质资源

长阳三支野生动物养殖专业合作社李洋成（男、44 岁）养蛇 5 年，其蛇养殖技术非常成熟，现基本上能做到自繁自养，考察队参观了他的养殖场（海拔 730m），发现他的养殖场地非常讲究，有他自研的自动控温装置，蛇床中的粉末状铺垫物中加入了某种分解细菌，因而除去了蛇床及蛇舍的异味，所以他养的蛇不但健康，而且个体壮实硕大。其孵化设备既简单又科学。合作社现养有王锦蛇 600 条，黑眉锦蛇 500 条，每年能孵化幼蛇 1000 多条。

李洋成的养殖模式为长阳的野生动物驯养、殖事业提供了样板，崩尖子自然保护区丰富的爬行动物种质资源为长阳的动物养殖展现了广阔前景。

（2）生物防治

蜥蜴类能吞食大量的农林害虫，蛇类能捕食大量的小型啮齿动物，它们是不可替代的虫害、鼠害生物防治大军。

（3）药用动物

龟、鳖类及部分毒蛇和无毒蛇是珍贵的传统中药材，如果大力开展人工养殖，将广辟药源，具有很重要的医疗卫生意义。崩尖子自然保护区爬行类动物名录见表 4-12。

表 4-12 湖北崩尖子自然保护区爬行类动物名录

| 目、科、种 | 依据 | | | | 区系成分 | | | 中国特有种 | 濒危等级 | 保护类型 | | |
|---|---|---|---|---|---|---|---|---|---|---|---|---|
| | 拍到照片 | 目击 | 访问 | 文献记载 | 古北种 | 东洋种 | 跨界种 | | | 国家重点保护 | 省级重点保护 | "三有"动物 |
| 一、龟鳖目 TESTUDOFORMES | | | | | | | | | | | | |
| （一）鳖科 Trionychidae | | | | | | | | | | | | |
| 1. 中华鳖 *Pelodiscus sinensis* | ● | ● | | | | | ● | | 易危 | | | ● |
| （二）平胸龟科 Platysternidae | | | | | | | | | | | | |
| 2. 平胸龟 *Platysternon megacephalum* | | | | ● | | ● | | | 濒危 | | ● | ● |
| （三）龟科 Emydidae | | | | | | | | | | | | |
| 3. 乌龟 *Chinemys reevesii* | | | | ● | | | ● | | 依赖保护 | | | ● |
| 4. 黄缘闭壳龟 *Cuora flavomarginata* | | | | ● | | ● | | 特有 | 濒危 | | | ● |
| 二、蜥蜴目 LACERTIFORMES | | | | | | | | | | | | |
| （四）鬣蜥科 Agamidae | | | | | | | | | | | | |
| 5. 草绿龙蜥 *Japalura flaviceps* | | | | ● | | ● | | 特有 | | | | ● |
| 6. 丽纹龙蜥 *J. splendida* | | | | ● | | ● | | 特有 | | | ● | ● |
| （五）壁虎科 Gekkonidae | | | | | | | | | | | | |
| 7. 多疣壁虎 *Gekko japonicus* | | | ● | | | ● | | | | | | ● |
| （六）石龙子科 Scincidae | | | | | | | | | | | | |
| 8. 蓝尾石龙子 *Eumeces elegans* | | | | ● | | ● | | 特有 | | | | ● |
| 9. 中国石龙子 *E. chinensis* | | | | ● | | ● | | 特有 | | | | ● |
| 10. 铜蜓蜥 *Lygosoma indicum* | ● | ● | | | | ● | | | | | | ● |
| （七）蜥蜴科 Lacertidae | | | | | | | | | | | | |
| 11. 丽斑麻蜥 *Eremias argus* | | | | ● | ● | | | | | | | ● |
| 12. 北草蜥 *Takydromus septentrionalis* | | | | ● | | | ● | 特有 | | | | ● |
| 13. 白条草蜥 *T. wolteri* | | | | ● | | | ● | | | | | ● |
| 三、蛇目 SERPENTIFORMES | | | | | | | | | | | | |
| （八）游蛇科 Coluridae | | | | | | | | | | | | |
| 14. 黑脊蛇 *Achalinus spinalis* | | | | ● | | ● | | | | | | ● |
| 15. 钝头蛇 *Pareas chinensis* | | | | ● | | | | 特有 | | | | ● |
| 16. 绞花林蛇 *Boiga kraepelini* | | | | ● | | ● | | | | | | ● |
| 17. 钝尾两头蛇 *Calamaria septentrionalis* | | | | ● | | ● | | | | | | ● |
| 18. 赤链蛇 *Dinodon rufozonatum* | | | ● | | | | ● | | | | | ● |
| 19. 紫灰锦蛇 *Elaphe porphyracea* | | | | ● | | ● | | | 易危 | | | ● |
| 20. 黑眉锦蛇 *E. taeniura* | ● | ● | | | | | ● | | 易危 | | ● | ● |
| 21. 红点锦蛇 *E. rufodorsata* | | | | ● | | | ● | | | | | ● |
| 22. 王锦蛇 *E. carinata* | ● | ● | | | | ● | | | 易危 | | ● | ● |
| 23. 玉斑锦蛇 *E. mandarina* | | | | ● | | ● | | | 易危 | | ● | ● |
| 24. 双斑锦蛇 *E. bimaculata* | | | | ● | | ● | | 特有 | | | | ● |
| 25. 翠青蛇 *Cyclophiops major* | | | | ● | | ● | | | | | | ● |

（续）

| 目、科、种 | 依据 | | | | 区系成分 | | | 中国特有种 | 濒危等级 | 保护类型 | | |
|---|---|---|---|---|---|---|---|---|---|---|---|---|
| | 拍到照片 | 目击 | 访问 | 文献记载 | 古北种 | 东洋种 | 跨界种 | | | 国家重点保护 | 省级重点保护 | "三有"动物 |
| 26. 黑背白环蛇 *Lycodon ruhstrati* | | | | ● | | ● | | | | | | ● |
| 27. 斜鳞蛇 *Pseudoxenodon macrops* | | | | ● | | ● | | | | | | ● |
| 28. 滑鼠蛇 *Ptyas mucosus* | | | | ● | | ● | | | 濒危 | | ● | ● |
| 29. 颈槽蛇 *Rhabdophis nuchalis* | | | | ● | | ● | | | | | | ● |
| 30. 虎斑颈槽蛇 *R. tigrins* | ● | ● | | | | | ● | | | | | ● |
| 31. 黑头剑蛇 *Sibynophis chinensis* | | | | ● | | ● | | | | | | ● |
| 32. 华游蛇 *Sinonatrix percarinata* | | | | ● | | ● | | | | | | ● |
| 33. 渔游蛇 *Xenochrophis piscator* | | | | ● | | ● | | | | | | ● |
| 34. 乌梢蛇 *Zaocys dhumnades* | ● | ● | | | | ● | | | 需予关注 | | ● | ● |
| **（九）眼镜蛇科 Elapidae** | | | | | | | | | | | | |
| 35. 银环蛇 *Bungarus multicinctus* | | | | ● | | ● | | | 易危 | | ● | ● |
| 36. 舟山眼镜蛇 *Naja atra* | | | | ● | | ● | | | 易危 | | ● | ● |
| **（十）蝰科 Viperidae** | | | | | | | | | | | | |
| 37. 白头蝰 *Azemiops feae* | | | | ● | | ● | | | 极危 | | | ● |
| **（十一）蝮科 Crotalidae** | | | | | | | | | | | | |
| 38. 尖吻蝮 *Deinagkistrodon acutus* | | | ● | | | ● | | | 濒危 | | ● | ● |
| 39. 短尾蝮 *Agkistrodon brevicaudus* | | ● | | | | | ● | | 易危 | | | ● |
| 40. 菜花烙铁头 *Trimeresurus jerdeonii* | ● | ● | | | | ● | | | | | | ● |
| 41. 竹叶青 *T. stejnegeri* | ● | ● | | | | ● | | | | | | ● |

注：本名录的分类体系依据《中国动物志》，参考季达明、温世生（2002 年）中国爬行动物图鉴；"文献记载"指 2010 年科考报告记载；"濒危等级"指中国濒危动物红皮书所列等级

## 4.1.4　鸟类

### 4.1.4.1　调查方法

野外观察：利用双筒望远镜、数码相机进行野外观察和拍摄，对沿线所见鸟类、所听鸣叫声及观察到的鸟巢、粪便、羽毛等进行统计分析，并对所拍资料进行鉴定。

样带调查：上午 8：00～12：00，以步行调查为主，步行速度一般为 1～3 km/ h。记录所见鸟类实体及活动痕迹至样带中线的垂直距离；记录样带内的地形、生境等各种要素。样带长 4～6 km，宽 50～100m。夜间进行补充调查。

访问调查与文献分析：①对以往发表的文献和近年保护区的科考资料进行整理分析；②对林业部门历年执法收缴鸟类进行分析统计；③与当地居民进行座谈、访问等。

### 4.1.4.2　物种多样性

（1）数据来源

拍到照片 35 种、目击到 56 种、访问到 31 种、文献记载 150 种，共 237 种。

（2）多样性现状

**表 4-13　湖北崩尖子自然保护区鸟类多样性组成**

| 目名 | 鹏鹩目 | 鹈形目 | 鹳形目 | 雁形目 | 隼形目 | 鸡形目 | 鹤形目 | 鸻形目 | 鸽形目 |
|---|---|---|---|---|---|---|---|---|---|
| 科数 | 1 | 1 | 2 | 1 | 2 | 2 | 1 | 5 | 1 |
| 种数 | 2 | 1 | 11 | 8 | 20 | 8 | 5 | 14 | 4 |

| 目名 | 鹃形目 | 鸮形目 | 夜鹰目 | 雨燕目 | 咬鹃目 | 佛法僧目 | 戴胜目 | 䴕形目 | 雀形目 |
|---|---|---|---|---|---|---|---|---|---|
| 科数 | 1 | 2 | 1 | 1 | 1 | 2 | 1 | 2 | 29 |
| 种数 | 11 | 11 | 1 | 2 | 1 | 4 | 1 | 8 | 125 |

崩尖子自然保护区的鸟类共有 18 目 56 科 237 种（表 4-13）。雀形目的科数、种数最多，有 29 科 125 种，分别占 51.79%、52.74%；其次是隼形目共 20 种，占 8.44%，隼形目鸟类全部为国家重点保护野生动物，其种类多，说明崩尖子自然保护区的珍稀鸟类物种多样性好；排列第三的是鸻形目鸟类，共 14 种，占 5.91%；排列第四的是鹃形目和鸮形目，各 11 种，分别占 4.61%。鸮形目鸟类也全部是国家重点保护野生动物，再一次证明该保护区的珍稀物种多样性高。

### 4.1.4.3　区系组成、季节型

**表 4.14　湖北崩尖子自然保护区鸟类区系组成与季节型**

| | 区系特征 | | | 季节型 | | | |
|---|---|---|---|---|---|---|---|
| | 东洋种 | 古北种 | 跨界种 | 留鸟 | 夏候鸟 | 冬候鸟 | 旅鸟 |
| 种数 | 112 | 91 | 34 | 95 | 81 | 31 | 30 |
| % | 47.26 | 38.40 | 14.35 | 40.08 | 34.18 | 13.08 | 12.66 |

崩尖子自然保护区的鸟类区系组成是：东洋种 112 种，占 47.26%；古北种 91 种，占 38.40%；跨界种 34 种，占 14.35%。其区系特征以东洋种占优势，并呈现东洋种和古北种相混杂的格局（表 4-14）。

其鸟类的季节型是：留鸟 95 种，占 40.08%；夏候鸟 81 种，占 34.18%；冬候鸟 31 种，占 13.08%；旅鸟 30 种，占 12.66%。其季节型特征是以繁殖鸟占主体，留鸟和夏候鸟两者加起来占 74.26%，所占比例之高，从季节型的角度反映出崩尖子自然保护区的鸟类具有稳定的多样性，因为繁殖鸟的种群随着每年不断地繁殖新的个体而得到补充。

#### 4.1.4.4　类群特征

（1）鸟类生态类群齐全

表4-15　湖北崩尖子自然保护区的鸟类生态类群

| 类群 | 游禽 | 涉禽 | 陆禽 | 猛禽 | 攀禽 | 鸣禽 |
|------|------|------|------|------|------|------|
| 目数 | 3 | 3 | 2 | 2 | 7 | 1 |
| 种数 | 11 | 30 | 12 | 31 | 28 | 125 |
| 序位 | 6 | 3 | 5 | 2 | 4 | 1 |

中国鸟类被划分为6种生态类群，崩尖子自然保护区鸟类的6种生态类群齐全，包括游禽：鹏䴙目2种、鹈形目1种、雁形目8种，共11种；涉禽：鹳形目11种、鹤形目5种、鸻形目14种，共30种；陆禽：鸡形目8种、鸽形目4种，共12种；猛禽：隼形目20种、鸮形目11种，共31种；攀禽：鹃形目11种、夜鹰目1种、雨燕目2种、咬鹃目1种、佛法僧目4种、戴胜目1种、䴕形目8种，共28种；鸣禽：雀形目125种（表4-15）。

鸣禽、猛禽、攀禽加起来有184种（125＋31＋28），占77.64％，这充分说明崩尖子自然保护区的鸟类具有山区森林鸟类的特征。

（2）湿地鸟类多样性

表4-16　湖北崩尖子自然保护区的湿地鸟类

| 类群 | 游禽 | | | 涉禽 | | | 傍水型鸟类 | | |
|------|------|------|------|------|------|------|------|------|------|
| 目 | 鹏䴙目 | 鹈形目 | 雁形目 | 鹳形目 | 鹤形目 | 鸻形目 | 佛法僧目 | 戴胜目 | 雀形目 |
| 种数 | 2 | 1 | 8 | 11 | 5 | 14 | 4 | 1 | 17 |
| 合计 | 11 | | | 30 | | | 22 | | |

除了鱼类和两栖类以及傍水型爬行动物这些典型的湿地动物多样性丰富以外，湿地鸟类的多样性丰富又是一个亮点，它将从另一个方面来证明水系源头湿地保护的重要性。

湿地鸟类包括游禽、涉禽及傍水型鸟类三种类型的鸟类。傍水型鸟类是指那些喜欢在水边活动觅食的鸟类，包括全部佛法僧目鸟类4种、戴胜目鸟类1种以及雀形目鸟类17种：家燕、金腰燕、岩沙燕、白鹡鸰、灰鹡鸰、黄鹡鸰、树鹨、田鹨、白颈鸦、褐河乌、鹊鸲、北红尾鸲、红尾水鸲、黑背燕尾、小燕尾、紫啸鸫、乌鸫（表4-16）。

上述湿地鸟类包括游禽11种、涉禽30种、傍水型鸟类22种，共63种，占崩尖子自然保护区鸟类的26.58％。

#### 4.1.4.5　夏季易见鸟类数量统计

使用百分率统计法对崩尖子自然保护区夏季易见鸟类的数量进行统计，其等级标准为：个体数占总个体数的10％以上者为优势种群、1％～9％为常见种群、1％以下为稀有种群，统计结果见表4-17。

表 4-17　湖北崩尖子自然保护区夏季易见鸟类数量统计

| 种　　名 | 数量 | % | 优势种群 | 常见种群 | 稀有种群 |
|---|---|---|---|---|---|
| 1. 领雀嘴鹎 *Spizixos semitorques* | 92 | 10.82 | ● | | |
| 2. 黄臀鹎 *Pycnonotus xanthorrhus* | 87 | 10.24 | ● | | |
| 3. 大嘴乌鸦 *Corvus macrorhynchus* | 90 | 10.59 | ● | | |
| 4. 红尾水鸲 *Rhyacornis fuliginosa* | 94 | 11.06 | ● | | |
| 5. 灰胸竹鸡 *Bambusicola thoracicus* | 20 | 2.35 | | ● | |
| 6. 强脚树莺 *Cettia fortipes* | 30 | 3.53 | | ● | |
| 7. 红腹锦鸡 *Chrysolophus pictus* | 20 | 2.35 | | ● | |
| 8. 大山雀 *Parus major* | 30 | 3.53 | | ● | |
| 9. 山斑鸠 *Streptopelia orientalis* | 20 | 2.35 | | ● | |
| 10. 麻雀 *Passer montanus* | 30 | 3.53 | | ● | |
| 11. 山麻雀 *P. rutilans* | 20 | 2.35 | | ● | |
| 12. 金腰燕 *Cecropis daurica* | 10 | 1.18 | | ● | |
| 13. 白鹭 *Egretta garzetta* | 21 | 2.47 | | ● | |
| 14. 红嘴蓝鹊 *Urocissa erythrorhyncha* | 18 | 2.12 | | ● | |
| 15. 白鹡鸰 *Motacilla alba* | 30 | 3.53 | | ● | |
| 16. 灰鹡鸰 *M. cinerea* | 30 | 3.53 | | ● | |
| 17. 褐河乌 *Cinclus pallasii* | 2 | 0.24 | | | ● |
| 18. 大鹰鹃 *Cuculus sparverioides* | 3 | 0.35 | | | ● |
| 19. 噪鹃 *Eudynamys scolopacea* | 2 | 0.24 | | | ● |
| 20. 白颊噪鹛 *Garrulax sannio* | 10 | 1.18 | | ● | |
| 21. 黑脸噪鹛 *G. perspicillatus* | 6 | 0.71 | | | ● |
| 22. 画眉 *Garrulax canorus* | 20 | 2.35 | | ● | |
| 23. 三道眉草鹀 *Emberiza cioides* | 3 | 0.35 | | | ● |
| 24. 环颈雉 *Phasianus colchicus* | 9 | 1.06 | | ● | |
| 25. 鹊鸲 *Copsychus saularis* | 10 | 1.18 | | ● | |
| 26. 红隼 *Falco tinnunculus* | 1 | 0.12 | | | ● |
| 27. 黑鸢 *Milvus migrans* | 2 | 0.24 | | | ● |
| 28. 黑背燕尾 *Enicurus immaculatus* | 12 | 1.41 | | ● | |
| 29. 小燕尾 *E. scouleri* | 11 | 1.29 | | ● | |
| 30. 黑卷尾 *Dicrurus macrocercus* | 6 | 0.71 | | | ● |
| 31. 红尾伯劳 *Lanius cristatus* | 4 | 0.47 | | | ● |
| 32. 红嘴相思鸟 *Leiothrix lutea* | 30 | 3.53 | | ● | |
| 33. 大斑啄木鸟 *Dendrocopos major* | 2 | 0.24 | | | ● |
| 34. 灰头绿啄木鸟 *Picus canus* | 2 | 0.24 | | | ● |
| 35. 白头鹎 *Pycnonotus sinensis* | 4 | 0.47 | | | ● |
| 36. 珠颈斑鸠 *Streptopelia chinensis* | 4 | 0.47 | | | ● |
| 37. 绿背山雀 *Parus monticolus* | 25 | 2.94 | | ● | |
| 38. 普通䴓 *Sitta europaea* | 1 | 0.12 | | | ● |
| 39. 粉红山椒鸟 *Pericrocotus roseus* | 2 | 0.24 | | | ● |

(续)

| 种 名 | 数量 | % | 优势种群 | 常见种群 | 稀有种群 |
|---|---|---|---|---|---|
| 40. 蓝喉太阳鸟 *Aethopyga gouldiae* | 1 | 0.12 | | | ● |
| 41. 铜蓝鹟 *Eumyias thalassina* | 1 | 0.12 | | | ● |
| 42. 斑嘴鸭 *Anas poecilorhyncha* | 5 | 0.59 | | | ● |
| 43. 池鹭 *Ardeola bacchus* | 1 | 0.12 | | | ● |
| 44. 褐灰雀 *Pyrrhula nipalensis* | 2 | 0.24 | | | ● |
| 45. 白领凤鹛 *Yuhina diademata* | 46 | 5.41 | | ● | |
| 46. 蓝喉仙鹟 *Cyornis rubeculoides* | 20 | 2.35 | | ● | |
| 47. 戴菊 *Regulus regulus* | 1 | 0.12 | | | ● |
| 48. 红头长尾山雀 *Aegithalos concinnus* | 6 | 0.71 | | | ● |
| 49. 普通夜鹰 *Caprimulgus indicus* | 1 | 0.12 | | | ● |
| 50. 黑短脚鹎 *Hypsipetes leucocephalus* | 1 | 0.12 | | | ● |
| 51. 棕头鸦雀 *Paradoxornis webbianus* | 5 | 0.59 | | | ● |
| 52. 褐柳莺 *Phylloscopus fuscatus* | 20 | 2.35 | | ● | |
| 53. 乌鸫 *Turdus merula* | 2 | 0.24 | | | ● |
| 54. 白颈鸦 *Corvus pectoralis* | 1 | 0.12 | | | ● |
| 55. 橙翅噪鹛 *Garrulax elliotii* | 2 | 0.24 | | | ● |
| 56. 喜鹊 *Pica pica* | 6 | 0.71 | | | ● |

共统计到 56 种夏季鸟类，计算结果，优势种群共 4 个：领雀嘴鹎、黄臀鹎、大嘴乌鸦、红尾水鸲；常见种群 23 个；稀有种群 29 个(表 4-17)。

2014 年 7 月崩尖子自然保护区夏季易见鸟类统计结果，稀有种群鸟类多于优势种群和常见种群鸟类(29 > 4 + 23)，应分析原因，加强保护。

### 4.1.4.6 关键物种

崩尖子自然保护区的鸟类中，有国家重点保护野生动物 39 种，其中 I 级 2 种、II 级 37 种；中国濒危动物 13 种(中国濒危动物红皮书记载种)；中国特有鸟类 9 种(张荣祖)。

(1)国家重点保护野生动物

I 级 2 种：东方白鹳、金雕；II 级 37 种：鸳鸯、黑鸢、栗鸢、褐冠鹃隼、苍鹰、赤腹鹰、雀鹰、松雀鹰、普通鵟、毛脚鵟、灰脸鵟鹰、鹰雕、林雕、白尾鹞、鹊鹞、白腹鹞、游隼、燕隼、红脚隼、红隼、红腹角雉、勺鸡、白冠长尾雉、红腹锦鸡、红翅绿鸠、褐翅鸦鹃、东方草鸮、红脚鸮、领角鸮、雕鸮、鹰鸮、纵纹腹小鸮、领鸺鹠、斑头鸺鹠、灰林鸮、长耳鸮、短耳鸮。

关于金雕的分析：

吕学俊，男，59 岁，当地人，响石村支部书记兼主任、老猎手。他说金雕在当地俗称岩花鹰，翼展达 1.6～1.7m。响石村 2 组有一个"鹰子岩"，在那里他们经常看到这种岩花鹰，而且数量还比较多，吕学俊曾经打到过一只，个体就像小孩那么大。

由此可见，金雕在保护区有一定的数量。

（2）中国濒危动物

中国濒危动物 13 种。濒危 2 种：东方白鹳、白冠长尾雉。易危 6 种：鸳鸯、金雕、红腹角雉、红腹锦鸡、褐翅鸦鹃、红头咬鹃。稀有 5 种：褐冠鹃隼、栗鸢、灰脸鵟鹰、红翅绿鸠、雕鸮。

（3）中国特有种

共 9 种：灰胸竹鸡、白冠长尾雉、红腹锦鸡、白头鹎、宝兴歌鸫、橙翅噪鹛、三趾鸦雀、酒红朱雀、蓝鹀。

表 4-18　湖北崩尖子自然保护区鸟类关键种

| 种　名 | 国家保护动物 | 中国濒危动物 | 中国特有种 |
|---|---|---|---|
| 1. 东方白鹳 Ciconia boyciana | I | 濒危 | |
| 2. 鸳鸯 Aix galericulata | II | 易危 | |
| 3. 褐冠鹃隼 Aviceda jerdoni | II | 稀有 | |
| 4. 黑鸢 Milvus migrans | II | | |
| 5. 栗鸢 Haliastur indus | II | 稀有 | |
| 6. 苍鹰 Accipiter gentiles | II | | |
| 7. 赤腹鹰 A. soloensis | II | | |
| 8. 雀鹰 A. nisus | II | | |
| 9. 松雀鹰 A. virgatus | II | | |
| 10. 普通鵟 Buteo buteo | II | | |
| 11. 毛脚鵟 B. lagopus | II | | |
| 12. 灰脸鵟鹰 Butastur indicus | II | 稀有 | |
| 13. 鹰雕 Spizaetus nipalensis | II | | |
| 14. 金雕 Aquila chrysaetos | I | 易危 | |
| 15. 林雕 Ictinaetus malayensis | II | | |
| 16. 白尾鹞 Circus cyaneus | II | | |
| 17. 鹊鹞 C. melanoleucos | II | | |
| 18. 白腹鹞 C. spilonotus | II | | |
| 19. 游隼 Falco peregrinus | II | | |
| 20. 燕隼 F. subbuteo | II | | |
| 21. 红脚隼 F. amurensis | II | | |
| 22. 红隼 F. tinnunculus | II | | |
| 23. 灰胸竹鸡 Bambusicola thoracicus | | | 特有 |
| 24. 红腹角雉 Tragopan temminckii | II | 易危 | |
| 25. 勺鸡 Pucrasia macrolopha | II | | |
| 26. 白冠长尾雉 Syrmaticus reevesii | II | 濒危 | 特有 |
| 27. 红腹锦鸡 Chrysolophus pictus | II | 易危 | 特有 |
| 28. 红翅绿鸠 Treron sieboldii | II | 稀有 | |
| 29. 褐翅鸦鹃 Centropus sinensis | II | 易危 | |
| 30. 东方草鸮 Tyto capensis | II | | |

（续）

| 种　　名 | 国家保护动物 | 中国濒危动物 | 中国特有种 |
|---|---|---|---|
| 31. 红脚鸮 *Otus sunia* | Ⅱ | | |
| 32. 领角鸮 *O. lettia* | Ⅱ | | |
| 33. 雕鸮 *Bubo bubo* | Ⅱ | 稀有 | |
| 34. 鹰鸮 *Ninox scutulata* | Ⅱ | | |
| 35. 纵纹腹小鸮 *Athene noctua* | Ⅱ | | |
| 36. 领鸺鹠 *Glaucidium brodiei* | Ⅱ | | |
| 37. 斑头鸺鹠 *G. cuculoides* | Ⅱ | | |
| 38. 灰林鸮 *Strix aluco* | Ⅱ | | |
| 39. 长耳鸮 *Asio atus* | Ⅱ | | |
| 40. 短耳鸮 *A. flammeus* | Ⅱ | | |
| 41. 红头咬鹃 *Harpactes erythrocephalus* | | 易危 | |
| 42. 白头鹎 *Pycnonotus sinensis* | | | 特有 |
| 43. 宝兴歌鸫 *Turdus mupinensis* | | | 特有 |
| 44. 橙翅噪鹛 *Garrulax elliotii* | | | 特有 |
| 45. 三趾鸦雀 *Paradoxornis paradoxus* | | | 特有 |
| 46. 酒红朱雀 *Carpodacus vinaceus* | | | 特有 |
| 47. 蓝鹀 *Latoucheornis siemsseni* | | | 特有 |

此外，崩尖子自然保护区的 237 种鸟类中，还有湖北省重点保护野生动物 53 种、国家"三有"动物 182 种（表 4-19）。

## 4.1.4.7　价值分析

（1）维持生物多样性

在崩尖子自然保护区的脊椎动物物种多样性中，鸟类的种类最多，是保护区脊椎动物物种多样性最重要的组成部分，它们的种类和数量的变化，对保护区的物种多样性将产生重大影响，所以加强鸟类的保护很重要。

（2）种质资源

野生动物的鸡形目、雁形目、及部分雀形目鸟类（观赏）是重要的养殖资源，少数已经被驯化养殖的种类，已经给人类的生活带来了很大的好处，崩尖子自然保护区的上述野生鸟类，为今后更进一步扩大驯养提供了重要的种质资源。

（3）生物防治

鸟类主要以昆虫为食，猛禽能捕食大量的小型啮齿动物，他们在控制虫害、鼠害方面具有重要的生物防治作用，鸟类是以两栖类、爬行类、食虫兽类（包括鸟类）组成的生物防治大军中最重要的成员。

表 4-19 湖北崩尖子自然保护区鸟类名录

| 目、科、种 | 依据 | | | | 区系成分 | | | 居留型 | | | | 中国特有种 | 濒危等级 | 保护类型 | | |
|---|---|---|---|---|---|---|---|---|---|---|---|---|---|---|---|---|
| | 拍到照片 | 目击 | 访问 | 文献记载 | 古北种 | 东洋种 | 跨界种 | 留鸟 | 冬候鸟 | 夏候鸟 | 旅鸟 | | | 国家重点 | 省级重点 | 「三有」动物 |
| 一、鸊鷉目 PODICIPEDIFORMES | | | | | | | | | | | | | | | | |
| （一）鸊鷉科 Podicipedidae | | | | | | | | | | | | | | | | |
| 1. 小鸊鷉 *Tachybaptus ruficollis* | | | ● | | | | ● | ● | | | | | | | | ● |
| 2. 凤头鸊鷉 *Podiceps cristatus* | | | | ● | ● | | | | ● | | | | | | | |
| 二、鹈形目 PELECANIFORMES | | | | | | | | | | | | | | | | |
| （二）鸬鹚科 Phalacrocoracidae | | | | | | | | | | | | | | | | |
| 3. 普通鸬鹚 *Phalacrocorax carbo* | | | | ● | ● | | | | ● | | | | | | ● | ● |
| 三、鹳形目 CICONIIFORMES | | | | | | | | | | | | | | | | |
| （三）鹭科 Ardeidae | | | | | | | | | | | | | | | | |
| 4. 苍鹭 *Ardea cinerea* | | | | ● | | | ● | | | ● | | | | | ● | ● |
| 5. 绿鹭 *Butorides striatus* | | | | ● | | ● | | | | ● | | | | | | ● |
| 6. 池鹭 *Ardeola bacchus* | ● | ● | | ● | | ● | | | | ● | | | | | | ● |
| 7. 牛背鹭 *Bubulcus ibis* | | | | ● | | ● | | | | ● | | | | | | ● |
| 8. 大白鹭 *Ardea alba* | | | | ● | | ● | | | ● | | | | | | ● | ● |
| 9. 白鹭 *Egretta garzetta* | ● | ● | | ● | | ● | | | | ● | | | | | | ● |
| 10. 中白鹭 *E. intermedia* | | | | ● | ● | | | | | ● | | | | | ● | ● |
| 11. 夜鹭 *Nycticorax nycticorax* | | | | ● | | ● | | | | ● | | | | | | ● |
| 12. 栗苇鳽 *Ixobrychus cinnamomeus* | | | | ● | | ● | | | | ● | | | | | | ● |
| 13. 大麻鳽 *Botaurus stellaris* | | | | ● | | ● | | | ● | | | | | | | ● |
| （四）鹳科 Ciconiidae | | | | | | | | | | | | | | | | |
| 14. 东方白鹳 *Ciconia boyciana* | | | ● | | ● | | | | ● | | | | 濒危 | I | | |
| 四、雁形目 ANSERIFORMES | | | | | | | | | | | | | | | | |
| （五）鸭科 Anatidae | | | | | | | | | | | | | | | | |
| 15. 鸿雁 *Anser cygnoides* | | | | ● | ● | | | | ● | | | | | | ● | ● |
| 16. 赤麻鸭 *Tadorna ferruginea* | | | | ● | ● | | | | ● | | | | | | ● | ● |
| 17. 绿头鸭 *Anas platyrhynchos* | | | | ● | ● | | | | ● | | | | | | ● | |
| 18. 斑嘴鸭 *A. poecilorhyncha* | ● | ● | | | ● | | | | ● | | | | | | | ● |
| 19. 赤膀鸭 *A. strepera* | | | | ● | ● | | | | ● | | | | | | | ● |
| 20. 琵嘴鸭 *A. clypeata* | | | | ● | ● | | | | ● | | | | | | | ● |
| 21. 红胸秋沙鸭 *Mergus serrator* | | | | ● | ● | | | | ● | | | | | | | ● |
| 22. 鸳鸯 *Aix galericulata* | | | | ● | ● | | | | ● | | | | 易危 | II | | ● |
| 五、隼形目 FALCONIFORMES | | | | | | | | | | | | | | | | |
| （六）鹰科 Accipitridae | | | | | | | | | | | | | | | | |
| 23. 褐冠鹃隼 *Aviceda jerdoni* | | | | ● | | ● | | | | | | ● | 稀有 | II | | |
| 24. 黑鸢 *Milvus migrans* | ● | ● | | | | | ● | ● | | | | | | II | | |
| 25. 栗鸢 *Haliastur indus* | | | | ● | | ● | | | | | ● | | 稀有 | II | | |

（续）

| 目、科、种 | 依据 | | | | 区系成分 | | | 居留型 | | | | 中国特有种 | 濒危等级 | 保护类型 | | |
|---|---|---|---|---|---|---|---|---|---|---|---|---|---|---|---|---|
| | 拍到照片 | 目击 | 访问 | 文献记载 | 古北种 | 东洋种 | 跨界种 | 留鸟 | 冬候鸟 | 夏候鸟 | 旅鸟 | | | 国家重点 | 省级重点 | 『三有』动物 |
| 26. 苍鹰 *Accipiter gentiles* | | | | ● | ● | | | | | ● | | | | II | | |
| 27. 赤腹鹰 *A. soloensis* | | | | ● | | ● | | | | ● | | | | II | | |
| 28. 雀鹰 *A. nisus* | | | | ● | ● | ● | | | | | | | | II | | |
| 29. 松雀鹰 *A. virgatus* | | | | ● | | ● | | ● | | | | | | II | | |
| 30. 普通鵟 *Buteo buteo* | | | | ● | ● | | ● | ● | | | | | | II | | |
| 31. 毛脚鵟 *B. lagopus* | | | | ● | ● | | | | ● | | | | | II | | |
| 32. 灰脸鵟鹰 *Butastur indicus* | | | | ● | | ● | | | | ● | | | 稀有 | II | | |
| 33. 鹰雕 *Spizaetus nipalensis* | | | | ● | ● | | | | | ● | | | | II | | |
| 34. 金雕 *Aquila chrysaetos* | | | ● | | ● | | | | | | ● | | 易危 | I | | |
| 35. 林雕 *Ictinaetus malayensis* | | | ● | | | ● | | | | ● | | | | II | | |
| 36. 白尾鹞 *Circus cyaneus* | | | ● | | ● | | | | ● | | | | | II | | |
| 37. 鹊鹞 *C. melanoleucos* | | | ● | | ● | | | | | ● | | | | II | | |
| 38. 白腹鹞 *C. spilonotus* | | | ● | | ● | | | | | ● | | | | II | | |
| （七）隼科 **Falconidae** | | | | | | | | | | ● | | | | | | |
| 39. 游隼 *Falco peregrinus* | | | | ● | ● | | | | | ● | | | | II | | |
| 40. 燕隼 *F. subbuteo* | | | | ● | ● | | | | | ● | | | | II | | |
| 41. 红脚隼 *F. amurensis* | ● | ● | | | | | ● | | | | ● | | | II | | |
| 42. 红隼 *F. tinnunculus* | | | | | | | ● | ● | | | | | | II | | |
| **六、鸡形目GALLIFORMES** | | | | | | | | | | | | | | | | |
| （八）雉科 **Phasianidae** | | | | | | | | | | | | | | | | |
| 43. 鹌鹑 *Coturnix coturnix* | | | ● | | ● | | | | ● | | | | | | | ● |
| 44. 灰胸竹鸡 *Bambusicola thoracicus* | ● | ● | | | | ● | | ● | | | | ● | | | ● | ● |
| 45. 红腹角雉 *Tragopan temminckii* | | | ● | | | ● | | ● | | | | | 易危 | II | | |
| 46. 勺鸡 *Pucrasia macrolopha* | | | ● | | | ● | | ● | | | | | | II | | |
| 47. 环颈雉 *Phasianus colchicus* | ● | ● | | | | | ● | ● | | | | | | | ● | ● |
| 48. 白冠长尾雉 *Symaticus reevesii* | | | | ● | | ● | | ● | | | | ● | 濒危 | II | | |
| 49. 红腹锦鸡 *Chrysolophus pictus* | ● | ● | | | | ● | | ● | | | | ● | 易危 | II | | |
| （九）三趾鹑科 **Turnicidae** | | | | | | | | | | | | | | | | |
| 50. 黄脚三趾鹑 *Turnix tanki* | | | | ● | | | ● | | | ● | | | | | ● | |
| **七、鹤形目 GRUIFORMES** | | | | | | | | | | | | | | | | |
| （十）秧鸡科 **Rallidae** | | | | | | | | | | | | | | | | |
| 51. 普通秧鸡 *Rallus aquaticus* | | | ● | | ● | | | | ● | | | | | | | ● |
| 52. 红脚苦恶鸟 *Amaurornis akool* | | | ● | | | ● | | | | ● | | | | | | ● |
| 53. 白胸苦恶鸟 *A. phoenicurus* | | | ● | | | ● | | | | ● | | | | | | ● |
| 54. 董鸡 *Gallicrex cinerea* | | | ● | | | ● | | | | ● | | | | | ● | ● |
| 55. 白骨顶鸡 *Fulica atra* | | | | ● | | ● | | | ● | | | | | | | ● |

（续）

| 目、科、种 | 依据 | | | | 区系成分 | | | 居留型 | | | | 中国特有种 | 濒危等级 | 保护类型 | | |
|---|---|---|---|---|---|---|---|---|---|---|---|---|---|---|---|---|
| | 拍到照片 | 目击 | 访问 | 文献记载 | 古北种 | 东洋种 | 跨界种 | 留鸟 | 冬候鸟 | 夏候鸟 | 旅鸟 | | | 国家重点 | 省级重点 | "三有"动物 |
| 八、鸻形目 CHARADRIIFORMES | | | | | | | | | | | | | | | | |
| （十一）鹮嘴鹬科 Ibidorhynchae | | | | | | | | | | | | | | | | |
| 56. 鹮嘴鹬 *Ibidorhyncha struthersii* | | | | ● | ● | | | | | | ● | | | | | ● |
| （十二）反嘴鹬科 Recurvirostridae | | | | | | | | | | | | | | | | |
| 57. 黑翅长脚鹬 *Himantopus himantopus* | | | | ● | ● | | | | | | ● | | | | | ● |
| （十三）燕鸻科 Glareolidae | | | | | | | | | | | | | | | | |
| 58. 普通燕鸻 *Glareolida maldivarum* | | | | ● | | | ● | ● | | | | | | | | ● |
| （十四）鸻科 Charadriidae | | | | | | | | | | | | | | | | |
| 59. 凤头麦鸡 *Vanellus vanellus* | | | | ● | ● | | | | | | ● | | | | | ● |
| 60. 灰头麦鸡 *V. cinereus* | | | | ● | ● | | | | | | ● | | | | | ● |
| 61. 剑鸻 *Charadrius hiaticula* | | | | ● | ● | | | | ● | | | | | | | ● |
| 62. 金眶鸻 *C. dubius* | | | | ● | | ● | | | | ● | | | | | | ● |
| 63. 丘鹬 *Scolopax rusticola* | | | | ● | ● | | | | ● | | | | | | ● | ● |
| 64. 扇尾沙锥 *Gallinago gallinago* | | | | ● | ● | | | | ● | | | | | | | ● |
| （十五）鹬科 Scolopacidae | | | | | | | | | | | | | | | | |
| 65. 泽鹬 *Tringa stagnatilis* | | | | ● | ● | | | | | | ● | | | | | ● |
| 66. 清脚鹬 *T. nebularia* | | | | ● | ● | | | | | | ● | | | | | ● |
| 67. 白腰草鹬 *T. ochropus* | | | | ● | ● | | | | ● | | | | | | ● | ● |
| 68. 林鹬 *T. glareola* | | | | ● | ● | | | | | | ● | | | | | ● |
| 69. 矶鹬 *Actitis hypoleucos* | | | | ● | ● | | | | ● | | | | | | | ● |
| 九、鸽形目 COLUMBIFORMES | | | | | | | | | | | | | | | | |
| （十六）鸠鸽科 Columbidae | | | | | | | | | | | | | | | | |
| 70. 山斑鸠 *Streptopelia orientalis* | ● | ● | | | | | ● | ● | | | | | | | | ● |
| 71. 珠颈斑鸠 *S. chinensis* | ● | ● | | | | ● | | ● | | | | | | | | ● |
| 72. 火斑鸠 *S. tranquebarica* | | | ● | | | ● | | ● | | | | | | | | ● |
| 73. 红翅绿鸠 *Treron sieboldii* | | | ● | | | ● | | ● | | | | | 稀有 | II | | |
| 十、鹃形目 CUCULIFORMES | | | | | | | | | | | | | | | | |
| （十七）杜鹃科 Cuculidae | | | | | | | | | | | | | | | | |
| 74. 红翅凤头鹃 *Clamator coromandus* | | | | ● | | ● | | | | ● | | | | | ● | ● |
| 75. 大鹰鹃 *Cuculus sparverioides* | | ● | | | | ● | | | | ● | | | | | | ● |
| 76. 棕腹杜鹃 *C. nisicolor* | | | | ● | | ● | | | | ● | | | | | | ● |
| 77. 四声杜鹃 *C. micropterus* | | | ● | | | ● | | | | ● | | | | | | ● |
| 78. 大杜鹃 *C. canorus* | | | ● | | | | ● | | | ● | | | | | ● | ● |
| 79. 中杜鹃 *C. saturatus* | | | | ● | | | ● | | | ● | | | | | | ● |
| 80. 小杜鹃 *C. poliocephalus* | | | | ● | | ● | | | | ● | | | | | | ● |
| 81. 八声杜鹃 *Cacomantis merulinus* | | | | ● | | ● | | | | ● | | | | | | ● |

（续）

| 目、科、种 | 依据 | | | | 区系成分 | | | 居留型 | | | | 中国特有种 | 濒危等级 | 保护类型 | | |
|---|---|---|---|---|---|---|---|---|---|---|---|---|---|---|---|---|
| | 拍到照片 | 目击 | 访问 | 文献记载 | 古北种 | 东洋种 | 跨界种 | 留鸟 | 冬候鸟 | 夏候鸟 | 旅鸟 | | | 国家重点 | 省级重点 | 「三有」动物 |
| 82. 翠金鹃 *Chrysococcgx maculatus* | | | | ● | | ● | | | | ● | | | | | ● | ● |
| 83. 噪鹃 *Eudynamys scolopacea* | | ● | | | | ● | | | | ● | | | | | | ● |
| 84. 褐翅鸦鹃 *Centropus sinensis* | | | | ● | | ● | | ● | | | | | 易危 | Ⅱ | | |
| 十一、鹃形目 STRIGIFORMES | | | | | | | | | | | | | | | | |
| （十八）草鸮科 Tytonidae | | | | | | | | | | | | | | | | |
| 85. 东方草鸮 *Tyto capensis* | | | ● | | | ● | | ● | | | | | | Ⅱ | | |
| （十九）鸱鸮科 Strigidae | | | | | | | | | | | | | | | | |
| 86. 红脚鸮 *Otus sunia* | | | ● | | | | ● | | | ● | | | | Ⅱ | | |
| 87. 领角鸮 *O. lettia* | | | ● | | | | ● | ● | | | | | | Ⅱ | | |
| 88. 雕鸮 *Bubo bubo* | | | | ● | ● | | | ● | | | | | 稀有 | Ⅱ | | |
| 89. 鹰鸮 *Ninox scutulata* | | | | ● | | ● | | ● | | | | | | Ⅱ | | |
| 90. 纵纹腹小鸮 *Athene noctua* | | | | ● | | ● | | ● | | | | | | Ⅱ | | |
| 91. 领鸺鹠 *Glaucidium brodiei* | | | | ● | | ● | | ● | | | | | | Ⅱ | | |
| 92. 斑头鸺鹠 *G. cuculoides* | | | ● | | | ● | | ● | | | | | | Ⅱ | | |
| 93. 灰林鸮 *Strix aluco* | | | | ● | | ● | | ● | | | | | | Ⅱ | | |
| 94. 长耳鸮 *Asio otus* | | | ● | | ● | | | | ● | | | | | Ⅱ | | |
| 95. 短耳鸮 *A. flammeus* | | | | ● | ● | | | | ● | | | | | Ⅱ | | |
| 十二、夜鹰目 CAPRIMULGIFOR-MES | | | | | | | | | | | | | | | | |
| （二十）夜鹰科 Caprimulgidae | | | | | | | | | | | | | | | | |
| 96. 普通夜鹰 *Caprimulgus indicus* | | ● | | | | ● | | | | ● | | | | | | ● |
| 十三、雨燕目 APODIFORMES | | | | | | | | | | | | | | | | |
| （二十一）雨燕科 Apodidae | | | | | | | | | | | | | | | | |
| 97. 短嘴金丝燕 *Aerodramus brevirostris* | | | | ● | | ● | | | | ● | | | | | ● | ● |
| 98. 白腰雨燕 *Apus pacificus* | | | | ● | ● | | | | | ● | | | | | ● | ● |
| 十四、咬鹃目 TROGONIFORMES | | | | | | | | | | | | | | | | |
| （二十二）咬鹃科 Trogonidae | | | | | | | | | | | | | | | | |
| 99. 红头咬鹃 *Harpactes erythrocephalus* | | | | ● | | ● | | ● | | | | | 易危 | | ● | ● |
| 十五、佛法僧目 CORACIIFORMES | | | | | | | | | | | | | | | | |
| （二十三）翠鸟科 Alcedinidae | | | | | | | | | | | | | | | | |
| 100. 普通翠鸟 *Alcedo atthis* | | | ● | | | | ● | ● | | | | | | | | ● |
| 101. 冠鱼狗 *Megaceryle lugubris* | | | | ● | | ● | | ● | | | | | | | | ● |
| 102. 蓝翡翠 *Halcyon pileata* | | | ● | | | ● | | | | ● | | | | | ● | ● |
| （二十四）佛法僧科 Coraciidae | | | | | | | | | | | | | | | | |
| 103. 三宝鸟 *Eurystomus orientalis* | | | | ● | | ● | | | | ● | | | | | ● | ● |
| 十六、戴胜目 UPUPIFORMES | | | | | | | | | | | | | | | | |
| （二十五）戴胜科 Upupidae | | | | | | | | | | | | | | | | |

（续）

| 目、科、种 | 拍到照片 | 目击 | 访问 | 文献记载 | 古北种 | 东洋种 | 跨界种 | 留鸟 | 冬候鸟 | 夏候鸟 | 旅鸟 | 中国特有种 | 濒危等级 | 国家重点 | 省级重点 | "三有"动物 |
|---|---|---|---|---|---|---|---|---|---|---|---|---|---|---|---|---|
| 104. 戴胜 *Upupa epops* | | | ● | | | | ● | ● | | | | | | | ● | ● |
| 十七、鴷形目 PICIFORMES | | | | | | | | | | | | | | | | |
| （二十六）拟鴷科 Capitonidae | | | | | | | | | | | | | | | | |
| 105. 大拟啄木鸟 *Megalaima virens* | | | | ● | | | ● | ● | | | | | | | | ● |
| （二十七）啄木鸟科 Picidae | | | | | | | | | | | | | | | | |
| 106. 蚁鴷 *Jynx torquilla* | | | | ● | ● | | | | ● | | | | | | | ● |
| 107. 大斑啄木鸟 *Dendrocopos major* | ● | ● | | ● | | | ● | ● | | | | | | | ● | ● |
| 108. 赤胸啄木鸟 *D. cathpharius* | | | | ● | | ● | | ● | | | | | | | ● | ● |
| 109. 棕腹啄木鸟 *D. hyperythrus* | | | | ● | ● | | | | | | ● | | | | ● | ● |
| 110. 小斑啄木鸟 *D. minor* | | | | ● | ● | | | ● | | | | | | | | ● |
| 111. 星头啄木鸟 *D. canicapillus* | | | | ● | | ● | | ● | | | | | | | | ● |
| 112. 灰头绿啄木鸟 *Picus canus* | | ● | | | | | ● | ● | | | | | | | | ● |
| 十八、雀形目 PASSERIFORMES | | | | | | | | | | | | | | | | |
| （二十八）百灵科 Alaudidae | | | | | | | | | | | | | | | | |
| 113. 云雀 *Alauda arvensis* | | | | ● | ● | | | | ● | | | | | | ● | |
| 114. 小云雀 *A. gulgula* | | | | ● | | ● | | ● | | | | | | | ● | |
| （二十九）燕科 Hirundinidae | | | | | | | | | | | | | | | | |
| 115. 崖沙燕 *Riparia riparia* | | | | ● | | | ● | | | ● | | | | | | ● |
| 116. 家燕 *Hirundo rustica* | | | | ● | | | ● | | | ● | | | | | | ● |
| 117. 金腰燕 *Cecropis daurica* | ● | ● | | | | | ● | | | ● | | | | | | ● |
| 118. 毛脚燕 *Delichon urbicum* | | | | ● | | | ● | | | ● | | | | | | ● |
| （三十）鹡鸰科 Motacillidae | | | | | | | | | | | | | | | | |
| 119. 山鹡鸰 *Dendronanthus indicus* | | | | ● | ● | | | | | ● | | | | | | ● |
| 120. 黄鹡鸰 *Motacilla flava* | | | | ● | ● | | | | | | ● | | | | | ● |
| 121. 黄头鹡鸰 *M. citreola* | | | | ● | ● | | | | | | ● | | | | | ● |
| 122. 灰鹡鸰 *M. cinerea* | | ● | | | | | | | | ● | | | | | | ● |
| 123. 白鹡鸰 *M. alba* | ● | ● | | | | | ● | ● | | | | | | | | ● |
| 124. 田鹨 *Anthus richardi* | | | | ● | | | ● | | | ● | | | | | | ● |
| 125. 树鹨 *A. hodgsoni* | | | | ● | | | | | | ● | | | | | | ● |
| 126. 山鹨 *A. sylvanus* | | | | ● | | | | | | ● | | ● | | | | ● |
| （三十一）山椒鸟科 Campephagidae | | | | | | | | | | | | | | | | |
| 127. 暗灰鹃鵙 *Coracina melas-chistos* | | | | | | | ● | | | ● | | | | | | ● |
| 128. 粉红山椒鸟 *Pericrocotus roseus* | | ● | | | | ● | | | | ● | | | | | | ● |
| 129. 灰山椒鸟 *P. divaricatus* | | | | ● | ● | | | | | | ● | | | | | ● |
| （三十二）鹎科 Pycnonotidae | | | | | | | | | | | | | | | | |
| 130. 领雀嘴鹎 *Spizixos semitorques* | ● | ● | | | | ● | | ● | | | | | | | | ● |

（续）

| 目、科、种 | 拍到照片 | 目击 | 访问 | 文献记载 | 古北种 | 东洋种 | 跨界种 | 留鸟 | 冬候鸟 | 夏候鸟 | 旅鸟 | 中国特有种 | 濒危等级 | 国家重点 | 省级重点 | 「三有」动物 |
|---|---|---|---|---|---|---|---|---|---|---|---|---|---|---|---|---|
| 131. 黄臀鹎 *Pycnonotus xanthorrhus* | ● | ● | | | | ● | | ● | | | | | | | | ● |
| 132. 白头鹎 *P. sinensis* | | ● | | | | ● | | | | ● | | ● | | | | ● |
| 133. 黑短脚鹎 *Hypsipetes leucocephalus* | | ● | | | | ● | | | | ● | | | | | | ● |
| 134. 绿翅短脚鹎 *H. mcclellandii* | | | | ● | | ● | | | | ● | | | | | | ● |
| （三十三）太平鸟科 **Bombycillidae** | | | | | | | | | | | | | | | | |
| 135. 太平鸟 *Bombycilla garrulus* | | | | ● | ● | | | | | | ● | | | | | ● |
| （三十四）伯劳科 **Laniidae** | | | | | | | | | | | | | | | | |
| 136. 虎纹伯劳 *Lanius tigrinus* | | | | ● | | ● | | | | ● | | | | | ● | ● |
| 137. 红尾伯劳 *L. cristatus* | | ● | | | | ● | | | | ● | | | | | | ● |
| 138. 楔尾伯劳 *L. sphenocercus* | | | | ● | | ● | | | | ● | | | | | | ● |
| （三十五）黄鹂科 **Oriolidae** | | | | | | | | | | | | | | | | |
| 139. 黑枕黄鹂 *Oriolus chinensis* | | | ● | | | ● | | | | ● | | | | | | ● |
| （三十六）卷尾科 **Dicruridae** | | | | | | | | | | | | | | | | |
| 140. 黑卷尾 *Dicrurus macrocercus* | ● | | | ● | | ● | | | | ● | | | | | | ● |
| 141. 灰卷尾 *D. leucophaeus* | | | ● | | | ● | | | | ● | | | | | | ● |
| 142. 发冠卷尾 *D. hottentottus* | | | | ● | | ● | | | | ● | | | | | | ● |
| （三十七）椋鸟科 **Sturnidae** | | | | | | | | | | | | | | | | |
| 143. 丝光椋鸟 *Sturnus sericeus* | | | | ● | | ● | | ● | | | | | | | | ● |
| 144. 灰椋鸟 *S. cineraceus* | | | | ● | ● | | | | ● | | | | | | | ● |
| 145. 八哥 *Acridotheres cristatellus* | | | ● | | | ● | | ● | | | | | | | | ● |
| （三十八）鸦科 **Corvidae** | | | | | | | | | | | | | | | | |
| 146. 红嘴蓝鹊 *Urocissa erythrorhyncha* | ● | ● | | | | ● | | ● | | | | | | | | ● |
| 147. 灰喜鹊 *Cyanopica cyana* | | | ● | | | ● | | ● | | | | | | | | ● |
| 148. 喜鹊 *Pica pica* | | ● | | | | | ● | ● | | | | | | | | ● |
| 149. 灰树鹊 *Dendrocitta formosae* | | | | ● | | ● | | ● | | | | | | | | ● |
| 150. 松鸦 *Garrulus glandarius* | | | ● | | | ● | | ● | | | | | | | | ● |
| 151. 大嘴乌鸦 *Corvus macrorhynchus* | ● | ● | | | | ● | | ● | | | | | | | | ● |
| 152. 白颈鸦 *C. pectoralis* | ● | ● | | | | | ● | ● | | | | | | | | ● |
| 153. 寒鸦 *C. monedula* | | | | ● | ● | | | ● | | | | | | | | ● |
| （三十九）河乌科 **Cinclidae** | | | | | | | | | | | | | | | | |
| 154. 褐河乌 *Cinclus pallasii* | ● | ● | | ● | | ● | | ● | | | | | | | | ● |
| （四十）岩鹨科 **Prunellidae** | | | | | | | | | | | | | | | | |
| 155. 棕胸岩鹨 *Prunella sterophiata* | | | | ● | ● | | | ● | | | | | | | | ● |
| （四十一）鸫科 **Turdidae** | | | | | | | | | | | | | | | | |
| 156. 红喉歌鸲 *Luscinia calliope* | | | | ● | ● | | | | | | ● | | | | | ● |
| 157. 蓝歌鸲 *L. cyane* | | | | ● | ● | | | | | ● | | | | | | ● |

（续）

| 目、科、种 | 拍到照片 | 目击 | 访问 | 文献记载 | 古北种 | 东洋种 | 跨界种 | 留鸟 | 冬候鸟 | 夏候鸟 | 旅鸟 | 中国特有种 | 濒危等级 | 国家重点 | 省级重点 | 三有动物 |
|---|---|---|---|---|---|---|---|---|---|---|---|---|---|---|---|---|
| 158. 红胁蓝尾鸲 *Tarsiger cyanurus* | | | | ● | ● | | | | | | ● | | | | | ● |
| 159. 鹊鸲 *Copsychus saularis* | | ● | | | | ● | | ● | | | | | | | | ● |
| 160. 红尾水鸲 *Rhyacornis fuliginosa* | ● | ● | | | | ● | | ● | | | | | | | | ● |
| 161. 北红尾鸲 *Phoenicurus auroreus* | | | | ● | ● | | | ● | | | | | | | | ● |
| 162. 黑背燕尾 *Enicurus immaculatus* | ● | ● | | | | ● | | ● | | | | | | | | ● |
| 163. 小燕尾 *E. scouleri* | | ● | | | | ● | | ● | | | | | | | | ● |
| 164. 黑喉石即鸟 *Saxicola torquata* | | | | | | | | | | | | | | | | |
| 165. 紫啸鸫 *Myophonus caeruleus* | | | | ● | | ● | | ● | | | | | | | | ● |
| 166. 白眉地鸫 *Zoothera sibirica* | | | | ● | | ● | | ● | | | ● | | | | | ● |
| 167. 虎斑地鸫 *Z. dauma* | | | | ● | | | ● | ● | | | | | | | | ● |
| 168. 灰背鸫 *Turdus hortulorum* | | | | ● | ● | | | | | ● | | | | | | ● |
| 169. 乌鸫 *T. merula* | | ● | | | | ● | | ● | | | | | | | | ● |
| 170. 斑鸫 *T. eunomus* | | | | ● | ● | | | | | ● | | | | | | ● |
| 171. 宝兴歌鸫 *T. mupinensis* | | | | ● | | ● | | ● | | | | ● | | | | ● |
| **（四十二）鹟科 Muscicapidae** | | | | | | | | | | | | | | | | |
| 172. 白眉［姬］鹟 *Ficedula zanthopygia* | | | | ● | ● | | | | | ● | | | | | | ● |
| 173. 棕腹仙鹟 *Niltava sundara* | | | | ● | | ● | | | | ● | | | | | | ● |
| 174. 蓝喉仙鹟 *Cyornis rubeculoides* | ● | ● | | | | ● | | | | ● | | | | | | ● |
| 175. 乌鹟 *Muscicapa sibirica* | | | | ● | ● | | | | | ● | | | | | | ● |
| 176. 北灰鹟 *M. dauurica* | | | | ● | ● | | | | | | ● | | | | | ● |
| 177. 铜蓝鹟 *Eumyias thalassina* | ● | ● | | | | ● | | | | ● | | | | | | ● |
| 178. 方尾鹟 *Culicicapa ceylonensis* | | | | ● | | ● | | | | ● | | | | | | ● |
| **（四十三）王鹟科 Monarchinae** | | | | | | | | | | | | | | | | |
| 179. 寿带［鸟］ *Terpsiphone paradisi* | | | ● | | | | | | | ● | | | | | ● | ● |
| **（四十四）画眉科 Timaliidae** | | | | | | | | | | | | | | | | |
| 180. 胸钩嘴鹛 *Pomatorhinus erythrocnemis* | | | | ● | | ● | | ● | | | | | | | | ● |
| 181. 棕颈钩嘴鹛 *P. ruficollis* | | | | ● | | ● | | ● | | | | | | | | ● |
| 182. 茅纹草鹛 *Babax lanceolatus* | | | | ● | | ● | | ● | | | | | | | | ● |
| 183. 黑脸噪鹛 *Garrulax perspicillatus* | | ● | | | | ● | | ● | | | | | | | | ● |
| 184. 黑领噪鹛 *G. pectoralis* | | | | ● | | ● | | ● | | | | | | | | ● |
| 185. 眼纹噪鹛 *G. ocellatus* | | | | ● | | ● | | ● | | | | | | | | ● |
| 186. 画眉 *G. canorus* | | ● | | | | ● | | ● | | | | | | | ● | ● |
| 187. 白颊噪鹛 *G. sannio* | | ● | | | | ● | | ● | | | | | | | | ● |
| 188. 橙翅噪鹛 *G. elliotii* | ● | ● | | | | ● | | ● | | | | ● | | | | ● |
| 189. 红嘴相思鸟 *Leiothrix lutea* | ● | ● | | | | ● | | ● | | | | | | | ● | ● |
| 190. 白领凤鹛 *Yuhina diademata* | ● | ● | | | | ● | | ● | | | | | | | | ● |

（续）

| 目、科、种 | 依据 | | | | 区系成分 | | | 居留型 | | | | 中国特有种 | 濒危等级 | 保护类型 | | |
|---|---|---|---|---|---|---|---|---|---|---|---|---|---|---|---|---|
| | 拍到照片 | 目击 | 访问 | 文献记载 | 古北种 | 东洋种 | 跨界种 | 留鸟 | 冬候鸟 | 夏候鸟 | 旅鸟 | | | 国家重点 | 省级重点 | 三有动物 |
| **（四十五）鸦雀科 Paradoxornithidae** | | | | | | | | | | | | | | | | |
| 191. 红嘴鸦雀 Conostoma aemodium | | | | ● | | ● | | ● | | | | | | | | ● |
| 192. 三趾鸦雀 Paradoxornis paradoxus | | | | ● | | ● | | ● | | ● | | ● | | | | ● |
| 193. 棕头鸦雀 P. webbianus | ● | ● | | | | ● | | ● | | | | | | | | |
| **（四十六）莺科 Sylriidae** | | | | | | | | | | | | | | | | |
| 194. 强脚树莺 Cettia fortipes | | ● | | | | | ● | | | ● | | | | | | ● |
| 195. 大苇莺 Acrocephalus arundinaceus | | | | ● | | | ● | | | ● | | | | | | ● |
| 196. 黄腹柳莺 Phylloscopus affinis | | | | ● | | ● | | | | ● | | | | | | ● |
| 197. 棕腹柳莺 P. subaffinis | | | | ● | | ● | | | | ● | | | | | | ● |
| 198. 褐柳莺 P. fuscatus | | ● | | | ● | | | | | ● | | | | | | ● |
| 199. 黄眉柳莺 P. inornatus | | | | ● | ● | | | | | ● | | | | | | ● |
| 200. 黄腰柳莺 P. proregulus | | | | ● | ● | | | | | ● | | | | | | ● |
| 201. 乌嘴柳莺 P. magnirostris | | | | ● | ● | | | | | | ● | | | | | ● |
| 202. 暗绿柳莺 P. trochiloides | | | | ● | | ● | | | | ● | | | | | | ● |
| 203. 冠纹柳莺 P. reguloides | | | | ● | | ● | | | | ● | | | | | | ● |
| **（四十七）戴菊科 Regulidae** | | | | | | | | | | | | | | | | |
| 204. 戴菊 Regulus regulus | ● | ● | | | ● | | | ● | | | | | | | | ● |
| **（四十八）绣眼鸟科 Zosteropidae** | | | | | | | | | | | | | | | | |
| 205. 绿绣眼鸟 Zosterops japonicus | | | | ● | | ● | | | | ● | | | | | | ● |
| 206. 红胁绣眼鸟 Z. rythropleura | | | | ● | | ● | | | | | ● | | | | | ● |
| **（四十九）长尾山雀科 Aegithalidae** | | | | | | | | | | | | | | | | |
| 207. 红头长尾山雀 Aegithalos concinnus | | ● | | | | ● | | ● | | | | | | | | ● |
| **（五十）山雀科 Paridae** | | | | | | | | | | | | | | | | |
| 208. 大山雀 Parus major | ● | | | | | | ● | ● | | | | | | | ● | ● |
| 209. 绿背山雀 P. monticolus | ● | ● | | | | ● | | ● | | | | | | | | ● |
| 210. 黄腹山雀 P. venustulus | | | | ● | | ● | | ● | | | | | | | | ● |
| 211. 煤山雀 P. ater | | | | ● | | ● | | ● | | | | | | | | ● |
| 212. 黑冠山雀 P. rubidiventris | | | | ● | | ● | | ● | | | | | | | | ● |
| 213. 沼泽山雀 P. palustris | | | | ● | | ● | | ● | | | | | | | | ● |
| 214. 红腹山雀 Parus davidi | | | | ● | | ● | | ● | | | | | | | | ● |
| **（五十一）䴓科 Sittidae** | | | | | | | | | | | | | | | | |
| 215. 普通䴓 Sitta europaea | ● | ● | | | ● | | | ● | | | | | | | | ● |
| **（五十二）花蜜鸟科 Nectariniidae** | | | | | | | | | | | | | | | | |
| 216. 蓝喉太阳鸟 Aethopyga gouldiae | | ● | | | | ● | | | | ● | | | | | ● | ● |
| **（五十三）雀科 Passeridae** | | | | | | | | | | | | | | | | |
| 217. 麻雀 Passer montanus | ● | ● | | | | ● | | ● | | | | | | | | ● |

（续）

| 目、科、种 | 依据 | | | | 区系成分 | | | 居留型 | | | | 中国特有种 | 濒危等级 | 保护类型 | | |
|---|---|---|---|---|---|---|---|---|---|---|---|---|---|---|---|---|
| | 拍到照片 | 目击 | 访问 | 文献记载 | 古北种 | 东洋种 | 跨界种 | 留鸟 | 冬候鸟 | 夏候鸟 | 旅鸟 | | | 国家重点 | 省级重点 | "三有"动物 |
| 218. 山麻雀 *P. rutilans* | ● | ● | | | | ● | | ● | | | | | | | | ● |
| （五十四）梅花雀科 **Estrildidae** | | | | | | | | | | | | | | | | |
| 219. 白腰文鸟 *Lonchura striata* | | | | ● | | ● | | ● | | | | | | | | ● |
| （五十五）燕雀科 **Fringillidae** | | | | | | | | | | | | | | | | |
| 220. 燕雀 *Fringilla montifrimgilla* | | | | ● | ● | | | | | | ● | | | | | ● |
| 221. 金翅雀 *Carduelis sinica* | | | | ● | ● | | | ● | | | | | | | | ● |
| 222. 黄雀 *Carduelis spinus* | ● | ● | | ● | ● | | | ● | | | | | | | | ● |
| 223. 褐灰雀 *Pyrrhula nipalensis* | | | | ● | | ● | | | | | ● | | | | | ● |
| 224. 暗胸朱雀 *Carpodacus nipalensis* | | | | ● | | ● | | | | ● | | | | | | ● |
| 225. 酒红朱雀 *C. vinaceus* | | | | ● | | ● | | | | ● | | ● | | | | ● |
| 226. 普通朱雀 *C. erythrinus* | | | | ● | | | ● | | | ● | | | | | | ● |
| 227. 灰头灰雀 *Pyrrhala erythaca* | | | | ● | | ● | | ● | | | | | | | | ● |
| 228. 黑头蜡嘴雀 *Eophona personata* | | | | ● | ● | | | | | | ● | | | | | ● |
| 229. 黑尾蜡嘴雀 *E. migratoria* | | | | ● | ● | | | | | | ● | | | | | ● |
| 230. 锡嘴雀 *Coccothraustes coccothraustes* | | | | ● | ● | | | | | | ● | | | | | ● |
| （五十六）鹀科 **Emberizidae** | | | | | | | | | | | | | | | | |
| 231. 黄喉鹀 *Emberiza elegans* | | | | ● | ● | | | ● | | | | | | | | ● |
| 232. 灰头鹀 *E. spodocephala* | | | | ● | ● | | | ● | | | | | | | | ● |
| 233. 灰眉岩鹀 *E. godlewskii* | | | | ● | | | | ● | | | | | | | | ● |
| 234. 三道眉草鹀 *E. cioides* | | ● | | ● | | | | ● | | | | | | | | ● |
| 235. 小鹀 *E. pusilla* | | | | ● | ● | | | | ● | | | | | | | ● |
| 236. 蓝鹀 *Latoucheornis siemsseni* | | | | ● | ● | | | | ● | | | ● | | | | ● |
| 237. 凤头鹀 *Melophus lathami* | | | | ● | | ● | | | | | ● | | | | ● | ● |

注：本名录的分类体系依据《中国动物志》，参考郑光美（2011 年）中国鸟类分类与分布名录（第二版）；"文献记载"指 2010 年科考报告记载；"濒危等级"指中国濒危动物红皮书所列等级。

## 4.1.5　兽类

### 4.1.5.1　调查方法

野外观察：在动物栖息地内寻找实体或活动痕迹，如洞穴、食迹、足迹、粪便及毛发等，再加以鉴定。

样带调查：与鸟类调查同步进行。上午 8～12 时，以步行调查为主，步行速度一般为 1～3km/h。记录所见鸟类实体及活动痕迹至样带中线的垂直距离；记录样带内的地形、生境等各种要素。样带长 4～6km，宽 50～100m。夜间进行补充调查。

访问调查与文献分析：①访问调查是在调查大中型兽类的一种常用方法，对珍稀种类的调查尤为重要，即走访有兽类识别经验的猎人、干部和村民；②对以往发表的文献和近年保护区的科考资料进行整理分析；③对林业部门历年执法收缴兽类进行分析统计。

### 4.1.5.2 物种多样性

（1）数据来源

拍到照片 3 种、目击到 3 种、访问到 32 种、文献记载 24 种，共 59 种。

（2）多样性现状

表 4-20 湖北崩尖子自然保护区兽类多样性组成

| 目 | 食虫目 | 翼手目 | 灵长目 | 鳞甲目 | 兔形目 | 啮齿目 | 食肉目 | 偶蹄目 |
|---|---|---|---|---|---|---|---|---|
| 科数 | 3 | 3 | 1 | 1 | 1 | 3 | 7 | 4 |
| 种数 | 6 | 4 | 2 | 1 | 1 | 17 | 22 | 6 |

崩尖子自然保护区的兽类共有 8 目 23 科 59 种，其中以食肉目的科数、种数最多，分别为 7 科 22 种，各占总数的 30.43%、37.29%；其次是啮齿目，共 3 科 17 种，分别占 13.04%、28.81%（表 4-20）。

### 4.1.5.3 区系组成

表 4-21 湖北崩尖子自然保护区兽类区系组成

| 目名 | 种数 | 区系成分 | | |
|---|---|---|---|---|
| | | 东洋种 | 古北种 | 跨界种 |
| 食虫目 INSECTIVORA | 6 | 3 | 3 | |
| 翼手目 CHIROPTERA | 4 | 4 | | |
| 灵长目 PRIMATES | 2 | 2 | | |
| 鳞甲目 PHOLIDOTA | 1 | 1 | | |
| 兔形目 LAGOMORPHA | 1 | 1 | | |
| 啮齿目 RODENTIA | 17 | 10 | 5 | 2 |
| 食肉目 CARNIVORA | 22 | 16 | 1 | 5 |
| 偶蹄目 ARTIODACTYLA | 6 | 5 | | 1 |
| 合　计 | 59 | 42 | 9 | 8 |
| 所占比例（%） | | 71.19 | 15.25 | 13.56 |

崩尖子自然保护区兽类的区系组成：东洋种 42 种，占 71.19%；古北种 9 种，占 15.25%；跨界种 8 种，占 13.56%。东洋种占绝对优势，古北种相混杂，呈现与鸟类相似的区系特征（表 4-21）。

### 4.1.5.4 类群特征

（1）啮齿目和食肉目兽类的物种多样性相应的都高，这说明两者之间密切的食物链关系，啮齿动物为食肉动物提供了丰富的食物来源，所以能保证食肉类稳定的多样性。

（2）由于野生动物保护事业的发展，历年来作为主要狩猎对象的食肉目和偶蹄目兽类的种群数量得到回升。但大型猫科动物有的在野外的数量较少，有的已极为罕见；某些繁殖力和生存能力强的野生动物如野猪、野兔的种群数量也得到较大的增长，对农作物造成危害，应加强防范。

### 4.1.5.5 关键物种

崩尖子自然保护区有 14 种国家重点保护野生兽类，Ⅰ级 3 种：金钱豹、云豹、林麝；Ⅱ级 11 种：猕猴、短尾猴、穿山甲、豺、黑熊、水獭、大灵猫、小灵猫、金猫、鬣羚、斑羚。共 17 种中国濒危动物，濒危 2 种：金钱豹、林麝；易危 14 种：猕猴、短尾猴、穿山甲、复齿鼯鼠、狼、豺、黑熊、水獭、大灵猫、豹猫、金猫、云豹、鬣羚、斑羚；稀有 1 种：甘肃鼹。5 种中国特有兽类：长吻鼹、岩松鼠、复齿鼯鼠、林麝、小麂。保护区兽类关键物种见表 4-22。

> 关于金钱豹、林麝两种国家Ⅰ级保护动物的讯息：
>
> ### 金钱豹
>
> 1996 年 4 月 24 日，贺家坪镇西流溪村覃万军、覃万富兄弟俩打死一只（枪击）金钱豹（后被判刑）。豹皮后被制成一个外形标本，其骨架现存放在长阳县林业局。
>
> 2014 年元月份，贺家坪中岭村胡坤林家的 4 只山羊被金钱豹咬死（最大的 36kg 斤，最小的 21kg）。胡坤林的女儿胡小玲（18 岁）上山找羊，看到金钱豹，被吓昏过去，金钱豹留在雪地上的脚印直径有 8~9cm。
>
> 此外，响石村 3 组吕帮华在 2013 年 9 月在本村定口湾看到一只金钱豹，2011 年在牛角尖看到一只金钱豹。
>
> ### 林麝
>
> 林麝在当地被称为香獐。吕学俊（男，59 岁，响石村支部书记兼主任、老猎人），经常在山上看到林麝的粪便，2012 年在响石村 1 组的溪沟看到一只林麝。吕学俊在过去的狩猎生涯中曾打死过雄香獐，取香包达 20 多个。

**表 4-22　湖北崩尖子自然保护区兽类关键物种**

| 种　名 | 国家保护动物 | 中国濒危动物 | 中国特有种 |
| --- | --- | --- | --- |
| 1. 长吻鼹 *Talpa micrura* | | | 特有 |
| 2. 甘肃鼹 *Scapanulus oweni* | | 稀有 | |
| 3. 猕猴 *Macaca mulatta* | Ⅱ | 易危 | |
| 4. 短尾猴 *M. aractodes* | Ⅱ | 易危 | |
| 5. 穿山甲 *Manis pentadactyla* | Ⅱ | 易危 | |
| 6. 复齿鼯鼠 *Trogopterus xanthip* | | 易危 | 特有 |
| 7. 岩松鼠 *Sciurotamias davidianus* | | | 特有 |

（续）

| 种　　名 | 国家保护动物 | 中国濒危动物 | 中国特有种 |
|---|---|---|---|
| 8. 狼 *Canis lupus* | | 易危 | |
| 9. 豺 *Cuon alpinus* | Ⅱ | 易危 | |
| 10. 黑熊 *Selenarctos thibetanus* | Ⅱ | 易危 | |
| 11. 水獭 *Lutra lutra* | Ⅱ | 易危 | |
| 12. 大灵猫 *Viverra zibetha* | Ⅱ | 易危 | |
| 13. 小灵猫 *Viverricula indica* | Ⅱ | | |
| 14. 豹猫 *Felis bengalensis* | | 易危 | |
| 15. 金猫 *Profelis temminckii* | Ⅱ | 易危 | |
| 16. 金钱豹 *Panthera pardus* | Ⅰ | 濒危 | |
| 17. 云豹 *Leofelis nebulosa* | Ⅰ | 易危 | |
| 18. 小麂 *Muntiacus reevesi* | | | 特有 |
| 19. 林麝 *Moschus moschiferus* | Ⅰ | 濒危 | 特有 |
| 20. 鬣羚 *Capricornis sumatraensis* | Ⅱ | 易危 | |
| 21. 斑羚 *Naemorhaedus goral* | Ⅱ | 易危 | |

此外，还有18种湖北省重点保护野生动物、27种国家"三有"动物（表4-23）。

### 4.1.5.6　价值分析

（1）生物防治

食虫目、翼手目、鳞甲目兽类能捕捉大量农林害虫；鼬科的小型食肉动物主要食鼠，它们是虫害、鼠害的生物防治天敌动物。

（2）药用动物

以粪便入药的种类如翼手目、兔形目、鼯鼠科兽类及以分泌物入药的种类如林麝、大灵猫、小灵猫，通过人工养殖活体取香，具有开发价值。

**表4-23　湖北崩尖子自然保护区兽类名录**

| 目、科、种 | 依据 | | | | 区系成分 | | | 中国特有种 | 濒危等级 | 保护类型 | | |
|---|---|---|---|---|---|---|---|---|---|---|---|---|
| | 拍到照片 | 目击 | 访问 | 文献记载 | 古北种 | 东洋种 | 跨界种 | | | 国家重点保护 | 省级重点保护 | "三有"保护 |
| **一、食虫目 INSECTIVORA** | | | | | | | | | | | | |
| （一）猬科 **Erinaceidae** | | | | | | | | | | | | |
| 1. 刺猬 *Erinaceus europaeus* | | | ● | | ● | | | | | | | ● |
| （二）鼩鼱科 **Soricidae** | | | | | | | | | | | | |
| 2. 灰麝鼩 *Crocidura attenuata* | | | | ● | | ● | | | | | | |
| 3. 短尾鼩 *Anourosorex squamipes* | | | | ● | | ● | | | | | | |

（续）

| 目、科、种 | 依据 | | | | 区系成分 | | | 中国特有种 | 濒危等级 | 保护类型 | | |
|---|---|---|---|---|---|---|---|---|---|---|---|---|
| | 拍到照片 | 目击 | 访问 | 文献记载 | 古北种 | 东洋种 | 跨界种 | | | 国家重点保护 | 省级重点保护 | "三有"保护 |
| 4. 水麝鼩 *Chimarogale platycephala* | | | ● | | ● | | | | | | | |
| （三）鼹鼠科 **Talpidea** | | | | | | | | | | | | |
| 5. 长吻鼹 *Talpa micrura* | | | | ● | | ● | | 特有 | | | | |
| 6. 甘肃鼹 *Scapanulus oweni* | | | | ● | ● | | | | 稀有 | | | |
| 二、翼手目 **CHIROPTERA** | | | | | | | | | | | | |
| （四）菊头蝠科 **Rhinolophidae** | | | | | | | | | | | | |
| 7. 中菊头蝠 *Rhinolophus affinis* | | | | ● | | ● | | | | | | |
| 8. 鲁氏头蝠 *R. rouxii* | | | | ● | | ● | | | | | | |
| （五）蹄蝠科 **Hipposideridae** | | | | | | | | | | | | |
| 9. 普氏蹄蝠 *Hipposideros pratti* | | | | ● | | ● | | | | | | |
| （六）蝙蝠科 **Vesperpilionidae** | | | | | | | | | | | | |
| 10. 普通伏翼 *Pipistrellus abramus* | | | | ● | | ● | | | | | | |
| 三、灵长目 **PRIMATES** | | | | | | | | | | | | |
| （七）猴科 **Cercopithecidae** | | | | | | | | | | | | |
| 11. 猕猴 *Macaca mulatta* | | | ● | | | ● | | | 易危 | II | | |
| 12. 短尾猴 *M. aractodes* | | | ● | | | ● | | | 易危 | II | | |
| 四、鳞甲目 **PHOLIDOTA** | | | | | | | | | | | | |
| （八）鳞鲤科 **Manidae** | | | | | | | | | | | | |
| 13. 穿山甲 *Manis pentadactyla* | | | | ● | | ● | | | 易危 | II | | |
| 五、兔形目 **LAGOMORPHA** | | | | | | | | | | | | |
| （九）兔科 **Leporidae** | | | | | | | | | | | | |
| 14. 华南兔 *Lepus sinensis* | | | ● | | | ● | | | | | ● | ● |
| 六、啮齿目 **RODENTIA** | | | | | | | | | | | | |
| （十）松鼠科 **Sciuridae** | | | | | | | | | | | | |
| 15. 赤腹松鼠 *Callosciurus erythraeus* | | | | ● | | ● | | | | | ● | ● |
| 16. 隐纹花松鼠 *Tamiops swinhoei* | | | ● | | ● | | | | | | | ● |
| 17. 红颊长吻松鼠 *Dremomys rufigeins* | | | | ● | | ● | | | | | | ● |
| 18. 岩松鼠 *Sciurotamias davidianus* | | ● | | | | | | 特有 | | | | ● |
| （十一）鼯鼠科 **Petaurisstadae** | | | | | | | | | | | | |
| 19. 复齿鼯鼠 *Trogopterus xanthip* | | | ● | | | ● | | 特有 | 易危 | | ● | ● |
| 20. 棕鼯鼠 *Petaurista petaurista* | | | | ● | | ● | | | | | ● | ● |
| 21. 红白鼯鼠 *P. alborufus* | | | ● | | | ● | | | | | ● | ● |
| （十二）鼠科 **Muridae** | | | | | | | | | | | | |
| 22. 黑线姬鼠 *Apodemus agrarius* | | | | ● | | | ● | | | | | |
| 23. 大林姬鼠 *A. peninsulae* | | | | ● | ● | | | | | | | |

（续）

| 目、科、种 | 依据 | | | | 区系成分 | | | 中国特有种 | 濒危等级 | 保护类型 | | |
|---|---|---|---|---|---|---|---|---|---|---|---|---|
| | 拍到照片 | 目击 | 访问 | 文献记载 | 古北种 | 东洋种 | 跨界种 | | | 国家重点保护 | 省级重点保护 | "三有"保护 |
| 24. 巢鼠 *Micromys minutus* | | | | ● | ● | | | | | | | |
| 25. 白腹巨鼠 *Rattus edwardsi* | | | ● | | | ● | | | | | | |
| 26. 刺毛黄鼠 *R. fulvescens* | | | | ● | | ● | | | | | | |
| 27. 褐家鼠 *R. norvegicus* | | | ● | | ● | | | | | | | |
| 28. 黄胸鼠 *R. flavipectus* | | | | ● | | ● | | | | | | |
| 29. 大足鼠 *R. nitidus* | | | | ● | | ● | | | | | | |
| 30. 社鼠 *R. niviventer* | | | ● | | | ● | | | | | | ● |
| 31. 小家鼠 *Mus musculus* | | | | ● | | | ● | | | | | |
| **七、食肉目 CARNIVORA** | | | | | | | | | | | | |
| **（十三）竹鼠科 Rhizomyidae** | | | | | | | | | | | | |
| 32. 花白竹鼠 *Rhizomys pruinosus* | | | | ● | | ● | | | | | ● | ● |
| 33. 中华竹鼠 *R. sinensis* | | | | ● | | ● | | | | | ● | ● |
| **（十四）豪猪科 Hystricidae** | | | | | | | | | | | | |
| 34. 豪猪 *Hystrix hodgsoni* | | | ● | | | ● | | | | | | ● |
| **（十五）犬科 Canidae** | | | | | | | | | | | | |
| 35. 狼 *Canis lupus* | | | ● | | | | ● | | 易危 | | ● | ● |
| 36. 赤狐 *Vulpes vulpes* | | | ● | | | | ● | | | | ● | ● |
| 37. 貉 *Nyctereutes procyonoides* | | | ● | | | ● | | | | | ● | ● |
| 38. 豺 *Cuon alpinus* | | | ● | | ● | | | | 易危 | II | | |
| **（十六）熊科 Ursidae** | | | | | | | | | | | | |
| 39. 黑熊 *Selenarctos thibetanus* | | | ● | | | | ● | | 易危 | II | | |
| **（十七）鼬科 Mustelidae** | | | | | | | | | | | | |
| 40. 香鼬 *Mustela altaica* | | | | ● | | ● | | | | | | ● |
| 41. 黄腹鼬 *M. kathiah* | | | ● | | | ● | | | | | ● | ● |
| 42. 黄鼬 *M. sibirica* | | | ● | | | | ● | | | | ● | ● |
| 43. 鼬獾 *Melogale moschata* | | | ● | | | ● | | | | | | ● |
| 44. 狗獾 *Meles meles* | | | ● | | | ● | | | | | ● | ● |
| 45. 猪獾 *Arctonyx collaris* | ● | ● | | | | ● | | | | | | ● |
| 46. 水獭 *Lutra lutra* | | | | ● | | | ● | | 易危 | II | | |
| **（十八）灵猫科 Viverridae** | | | | | | | | | | | | |
| 47. 大灵猫 *Viverra zibetha* | | | ● | | | ● | | | 易危 | II | | |
| 48. 小灵猫 *Viverricula indica* | | | ● | | | ● | | | | II | | |
| 49. 果子狸 *Paguma larvata* | ● | ● | | | | | | | | | ● | ● |
| **（十九）猫科 Felidae** | | | | | | | | | | | | |
| 50. 豹猫 *Felis bengalensis* | ● | ● | | | | ● | | | 易危 | | ● | ● |

（续）

| 目、科、种 | 依据 | | | | 区系成分 | | | 中国特有种 | 濒危等级 | 保护类型 | | |
|---|---|---|---|---|---|---|---|---|---|---|---|---|
| | 拍到照片 | 目击 | 访问 | 文献记载 | 古北种 | 东洋种 | 跨界种 | | | 国家重点保护 | 省级重点保护 | "三有"保护 |
| 51. 金猫 *Profelis temminckii* | | | ● | | | ● | | | 易危 | II | | |
| 52. 金钱豹 *Panthera pardus* | | | ● | | | ● | | | 濒危 | I | | |
| 53. 云豹 *Leofelis nebulosa* | | | | ● | | ● | | | 易危 | I | | |
| **八、偶蹄目 ARTIODACTYLA** | | | | | | | | | | | | |
| **（二十）猪科 Suidae** | | | | | | | | | | | | |
| 54. 野猪 *Sus scrofa* | | | ● | | | | ● | | | | | ● |
| **（二十一）麝科 Moschidae** | | | | | | | | | | | | |
| 55. 林麝 *Moschus moschiferus* | | | ● | | | ● | | 特有 | 濒危 | I | | |
| **（二十二）鹿科 Cervidae** | | | | | | | | | | | | |
| 56. 毛冠鹿 *Elaphodus cephalophus* | | | ● | | | ● | | | | | | ● |
| 57. 小麂 *Muntiacus reevesi* | | | ● | | | ● | | 特有 | | | ● | ● |
| **（二十三）牛科 Obvidae** | | | | | | | | | | | | |
| 58. 鬣羚 *Capricornis sumatraensis* | | | ● | | | ● | | | 易危 | II | | |
| 59. 斑羚 *Naemorhaedus goral* | | | ● | | | ● | | | 易危 | II | | |

注：本名录的分类体系依据《中国动物志》，并参考刘明玉、解亚浩、季达明（2000年）中国脊椎动物大全；"文献记载"指2010年科考报告记载；"濒危等级"指中国濒危动物红皮书所列等级。

# 4.2　昆　虫

昆虫物种数占整个生物物种数的80%，是陆地生态系统及生物圈的主要成员，对整个生物界及人类的生存影响深远，在动物区系中起着支配作用。在生态系统内，昆虫作为地球生物圈食物链的一个重要环节，与其他生物，尤其是植物和鸟类是相互依存的。昆虫多样性往往依赖其他生物物种的多样性，昆虫多样性的高低也间接反映了其他生物多样性的状况。崩尖子自然保护区自然环境复杂，森林覆盖率达90%以上，动植物种类十分丰富，为昆虫提供了良好的环境条件。

为了查清崩尖子自然保护区昆虫资源，加强对该区域昆虫资源的保护和利用，2013—2014年，长阳土家族自治县林业局对保护区的昆虫进行了标本采集，2014年6～10月，湖北生态工程职业技术学院、湖北大学、华中师范大学、长阳土家族自治县林业局联合对崩尖子自然保护区的昆虫资源进行科学考察，获得了昆虫组成和结构等方面的基础资料。依据这些基础材料，结合有关文献资料，对崩尖子自然保护区昆虫组成和区系进行了全面汇总。

## 4.2.1 调查方法及资料来源

### 4.2.1.1 调查方法

(1) 调查时间与地点和工具

根据昆虫野外活动的规律,分别在 2013 年夏秋季(7~10 月)、2014 年春夏季(4~7月)、2014 年秋季(8~10 月)进行调查和昆虫标本采集。对崩尖子自然保护区进行昆虫标本采集和资源调查。按照自然保护区的植被和地理条件、垂直分布特征,在自然保护区内设置了 6 个调查和采集点:云丰嘴(E 110°45′16.05″,N 30°17′23.77″,海拔510m)、竹园坪(E 110°43′05″,N 30°18′51″,海拔 912m)、光修屋场(E 110°43′43.32″,N 30°16′58.81″,海拔 1211m)、锯子齿林(E 110°44′58.20″,N 30°16′33.42″,海拔1515m)、银峰村(E 110°43′07.43″,N 30°17′16.89″,海拔 1844m)、白岩屋(E 110°44′31.30″,N 30°16′14.89″,海拔 2171m)。

(2) 调查工具

采用的主要工具有 GPS 定位仪、捕虫网、毒瓶、镊子、采集袋、指形管、大试管、广口瓶、1.5 m×l.5m 白布、40W 的航科诱虫灯等。

(3) 调查方法

调查以路线调查、标准地调查以及灯诱 3 种方式进行。

(I)路线调查

路线调查是进行保护区昆虫资源普查的主要方式,调查过程主要以采集标本为目的,并掌握昆虫群落的分布情况。按照预先设置的路线以大约 l km/h 的速度行进,用捕虫网采集路线两侧的昆虫。

(II)标准地调查

标准地调查以调查该地昆虫群落结构特征为目的。每处标准地取 5 个样地,每个样地为 2 m×2 m,在该样地灌丛上网扫 20 次,目测和采集样地中植物上的昆虫,把采得的昆虫用毒瓶毒死后装入广口瓶中。

(III)诱集方法

在无风天黑的夜晚,选择林分茂盛、有水的林带附近,张挂一块 1.5m×1.5m 的白布,在白布中间挂一盏 40W 的航科诱虫灯,待昆虫附在白布上时轻轻将其扫入毒瓶毒死,用镊子将其取出后用三角纸包好。

(IV)标本制作、保存与鉴定

将采回的昆虫制成针插标本,蛾类、蝶类须用展翅板展翅,制作时注意保存标本的完整。针插好的标本放入干燥箱,50℃下烘干保存。其他昆虫标本放入装有昆虫浸泡液的广口瓶保存。

### 4.2.1.2 标本与资料

(1) 自然保护区观察或采集到的昆虫

2013—2014 年在崩尖子自然保护区各调查点累计采集昆虫标本 13600 余号，经鉴定有 673 种。

（2）宜昌地区森林病虫害普查昆虫资料

1979—1982 湖北生态工程职业技术学院（原湖北省林业学校）森保专业师生在宜昌市连续 3 年进行森林病虫害调查，获得的长阳土家族自治县森林昆虫种类资料。

（3）长阳土家族自治县森林昆虫调查历史资料。

### 4.2.1.3　数据处理与分析

根据调查记录和采集的标本，分别统计不同生境、不同海拔高度采集的昆虫数量，运用相关公式进行多样性分析，在 Excel 和 DPS 数据处理平台上进行相关运算。

（1）物种丰富度指数：即物种的数目，可直接用生境中物种数表示，也可用物种数与个体数的比例来表示，本文采用前者。

（2）优势度指数：采用 Berger-Parker 优势度公式：

$$D = N_{max}/N$$

式中：$D$ 为优势度指数；$N_{max}$ 为优势种的种群数量；$N$ 为所有物种的种群数量。

（3）多样性指数：本文用 Shannon-Wiener 多样性公式：

$$H = -\sum P_i \ln P_i$$

式中：$P_i = N_i/N$，$P_i$ 为群落中属于第 $i$ 种的个体比例；$N$ 为物种总个数；$N_i$ 为第 $i$ 种个体数 。

（4）均匀度指数：采用 Pielou 均匀度公式：

$$J = H/\ln S$$

式中：$J$ 为群落的均匀度指数；$H$ 为实测群落的生物多样性指数；$S$ 为物种数目。

## 4.2.2　结果与分析

### 4.2.2.1　崩尖子自然保护区昆虫资源

根据 2013—2014 年的实地调查及上述相关文献资料，总结出崩尖子自然保护区昆虫名录（附录 1），共计 27 目 298 科 1660 种。

（1）崩尖子自然保护区昆虫组成

崩尖子自然保护区昆虫的物种组成见表 4-24。

**表 4-24　湖北崩尖子自然保护区昆虫各目种数比较**

| 目名 | 科数 | 种数 | 所占比例（%） | 目名 | 科数 | 种数 | 所占比例（%） |
|---|---|---|---|---|---|---|---|
| 1. 原尾目 | 3 | 11 | 0.66 | 4. 缨尾目 | 1 | 1 | 0.06 |
| 2. 弹尾目 | 1 | 1 | 0.06 | 5. 蜉蝣目 | 1 | 1 | 0.06 |
| 3. 双尾目 | 2 | 5 | 0.30 | 6. 蜻蜓目 | 8 | 25 | 1.51 |

（续）

| 目名 | 科数 | 种数 | 所占比例(%) | 目名 | 科数 | 种数 | 所占比例(%) |
|---|---|---|---|---|---|---|---|
| 7. 襀翅目 | 2 | 6 | 0.36 | 18. 缨翅目 | 3 | 12 | 0.78 |
| 8. 蜚蠊目 | 4 | 8 | 0.48 | 19. 广翅目 | 1 | 3 | 0.18 |
| 9. 螳螂目 | 2 | 9 | 0.54 | 20. 脉翅目 | 6 | 20 | 1.20 |
| 10. 直翅目 | 17 | 66 | 3.98 | 21. 蛇蛉目 | 1 | 1 | 0.06 |
| 11. 蜻目 | 3 | 3 | 0.18 | 22. 鞘翅目 | 53 | 345 | 20.78 |
| 12. 革翅目 | 4 | 6 | 0.36 | 23. 毛翅目 | 3 | 6 | 0.36 |
| 13. 等翅目 | 3 | 11 | 0.66 | 24. 鳞翅目 | 49 | 517 | 31.14 |
| 14. 蟾虫目 | 7 | 10 | 0.60 | 25. 双翅目 | 26 | 190 | 11.45 |
| 15. 虱 目 | 4 | 7 | 0.42 | 26. 膜翅目 | 33 | 132 | 7.95 |
| 16. 同翅目 | 30 | 103 | 6.20 | 27. 蚤 目 | 5 | 18 | 1.08 |
| 17. 半翅目 | 26 | 143 | 8.61 | 合计 | 298 | 1660 | 100.00 |

从表 4-24 可以看出，崩尖子自然保护区鳞翅目昆虫种数最多，49 科 517 种，占保护区昆虫种数的 31.14%；鞘翅目昆虫次之，53 科 345 种，占保护区昆虫种数的 20.78%；弹尾目、缨尾目、蜉蝣目和蛇蛉目为单种目。

（2）崩尖子自然保护区昆虫与湖北省昆虫各目种数比较

崩尖子自然保护区与湖北省昆虫各目种数比较结果如表 4-25。

表 4-25　湖北崩尖子自然保护区与湖北省昆虫各目种数比较

| 目 名 | 崩尖子昆虫种数 | 湖北省昆虫种数 | 占湖北省比例(%) | 目 名 | 崩尖子昆虫种数 | 湖北省昆虫种数 | 占湖北省比例(%) |
|---|---|---|---|---|---|---|---|
| 1. 原尾目 | 11 | 21 | 52.38 | 15. 虱 目 | 7 | 10 | 70.00 |
| 2. 弹尾目 | 1 | 4 | 25.00 | 16. 同翅目 | 103 | 277 | 37.18 |
| 3. 双尾目 | 5 | 7 | 71.43 | 17. 半翅目 | 143 | 430 | 33.26 |
| 4. 缨尾目 | 1 | 1 | 100.00 | 18. 缨翅目 | 12 | 40 | 30.00 |
| 5. 蜉蝣目 | 1 | 2 | 50.00 | 19. 广翅目 | 3 | 8 | 37.50 |
| 6. 蜻蜓目 | 25 | 76 | 32.89 | 20. 脉翅目 | 20 | 77 | 25.97 |
| 7. 襀翅目 | 6 | 10 | 60.00 | 21. 蛇蛉目 | 1 | 2 | 50.00 |
| 8. 蜚蠊目 | 8 | 12 | 66.67 | 22. 鞘翅目 | 345 | 1453 | 23.74 |
| 9. 螳螂目 | 9 | 15 | 60.00 | 23. 毛翅目 | 6 | 48 | 12.50 |
| 10. 直翅目 | 66 | 135 | 48.89 | 24. 鳞翅目 | 517 | 1779 | 29.06 |
| 11. 蜻目 | 3 | 4 | 75.00 | 25. 双翅目 | 190 | 703 | 27.03 |
| 12. 革翅目 | 6 | 29 | 20.69 | 26. 膜翅目 | 132 | 536 | 24.63 |
| 13. 等翅目 | 11 | 59 | 18.64 | 27. 蚤 目 | 18 | 57 | 31.58 |
| 14. 蟾虫目 | 10 | 72 | 13.89 | 合 计 | 1660 | 5735 | 28.95 |

表 4-25 结果表明，崩尖子自然保护区昆虫总种数占湖北省昆虫总种数（雷朝亮和周志伯，1998）的 28.95%，其中崩尖子自然保护区鳞翅目、鞘翅目两个大目的昆虫总种

数分别占湖北省的29.06%和23.74%。

### 4.2.2.2　崩尖子自然保护区昆虫区系分析

我国的动物区系分属于东洋界和古北界两大区系，根据各个种在世界动物区系中的分布记载情况，将崩尖子自然保护区区系昆虫分为东洋种、古北种和广布种三大类，各目区系种数比较如表4-26。

**表4-26　湖北崩尖子自然保护区昆虫各目区系种数比较**

| 序号 | 目名 | 种数 | 东洋种 | | 古北种 | | 广布种 | |
|---|---|---|---|---|---|---|---|---|
| | | | 数量 | 比例（%） | 数量 | 比例（%） | 数量 | 比例（%） |
| 1 | 原尾目 | 11 | 8 | 71.43 | 0 | 0.00 | 3 | 28.57 |
| 2 | 弹尾目 | 1 | 0 | 0.00 | 0 | 0.00 | 1 | 100.00 |
| 3 | 双尾目 | 5 | 3 | 60.00 | 0 | 0.00 | 2 | 40.00 |
| 4 | 缨尾目 | 1 | 1 | 100.00 | 0 | 0.00 | 0 | 0.00 |
| 5 | 蜉蝣目 | 1 | 1 | 100.00 | 0 | 0.00 | 0 | 0.00 |
| 6 | 蜻蜓目 | 25 | 17 | 68.18 | 0 | 0.00 | 8 | 31.82 |
| 7 | 襀翅目 | 6 | 4 | 66.67 | 0 | 0.00 | 2 | 33.33 |
| 8 | 蜚蠊目 | 8 | 5 | 62.50 | 0 | 0.00 | 3 | 37.50 |
| 9 | 螳螂目 | 9 | 6 | 66.67 | 1 | 11.11 | 2 | 22.22 |
| 10 | 直翅目 | 66 | 25 | 37.70 | 3 | 4.92 | 38 | 57.38 |
| 11 | 蛸目 | 3 | 2 | 66.67 | 0 | 0.00 | 1 | 33.33 |
| 12 | 革翅目 | 6 | 4 | 60.00 | 0 | 0.00 | 2 | 40.00 |
| 13 | 等翅目 | 11 | 8 | 75.00 | 0 | 0.00 | 3 | 25.00 |
| 14 | 蜡虫目 | 10 | 7 | 71.43 | 0 | 0.00 | 3 | 28.57 |
| 15 | 虱目 | 7 | 4 | 57.14 | 1 | 14.29 | 2 | 28.57 |
| 16 | 同翅目 | 103 | 43 | 41.67 | 5 | 4.63 | 55 | 53.70 |
| 17 | 半翅目 | 143 | 90 | 63.13 | 7 | 5.03 | 46 | 31.84 |
| 18 | 缨翅目 | 12 | 7 | 58.33 | 0 | 0.00 | 5 | 41.67 |
| 19 | 广翅目 | 3 | 3 | 100.00 | 0 | 0.00 | 0 | 0.00 |
| 20 | 脉翅目 | 20 | 8 | 39.29 | 0 | 0.00 | 12 | 60.71 |
| 21 | 蛇蛉目 | 1 | 1 | 100.00 | 0 | 0.00 | 0 | 0.00 |
| 22 | 鞘翅目 | 345 | 263 | 76.16 | 10 | 3.01 | 72 | 20.82 |
| 23 | 毛翅目 | 6 | 4 | 66.67 | 1 | 16.67 | 1 | 16.67 |
| 24 | 鳞翅目 | 517 | 382 | 73.89 | 36 | 6.93 | 99 | 19.18 |
| 25 | 双翅目 | 190 | 120 | 63.18 | 8 | 4.26 | 62 | 32.56 |
| 26 | 膜翅目 | 132 | 85 | 64.39 | 7 | 5.30 | 40 | 30.30 |
| 27 | 蚤目 | 18 | 10 | 54.84 | 1 | 6.45 | 7 | 38.71 |
| | 合　计 | 1660 | 1110 | 66.87 | 81 | 4.88 | 469 | 28.25 |

从表4-26可以看出，崩尖子自然保护区昆虫的区系中，东洋种最多，有1110种，占总数的66.87%；其次是广布种，有469种，占总数的28.25%；古北种最少，仅有81种，占总数的4.88%。说明崩尖子自然保护区昆虫以东洋种和广布种为主，兼有少

量古北种(图4-1)。

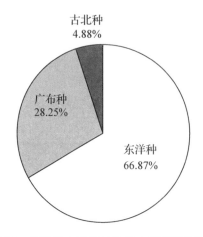

**图4-1  崩尖子自然保护区昆虫区系种数比较**

### 4.2.2.3  崩尖子自然保护区昆虫群落结构分析

(1)山麓昆虫群落

海拔1000m以下,植被为常绿阔叶林及在沟谷地带分布的喜湿的一些落叶阔叶林。主要群落类型是宜昌润楠林、利川润楠林、乌冈栎林、刺叶栎林、水丝梨林等。还分布有暖性针叶林:如马尾松林、杉木林。在沟谷地带也镶嵌生长有喜湿的林分,如青檀林、枫杨林等。共采集到16目93科285种昆虫。主要由鳞翅目23科124种,鞘翅目17科68种,膜翅目8科46种,双翅目9科26种,同翅目9科21种构成。该区昆虫群落的多样性指数为H=3.3126、D=0.0943、J=0.7364。

(2)中坡常绿、落叶阔叶混交林昆虫群落

海拔1000~1600m,植被为常绿、落叶阔叶混交林带。主要植被类型为绵柯+阔叶槭混交林、宜昌润楠+化香混交林、多脉青冈栎+青榨槭混交林、绵柯+锐齿槲栎混交林等。在此区域共采集到昆虫18目112科339种。主要由鳞翅目21科132种、膜翅目26科136种,双翅目11科43种,鞘翅目14科28种构成。该区昆虫群落的多样性指数H=3.6372、D=0.0726、J=0.7538。

(3)山坡中上部昆虫群落

海拔1600~2000m,植被为落叶阔叶林带,主要有锐齿槲栎林、阔叶槭林、鹅耳枥林、领春木林、米心水青冈林、粉椴林等。此外,温性针叶林如华山松林、巴山松林在这一植被带内常形成纯林或组成混交林群落。在此区域共采集到昆虫12目58科176种。主要由鳞翅目12科56种、膜翅目18科63种,双翅目7科31种,鞘翅目9科26种构成。该区昆虫群落的多样性指数H=2.7846、D=0.1286、J=0.6527。

对以上3个群落结构进行分析可知,中坡常绿、落叶阔叶混交林昆虫群落多样性指数和均匀度均最高,分别为3.6372和0.7538,而优势度指数为0.0726,在各群落中最低;山坡中上部中坡昆虫群落、多样性指数和均匀度均最低,分别为2.7846、0.6527,而优势度指数最高,为0.1286;山麓昆虫群落、多样性指数、优势度指数和均匀度居中，分别为3.3126、0.0943、0.7364（图4-2）。

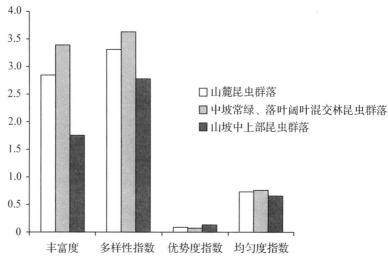

**图4-2 崩尖子自然保护区昆虫种群结构特征**

在调查中发现，从山麓疏林起，随着海拔高度增加到1500 m中坡常绿、落叶阔叶混交林，森林植被越来越复杂，但其后随着海拔高度的增加森林植被反而越单一。一般认为，植被越复杂的生境越适合不同种昆虫的生长、繁殖，所以其昆虫种群较植被单一的生境复杂，本次不同海拔昆虫群落的调查分析结果也证明了这一观点。

### 4.2.2.4 崩尖子自然保护区昆虫保护物种

崩尖子自然保护区昆虫调查中没有记录到国家重点保护昆虫，但有碧蝉（*Hea fasciata*）、田鳖（*Lethocerus indicus*）、中华脉齿蛉（*Neuromus sinensis*）、双锯球胸虎甲（*Therates biserratus*）、狭步甲［*Carabus*（*Coptolabrus*）*augustus*］、艳大步甲［*Carabus*（*Coptolabrus*）*lafossei coelestis*］、丽叩甲（*Campsoternus auratus*）、朱肩丽叩甲（*Campsoternus gemma*）、木棉梳角叩甲（*Pectocera fortunei*）、双叉犀金龟（*Allomyrina dichotoma*）、宽尾凤蝶（*Agehana elwesi*）、双星箭环蝶（小鱼纹环蝶）（*Stichophthalma neumogeni*）、黑紫蛱蝶（*Sasakia funebris*）、天牛茧蜂（*Brulleia shibuensis*）、白绢蝶（*Parnassius glacialis*）、中华蜜蜂（*Apis cerana*）等为"三有"（国家保护的有益的或者有重要经济、科学研究价值）昆虫。

### 4.2.2.5 崩尖子自然保护区资源昆虫及农林害虫

资源昆虫是指直接或间接被人类利用的昆虫，也就是直接或间接有益于人类的昆虫。崩尖子自然保护区生态环境优良，拥有丰富的昆虫资源。在此保护区内未发生成片的林木被破坏而造成大面积害虫猖獗的情况，正是由于保护区生物群落丰富，天敌大量繁衍，能长期与害虫相互制约和依赖，形成平衡的昆虫生态系统。

（1）天敌昆虫

崩尖子自然保护区天敌昆虫十分丰富，有捕食性和寄生性天敌昆虫183种。如捕食性天敌昆虫有：红蜻（*Crocothemis servilia*）、白尾灰蜻（*Orthetrum albistylum*）、褐顶赤蜻（*Sympetrum infuscatum*）、狭腹灰蜻（*Orthetrum sabina*）、薄翅螳螂（*Mantis religiosa*）、北大刀螳螂（*Tenodera angustipennis*）、中华大刀螳（*Tenodera sinensis*）、大草蛉（*Chrysopa septempunctata*）、丽草蛉（*Chrysopa formosa*）、全北褐蛉（*Hemerobius humuli*）、中华通草蛉（*Chrysoperla sinica*）、黑叉盾猎蝽（*Ectrychotes andreae*）、日月盗猎蝽（*Pirates arcuatus*）、黑条窄胸步甲（*Agonum daimio*）、双斑青步甲（*Chlaenius bioculatus*）、中国豆芫菁（*Epicauta chinensis*）、绿芫菁（*Lytta caraganae*）、七星瓢虫（*Coccinella septempunctata*）、黄斑瓢虫（*Coccinella transversoguttata*）、异色瓢虫（*Harmonia axyridis*）、中华盾瓢虫（*Hyperaspii chinensis*）等。寄生性天敌昆虫有：日本黑瘤姬蜂（*Coccygomimus japonicus*）、满点黑瘤姬蜂（*Coccygomimus aethiops*）、喜马拉雅聚瘤姬蜂［*Iseropus（Gregopimpla）himalayensis*］、盘背菱室姬蜂（*Meschorus discitergus*）、中国齿腿姬蜂（*Pristomerus chinensis*）、螟黄足绒茧蜂（*Apanteles flavipes*）、菲岛长距茧蜂（*Macrocentrus philillinensis*）、黄色白茧蜂（*Phanerotoma flava*）、广大腿小蜂（*Brachymeria lasus*）、黏虫广肩小蜂（*Eurytoma vertillata*）、松毛虫赤眼蜂（*Trichogramma dendrolimi*）、日本追寄蝇（*Exorista japonica*）、稻苞虫赛寄蝇（*Pseudeperchaeta insidiosa*）、稻苞虫鞘寄蝇（*Thecocatcelia parnarus*）等。这些天敌昆虫对农林害虫起到很好的控制和抑制作用。

（2）观赏昆虫

崩尖子自然保护区可供观赏的昆虫种类极为丰富，有美丽多姿的蝶类如巴黎翠凤蝶（*Papilio paris*）、碧凤蝶（*Papilio bianor*）、斐豹蛱蝶（*Argyeus hyperbius*），以及绿尾大蚕蛾（*Acrias selene ningpoana*）等蛾类，还有形态奇异的蛴、金龟、天牛、瓢虫、蜻蜓、象甲、异色瓢虫、红蜻等。

（3）药用昆虫

利用昆虫虫体及其产品作为中医药源来治疗人体疾病的药用昆虫在崩尖子自然保护区也非常丰富。如黑胸大蠊（*Periplaneta fuliginosa*）、中华真地鳖（*Eupolyphaga sinensis*）、中华螳螂（*Tenodera sinensis*）、兜蝽（*Coridus chinensis*）、雷鸣蝉（*Oncotympana maculaticollis*）、大斑芫菁（*Mylabris phalerata*）、神农洁蜣螂（*Catharsius molossus*）、星天牛（*Anoplophora chinensis*）、米黑虫（*Aglossa dimidiata*）、蓝目天蛾（*Smerinthus planus planus*）、栎掌舟蛾（*Phalera assimilis*）、金凤蝶（*Papilio machaon*）、角马蜂（*Polistes chinensis antennalis*）等。

（4）食用昆虫

由于昆虫具有蛋白质含量高、蛋白纤维少、营养成分易被人体吸收、繁殖世代短、繁殖指数高、适于工厂化生产、资源丰富等特点，因而成为一理想的食物资源。崩尖子自然保护区的食用昆虫也十分丰富。如东亚飞蝗（*Locusta migratoria*）、蝼蛄（*Gryllotalpa* sp.）、短翅鸣螽（*Gampsocleis gratiosa*）、中华蟋（*Gryllus chinensis*）、白蚁（*Odontotermes* sp.）、蜻蜓（*Rhyothemis* sp.）、龙虱（*Hydaticus* sp.）、天牛（*Anoplophora* sp.）、胡蜂（*Vespa* sp.），鳞翅目蚕蛾科、天蛾科部分种类的幼虫和蛹等。

（5）农林害虫

崩尖子自然保护区的 1662 种昆虫中，危害农林果蔬的害虫约有 643 种，其中农业害虫如短额负蝗、玉米蚜、纹蓟马科、蚕豆象、稻纵卷叶螟、小地老虎、银纹夜蛾等约72 种，油料作物油菜蚜虫、芝麻蚜虫、花生蛴螬等约 26 种，果树害虫栗瘿蜂、栗象实、银杏大蚕蛾等约 155 种，蔬菜害虫菜青虫、绿刺蛾等约 48 种，活立木害虫星天牛、光星天牛、马尾松毛虫等约 421 种，苗木害虫蛴螬、蝼蛄等约 21 种，卫生害虫各种蚊蝇等约 163 种。

### 4.2.2.6 昆虫资源合理利用的问题与建议

昆虫是迄今为止地球上尚未被充分利用的最大的自然资源。崩尖子自然保护区的昆虫种类繁多，资源丰富，但是对它们的开发利用程度较低，甚至可以说尚未开发利用，除出产少量蜂蜜外，本区域暂没有其他昆虫产品。诸如药用昆虫(螳螂、蝼蛄、蚂蚁等)、食用昆虫(蝗虫、龙虱、金龟子、多种鳞翅目的幼虫和蛹等)、天敌昆虫(草蛉、瓢虫、猎蝽、寄生蜂、寄生蝇等)、文化昆虫(蝴蝶、蟋蟀、螽斯等)、饲料昆虫(蝇蛆等)等资源昆虫都有待开发。

昆虫作为地球生物圈食物链的一个重要环节，对维持生态平衡具有重要意义。因此对昆虫资源的开发利用应该是在保护的基础上进行。对于那些具有观赏、食用、药用等价值的资源昆虫，应该在深入开展昆虫分类学、生物学、生态学、行为学等基础研究上进行合理利用，防止由于超量猎取而濒临灭绝。

为了充分合理利用崩尖子自然保护区的昆虫资源，特提出建议如下。

(1)进一步开展对崩尖子自然保护区昆虫资源的调查。在保护区进行昆虫资源调查工作时应尽可能地在不同季节调查不同地理位置、不同植被区域，采用多种调查手段进行调查，尽量保证调查工作的完整性。采集到的标本应及时制作并妥善保存，标本制作好后一定要附上标签，按制定的标准详细记录采集时间、地点、寄主、采集人等信息。

(2)建立保护区昆虫标本馆。建立保护区昆虫标本馆，可及时保存和鉴定采集到的昆虫标本，为崩尖子自然保护区昆虫资源提供历史记录，开展广泛的研究交流工作。保护区内昆虫资源丰富、种类繁多，可能蕴涵大量的新种和新记录。标本鉴定工作量大且难度高，可将无法鉴定到种的标本请国内相关分类专家鉴定。

(3)开展保护区内昆虫重要种、稀有种生物学、生态学研究。昆虫对微环境的敏感性表现出高度的变化及与寄主植物间的不同组合的相互作用，因此昆虫群落结构的变化可作为环境评价和监测的指标，开展这方面的研究工作将对崩尖子保护区的建设发挥积极作用。

(4)开展保护区农林害虫的预测预报和监测工作，建立保护区农林害虫防治与虫情监测信息系统。崩尖子自然保护区农林害虫的综合治理应以生态学原理为基础，把害虫作为其所在的生态系统的一个分量来研究和调控。要提倡多种防治措施有机协调，强调最大限度地利用自然调控因素，尽量少用化学农药。要提倡与农林害虫协调共存，强调对农林害虫的数量进行调控，不盲目追求灭绝。防治措施的决策应全盘考虑经济、社会、生态效益。在农林害虫治理过程中，应特别重视防止外来有害生物的入侵。

(5)昆虫资源的开发利用应该在保护的基础上进行。对于那些具有观赏、食用、药用等价值的资源昆虫，应该在深入开展昆虫分类学、生物学、生态学、行为学等基础研究上进行合理利用，防止由于超量猎取而造成昆虫资源的枯竭。

## 参考文献

《中国药用动物志》协助组 . 1983. 中国药用动物志(第二册)[M]. 天津：天津科学出版社 .

蔡荣权 . 1979. 中国经济昆虫志(第十六册)[M]. 北京：科学出版社 .

查玉平，骆启桂，黄大钱，等 . 2004. 湖北省五峰后河国际级自然保护区蛾类昆虫调查初报[J]. 华中师范大学学报(自然科学版)，38(4)：479 – 484.

查玉平，骆启桂，王国秀，等 . 2006. 后河国际级自然保护区蝴蝶群落多样性研究[J]. 应用生态学报，17(2)：265 – 268.

陈晓鸣，冯颖 . 1990. 中国食用昆虫[M]. 北京：中国科学技术出版社 .

陈一心 . 1985. 中国经济昆虫志(第三十二册)[M]. 北京：科学出版社 .

丁冬荪，曾杰杰，陈春发，等 . 2002. 江西九连山自然保护区昆虫区系分析[J]. 华东昆虫学报，11(2)：10 – 18.

范滋德，等 . 1988. 中国经济昆虫志(第三十七册)[M]. 北京：科学出版社 .

方承莱 . 1985. 中国经济昆虫志(第三十三册)[M]. 北京：科学出版社 .

费梁 . 2000. 中国两栖动物图鉴[M]. 郑州：河南科学技术出版社 .

郜二虎，汪正祥，王志臣 . 2012. 湖北堵河源自然保护区科学考察与研究[M]. 北京：科学出版社 .

国家林业局 . 2000. 国家保护的或者有重要经济、科学研究价值的陆生动物名录[J]. 野生动物，21(5)：49 – 82.

湖北省林业厅，湖北省水产局，湖北省野生动物保护协会 . 1996. 湖北重点保护野生动物图谱[M]. 武汉：湖北科学出版社 .

湖北省农业科学院植物保护研究所 . 1978. 水稻害虫及其天敌图册[M]. 武汉：湖北人民出版社 .

湖南省林业厅 . 1992. 湖南森林昆虫图鉴[M]. 长沙：湖南科学技术出版社 .

季达明，温世生 . 2002. 中国爬行动物图鉴[M]. 郑州：河南科学技术出版社 .

蒋书楠，蒲富基，华立中 . 1985. 中国经济昆虫志(第三十五册)[M]. 北京：科学出版社 .

乐佩琦，陈宜瑜 . 1998. 中国濒危动物红皮书 - 鱼类[M]. 北京：科学出版社 .

雷朝亮，钟昌珍，宗良柄 . 1995. 关于昆虫资源的开发利用之设想[J]. 昆虫知识，32(5)：292 – 293.

雷朝亮，周志伯 . 1998. 湖北省昆虫名录[M]. 武汉：湖北科学出版社 .

李铁生 . 1988. 中国经济昆虫志(第三十八册)[M]. 北京：科学出版社 .

李铁生 . 1985. 中国经济昆虫志(第三十册)[M]. 北京：科学出版社 .

李文英，李汉萍，刘绪生 . 2007. 大贵寺国家森林公园鞘翅目昆虫调查初报[J]. 中国森林病虫，(2)：24 – 27.

寥定熹，李家骝，庞雄飞，等 . 1985. 中国经济昆虫志(第三十四册)[M]. 北京：科学出版社 .

刘明玉，解玉浩，季达明 . 2000. 中国脊椎动物大全[M]. 沈阳市：辽宁大学出版社 .

刘胜祥，瞿建平 . 2006. 湖北七姊妹山自然保护区科学考察与研究报告[M]. 武汉：湖北科学技术出版社 .

刘友樵，白九维 . 1977. 中国经济昆虫志(第十一册)[M]. 北京：科学出版社 .

马文珍 . 1995. 中国经济昆虫志(第四十六册)[M]. 北京：科学出版社 .

庞雄飞，毛金龙 . 1979. 中国经济昆虫志(第十四册)[M]. 北京：科学出版社 .

蒲富基 . 1980. 中国经济昆虫志(第十九册)[M]. 北京：科学出版社 .

宋朝枢，刘胜祥 . 1999. 湖北省后河自然保护区科学考察集[M]. 北京：中国林业出版社 .

隋敬之，孙洪国．1986．中国习见蜻蜓[M]．北京：农业出版社．

谭娟杰，虞佩玉，李鸿兴，等．1985．中国经济昆虫志(第十八册)[M]．北京：科学出版社．

汪松．1998．中国濒危动物红皮书——兽类[M]．北京：科学出版社．

汪正祥，何建平，雷耘，等．2013．湖北野人谷自然保护区生物多样性及其保护研究[M]．北京：中国林业出版社．

汪正祥，雷耘，赵开德，等．2013．湖北南河自然保护区生物多样性及其保护研究[M]．北京：科学出版社．

王平远．1980．中国经济昆虫志(第二十一册)[M]．北京：科学出版社．

王维．2007．西南三个自然保护区蚁科昆虫的区系调查[J]．昆虫知识，44(2)：267－270．

王遵明．1983．中国经济昆虫志(第二十六册)[M]．北京：科学出版社．

萧采瑜，等．1977．中国蝽类昆虫鉴定手册(半翅目·异翅亚目)第一册[M]．北京：科学出版社．

萧采瑜，任树芝，郑乐怡，等．1981．中国蝽类昆虫鉴定手册(半翅目·异翅亚目)第二册[M]．北京：科学出版社．

薛慕光，王克勤．1991．湖北省常用动物药[M]．武汉：华中师范大学出版社．

杨干荣．1997．湖北鱼类志[M]．武汉：湖北科学技术出版社．

杨其仁，王小立，何定富，等．1999．湖北省后河自然保护区的野生动物资源[J]．华中师范大学学报(自然科学版)，33(3)：412－419．

尹健，熊建伟，胡孔峰，等．2007．鸡公山自然保护区药用昆虫资源的初步研究[J]．时珍国医国药，18(9)：2178－2180．

张荣祖．1999．中国动物地理[M]．北京：科学出版社．

章士美，等．1985．中国经济昆虫志(第三十一册)[M]．北京：科学出版社．

赵尔宓．1998．中国濒危动物红皮书－两栖类和爬行类[M]．北京：科学出版社．

赵升平，徐啸谷，罗治建，等．1993．湖北森林昆虫名录[J]．湖北林业科技(增刊)．

赵养昌，陈元清．1980．中国经济昆虫志(第二十册)[M]．北京：科学出版社．

赵仲苓．1978．中国经济昆虫志(第十二册)[M]．北京：科学出版社．

郑光美，王岐山．1998．中国濒危动物红皮书－鸟类[M]．北京：科学出版社．

郑光美．2011．中国鸟类分类与分布名录[M]．北京：科学出版社．

中国动物志编辑委员会．中国动物志(各卷)．北京：科学出版社．

中国科学院动物研究所，浙江农业大学，等．1978．天敌昆虫图册[M]．北京：科学出版社．

中国科学院动物研究所．1979．蛾类幼虫图册(一)[M]．北京：科学出版社．

中国科学院动物研究所．1983．中国蛾类图鉴ⅠⅤⅥ[M]．北京：科学出版社．

中国科学院动物研究所．1983．中国蛾类图鉴Ⅱ[M]．北京：科学出版社．

中国科学院动物研究所．1982．中国蛾类图鉴Ⅲ[M]．北京：科学出版社．

中国科学院动物研究所．1983．中国蛾类图鉴Ⅳ[M]．北京：科学出版社．

中国林业科学研究院．1983．中国森林昆虫[M]．北京：中国林业出版社．

中国野生动物保护协会秘书处，林业部野生动物和森林植物保护司，国家濒危物种进出口管理办公室．1990．国家重点保护野生动物图谱[M]．长春：东北林业大学出版社．

周红章，于晓东，骆天宏，等．2000．湖北神龙架自然保护区昆虫数量变化与环境关系的初步研究[J]．生物多样性，8(3)：262－270．

周尧，路进生，黄桔，等．1985．中国经济昆虫志(第三十六册)[M]．北京：科学出版社．

朱松泉．1995．中国淡水鱼类检索[M]．南京：江苏科学技术出版社．

# 第5章

# 湖北崩尖子自然保护区社会经济发展状况

## 5.1 历史沿革

湖北崩尖子林区启动自然保护工作已达 33 年之久。1980 年 9 月，省、地、县森林植物考察组发现崩尖子林区有珙桐、红豆杉、银锦杜鹃群落和其他 20 多种古生珍稀植物分布，自然保护工作被纳入议事日程。1988 年 7 月，长阳县人民政府以长政函 [1988]67 号文批准建立崩尖子县级自然保护区。县林业局当年建立崩尖子林区管理站，1999 年建立国有银峰林场，行使护林防火管理权利。2001 年 12 月 31 日，宜昌市人民政府以宜府文 [2001]187 号文批准晋升市级自然保护区。2006 年，省林业厅安排省野生动植物保护总站组织有关专家进行科学考察，为晋升省级自然保护区创造了必要条件。湖北省人民政府于 2010 年 6 月以鄂政函 [2010]195 号文批准建立崩尖子省级自然保护区。

## 5.2 社区社会经济发展状况

### 5.2.1 社区的乡(镇)建制

湖北崩尖子自然保护区辖国有银峰林场及都镇湾镇朱栗山村、城五河村、响石村、重溪村、西湾村，资丘镇的陈家坪村、竹园坪村、黄柏山村、中溪村等 9 个行政村。

### 5.2.2 人口数量与民族组成

保护区内现有村民 812 户，人口 2466 人，其中土家族人口 4866 人，占 100%，人口密度 19 人/km$^2$，人均林业用地面积为 4.96hm$^2$。其中核心区为无人区，缓冲区 528 人，实验区 1938 人，全部为土家族。其中朱栗山村 55 户，200 人；城五河村 8 户，25 人；响石村 86 户，264 人；重溪村 165 户，461 人；西湾村 32 户，104 人；陈家坪村

146 户, 411 人; 竹园坪村 175 户, 564 人; 黄柏山村 3 户, 8 人; 中溪村 142 户, 429 人。崩尖子自然保护区社会经济发展状况如表 5-1 所示。

表 5-1    湖北崩尖子自然保护区社会经济情况统计表

| 单位 | 面积（hm²） | 户数（户） | | | 人口（人） | | | 农村劳动力（人） | | | 产值（万元） | | | | | | 人均纯收入（元） |
|---|---|---|---|---|---|---|---|---|---|---|---|---|---|---|---|---|---|
| | | | | | | | | | | | 第一产业 | | | | 第二产业 | 第三产业 | |
| | | 小计 | 城镇 | 农村 | 小计 | 城镇 | 农村 | 小计 | 男 | 女 | 小计 | 农业 | 林业 | 其他 | | | |
| 保护区 | 13313 | 812 | | 812 | 2466 | | 2466 | 1786 | 1115 | 671 | 7125 | 5702 | 883 | 540 | | | |
| 朱栗山 | 459 | 55 | | 55 | 200 | | 200 | 147 | 95 | 52 | 290 | 146 | 144 | | | | 2150 |
| 城五河 | 220 | 8 | | 8 | 25 | | 25 | 10 | 7 | 3 | 8 | 4 | 4 | | | | 2748 |
| 响　石 | 2429 | 86 | | 86 | 264 | | 264 | 167 | 97 | 70 | 368 | 186 | 182 | | | | 2400 |
| 重　溪 | 1604 | 165 | | 165 | 461 | | 461 | 318 | 179 | 139 | 968 | 552 | 416 | | | | 2350 |
| 西　湾 | 210 | 32 | | 32 | 104 | | 104 | 76 | 48 | 28 | 52 | 27 | 25 | | | | 1873 |
| 陈家坪 | 2348 | 146 | | 146 | 411 | | 411 | 350 | 195 | 155 | 1770 | 1520 | 26 | 224 | | | 3720 |
| 竹园坪 | 4010 | 175 | | 175 | 564 | | 564 | 400 | 304 | 96 | 2962 | 2714 | 64 | 184 | | | 3372 |
| 黄柏山 | 112 | 3 | | 3 | 8 | | 8 | 6 | 4 | 2 | 6 | 3 | 1 | 2 | | | 3184 |
| 中　溪 | 1645 | 142 | | 142 | 429 | | 429 | 312 | 186 | 126 | 701 | 550 | 21 | 130 | | | 3260 |
| 银峰林场 | 276 | | | | | | | | | | | | | | | | |
| 其中 | | | | | | | | | | | | | | | | | |
| 核心区 | 4602 | | | | | | | | | | | | | | | | |
| 缓冲区 | 3883 | 188 | | 188 | 528 | | 528 | 375 | 214 | 161 | 2138 | 1711 | 265 | 162 | | | 2245 |
| 实验区 | 4828 | 624 | | 624 | 1938 | | 1938 | 1411 | 901 | 511 | 4987 | 3991 | 618 | 378 | | | 3168 |

## 5.2.3  交通与通信

保护区内交通状况较为便利。主要公路干线两条: 一条从麻池办事处至城五河 45km 乡道, 另一条是桃五省道（长阳桃山至五峰）与保护区北边试验区相邻, 还有村道 350km。

保护区内供电状况良好, 户户通电。随着通讯事业的快速发展, 所有村通程控电话和移动电话。

## 5.2.4  土地现状

崩尖子自然保护区保护区总面积 13313hm², 其中林地 12036hm², 占总面积的 90.41%; 非林业用地 1277hm², 占 9.59%, 森林覆盖率 86.91%。在林业用地中, 有林地面积 10652hm², 占林业用地面积的 88.50%; 灌木林地 1331hm², 占 11.06%; 未成林造林地 53hm², 占 0.44%。土地资源及利用结构现状见表 5-2。

表 5-2　湖北崩尖子自然保护区土地资源及利用结构现状表

（$hm^2$）

| 区域 | 总面积 | 林地 | | | | | | 非林地 | | | | | | |
|---|---|---|---|---|---|---|---|---|---|---|---|---|---|---|
| | | 小计 | 纯林 | 混交林 | 特规灌木林 | 灌木林 | 未成林造林地 | 小计 | 农耕地 | 牧地 | 水域 | 未利用地 | 工矿建设用地 | 城乡居民建设用地 |
| 保护区 | 13313 | 12036 | 8120 | 2532 | 919 | 412 | 53 | 1277 | 1207 | 62 | 2.5 | 0.2 | 5 | 0.3 |
| 核心区 | 4602 | 4401 | 3061 | 871 | 329 | 132 | 8 | 201 | 176 | 25 | | | | |
| 缓冲区 | 3883 | 3524 | 2518 | 591 | 177 | 205 | 33 | 359 | 340 | 19 | | | | |
| 实验区 | 4828 | 4111 | 2541 | 1070 | 413 | 75 | 12 | 717 | 691 | 18 | 2.5 | 0.2 | 5 | 0.3 |

## 5.2.5　地方经济发展水平

保护区和周边地区主要经济来源为农业，其中以种植业、养殖业、林业、畜牧业等为主，主要农作物有玉米、小麦、土豆等，属典型的山区农业经济。保护区内无工业。保护区内人均年收入达到 2710 元。

## 5.2.6　社区发展状况

湖北崩尖子自然保护区内社会事业发展较快，保护区周边各行政村实现了村村通电，广播电视较为普及，不少家庭购置了高档家用电器。人民生活逐步改善，解决了温饱问题。存在的主要问题是保护区内，有些住在山地的居民供水状况较差，据 2013 年统计，有 25% 的居民吃水困难，靠蓄积天然降水或山间泉水生活。

教育设施和师资力量在保护区区内较好，由于受教育人口的萎缩，中小学有些进行了合并。九年义务教育普及率达到 100%。保护区周边地区均有中小学共 5 所，据 2013 年统计，学生总人数为 884 人，适龄儿童入学率为 100%。

社区医疗事业近几年得到了较快发展，除了林场外，各乡镇均有医院，各行政村有医务室。保护区社区共有医务室 13 个，医务人员 28 人，有医疗床位 53 个，但卫生设施较简陋。保护区文教卫生状况见表 5-3。

表 5-3　湖北崩尖子自然保护区文教卫生状况统计表

| 统计单位 | 教　　育 | | | | 医　　疗 | | |
|---|---|---|---|---|---|---|---|
| | 中小学数量 | 教师人数 | 学生人数 | 入学率% | 卫生机构 | 医务人员 | 医疗床位 |
| 合计 | 5 | 147 | 884 | 100 | 13 | 28 | 53 |
| 朱栗山 | | | | | 1 | 1 | 2 |
| 城五河 | | | | | 1 | 1 | 2 |
| 响　石 | | | | | 1 | 1 | 2 |
| 重　溪 | | | | | 1 | 1 | 3 |

（续）

| 统计单位 | 教　育 | | | | 医　疗 | | |
|---|---|---|---|---|---|---|---|
| | 中小学数量 | 教师人数 | 学生人数 | 入学率% | 卫生机构 | 医务人员 | 医疗床位 |
| 西　湾 | 2 | 35 | 418 | 100 | 1 | 16 | 29 |
| 陈家坪 | | | | 100 | 1 | 1 | 2 |
| 竹园坪 | | | | 100 | 2 | 2 | 2 |
| 黄柏山 | 2 | 105 | 401 | 100 | 2 | 2 | 8 |
| 中　溪 | 1 | 7 | 65 | 100 | 3 | 3 | 3 |

# 第6章

# 湖北崩尖子自然保护区综合评价

## 6.1 自然环境及生物多样性评价

### 6.1.1 地理位置关键，生态区位重要

湖北崩尖子自然保护区地理位置独特，地处武陵山脉东北缘。武陵山脉是我国中南部东—西走向的重要山体，是我国亚热带森林生态系统的核心区，素有"华中种质基因库"之称，是我国生物多样性的关键地区之一。崩尖子自然保护区位于武陵山区东北部边缘过渡地带，也是武陵山区生物多样性保护的重要缓冲区域，地理位置极为关键。流经崩尖子自然保护区北部边缘的清江是长江出三峡后接纳的第一条较大支流，也是湖北省境内从南岸注入长江的主要支流之一，保护区内的响石河、中溪河和曲溪等河流均发源于该保护区。清江是长江干流中重要水源区，崩尖子自然保护区的建设将对长江的生态安全产生重要影响。

崩尖子自然保护区所处的武陵山区已被国家纳入一系列战略保护发展规划。

根据国家环境保护部、中国科学院联合编制的《全国生态功能区划》（公告 2008 年第 35 号），崩尖子自然保护区所处的武陵山区，属于生物多样性保护生态功能区。按照生物多样性保护生态功能区的要求，该区域的生态保护主要方向为"加强自然保护区建设和管理，尤其自然保护区群的建设，保护自然生态系统与重要物种栖息地，防止生态建设导致栖息环境的改变"。

在国务院 2010 年 12 月 21 日发布的《全国主体功能区规划》（国发〔2010〕46 号）中，长阳土家族自治县被列入三峡库区水土保持生态功能区，三峡库区是我国最大的水利枢纽工程库区，具有重要的洪水调蓄功能，水环境质量对长江中下游生产生活有重大影响。该生态功能区目前森林植被破坏严重，水土保持功能减弱，土壤侵蚀量和入库泥沙量增大。其主要发展方向是"巩固移民成果，植树造林，恢复植被，涵养水源，保护生物多样性"。

2011 年，中央决定在武陵山片区率先开展区域发展与扶贫攻坚试点，为全国扶贫攻坚发挥示范引领作用。武陵山片区集革命老区、民族地区、贫困地区于一体，是跨省交界面积大、少数民族聚集多、贫困人口分布广的连片特困地区。国务院批复《武陵山片区区域发展与扶贫攻坚规划(2011－2020 年)》，要按照区域发展带动扶贫开发、扶贫开发促进区域发展的基本思路，加大投入力度，整合各类资源，着力解决瓶颈制约和突

出矛盾，加快连片特困地区发展和脱贫致富步伐。这是国家扶贫开发战略的重大创新，是实现区域协调发展的重要方面，是促进社会和谐的有力举措，对于推动经济社会全面协调可持续发展、保障国家生态安全、促进民族团结、维护边疆巩固，确保全国人民共同实现全面小康，具有重大的现实意义和深远的历史意义。武陵山片区涉及湖北、湖南、重庆、贵州四省市的 11 个地(市、州)、71 个县(区、市)。长阳土家族自治县位于武陵山片区东部，崩尖子自然保护区晋升国家级自然保护区，可以较好的融入国家的《武陵山片区区域发展与扶贫攻坚规划》，实现经济、社会、生态的可持续发展。

在《中国生物多样性保护战略与行动计划》(2011 – 2030 年) 中，中南西部山地丘陵区被列为生物多样性保护优先区域，武陵山区是该区的重要组成部分，其保护重点是"我国独特的亚热带常绿阔叶林和喀斯特地区森林等自然植被以及国家重点保护野生动植物种群及栖息地。建设保护区间的生物廊道，加强国家重点保护野生动植物种群及栖息地的保护。加强对长江上游珍稀特有鱼类及其生存环境的保护。加强生物多样性相关传统知识的收集与整理。"

总之，崩尖子自然保护区区位位置独特，是武陵山脉具有代表性的保护区，与湖北西南部的木林子国家级自然保护区(鹤峰县)、后河国家级自然保护区(五峰县)、七姊妹山国家级自然保护区(宣恩县)以及湖南壶瓶山国家级自然保护(石门县)、八大公山国家级自然保护区(桑植县)5 个国家级自然保护区一道构成武陵山区东部自然保护区群，而崩尖子自然保护区正处于该保护区群的东北最边缘。崩尖子自然保护区对三峡库区水土保持及长江、清江的生态安全都有着重要影响。

## 6.1.2　地理环境复杂多样，生物多样性丰富

崩尖子自然保护区山高坡陡，地形地貌复杂。高山、低山、丘陵、河谷、台地、山间平坝、沟槽、冲积锥、岩溶地貌、溶蚀洼地、溶洞等各种地貌单元纷呈。最高峰——崩尖子山峰，海拔高达 2259.1m；最低点——清江库区，海拔只有 200m，海拔相对高差达 2059m。保护区立体气候显著，各种小气候明显。复杂的自然地理环境形成了多样化的野生动植物栖息地生境，使崩尖子自然保护区具有丰富的生物多样性。

崩尖子自然保护区有维管束植物共 185 科 791 属 1955 种(含种下等级，下同。其中含部分栽培植物 15 种)，其中蕨类植物 27 科 55 属 100 种；裸子植物 6 科 16 属 25 种(含栽培植物 6 种)；被子植物 152 科 720 属 1830 种(含栽培植物 9 种)。维管束植物分别占湖北总科数的 76.76%、总属数的 54.48%、总种数的 32.48%；占全国总科数的 52.41%、总属数的 24.89%、总种数的 7.02%。保护区有野生脊椎动物 106 科 286 属 397 种，其中，有鱼类 7 科 22 属 23 种，两栖动物 9 科 23 属 37 种，爬行动物 11 科 32 属 41 种，鸟类 56 科 161 属 237 种，兽类 23 科 48 属 59 种。保护区还有昆虫 27 目 298 科 1660 种。

## 6.1.3　物种区系交汇，古老、孑遗、特有物种较多

从植物的区系地理来看，崩尖子自然保护区的植物地理区系成分复杂多样。中国的蕨类植物区系分为 13 个分布区类型，而崩尖子自然保护区的蕨类植物属的区系有 9 个分布区类型存在，其中属于热带分布型的共有 23 属，占蕨类植物总数属的 41.82%；属于温带分布类型的有 14 属，占总数属的 25.45%，显示热带地理成分占较大优势。中国的种子植物属的区系分为 15 个分布区类型，在崩尖子自然保护区这些分布型都存在，并且还有许多变型。在种子植物属的区系成分分析中，属于热带分布类型的共 250 属，占总属数的 34.29%；属于温带分布类型的共 396 属，占总属数的 54.32%，显示种子植物的区系以温带性质为主。这些不同的地理区系成分相互渗透，充分显示了崩尖子自然保护区植物区系成分的复杂性和过渡性的特征。总体来看，崩尖子自然保护区的植物区系仍以温带性质为主，但具有由亚热带向温带过渡的性质。在崩尖子自然保护区的植物区系中，集中分布着许多古老和原始的科、属，也包含了大量的单型属和少型属。崩尖子自然保护区是我国第三纪植物区系重要保存地之一。

崩尖子保护区处于我国重要的特有植物分布中心之一——"川东—鄂西分布中心"区域，因此种子植物特有成分较多，其中有亚洲特有科 9 科，中国特有分布的科 2 科。有中国特有属 29 属。在这 29 个中国特有属中，单种特有属有 28 属。充分显示了崩尖子自然保护区植物地理成分的特有性。

从脊椎动物的区系地理来看，鱼类由于水生环境的限制，区系较单一。其他类别的脊椎动物的区系特征都以东洋种占优势，除了两栖类古北种匮缺外，其他类别都呈现出东洋种和古北种相混杂的格局。在崩尖子自然保护区中，也有较多的中国特有动物，其中两栖类有 19 种，爬行类有 8 种，鸟类有 9 种，兽类有 5 种，合计 41 种。崩尖子自然保护区也是脊椎动物中国特有成分较多的区域之一。

## 6.1.4　山间溪流发达，鱼类、两栖类动物种类丰富

由于崩尖子自然保护区山间溪流发达，加上紧接清江，鱼类、两栖类动物很丰富，其中有较多的代表性种类。在本次科学考察中，发现鱼类有 7 科 22 属 23 种，以定居性及半洄游性鱼类占主体，缺乏洄游性鱼类，以小型鱼类占主体。一些常见鱼如似鮈、宜昌鳅鮀、粗唇鮠在其他保护区较少见。崩尖子自然保护区两栖类动物很丰富，有 9 科 23 属 37 种，占湖北省两栖动物的 80.83%。特别是中国小鲵是一种处于濒危状态的中国特有两栖动物，目前只在长阳较高海拔的山地溪流中发现，分布范围非常狭窄，是目前所发现的中国小鲵的唯一分布区，具有重要的保护意义。

## 6.1.5　珍稀濒危物种丰富，是一些动植物模式标本的产地

崩尖子自然保护区内珍稀濒危野生植物物种丰富。共有国家珍稀濒危保护野生植物38 种，其中，国家重点保护野生植物 21 种(I 级 5 种，Ⅱ级 16 种)；国家珍贵树种 16 种(一级 5 种，二级 11 种)；国家珍稀濒危植物 28 种(1 级 1 种，2 级 10 种，3 级 17 种)。

崩尖子自然保护区的脊椎动物中，关键种类(国家重点保护、濒危、中国特有种等)很多。共有国家重点保护动物 54 种，其中国家 I 级重点保护动物 5 种，Ⅱ级重点保护动物 49 种；有中国珍稀濒危动物 51 种；此外还有湖北省重点保护动物 98 种，国家保护的有益的或者有重要经济、科学研究价值的动物 284 种。

长阳还是一些动植物模式标本的产地，植物如长阳虾脊兰(*Calanthe henryi*)、长阳十大功劳(*Mahonia sheridaniana*)、长阳山樱桃(*Cerasus cyclamina*)，动物如宜昌鳅鮀(*Gobiobotia filifer*)、中国小鲵(*Hynobius chinensis*)，这也充分显示了崩尖子自然保护区的保护价值。

## 6.1.6　森林植被保存良好，生态功能健全

崩尖子自然保护区由于山高路远，森林植被受人类干扰少，森林植被保存良好，自然植被包含有 3 个植被型组，8 个植被型，42 个群系。主要植被类型有以曼青冈林、宜昌润楠林、利川润楠林、麻花杜鹃林、水丝梨林等为主组成的常绿阔叶林，以绵柯、多脉青冈栎为代表的较耐寒常绿树种与青榨槭、锐齿槲栎等落叶树种组成的常绿落叶阔叶混交林，以锐齿槲栎林、短柄枹栎林、米心水青冈林等为代表的落叶阔叶林。特别是核心区，由于人迹罕至，森林基本呈原始状态。总体来看，崩尖子自然保护区森林生态系统复杂、保存完整、生态演替自然、生态功能健全、具有典型性与较高的保护价值。

## 6.1.7　保护区面积适宜，能够实施有效保护

崩尖子自然保护区现有面积 13313hm²。其中核心区面积 4602 hm²、缓冲区面积 3883 hm²、实验区面积 4828hm²，分别占保护区总面积的 34.57%、29.17 % 和 36.27%。核心区与缓冲区面积共占总面积的 63.74%，主要保护对象主要分布在核心区与缓冲区，从保护管理的实践来看，保护区面积的大小与形状可以满足保护对象的需要。

# 6.2　保护区管理水平评价

崩尖子自然保护区隶属湖北省长阳土家族自治县，1988 年设为县级自然保护区，

2001 年设为市级自然保护区。2010 年 6 月 3 日，湖北省人民政府以鄂政函（2010）195 号文发布《湖北省人民政府关于宜昌长阳崩尖子等省级自然保护区的批复》，批准成立宜昌长阳崩尖子省级自然保护区。为加快自然保护区建设步伐，长阳县人民政府 2014 年决定启动崩尖子自然保护区晋升国家级自然保护区工作，并进一步对崩尖子自然保护区进行综合科学考察和总体规划。

## 6.2.1 县政府支持力度不断加大

长阳土家族自治县是湖北省宜昌市所辖的一个自治县。位于鄂西南山区、长江和清江中下游，是一个集老、少、山、穷、库于一体的特殊县份。长阳县委、县政府深入落实科学发展观，紧紧围绕"全面建设特色农业大县、新型工业强县、生态文化旅游名县，打造都市后花园，构建平安长阳、信用长阳、文化长阳、生态长阳、富裕长阳，县域综合经济实力和可持续发展能力跻身全省山区县（市）和全国民族自治县前列"的战略目标，坚持以科学发展观为指导，以生态保护为前提，走可持续发展道路，加强对崩尖子自然保护区的建设和管理，在人、财、物以及政策等方面对保护区给予大力支持。加大对崩尖子自然保护区的宣传力度，提高保护区内外群众的保护意识，为崩尖子自然保护区晋升国家级自然保护区创造了良好的环境。

## 6.2.2 管理机构基本健全

湖北省政府 2010 年 6 月以鄂政函［2010］195 号文批准建立崩尖子省级自然保护区，授"湖北省省级自然保护区"牌。中共宜昌市委编办以宜编办［2014］29 号文件批复设立湖北长阳崩尖子省级自然保护区管理局，为县林业局管理的相当正科级事业单位，县编委核定人员编制 30 人，现有职工 20 人，临时工 9 人。管理局内部下设办公室、计划财务科、资源保护科、科研中心、宣传教育科，资源合理利用科 4 个科室，1 个办公室，1 个中心；管理局下辖 4 个管理站、4 个管护点。各职能科室分工明确，各司其职，又相互协调，管理效能较高。

## 6.2.3 建立了较好的管理制度

为了做到依法保护、依法治区、有法可依、有章可循，崩尖子自然保护区制定了一系列规章制度，如《野外巡护制度》、《护林防火制度》、《居民薪柴采伐管理办法》、《自用材采伐管理制度》、《野生动植物资源保护管理制度》、《动植物病虫害防治预案》等，实现了保护管理工作的规范化、制度化、法律化和科学化。

## 6.2.4 管理设施进一步完善

崩尖子自然保护区虽然早在 20 世纪 80 年代就被划为自然保护区，并几经总体规划设计,但由于地处老少边区,加之其他种种原因,国家财政投入基本建设相对较少,近年来,保护区管理局通过多种渠道和多种方式筹集资金进行了一些基础设施建设,保护区管理局位于都湾镇麻池,现麻池乡政府办公地一部分作为保护区管理局的办公地,主要用于资源保护、管理、科研等办公场所(表6-1)。

表6-1 湖北崩尖子自然保护区现有主要基础设施、设备现状表

| 现有建筑用房(m²) | | 现有交通 | | 现有通讯 | | 主要管护设备(套) | |
| --- | --- | --- | --- | --- | --- | --- | --- |
| 合计 | | 干线公路(km) | | | | 森林防火设备 | 20 |
| 办公用房 | 420 | 支线公路(km) | 5 | 通讯线路(km) | | 气象监测设备 | |
| 宿舍 | | 巡护路(km) | 20 | 电话(台) | 4 | 水文监测设备 | |
| 防火通讯基站 | 50 | 汽车(辆) | 1 | 电台(台) | | 生态监测设备 | |
| 瞭望塔 | 2 | 摩托车(辆) | 4 | 对讲机(台) | 5 | 病虫害防治设备 | |

管理局下设管理站2处、面积180m²;界碑2块,界桩400块,宣传牌6块;防火通讯基站1处,风力灭火机20台;修建林区公路5km,巡护道路20km;交通设备有巡护车1辆、摩托车4辆、有线电话4部及无线对讲机5部等。基础设施设备的建设,为保护工作的开展创造了一定条件。但保护区总体上来讲,管护条件还较差,需要强化基础设施建设,增添管护与监控设备,以适应保护区保护事业发展的需要。

## 6.2.5 科普宣传有所成效

自然保护区建立以来,始终把宣传放在重要位置,开展了有关的科普宣教工作。2012年9月,保护区被湖北省政府确立为爱国主义教育基地,同年,成为三峡大学、三峡旅游职业学校的教育基地,2014年4月,保护区配合中央新闻纪录电影制片厂制作六集电视纪录片《百年追寻》,记录美国植物学家威尔逊采集珙桐种子,并采集命名"中国小鲵"标本。在响石、曲溪、界岭等各站点及主要交通道口设有永久性宣传牌,并制做了宣传视听材料,使外界更好的了解自然保护区和自然保护事业。

保护区工作人员不定期深入保护区的辖区范围内宣传回家《自然保护区条例》、《森林法》、《野生动物保护法》、《野生植物保护条例》、《森林和野生动物类型自然保护区管理办法》和《湖北省森林和野生动物类型自然保护区管理办法》等法律法规,使周边社区群众的保护意识明显增强,保护区与当地社区关系良好。

## 6.2.6 护林防火工作进一步强化

森林防火是保护区重点工作之一。每年,县政府同县林业局签订护林防火工作责任状,其中崩尖子自然保护区护林防火工作被列为工作重点。保护区地处偏僻,交通不便,通讯闭塞,山大人稀,扑救条件极差,所以,一旦发生林火,极难扑救,损失极大。特别是冬春季节,树叶凋零、杂草枯萎、气候干燥、火险程度高。自保护区建立以来,由于管理检查到位,未发生过森林火灾。

## 6.2.7　科学研究正在展开

1980 年 9 月,华中师范大学班继德教授对长阳崩尖子自然保护区进行了植物区系和森林植被调查,发现了珙桐、水青树、南方红豆杉等大量国家重点保护珍稀濒危植物,使之成为近年来鄂西南地区一个新的研究地点。

2005 年 8 月,为了申报省级自然保护区,湖北省野生动植物保护总站组织中国科学院武汉植物园以及华中师范大学的动植物研究专家对崩尖子自然保护区进行了第一次综合科学考察。

2014 年 6~7 月,为了晋升国家级自然保护区,长阳县林业局及崩尖子自然保护区管理局委托湖北大学、华中师范大学、中国科学院武汉植物园、国家林业局规划设计院等单位专家组成综合科学考察队,对崩尖子自然保护区进行进一步科学考察与规划。

这些野生动植物的综合调查不仅为自然保护区积累了丰富的科研本底数据,也为自然保护区今后发展方向奠定了良好的基础。此外 2008~2009 年,保护区在响石地区,开展了珙桐珍稀植物培育项目,共培育造林 1333 亩。

总体来看,崩尖子自然保护区已具备国家级自然保护区申报条件。

参照国家环境保护总局南京环境研究所提出的自然保护区管理质量定量化评定方法与标准,结合崩尖子自然保护区的实际情况,对崩尖子自然保护区进行了定量化评价,评价总得分 82 分(表6-2)。

**表 6-2　崩尖子自然保护区管理质量评价表**

| 评价指标 | 分级与得分 | 评 价 等 级 | | | | 得分 | 分项得分 |
| | | I | II | III | IV | | |
|---|---|---|---|---|---|---|---|
| 管理条件 (30) | 机构设置与人员配备 | | √ | | | 7 | 19 |
| | 基础设施 | | √ | | | 7 | |
| | 经费状况 | | | √ | | 5 | |
| 管理 (21) | 管理目标与发展规划 | √ | | | | 7 | 21 |
| | 法规建设 | √ | | | | 7 | |
| | 年度管理计划 | √ | | | | 7 | |
| 科技基础 (21) | 本底资源调查 | √ | | | | 7 | 17 |
| | 专题科学研究 | | √ | | | 5 | |
| | 科技力量 | | √ | | | 5 | |
| 管理成效 (28) | 资源保护现状 | √ | | | | 7 | 25 |
| | 自养能力 | | √ | | | 5 | |
| | 日常管理秩序 | √ | | | | 7 | |
| | 与社区关系 | | √ | | | 6 | |
| 总计 | | | | | | | 82 |
| 评定 等级 | 标准总分为 100 分,评定等级分 5 级。很好 86~100 分;较好 71~85 分;一般 51~70 分;较差 36~50 分;差 ≤35 分 | | | | | | |

尽管保护区建设与管理取得了一定成效，但也存在一些矛盾和问题，主要有以下问题。

（1）人员培训严重不足。崩尖子自然保护区从建立起，由于工作环境和工资待遇的制约，缺乏吸引高素质人才的能力，人才素质的起点低，加之缺乏各个层次的培训，特别是连续培训，综合能力提高缓慢。

（2）经费不足及设施设备落后。经费不足一直是困扰保护区发展的主要原因之一，导致了基础设施与设备落后、人员待遇不高等一系列问题，限制了保护区各种功能的发挥。自然保护区虽然建立时间较长，但国家和地方的财政对自然保护区建设投入资金较少，自然保护区工作人员工资水平较低。在自然保护区的专项管理、基础建设、生态监测、人员培训、社区共管等方面缺乏专门的资金支持，基础设施和区域交通网络、信息建设等滞后于自然保护区建设的需要，限制了自然保护区管理工作的开展。自然保护区日常管护经费主要来源于天保工程森林管护费，经费缺口较大，尽管自然保护区成立以来做了一些工作，但距《国务院办公厅关于进一步加强自然保护区管理工作的通知》要求还有很大的差距。

（3）对公众保护自然资源的意识教育力度不足。保护区虽然开展了一些科普宣传工作，但从形式到内容都要创新。保护区成立以来还没有一套全面介绍保护区自然资源、自然环境、科学研究、旅游和保护知识的印刷品，宣传碑、牌的设置数量也尚不足，尚没有制作针对公众的教育片，没有建立宣教中心，夏令营等宣教活动也没有系统地开展起来。因此，应尽快完善自然保护区的宣教设施、设备，对外宣传应结合八百里清江山水画廊和麻池古寨红色旅游发展保护区生态旅游，加大宣传力度，不断扩大自然保护区在国内以及国际上的知名度。

（4）缺乏完善的巡护和监测体系。崩尖子保护区缺乏完善的巡护和监测体系，不能有效地对生境状况和野生动植物变化进行监测，不能科学有效地开展保护管理工作。

针对保护区管理中存在的这些主要问题，特提出如下建议。

（1）加大对保护区投入力度。全面提高保护区的管护能力离不开投入的增长。要在基础设施、保护设备、培训队伍、留住人才等方面加大投入力度。要进一步完善管理局、保护站、管护点、检查站、了望塔等设施的工程，尽快配置巡护、监测、防火等保护设备，建立巡护、防火、执法和监测等队伍，逐步培训、引进科研人才，使崩尖子自然保护区的发展走上良性发展的轨道。

（2）建立科学有效的监测网络。保护区要充分利用湖北省科研院所和大专院校较多的优势，深入开展科研监测工作，改变保护区科研薄弱的状况。保护区的科研工作要紧紧围绕科学、有效进行，特别是要加强崩尖子自然保护区的本底资源调查工作，开展定位研究与动态研究，在此基础上建立科学合理的监测网络。

（3）社区共管工作要强化。保护区的良性发展要依托良好的社区共管体制与机制。要充分调动社区群众的积极性，吸收社区群众参与保护工作，在保护区周边地区组建群众义务保护组织、联防组织和护林队伍，以乡规民约、保护公约的形式，组织群防群护。同时积极探索社区发展的道路，扶持社区发展，形成保护区与社区群众共同保护、齐抓共管的合力。

# 附　录

## 附录 1. 湖北崩尖子自然保护区维管植物名录

### 蕨类植物 PTERIDOPHYTA

**1. 石杉科 Huperziaceae**

1）石杉属 *Huperzia* Bernh.

（1）蛇足石杉 *Huperzia serrata*（Thunb. ex Murray）Trev.

**2. 石松科 Lycopodiaceae**

1）石松属 *Lycopodium* L.

（1）石松 *Lycopodium clavatum* L.

（2）玉柏石松 *Lycopodium obscurum* L.

（3）蛇足石松 *Lycopodium serratum* Thunb.

**3. 卷柏科 Selaginellaceae**

1）卷柏属 *Selaginella* Spring

（1）兖州卷柏 *Selaginella involvens*（Sw.）Spring

（2）细叶卷柏 *Selaginella labordei* Hieron

（3）江南卷柏 *Selaginella moellendorffii* Hieron

**4. 木贼科 Equisetaceae**

1）问荆属 *Equisetum* L.

（1）问荆 *Equisetum arvense* L.

2）木贼属 *Hippochaete* Milde

（1）木贼 *Hippochaete hiemale*（L.）Boerner

（2）节节草 *Hippochaete ramosissimum*（Desf.）Boerner

**5. 阴地蕨科 Botrychiaceae**

1）假阴地蕨属 *Botrypus* Michx

（1）蕨萁 *Botrypus virginianum*（L.）Holub

2）阴地蕨属 *Sceptridium* Lyon

（1）绒毛阴地蕨 *Sceptridium lanuginosum* Wall.

（2）阴地蕨 *Sceptridium ternatum*（Thunb.）Lyon

**6. 瓶儿小草科 Ophioglossaceae**

1）瓶儿小草属 *Ophioglossum* L.

（1）瓶尔小草 *Ophioglossum vulgatum* L.

**7. 紫萁科 Osmundaceae**

1）紫萁属 *Osmunda* L.

（1）紫萁 *Osmunda japonica* Thunb.

**8. 瘤足蕨科 Plagiogyriaceae**

1）瘤足蕨属 *Plagiogyria*（Kunze）Mett.

（1）华中瘤足蕨 *Plagiogyria euphlebia* Mett.

**9. 海金沙科 Lygodiaceae**

1）海金沙属 *Lygodium* Sw.

（1）海金沙 *Lygodium japonicum*（Thunb.）Sw.

**10. 膜蕨科 Hymenophyllaceae**

1）膜蕨属 *Hymenophyllum* Sm.

（1）华东膜蕨 *Hymenphyllum barbatum*（v. x. B.）Bak.

2）蕗蕨属 *Mecodium* Presl

（1）蕗蕨 *Mecodium badium*（Hook. et Grev.）Cop.

**11. 碗蕨科 Dennstaedtiaceae**

1）碗蕨属 *Dennstaedtia* Bernh.

（1）溪洞碗蕨 *Dennstaedtia wifordii*（Moore）Christ

**12. 鳞始蕨科 Lindsaeceae**

1）乌蕨属 *Stenoloma* Fee. Gen. Fil

（1）乌蕨 *Stenoloma chusanum*（L.）Ching

**13. 骨碎补科 Davalliaceae**

1）肾蕨属 *Nephrolepis* Schott

（1）肾蕨 *Nephrolepis cordifolia*（L.）Presl

**14. 凤尾蕨科 Pteridaceae**

1）蕨属 *Pteridium* Scop.

（1）蕨 *Pteridium aquilinum*（L.）Kuhn var. *latiusculum*（Desv.）Underw.

2）凤尾蕨属 *Pteris* L.

（1）溪边凤尾蕨 *Pteris excelsa*

（2）猪鬃凤尾蕨 *Pteris actiniopteroides* Christ

（3）井栏边草 *Pteris multifida* Poir.

（4）半边旗 *Pteris semipinnata* L.

（5）凤尾蕨 *Pteris nervosa* Thunb.

（6）蜈蚣草 *Pteris vittata* L.

**15. 中国蕨科 Sinopteridaceae**

1）粉背蕨属 *Aleuritopteris* Fee

（1）银粉背蕨 *Aleuritopteris argentea*（Gmel.）Fee

2）碎米蕨属 *Cheilosoria* Sw.

（1）毛轴碎米蕨 *Cheilosoria chusana*（Hook.）Ching comb. nov.

3）金粉蕨属 *Onychium* Kaulf.

（1）野鸡尾 *Onychium japonicum*（Thunb.）Kze.

**16. 铁线蕨科 Adiantaceae**

1）铁线蕨属 *Adiantum* L.

（1）铁线蕨 *Adiantum capillus – veneris* L.

（2）普通铁线蕨 *Adiantum edgewothii* Hook.

（3）团扇铁线蕨 *Adiantum capillus – junonis* Rupr.

（4）月芽铁线蕨 *Adiantum edentulum* Christ

（5）灰背铁线蕨 *Adiantum myriosorum* Bak.

（6）掌叶铁线蕨 *Adiantum pedatum* L.

## 17. 裸子蕨科 Gymnogrammaceae

1）凤丫蕨属 *Coniogramme* Fee.

（1）镰羽凤丫蕨 *Coniogramme falcipinna* Ching et Shing

（2）普通凤丫蕨 *Coniogramme intermedia* Hieron

（3）凤丫蕨 *Coniogramme japonica*（Thunb.）Diels

（4）乳头凤丫蕨 *Coniogramme rosthornii* Hieron

（5）峨眉凤丫蕨 *Coniogramme emeiensis* Ching et Shing

## 18. 蹄盖蕨科 Athyriaceae

1）短肠蕨属 *Allantodia* R. Br. emend. Ching

（1）假耳羽短肠蕨 *Allantodia okudairai*（Makino）Ching

2）假蹄盖蕨属 *Athyriopsis* Ching

（1）假蹄盖蕨 *Athyriopsis japonica*（Thunb.）Ching

3）蹄盖蕨属 *Athyrium* Roth

（1）华东蹄盖蕨 *Athyrium nipponicum*（Mett.）Hance

（2）华中蹄盖蕨 *Athyrium wardii*（Hook.）Makino

4）峨眉蕨属 *Lunathyrium* Koidz

（1）华中峨眉蕨 *Lunathyrium centro – chinense* Ching

5）介蕨属 *Dryoathyrium* Ching

（1）鄂西介蕨 *Dryoathyrium henryi*（Bak.）Ching

（2）华中介蕨 *Dryoathyrium okuboanum*（Makino）Ching

（3）峨眉介蕨 *Dryoathyrium unifurcatum*（Bak.）Ching

## 19. 金星蕨科 Thelypteridaceae

1）针毛蕨属 *Macrothelypteris*（H. Ito）Ching

（1）普通针毛蕨 *Macrothelypteris toressiana*（Gauld.）Ching

2）金星蕨属 *Parathelypteris*（H. Ito）Ching

（1）金星蕨 *Parathelypteris glanduligera*（Kunze）Ching

（2）日本金星蕨 *Parathelypteris nipponica*（Franch. et Sav.）Ching

3）卵果蕨属 *Phegopteris* Fee

（1）延羽卵果蕨 *Phegopteris decursive – pinnata*（van Hall）Fee

4）毛蕨属 *Cyclosorus* Link

（1）渐尖毛蕨 *Cyclosorus acuminatus*（Houtt）Nakai

5）新月蕨属 *Pronephrium* Presl

（1）披针新月蕨 *Pronephrium penangianum*（Hook.）Holtt.

## 20. 铁角蕨科 Aspleniaceae

1）铁角蕨属 *Asplenium* L.

（1）虎尾铁角蕨 *Asplenium incisum* Thunb.

（2）北京铁角蕨 *Asplenium pekinense* Hance.

（3）胎生铁角蕨 *Asplenium planicaule* Wall.

（4）华中铁角蕨 *Asplenium sarelii* Hook.

（5）铁角蕨 *Asplenium trichomanes* L.

（6）三翅铁角蕨 *Asplenium tripteropus* Nakai

## 21. 乌毛蕨科 Blechnaceae

1）乌毛蕨属 *Blechnum* L.

（1）乌毛蕨 *Blechnum orientale* L.

2）荚囊蕨属 *Struthiopteris* Weis

（1）荚囊蕨 *Struthiopteris eburnea*（Christ）Ching

3）狗脊蕨属 *Woodwardia* Sm.

（1）狗脊蕨 *Woodwardia japonica*（L. f.）Sm.

（2）单芽狗脊蕨 *Woodwardia unigemmata*（Makino）Nakai

## 22. 球子蕨科 Onocleaceae

1）荚果蕨属 *Matteuccia* Todaro

（1）东方荚果蕨 *Matteuccia orientalis*（Hook.）Trev.

（2）荚果蕨 *Matteuccia struthiopteris*（L.）Todaro

## 23. 岩蕨科 Woodsiaceae

1）岩蕨属 *Woodsia* R. Br.

（1）耳羽岩蕨 *Woodsia polystichoides* Eaton

## 24. 鳞毛蕨科 Dryopteridaceae

1）复叶耳蕨属 *Arachniodes* Bl.

（1）中华复叶耳蕨 *Arachniodes chinensis*（Rosenst.）Ching

（2）长尾复叶耳蕨 *Arachniodes simplicior*（Makino）Ohwi

2）贯众属 *Cyrtomium* Presl.

（1）刺齿贯众 *Cyrtomium caryotideum*（Wall. ex Hook. et Grev.）Presl

（2）镰羽贯众 *Cyrtomium balansae*（Chr.）C. Chr.

（3）贯众 *Cyrtomium fortunei* J. Sm.

（4）大羽贯众 *Cyrtomium macrophyllum*（Makino）Tagawa

3）鳞毛蕨属 *Dryopteris* Adans.

（1）黑足鳞毛蕨 *Dryopteris fuscipes* C. Chr.

（2）阔鳞鳞毛蕨 *Dryopteris championii*（Benth.）C. Chr.

4）耳蕨属 *Polystichum* Roth

（1）多翼耳蕨 *Polystichum hecatopterum* Diels

（2）黑鳞耳蕨 *Polystichum makinoi* Tagawa

（3）革叶耳蕨 *Polystichum neolobatum* Nakai

（4）三叉耳蕨 *Polystichum tripteron*（Kze.）Presl

## 25. 水龙骨科 Polypodiaceae

1）丝带蕨属 *Drymotaenium* Makino

（1）丝带蕨 *Drymotaenium miyoshianum*（Makino）Makino

2）骨牌蕨属 *Lepidogrammitis* Ching

（1）抱石莲 *Lepidogrammitis drymoglossoides*（Bak.）Ching

3）鳞果星蕨属 *Lepidomicrosorum* Ching et Shing

（1）鳞果星蕨 *Lepidomicrosorum buergerianum*（Miq.）Ching et Shing

4）瓦韦属 *Lepisorus*（J. Sm.）Ching

（1）网眼瓦韦 *Lepisorus clathratus*（Clarke）Ching

（2）瓦韦 *Lepisorus thunbergianus*（Kault.）Ching

5）星蕨属 *Microsorium* Link.

（1）攀援星蕨 *Microsorium buergerianum*（Miq.）Ching

（2）江南星蕨 *Microsorium fortunei*（Moore）Ching

6）盾蕨属 *Neolepisorus* Ching

（1）盾蕨 *Neolepisorus ovatus*（Bedd.）Ching

7）假密网蕨属 *Phymatopsis* Pichi – Serm

（1）金鸡脚 *Phymatopsis hastata*（Thunb.）Kitagawa ex H. Ito

8）水龙骨属 *Polypodium* L.

（1）友水龙骨 *Polypodium amoena*（Wall.）Ching

（2）水龙骨 *Polypodium nipponica*（Mett.）Ching

（3）假友水龙骨 *Polypodium pseudo – amoena*（Ching）Ching

9）石韦属 *Pyrrosia* Mirbel

（1）北京石韦 *Pyrrosia davidii*（Gies.）Ching

（2）石韦 *Pyrrosia lingua*（Thunb.）Farwell

（3）庐山石韦 *Pyrrosia sheareri*（Bak.）Ching

10）石蕨属 *Saxiglossum* Ching

（1）石蕨 *Saxiglossum angustissimum*（Gies.）Ching

## 26. 槲蕨科 Rynariaceae

1）槲蕨属 *Drynaria* J. Sm.

（1）槲蕨 *Drynaria fortunei*（Kze.）J. Sm.

## 27. 剑蕨科 Loxogrammaceae

1）剑蕨属 *Loxogramme* Presl

（1）柳叶剑蕨 *Loxogramme salicifolia*（Makino）Makino

# 裸子植物 GYMNOSPERMAE

## 1. 银杏科 Ginkgoaceae

1）银杏属 *Ginkgo* L.

（1）银杏 *Cinkgo biloba* L.

## 2. 松科 Pinaceae°

1）油杉属 *Keteleeria* Carr.

（1）铁坚油杉 *Keteleeria davidiana*（Bertr.）Beissn.

2）松属 *Pinus* L.

（1）华山松 *Pinus armandii* Franch.

（2）巴山松 *Pinus henryi* Mast.

（3）马尾松 *Pinus massoniana* Lamb

（4）油松 *Pinus tabulaeformis* Carr.

3）铁杉属 *Tsuga* Carr.

    （1）铁杉 *Tsuga chinensis*（Franch.）Pritz.

## 3. 杉科 **Taxodiaceae**

1）柳杉属 *Cryptcmeria* D. Don

    （1）日本柳杉 *Cryptomeria japonica*（L. f.）D. Don○

    （2）柳杉 *Cryptcmeria fortunei* Hooibrenk ex Otto et Dietr.

2）杉木属 *Cunninghamia* R. Br.

    （1）杉木 *Cunninghamia lanceolata*（Lamb.）Hook. ○

3）水杉属 *Metasequoia* Miki ex Hu et Cheng

    （1）水杉 *Metasequoia glyptostroboides* Hu et Cheng○

4）落羽松属 *Taxodium* Rich.

    （1）池杉 *Taxodium ascendens* Brongn. ○

    （2）落羽杉 *Taxodium distichum*（L.）Rich○

## 4. 柏科 **Cupressaceae**

1）柏木属 *Cupressus* L.

    （1）柏木 *Cupressus funebris* Endl.

2）刺柏属 *Juniperus* L.

    （1）刺柏 *Juniperus formosana* Hayata

3）侧柏属 *Platycladus* Spach

    （1）侧柏 *Platycladus orientalis*（L.）Franco

4）圆柏属 *Sabina* Mill.

    （1）圆柏 *Sabina chinensis*（L.）Ant.

    （2）高山柏 *Sabina squamata*（Buch. – Ham.）Ant.

## 5. 三尖杉科 **Cephalotaxaceae**

1）三尖杉属 *Cephalotaxus* S. et Z. ex Endl.

    （1）三尖杉 *Cephalotaxus fortunei* Hook. f.

    （2）篦子三尖杉 *Cephalotaxus oliveri* Mast.

    （3）粗榧 *Cephalotaxus sinensis*（Rehd. et Wils.）Li

## 6. 红豆杉科 **Taxaceae**

1）穗花杉属 *Amentotaxus* Pilg.

    （1）穗花杉 *Amentotaxus argotaenia*（Hance）Pilg.

2）红豆杉属 *Taxus* L.

    （1）红豆杉 *Taxus chinensis*（Pilger）Rehd.

    （2）南方红豆杉 *Taxus chinensis*（Pilger）Rehd. var. *mairei*（Lemee et Levl.）Cheng et L. K. Fu

3）榧树属 Torreya Arn.

    （1）巴山榧树 *Torreya fargesii* Franch.

# 被子植物门 AGNIOSPERMAE

## 1. 木兰科 **Magnoliaceae**

1）鹅掌楸属 *Liriodendron* L.

    （1）鹅掌楸 *Liriodendron chinense*（Hemsl.）Sarg.

　2）木兰属 *Magnolia* L.

　　（1）华中木兰 *Magnolia biondii* Pamp.

　　（2）玉兰 *Magnolia denudata* Desr. °

　　（3）紫花玉兰 *Magnolia liliflora* Desr. °

　　（4）厚 朴 *Magnolia officinalis* Rehd. et Wils.

　　（5）武当木兰 *Magnolia sprengeri* Pamp.

　3）含笑属 *Michelia* L.

　　（1）黄心夜合 *Michelia martinii*（Lévl.）Dandy

## 2. 八角科 Illiciaceae

　1）八角属 *Illicium* L.

　　（1）红茴香 *Illicium henryi* Diels

　　（2）莽草 *Illicium lanceolatum* A. C. Sm.

## 3. 五味子科 Schisandraceae

　1）南五味子属 *Kadsura* Juss.

　　（1）南五味 *Kadsura longepedunculata* Finet et Gagn.

　2）五味子属 *Schisandra* Michx.

　　（1）五味子 *Schisandra chinensis*（Turcz.）Baill.

　　（2）兴山五味子 *Schisandra incarnata* Stapf

　　（3）铁箍散 *Schisandra propinqua*（Wall.）Baill. var. *sinensis* Oliv.

　　（4）华中五味子 *Schisandra sphenanthena* Rehd. et Wils Oliv.

　　（5）金山五味子 *Schisandra glaucescens* Diels

## 4. 水青树科 Tetracentraceae

　1）水青树属 *Tetracentron* Oliv.

　　（1）水青树 *Tetracentron sinense* Oliv. Sinense

## 5. 领春木科 Eupteleaceae

　1）领春木属 *Euptelea* S. et Z.

　　（1）领春木 *Euptelea pleiosperma* Hk. f. et Thoms

## 6. 连香树科 Cercidiphyllaceae

　1）连香树属 *Cercidiphyllum* S. et Z.

　　（1）连香树 *Cercidiphyllum japonicum* S. et Z.

## 7. 樟科 Lauraceae

　1）黄肉楠属 *Actinodaphne* Nees

　　（1）红果黄肉楠 *Actinodaphne cupularis*（Hemsl.）Gamble

　2）樟属 *Cinnamomum* Trew

　　（1）猴樟 *Cinnamomum bodinieri* Levl.

　　（2）樟树 *Cinnamomum camphora*（L.）Presl.

　　（3）油樟 *Cinnamomum longepaniculatum* N. Chao ex H. W.

　　（4）川桂 *Cinnamomum wilsonii* Gamble

　3）山胡椒属 *Lindera* Thunb.

　　（1）乌药 *Lindera aggregata*（Sims）Kosterm.

　　（2）香叶树 *Lindera communis* Hemsl.

（3）红果山胡椒 *Lindera erythrocarpa* Mak.

（4）绒毛钓樟 *Lindera floribunda*（Allen）H. P. Tsui

（5）香叶子 *Lindera fragrans* Oliv.

（6）绿叶甘橿 *Lindera fruticosa* Hemsl.

（7）山胡椒 *Lindera glauca*（S. et Z.）Bl.

（8）长叶乌药 *Lindera hemsleyana*（Diels）Allen

（9）黑壳楠 *Lindera megaphylla* Hemsl.

（10）三桠乌药 *Lindera obtusiloba* Bl.

（11）香粉叶 *Lindera pulcherrima*（Wall.）Benth. var. *attenuata* Allen

（12）川钓樟 *Lindera pulcherrima*（Wall.）Benth. var. *hemsleyana*（Diels）H. P. Tsui

（13）山橿 *Lindera reflexa* Hemsl.

4）木姜子属 *Litsea* Lam.

（1）山鸡椒 *Litsea cubeba*（Lour.）Pers.

（2）黄丹木姜子 *Litsea elongata*（Wall. ex Nees）Benth. et Hk. f.

（3）宜昌木姜子 *Litsea ichangensis* Gamble

（4）毛叶木姜子 *Litsea mollis* Hemsl.

（5）木姜子 *Litsea pungens* Hemsl.

（6）绢毛木姜子 *Litsea sericea*（Nees.）Hook. f.

（7）钝叶木姜子 *Litsea veitchiana* Gamble

5）润楠属 *Machilus* Nees

（1）宜昌润楠 *Machilus ichangensis* Rehd. et Wils.

（2）利川润楠 *Machilus lichuanensis* Cheng ex S. Lee

（3）薄叶桢楠 *Machilus leptophylla* Hand. – Mazz.

（4）小果润楠 *Machilus microcarpa* Hemsl.

6）新木姜子属 *Neolitsea* Merr.

（1）新木姜子 *Neolitsea aurata*（Hayata）Koidz.

（2）簇叶新木姜子 *Neolitsea confertifolia*（Hemsl.）Merr.

（3）巫山新木姜子 *Neolitsea wushanica*（Chun）Merr.

7）楠属 *Phoebe* Nees

（1）山楠 *Phoebe chinensis* Chun

（2）竹叶楠 *Phoebe faberi*（Hemsl.）Chun

（3）白楠 *Phoebe neurantha*（Hemsl.）Gamble

（4）闽楠 *Phoebe bournei*（Hemsl.）Yang

（5）紫楠 *Phoebe sheareri*（Hemsl.）Gamble

（6）桢楠 *Phoebe zhennan* S. Lee et F. N. Wei

8）檫木属 *Sassafras* Trew

（1）檫木 *Sassafras tzumu*（Hemsl.）Hemsl.

## 8. 毛茛科 Ranunculaceae

1）乌头属 *Aconitum* L.

（1）大麻叶乌头 *Aconitum cannabifolium* Franch. ex Finet et Gagn.

（2）乌头 *Aconitum carmichaeli* Debx.

（3）深裂乌头 *Aconitum carmichaeli* Debx. var. *tripartitum* W. T. Wang

（4）瓜叶乌头 *Aconitum hemsleyanum* Pritz.

（5）川鄂乌头 *Aconitum henryi* Pritz.

（6）草乌 *Aconitum nagarum* Stapf

（7）花葶乌头 *Aconitum scaposum* Franch.

（8）高乌头 *Aconitum sinomontanum* Nakai

2）类叶升麻属 *Actaea* L.

（1）类叶升麻 *Actaea asiatica* Hara

3）银莲花属 *Anemone* L.

（1）西南银莲花 *Anemone davidii* Franch.

（2）鹅掌草 *Anemone flaccida* Fr. Schmidt

（3）打破碗花花 *Anemone hupehensis* Lemoine

（4）小花草玉梅 *Anemone rivularis* Buch. Ham. ex DC. var. *floreminore* Maxim.

（5）野棉花 *Anemone vitifolia* Buch. – Ham.

4）耧斗菜属 *Aquilegia* L.

（1）甘肃耧斗菜 *Aquilegia oxysepala* Trautv. et Mey. var. *kansuensis* Bruhl

（2）华北耧斗菜 *Aquilegia yabeana* Kitag.

5）铁破锣属 *Beesia* Balf. f. et W. W. Sm.

（1）铁破锣 *Beesia calthifolia*（Maxim.）Ulbr.

6）鸡爪草属 *Calathodes* Hk. f. et Thoms.

（1）鸡爪草 *Calathodes oxycarpa* Sprague

7）升麻属 *Cimicifuga* L.

（1）升麻 *Cimicifuga foetida* L.

8）铁线莲属 *Clematis* L.

（1）粗齿铁线莲 *Clematis argentilucida*（Levl. et Vant.）W. T. Warg

（2）小木通 *Clematis armandii* Franch.

（3）短尾铁线莲 *Clematis brevicaudata* DC.

（4）威灵仙 *Clematis chinensis* Osbeck

（5）毛叶威灵仙 *Clematis chinensis* Osbeck f. *vestita* Kehd.

（6）山木通 *Clematis finetiana* Levl. et Vant.

（7）小蓑衣藤 *Clematis gouriana* Roxb. ex DC

（8）单叶铁线莲 *Clematis henryi* Oliv.

（9）大叶铁线莲 *Clematis heracleifolia* DC.

（10）巴山铁线莲 *Clematis kirilowii* Maxim. var. *pashanensis* M. C. Chang

（11）毛蕊铁线莲 *Clematis lasiandra* Maxim.

（12）绣球藤 *Clematis montana* Buch. – Ham. ex DC.

（13）宽柄铁线莲 *Clematis otophora* Franch. ex Finet et Gagn.

（14）钝萼铁线莲 *Clematis peterae* H. – M.

（15）须蕊铁线莲 *Clematis pogonandra* Maxim.

（16）华中铁线莲 *Clematis pseudootophora* M. Y. Fang

（17）曲柄铁线莲 *Clematis repens* Finet et Gagr.

（18）柱果铁线莲 *Clematis uncinata* Champ.

（19）皱叶铁线莲 *Clematis uncinata* var. *coriacea* Pamp.

（20）尾叶铁线莲 *Clematis urophylla* Franch.

（21）圆锥铁线莲 *Clematis terniflora* DC.

9）黄连属 *Coptis* Salisb.

（1）黄连 *Coptis chinensis* Franch.

10）翠雀属 *Delphinium* L.

（1）卵瓣还亮草 *Delphinium anthriscifolium* Hance var. *calleryi*（Franch.）Finet et Gagn.

（2）大花还亮草 *Delphinium anthriscifolium* Hance var. *majus* Pamp.

11）人字果属 *Dichocarpum* W. T. Wang et Hsiao

（1）纵肋人字果 *Dichocarpum fargesii*（Franch.）W. T. Wang et Hsiao

（2）耳状人字果 *Dichocarpum auriculatum*（Franch.）W. T. Wang

12）獐耳细辛属 *Hepatica* Mill.

（1）川鄂獐耳细辛 *Hepatica henryi*（Oliv.）Steward

13）芍药属 *Paeonia* L.

（1）芍药 *Paeonia lactifora* Pall.

（2）毛果芍药 *Paeonia lactifora* Pall. var. *trichocarpa*（Bge.）Stern

（3）草芍药 *Paeonia obovata* Maxim.

（4）毛叶草芍药 *Paeonia obvata* Maxim. var. *willmattiae*（Stapf）Stern

（5）牡丹 *Paeonia suffruticosa* Andr. ○

（6）川鄂芍药 *Paeonia wittmanniana* Hartwiss ex Lindl.

14）白头翁属 *Pulsatilla* Adans.

（1）白头翁 *Pulsatilla chinensis*（Bge.）Regel.

15）毛茛属 *Ranunculus* L.

（1）田野毛茛 *Ranunculus arvensis* L.

（2）茴茴蒜 *Ranunculus chinensis* Bge.

（3）石龙芮 *Ranunculus sceleratus* L.

（4）禺毛茛 *Ranunculus cantoniensis* DC.

（5）毛茛 *Ranunculus japonicus* Thunb.

（6）扬子毛茛 *Ranunculus sieboldii* Miq.

16）天葵属 *Semiaquilegia* Mak.

（1）天葵 *Semiaquilegia adoxoides*（DC.）Mak.

17）唐松草属 *Thalictrum* L.

（1）唐松草 *Thalictrum aquilegifolium* L. var. *sibiricum* Regel et Tiling

（2）西南唐松草 *Thalictrum fargesii* Franch. ex Finet et Gagn.

（3）长喙唐松草 *Thalictrum macrohynchum* Franch.

（4）东亚唐松草 *Thalictrum minus* var. *hypoleucum*（S. et Z.）Miq.

（5）盾叶唐松草 *Thalictrum ichangense* Lecoy. ex Oliv.

（6）粗壮唐松草 *Thalictrum robustum* Maxim.

（7）短枝箭头唐松草 *Thalictrum simplex* L. var. *brevipes* Hara

（8）弯柱唐松草 *Thalictrum uncinulatum* Franch.

## 9. 小檗科 Berberidaceae

1）小檗属 *Berberis* L.

（1）硬齿小檗 *Berberis bergmanniae* Schneid.

（2）短柄小檗 *Berberis brachypoda* Maxim.

（3）单花小檗 *Berberis candidula* Schneid.

（4）直穗小檗 *Berberis dasystachya* Maxim.

（5）川鄂小檗 *Berberis henryana* Schneid.

（6）蚝猪刺 *Berberis julianae* Schneid.

（7）长叶蚝猪刺 *Berberis julianae* Schneid. var. *oblongifolia* Ahrendt

（8）毛叶小檗 *Berberis mitifolia* Stapf

（9）兴山小檗 *Berberis silvicola* Schneid.

（10）芒齿小檗 *Berberis triacanthophora* Fedde

2）红毛七属 *Caulophyllum* Michx.

（1）红毛七 *Caulophyllum robustum* Maxim.

3）八角莲属 *Dysosma* Woods.

（1）小八角莲 *Dysosma difformis*（Hemsl. et Wils.）T. H. Wang

（2）八角莲 *Dysosma versipellis*（Hance）M. Cheng

4）淫羊藿属 *Epimedium* L.

（1）箭叶淫羊藿 *Epimedium acuminatum* Franch.

（2）淫羊藿 *Epimedium brevicornu* Maxim.

（3）华西淫羊藿 *Epimedium davidii* Franch.

（4）三枝九叶草 *Epimedium sagittatum*（S. et Z.）Maxim.

（5）宽序淫羊藿 *Epimedium sagittatum*（S. et Z.）Maxim. var. *pyramidale*（Franch.）Stern

（6）四川淫羊藿 *Epimedium sutchuenense* Franch.

（7）川鄂淫羊藿 *Epimedium fargesii* Franch.

5）十大功劳属 *Mahonia* Nutt.

（1）阔叶十大功劳 *Mahonia bealei*（Fort.）Carr.

（2）鄂西十大功劳 *Mahonia decipiens* Schneid.

（3）长阳十大功劳 *Mahonia sheridaniana* Schneid.

（4）大叶十大功劳 *Mahonia fargesii* Takeda

（5）细梗十大功劳 *Mahonia gracilipes*（Oliv.）Fedde

6）南天竹属 *Nandina* Thunb.

（1）南天竹 *Nandina domestica* Thunb.

7）山荷叶属 *Diphylleia* Michx.

（1）南方山荷叶 *Diphylleia sinensis* H. L. Li

## 10. 木通科 Lardizabalaceae

1）木通属 *Akebia* Decne.

（1）五叶木通 *Akebia quinata*（Thunb.）Decne.

（2）三叶木通 *Akebia trifoliata*（Thunb.）Koidz.

（3）白木通 *Akebia trifoliata*（Thunb.）Koidz. subsp. *australis*（Diels）T. Shimizu

2）猫儿屎属 *Decaisnea* Hk. F. et Thoms.

（1）猫儿屎 *Decaisnea fargesii* Franch.

3）鹰爪枫属 *Holboellia* Wall.

（1）五凤藤 *Holboellia fargesii* Reaub.

4）串果藤属 *Sinofranchetia* Hemsl.

（1）串果藤 *Sinofranchetia chinensis*（Franch.）Hemsl.

5）野木瓜属 *Stauntonia* DC.

（1）羊瓜藤 *Stauntonia duclouxii* Gagn.

## 11. 大血藤科 Sargentodoxaceae

1）大血藤属 *Sargentodoxa* Rehd. et Wils.

（1）大血藤 *Sargentodoxa cuneata*（Oliv.）Rehd. et Wils.

## 12. 防己科 Menispermaceae

1）木防己属 *Cocculus* DC.

（1）木防己 *Cocculus orbiculatus*（L.）DC.

2）轮环藤属 *Cyclea* Arn. ex Wight

（1）轮环藤 *Cyclea racemosa* Oliv.

3）蝙蝠葛属 *Menispermum* L.

（1）蝙蝠 *Menispermum dauricum* DC.

4）防己属 *Sinomenium* Diels

（1）防己 *Sinomenium acutum*（Thunb.）Rehd. et Wils.

（2）毛防己 *Sinomenium acutum*（Thunb.）Rehd. et Wils. var. *cinerum*（Diels）Rehd.

5）千金藤属 *Stephania* Lour

（1）金线吊乌龟 *Stephania cepharantha* Hay.

（2）草质千金藤 *Stephania herbacea* Gagn.

（3）千金藤 *Stephania japonica*（Thunb.）Miers

（4）粉防己 *Stephania tetradra* S. Moore

6）青牛胆属 *Tinospora* Miersex Hk. f. et Thoms.

（1）青牛胆 *Tinospora sagittata*（Oliv.）Gagn.

## 13. 马兜铃科 Aristolochiaceae

1）马兜铃属 *Aristolochia* L.

（1）马兜铃 *Aristolochia debilis* S. et Z.

（2）异叶马兜铃 *Aristolochia heterophylla* Hemsl.

（3）鄂西马兜铃 *Aristolochia lasiops* Stapf

2）细辛属 *Asarum* L.

（1）铜钱细辛 *Asarum debile* Franch.

（2）大叶细辛 *Asarum maximum* Hemsl.

（3）长毛细辛 *Asarum pulchellum* Hemsl.

（4）细辛 *Asarum sieboldii* Miq.

（5）斑叶尾花细辛 *Asarum caudigerum* Hacce f. *palles - maculosum* C. Y. Cheng et C. S. Yang

（6）双叶细辛 *Asarum caulescens* Maxim.

（7）小叶马蹄香 *Asarum ichangense* C. Y. Cheng et C. S. Yang

3）马蹄香属 *Saruma* Oliv.

（1）马蹄香 *Saruma henryi* Oliv.

## 14. 胡椒科 Piperaceae

1）胡椒属 *Piper* L.

（1）石南藤 *Piper wallichii*（Miq.）H. – M.

## 15. 三白草科 Saururaceae

1）蕺菜属 *Houttuynia* Thunb.

（1）蕺菜 *Houttuynia cordata* Thunb.

## 16. 金粟兰科 Chloranthaceae

1）金粟兰属 *Chloranthus* Sw.

（1）小四块瓦 *Chloranthus angustifolius* Oliv.

（2）四块瓦 *Chloranthus holostegius*（Hand. – Mazz.）Pei et Shan var. *trichoneurus* K. F. Wu

（3）宽叶金粟兰 *Chloranthus henryi* Hemsl.

（4）多穗金粟兰 *Chloranthus multistachys* Pei

（5）及己 *Chloranthus serratus*（Thunb.）Roem. et Schult.

（6）丝穗金粟兰 *Chloranthus fortunei*（A. Gray）Solms – Laub.

## 17. 罂粟科 Papaveraceae

1）血水草属 *Eomecon* Hance

（1）血水草 *Eomecon chionantha* Hance

2）荷青花属 *Hylomecon* Maxim.

（1）荷青花 *Hylomecon japonica*（Thunb.）Prantl et Kundig

（2）多裂荷青花 *Hylomecon japonica*（Thunb.）Prantl et Kunding var. *dissecta* Franch. et Savat.）Fedde

（3）锐裂荷青花 *Hylomecon japonica*（Thunb.）Prantl et Kunding var. *subincisa* Fedde

3）博落回属 *Macleaya* R. Br.

（1）博落回 *Macleaya cordata*（Willd.）R. Br.

4）人血草属 *Stylophorum* Nutt.

（1）人血草 *Stylophorum lasiocarpum*（Oliv.）Fedde

## 18. 紫堇科 Fumariaceae

1）紫堇属 *Corydalis* DC.

（1）尖瓣紫堇 *Corydalis acuminata* Franch.

（2）紫堇 *Corydalis edulis* Maxim.

（3）蛇果黄堇 *Corydalis ophiocarpa* Hook. f. et Thoms.

（4）黄堇 *Corydalis pallida*（Thunb.）Pers.

（5）毛黄堇 *Corydalis tomentalla* Franch.

（6）小花黄堇 *Corydalis racemosa*（Thunb.）Pers

2）荷包牡丹属 *Dicentra* L.

（1）荷包牡丹 *Dicentra spectabilis*（L.）Lem.

## 19. 十字花科 Cruciferae

1）荠属 *Capsella* Medik.

（1）荠 *Capsella bursa – pastoris*（L.）Medik.

2）碎米荠属 *Cardamine* L.

（1）光头山碎米荠 *Cardamine engleriana* O. E. Schulz

（2）碎米荠 *Cardamine hirsuta* L.

（3）白花碎米荠 *Cardamine leucantha*（Tausch.）O. E. Schulz

（4）水田碎米荠 *Candamine lyrata* Bge.

（5）华中碎米荠 *Cardamine urbaniana* O. E. Schulz

（6）堇叶碎米荠 *Candamine violifolia* O. E. Schulz

3）臭荠属 *Coronopus* J. G. Zinn.

（1）臭荠 *Coronopus didymus*（L.）J. E. Sm.

4）糖芥属 *Erysimum* L.

（1）小花糖芥 *Erysimum cheiranthoides* L.

5）独行菜属 *Lepidium* L.

（1）独行菜 *Lepidium apetalum* Willd.

（2）北美独行菜 *Lepidium virginicum* L.

6）蔊菜属 *Rorippa* Scop.

（1）无瓣蔊菜 *Rorippa dubia*（Pers.）Hara

（2）蔊菜 *Rorippa indica*（L.）Hiern

7）葶苈属 *Draba* L.

（1）诸葛菜 *Orychophragmus violaceus*（L.）O. E. Schulz

8）菥蓂属 *Thlaspi* L.

（1）菥蓂 *Thlaspi arvense* L.

## 20. 堇菜科 Violaceae

1）堇菜属 *Viola* L.

（1）鸡腿堇菜 *Viola acuminata* Ledeb.

（2）毛果堇菜 *Viola collina* Bess.

（3）深圆齿堇菜 *Viola davidii* Franch.

（4）蔓茎堇菜 *Viola diffusa* Ging.

（5）密毛蔓茎堇 *Viola fargesii* H. de Boiss.

（6）长梗堇菜 *Viola grayi* Franch. et Sav.

（7）紫花堇菜 *Viola grypoceras* A. Gray

（8）长萼堇菜 *Viola inconspicla* Bl.

（9）柔毛堇菜 *Viola principis* H. de Boiss.

（10）早开堇菜 *Viola prionantha* Bge.

（11）深山堇菜 *Viola selkirkii* Pursh ex Gold

（12）萱 *Viola vaginata* Maxim.

（13）堇菜 *Viola verecunda* A. Gray

（14）白毛堇菜 *Viola yedoensis* Mak.

## 21. 远志科 Polygalaceae

1）远志属 *Polygala* L.

（1）荷包山桂花 *Polygata arillata* Buch. – Ham. ex D. Don

（2）瓜子金 *Polygala japonica* Houtt.

（3）西伯利亚远志 *Polygala sibirica* L.

## 22. 景天科 Crassulaceae

1）八宝属 *Hylotelephium* H. Ohba

（1）川鄂八宝 *Hylotelephium bonnafousii*（Hamet）H. Ohba

（2）轮叶八宝 *Hylotelephium verticillatum*（L.）H. Ohba

2）红景天属 *Rhodiola* L.

（1）菱叶红景天 *Rhodiola henryi*（Diels）S. H. Fu

（2）红景天 *Rhodiola rosea* L.

（3）云南红景天 *Rhodiola yunnanensis*（Franch.）S. H. Fu

3）景天属 *Sedum* L.

（1）费菜 *Sedum aizoon* L.

（2）苞叶景天 *Sedum amplibracteatum* K. T. Fu

（3）藓叶景天 *Sedum polytrichoides* Hemsl.

（4）川鄂景天 *Sedum bonnafousii* Hamet

（5）珠芽景天 *Sedum bulbiferum* Mak.

（6）细叶景天 *Sedum dielsii* Hamet

（7）凹叶景天 *Sedum emarginatum* Migo

（8）小山飘风 *Sedum filipes* Hemsl.

（9）佛甲草 *Sedum lineare* Thunb.

（10）山飘风 *Sedum major*（Hemsl.）Migo

（11）垂盆草 *Sedum sarmentesum* Bge.

（12）火焰草 *Sedum stellariifolium* Franch.

（13）轮叶景天 *Sedum verticillatum* L.

（14）短蕊景天 *Sedum yvesii* Hamet

4）石莲属 *Sinocrassula* Berger

（1）石莲 *Sinocrassula indica*（Decne.）Berger

5）瓦松属 *Orostachys* Fisch.

（1）瓦松 *Orostachys fimbriatus*（Turcz.）Berger

## 23. 虎耳草科 Saxifragaceae

1）落新妇属 *Astilbe* Buch. – Ham.

（1）华南落新妇 *Astilbe austrosinensis* H. – M.

（2）落新妇 *Astilbe chinensis*（Maxim.）Franch. et Sav.

（3）大落新妇 *Astilbe grandis* Stapf ex Wils.

2）金腰属 *Chrysosplenium* L.

（1）蜕叶金腰 *Chrysosplenium henryi* Franch.

（2）绵毛金腰 *Chrysosplenium lanuginosum* Hk. f. et Thoms.

（3）大叶金腰 *Chrysosplenium macrophyllum* Oliv.

3）梅花草属 *Parnassia* L.

（1）突隔梅花草 *Parnassia delvayi* Franch.

4）扯根菜属 *Penthorum* L.

（1）扯根菜 *Penthorum chinense* Pursh

5）鬼灯檠属 *Rodgersia* A. Gray

（1）鬼灯檠 *Rodgersia aesculifolia* Batal.

6）虎耳草属 *Saxifraga* L.

（1）扇叶虎耳草 *Saxifraga flabellifolia* Franch.

（2）楔基虎耳草 *Saxifraga sivirica* L. var. *bockiana* Engl.

（3）虎耳草 *Saxifraga stolonifera* Meerb.

7）黄水枝属 *Tiarella* L.

（1）黄水枝 *Tiarella polyphylla* D. Don

## 24. 石竹科 Caryophyllaceae

1）蚤缀属 *Arenaria* L.

（1）蚤缀 *Arenaria serpyllifolia* L.

2）卷耳属 *Cerastium* L.

（1）簇生卷耳 *Cerastium caespitosum* Gilib.

（2）球序卷耳 *Cerastium glomeratum* Thuill.

（3）鄂西卷耳 *Cerastium wilsonii* Takeda

3）狗筋蔓属 *Cucubalus* L.

（1）狗筋蔓 *Cucubalus baccifer* L.

4）石竹属 *Dianthus* L.

（1）石竹 *Dianthus chinensis* L.

（2）长萼石竹 *Dianthus longicalyx* Miq.

（3）瞿麦 *Dianthus superbus* L.

5）剪秋罗属 *Lychnis* L.

（1）剪秋罗 *Lychnis senno* S. et Z.

（2）剪夏罗 *Lychnis coronata* Thunb.

6）女娄菜属 *Melandrium* Roehl.

（1）女娄菜 *Melandrium apricum*（Turcz）Rohrb.

（2）无毛女娄菜 *Melandrium firmum*（S. et Z.）Rohrb.

（3）紫萼女娄菜 *Melandrium tatarinowii*（Regel）Y. W. Tsui

7）鹅肠菜属 *Myosoton* Moench

（1）鹅肠菜 *Myosoton aquaticum*（L.）Moench

8）孩儿参属 *Pseudostellaria* Pax

（1）孩儿参 *Pseudostellaria heterophylla*（Miq.）Pax et Hoffm.

（2）狭叶孩儿参 *Pseudostellaria sylvatica*（Maxim.）Pax ex Pax et Hoffm.

9）漆姑草属 *Sagina* L.

（1）漆姑草 *Sagina japonica*（Sw.）Ohwi

10）蝇子草属 *Silene* L.

（1）蝇子草 *Silene fortunei* Vis.

（2）湖北蝇子草 *Silene hupehensis* C. L. Tang

（3）麦瓶草 *Silene conoidea* L.

（4）喜马拉雅蝇子草 *Silene himalayensis*（Rohrb.）Majumdar

11）繁缕属 *Stellaria* L.

（1）中国繁缕 *Stellaria chinensis* Regel

（2）皱叶繁缕 *Stellaria crispata* Wall.

（3）湖北繁缕 *Stellaria henryi* Williams

（4）繁缕 *Stellaria media*（L.）Cyr.

（5）单子繁缕 *Stellaria monosperma* Buch. – Ham. ex D. Don

（6）峨眉繁缕 *Stellaria omeiensis* C. Y. Wu et Y. W. Tsui

（7）石生繁缕 *Stellaria vestita* Kurz

（8）雀舌草 *Stellaria alsine* Grimm.

12）麦蓝菜属 *Vaccaria* Medic.

（1）麦蓝菜 *Vaccaria segetalis*（Neck.）Garcke

## 25. 粟米草科 Molluginaceae

1）粟米草属 *Mollugo* L.

（1）粟米草 *Mollugo pentaphylla* L.

## 26. 马齿苋科 Portulacaceae

1）马齿苋属 *Portulaca* L.

（1）马齿苋 *Portulaca oleracea* L.

（2）大花马齿苋 *Portulaca grandiflora* Hk.

2）土人参属 *Talinum* Adans.

（1）土人参 *Talinum paniculatum*（Jacq.）Gaertn.

## 27. 蓼科 Polygonaceae

1）金线草属 *Antenoron* Raf.

（1）金线草 *Antenoron filiforme*（Thunb.）Roberty et Vautier

2）荞麦属 *Fagopyrum* Mill.

（1）金荞麦 *Fagopyrum dibotrys*（D. Don）Hara

（2）细梗荞麦 *Fagopyrum gracilipes*（Hemsl.）Dammer

（3）苦荞麦 *Fagopyrum tataricum*（L.）Gaertn.

3）蓼属 *Polygonum* L.

（1）两栖蓼 *Polygonum amphibium* L.

（2）抱茎蓼 *Polygonum amplexicaule* D. Don

（3）中华抱茎蓼 *Polygonum amplexicaule* D. Don var. *sinense* Forb. et Hemsl.

（4）萹蓄 *Polygonum aviculare* L.

（5）丛枝蓼 *Polygonum caespitosum* Bl.

（6）头花蓼 *Polygonum capitatum* Buch. – Ham. ex D. Don

（7）火炭母 *Polygonum chinense* L.

（8）毛脉蓼 *Polygonum ciliinerve*（Nakai）Ohwi

（9）虎杖 *Polygonum cuspidatum* S. et Z.

（10）中轴蓼 *Polygonum excurrens* Steward

（11）水蓼 *Polygonum hydropiper* L.

（12）酸模叶蓼 *Polygonum lapathifolium* L.

（13）大花蓼 *Polygonum macranthum* Meisn.

（14）小头蓼 *Polygonum microcephalum* D. Don

（15）何首乌 *Polygonum multiflorum* Thunb.

（16）节蓼 *Polygonum nodosum* Pers.

（17）红蓼 *Polygonum orientale* L.

（18）扛板归 *Polygonum perfoliatum* L.

（19）春蓼 *Polygonum persicaria* L.

（20）松荫蓼 *Polygonum pinetorum* Hemsl.

（21）中华赤胫散 *Polygonum runcinatum* Buch. – Ham. ex D. Don var. *sinenes* Hemsl.

（22）小箭叶蓼 *Polygonum sieboldii* Meisn.

（23）支柱蓼 *Polygonum suffultum* Maxim

（24）细穗支柱蓼 *Polygonum suffultum* Maxim. var. *pergracile*（Hemsl.）Sam.

（25）黏毛蓼 *Polygonum viscosum* Buch. – Ham. ex D. Don

（26）毛蓼 *Polygonum barbatum* L.

（27）分叉蓼 *Polygonum divaricatum* L.

（28）愉悦蓼 *Polygonum jucundum* Meisn.

（29）小蓼 *Polygonum minus* Huds.

（30）西伯利亚蓼 *Polygonum sibiricum* Laxm.

4）大黄属 *Rheum* L.

（1）大黄 *Rheum officinale* Baill.

5）酸模属 *Rumex* L.

（1）酸模 *Rumex acetosa* L.

（2）齿果酸模 *Rumex dentatus* L.

（3）羊蹄 *Rumex japonca* Houtt.

（4）皱叶酸模 *Rumex crispus* L.

## 28. 商陆科 Phytolaccaceae

1）商陆属 *Phytolacca* L.

（1）商陆 *Phytolacca acinosa* Roxb.

（2）垂序商陆 *Phytolacca americana* L.

## 29. 假繁缕科 Theligonaceae

1）假繁缕属 *Theligonum* L.

（1）假繁缕 *Theligonum macranthum* Franch.

## 30. 藜科 Chenopodiaceae

1）千针苋属 *Acroglochin* Schrad.

（1）千针苋 *Acroglochin persicarioides*（Poir.）Miq.

2）藜属 *Chenopodium* L.

（1）藜 *Chenopodium album* L.

（2）细穗藜 *Chenopodium gracilispicum* Kung

（3）小藜 *Chenopodium serotinum* L.

（4）灰绿藜 *Chenopodium glaucum* L.

3）地肤属 *Kochia* L.

（1）地肤 *Kochia scoparia*（L.）Schrad.

## 31. 苋科 Amaranthaceae

1）牛膝属 *Achyranthes* L.

（1）土牛膝 *Achyranthes aspera* L.

（2）牛膝 *Achyranthes bidentata* Bl.

2）苋属 *Amaranthus* L.

（1）凹头苋 *Amaranthus lividus* L.

（2）皱果苋 *Amaranthus viridis* L.

（3）刺苋 *Amxranthus spinosus* L.

（4）苋 *Amaranthus tricolor* L.

3）青葙属 *Celosia* L.

（1）青葙 *Celosia argentea* L.

4）莲子草属 *Alternanthera* Forsk.

（1）空心莲子草 *Alternanthera philoxeroides*（Mart.）Griseb.

## 32. 蒺藜科 Zygophyllaceae

1）蒺藜属 *Tribulus* L.

（1）蒺藜 *Tribulus terrestris* L.

## 33. 牻牛儿苗科 Geraniaceae

1）老鹳草属 *Geranium* L.

（1）圆齿老鹳草 *Geranium frabchetii* Knuth

（2）血见愁老鹳草 *Geranium henryi* Kunth

（3）东亚老鹳草 *Geranium nepalense* Sw. var. *thunbergii*（Sieb. et Zucc.）Kudo

（4）反毛老鹳草 *Geranium strigellum* Kunth

（5）老鹳草 *Geranium wilfordii* Maxim.

（6）野老鹳草 *Geranium carolinianum* L.

（7）尼泊尔老鹳草 *Geranium nepalense* Sw.

（8）纤细老鹳草 *Geranium robertianum* L.

（9）鼠掌老鹳草 *Geranium sibiricum* L.

（10）草原老鹳草 *Geranium pratense* L. var. *affine*（Ledeb）Huang et L. R. Xu

2）牻牛儿苗属 *Erodium* L´Her.

（1）牻牛儿苗 *Erodium terrrestris* L.

## 34. 酢浆草科 Oxalidaceae

1）酢浆草属 *Oxalis* L.

（1）酢浆草 *Oxalis corniculata* L.

（2）山酢浆草 *Oxalis griffithii* Edgew. et Hk. f.

（3）白花酢浆草 *Oxalis acetosella* L.

（4）铜锤草 *Oxalis corymbosa* DC. 。

## 35. 凤仙花科 Balsaminaceae

1）凤仙花属 *Impatiens* L.

（1）睫萼凤仙花 *Impatiens blepharosepala* Pritz. ex Diels

（2）水金凤 *Impatiens noli – tangere* L.

（3）冷水七 *Impatiens pritzelii* Hk. f. var. *hupehensis* Hk. f.

（4）翼萼凤仙花 *Impatiens pterosepala* Pritz. ex Hk. f.

（5）弯距凤仙花 *Impatiens recurvicornis* Maxim.

（6）黄金凤 *Impatiens siculifer* Hk. f.

（7）窄萼凤仙花 *Impatiens stenosepala* Pritz. ex Diels

（8）凤仙花 *Impatiens balsamina* L.

（9）裂距凤仙花 *Impatiens fissicornis* Maxim.

（10）长翼凤仙花 *Impatiens longialata* Pritz. ex Diels

（11）湖北凤仙花 *Impatiens pritzelii* Hook. f.

## 36. 千屈菜科 Lythraceae

1）紫薇属 *Lagerstroemia* L.

（1）紫薇 *Lagerstroemia indica* L.

（2）南紫薇 *Lagerstroemia subcostata* Koehne

2）千屈菜属 *Lythrum* L.

（1）千屈菜 *Lythrum salicaria* L.

3）节节菜属 *Rotala* L.

（1）上天梯 *Rotala rotundifolia*（Buch. – Ham. ex Roxb.）Koehne

## 37. 柳叶菜科 Onagraceae

1）柳兰属 *Chamaenerion* Adans

（1）柳兰 *Chamaenerion angustifolium*（L.）Scop

2）露珠草属 *Circaea* L.

（1）谷蓼 *Circaea erubescens* Franch. et Sav.

（2）南方露珠草 *Circaea mollis* Sieb. et Zucc.

（3）露珠草 *Circaea copdata* Royle

（4）光梗露珠草 *Circaea glabrescens*（Pamp.）H. – M.

3）柳叶菜属 *Epilobium* L.

（1）柳叶菜 *Epilobium hirsutum* L.

（2）小花柳叶菜 *Epilobium parviflorum* Schreb.

（3）长籽柳叶菜 *Epilobium pyrricholophum* Franch. et Sav.

（4）毛脉柳叶菜 *Epilobium amurense* Hausskn.

（5）广布柳叶菜 *Epilobium brevifolijum* D. Don ssp. *trichoneurum*（Hausskn.）Raven

## 38. 瑞香科 Thymelaeaceae

1）瑞香属 *Daphne* L.

（1）芫花 *Daphne genkwa* S. et Z.

（2）白瑞香 *Daphne papyracea* Wall. ex Steud.

（3）鄂西瑞香 *Daphne wilsonii* Rehd.

（4）尖瓣瑞香 *Daphne acutiloba* Rehd.

2）结香属 *Edgeworthia* Meissn.

（1）结香 *Edgeworthia chrysantha* Lindl.

3）荛花属 *Wikstroemia* Endl.

（1）小黄构 *Wikstroemia micrantha* Hemsl.

（2）河朔荛花 *Wikstroemia chamaedaphne* Meissn.

## 39. 马桑科 Coriariaceae

1）马桑属 *Coriaria* L.

（1）马桑 *Coriaria nepalensis* Wall.

## 40. 海桐科 Pittosporaceae

1）海桐属 *Pittosporum* Banks ex Soland.

（1）狭叶海桐 *Pittosporum glabratum* Lindl. var. *neriifolium* Rehd. et Wils.

（2）海金子 *Pittosporum illicioides* Mak.

（3）柄果海桐 *Pittosporum podocarpum* Gagn.

（4）棱果海桐 *Pittosporum trigonocarpum* Levl.

（5）崖花子 *Pittosporum truncatum* Pritz.

## 41. 大风子科 Flacourtiaceae

1）山羊角树属 *Carrierea* Franch.

（1）山羊角树 *Carrierea calycina* Franch.

2）山桐子属 *Idesia* Maxim.

（1）山桐子 *Idesia polycarpa* Maxim.

3）山拐枣属 *Poliothyrsis* Oliv.

（1）山拐枣 *Poliothyrsis sinensis* Oliv.

4）柞木属 *Xylosma* G. Forst

（1）柞木 *Xylosma japonicum*（Walp.）A. Gray.

## 42. 葫芦科 Cucurbitaceae

1）绞股蓝属 *Gynostemma* Bl.

（1）绞股蓝 *Gynostemma pentaphyllum*（Thunb.）Mak.

2）雪胆属 *Hemsleya* Cogn.

（1）雪胆 *Hemsleya chinensis* Cogn. ex Forbes et Hemsl.

3）赤瓟属 *Thladiantha* Bge.

（1）皱果赤瓟 *Thladiantha henryi* Hemsl.

（2）斑赤瓟 *Thladiantha maculata* Cogn.

（3）鄂赤瓟 *Thladiantha oliveri* Cogn. ex Mottet

4）栝楼属 *Trichosanthes* L.

（1）日本栝楼 *Trichosanthes japonica* Regel

（2）栝楼 *Trichosanthes kirilowii* Maxim.

（3）中华栝楼 *Trichosanthes rosthornii* Harms

（4）多卷须栝楼 *Trichosanthes rosthornii* Harms var. *multicirrata*（C. Y. Cheng et Yueh）S. K. Chen

5）苦瓜属 *Momordica* L.

（1）木鳖 *Momordica cochinchinensis*（Lour.）Spreng

## 43. 秋海棠科 Begoniaceae

1）秋海棠属 *Begonia* L.

（1）秋海棠 *Begonia evansiana* Andr.

（2）中华秋海棠 *Begonia sinensis* A. DC.

## 44. 茶科 Theaceae

1）山茶属 *Camellia* L.

（1）长尾叶山茶 *Camellia caudata* Wall.

（2）尖连蕊茶 *Camellia cuspidata*（Kochs）Wright ex Gard.

（3）油茶 *Camellia oleifera* Abel

（4）茶 *Camellia sinensis*（L.）O. Ktze.

（5）秃梗连蕊茶 *Camellia dubia* Sealy

（6）山茶 *Camellia japonica* L.

2）柃属 *Eurya* Thunb. Thunb.

（1）翅柃 *Eurya alata* Kob.

（2）短柱柃 *Eurya brevistyla* Kob.

（3）柃木 *Eurya japonica* Thunb.

（4）细齿叶柃 *Eurya nitida* Korth.

（5）黄背叶柃 *Eurya nitida* Korth. var. *aurescens*（Rehd. et Wils.）Kob.

3）紫茎属 *Stewartia* L.

（1）紫茎 *Stewartia sinensis* Rehd. et Wils.

4）厚皮香属 *Ternstroemia* Mutis ex L. f.

（1）尖萼厚皮香 *Ternstroemia luteoflora* Hu ex L. K. Ling

5）石笔木属 *Tutcheria* Dunn

（1）粗毛石笔木 *Tutcheria hirta*（H. – M.）Li

## 45. 猕猴桃科 Actinidiaceae

1）猕猴桃属 *Actinidia* Lindl.

（1）软枣猕猴桃 *Actinidia arguta*（S. et Z.）Planch. ex Miq.

（2）京梨猕猴桃 *Actinidia callosa* Lindl. var. *henryi* Maxim.

（3）中华猕猴桃 *Actinidia chinensis* Planch.

（4）硬毛猕猴桃 *Actinidia chinensis* Planch. var. *hispide* C. F. Liang

（5）狗枣猕猴桃 *Actinidia kolomikta*（Maxim. et Rupr.）Maxim.

（6）无髯猕猴桃 *Actinidia melanandra* Franch. var. *glabrescens* C. F. Liang

（7）葛枣猕猴桃 *Actinidia polygama*（Sieb. et Zucc.）Maxim.

2）藤山柳属 *Clematoclethra* Maxim.

（1）繁花藤山柳 *Clematoclethra scandens*（Frangh.）Maxim. ssp. *hemsleyi*（Baill.）Y. C. Tang t Q. Y. Xiang

## 46. 野牡丹科 Melastomaceae

1）金锦香属 *Osbeckia* L.

（1）假朝天罐 *Osbeckia crinita* Benth. ex C. B. Clarke

## 47. 金丝桃科 Hypericaceae

1）金丝桃属 *Hypericum* L.

（1）黄海棠 *Hypericum ascyron* L.

（2）赶山鞭 *Hypericum attenuatum* Choisy

（3）地耳草 *Hypericum japonicum* Thunb.

（4）金丝桃 *Hypericum monogynum* L.

（5）贯叶连翘 *Hypericum perforatum* L.

（6）元宝草 *Hypericum sampsonii* Hance

（7）挺茎遍地金 *Hypericum elodeoides* Choisy

（8）圆果金丝桃 *Hypericum longistylum* Oliv. ssp. *giraldii*（R. Keller）N. Robson

（9）金丝梅 *Hypericum patulum* Thunb. ex Murray

（10）密腺小连翘 *Hypericum seniavinii* Maxim.

## 48. 椴树科 Tiliaceae

1）田麻属 *Corchoropsis* S. et Z.

（1）毛果田麻 *Corchoropsis tomentosa*（Thunb.）Mak.

（2）田麻 *Corchoropsis crenata* S. et Z.

（3）光果田麻 *Corchoropsis psilocarpa* Harms et Loes.

2）扁担杆属 *Grewia* L.

（1）扁担杆 *Grewia biloba* G. Don

（2）小花扁担杆 *Gerwia biloba* G. Don. var. *parviflora*（Bge.）H. – M.

3）椴树属 *Tilia* L.

（1）华椴 *Tilia chinensis* Maxim.

（2）糯米椴 *Tilia henryana* var. *subglabra* V. Engl.

（3）粉椴 *Tilia oliveri* Szyszyl.

（4）椴树 *Tilia tuan* Szyszyl.

（5）毛芽椴 *Tilia tuan* Szyszyl. var. *chinensis* Rehd. et Wils.

（6）长圆叶椴 *Tilia oblongifolia* Rehd.

## 49. 杜英科 Elaeocarpaceae

1）杜英属 *Elaeocarpus* L.

（1）薯豆 *Elaeocarpus japonicus* S. et Z.

（2）棱枝杜英 *Elaeocarpus glabripetalus* Merr. var. *alatus* Chang

## 50. 梧桐科 Sterculiaceae

1）梧桐属 *Firmiana* Marsili

（1）梧桐 *Firmiana platanifolia*（L. f.）Marsili.

## 51. 锦葵科 Malvaceae

1）苘麻属 *Abutilon* Mill.

（1）苘麻 *Abutilon theophrasti* Medik.

2）木槿属 *Hibiscus* L.

（1）木芙蓉 *Hibiscus mutabilis* L.

（2）野西瓜苗 *Hibiscus trionum* L.

3）梵天花属 *Urena* L.

（1）梵天花 *Urena Lobata* L.

4）锦葵属 *Malva* L.

（1）中华野葵 *Malva verticillata* L. var. *chinensis*（Mill.）S. Y. Hu

5）黄花稔属 *Sida* L.

（1）白背黄花稔 *Sida rhoimbifolia* L.

## 52. 大戟科 Euphorbiaceae

1）铁苋菜属 *Acalypha* L.

（1）铁苋菜 *Acalypha australis* L.

（2）裂苞铁苋菜 *Acalypha brachystachya* Horn.

2）山麻杆属 *Alchornea* Sw.

（1）山麻杆 *Alchornea davidii* Franch.

3）重阳木属 *Bischofia* Bl.

（1）重阳木 *Bischofia javanica* Bl.

4）假奓包叶属 *Discocleidion*（Muell. – Arg.）Pax et Hoffm.

（1）假奓包叶 *Discocleidion rufescens*（Franch.）Pax et Hoffm.

5）大戟属 *Euphorbia* L.

（1）飞扬草 *Euphorbia hirta* L.

（2）地锦 *Euphorbia humifusa* Willd.

（3）泽漆 *Euphorbia helioscopia* L.

（4）西南大戟 *Euphorbia hylonoma* H. － M

（5）大戟 *Euphorbia pekinensis* Rupr.

（6）黄苞大戟 *Euphorbia chrysocoma* Levl. et Vant.

（7）长圆叶大戟 *Euphorbia henryi* Hemsl.

（8）华北大戟 *Euphorbia lunulata* Bge.

（9）乳浆大戟 *Euphorbia esula* L.

6）算盘子属 *Glochidion* J. R. et G. Forst.

（1）算盘子 *Glochidion puberum*（L.）Hutch.

7）雀儿舌头属 *Leptopus* Decne.

（1）雀儿舌头 *Leptopus chinensis*（Bge.）Pojark.

（2）细柄雀儿舌头 *Leptopus capillepes* Hutch.

8）野桐属 *Mallotus* Lour.

（1）白背叶 *Mallotus apelta*（Lour.）Muell. － Arg.

（2）野梧桐 *Mallotus japonicus*（Thunb.）Muell. － Arg.

（3）野桐 *Mallotus japonicum* Thunb.（Muell. － Arg.）var. *floccosus*（Muell. － Arg.）S

（4）粗糠柴 *Mallotus philippinensis*（Lam.）Muell. － Arg.

（5）石岩枫 *Mallotus repandus*（Wild.）Muell. － Arg.

（6）杠香藤 *Mallotus repandus*（Willd.）Muell. － Arg. var. *chrysocarpus*（Pamp.）S. M. Hwang

（7）东南野桐 *Mallotus lianus* Croiz

（8）小果野桐 *Mallotus microcarpus* Pax et Hoffm.

9）叶下珠属 *Phyllanthus* L.

（1）叶下珠 *Phyllanthus urinaria* L.

（2）蜜甘草 *Phyllanthus ussuriensis* Rupr. et Maxim.

10）乌桕属 *Sapium* R. Br

（1）乌桕 *Sapium sebiferum*（L.）Roxb.

（2）山乌桕 *Sapium discolor*（Champ. et Benth.）Muell. － Arg.

（3）白木乌桕 *Sapium japonicum*（S. et Z.）Pax et Hoffm.

11）守宫木属 *Sauropus* Bl.

（1）守宫木 *Sauropus androgynus*（L.）Merr.

12）一叶荻属 *Securinega* Comm. ex Juss.

（1）一叶荻 *Securinega suffruticosa*（Pall.）Rhed.

13）地构叶属 *Speranskia* Baill.

（1）广州地构叶 *Speranskia cantonensis*（Hance）Pax et Hoffm.

14）油桐属 *Vernicia* Lour.

（1）油桐 *Vernicia fordii*（Hemsl.）Airy － Shaw

（2）木油桐 *Vernicia montana* Lour.

## 53. 虎皮楠科 Daphniphyllaceae

1）虎皮楠属 *Daphniphyllum*

（1）虎皮楠 *Daphniphyllum oldhami*（Hemsl.）Rosonth.

（2）狭叶虎皮楠 *Daphniphyllum angustifolium* Hutch.

（3）交让木 *Daphniphullum macropodum* Miq.

## 54. 鼠刺科 Escalloniaceae

1）鼠刺属 *Itea* L.

（1）月月青 *Itea illicifolia* Oliv.

## 55. 茶藨子科 Grossulariaceae

1）茶藨子属 *Ribes* L.

（1）鄂西茶藨子 *Ribes franchetii* Jancz.

（2）冰川茶藨 *Ribes glaciale* Wall

（3）宝兴茶藨 *Ribes moupinense* Franch.

（4）细枝茶藨 *Ribes tenue* Jancz.

（5）革叶茶藨 *Ribes davidii* Franch.

（6）糖茶藨 *Ribes cmodense* Rehd.

（7）瘤糖茶藨 *Ribes cmodense* Rehd. var. *verruclosum* Rehd.

（8）华中茶藨 *Ribes henryi* Franch.

## 56. 绣球科 Hydrangeaceae

1）赤壁木属 *Decumaria* L.

（1）赤壁木 *Decumaria sinensis* Oliv.

2）叉叶蓝属 *Deinanthe* Maxim.

（1）叉叶蓝 *Deinanthe caerulea* Stapf

3）溲疏属 *Deutzia* Thunb.

（1）异色溲疏 *Deutzia discolor* Hemsl.

（2）钻丝溲疏 *Deutzia mollis* Duthie

（3）溲疏 *Deutzia scabra* Thunb.

4）黄常山属 *Dichroa* Lour.

（1）黄常山 *Dichroa febrifuga* Lour.

5）绣球属 *Hydrangea* L.

（1）冠盖绣球 *Hydrangea anomala* D. Don

（2）绣毛绣球 *Hydrangea fulvescens* Rehd.

（3）长柄绣球 *Hydrangea longipes* Franch.

（4）大枝绣球 *Hydrangea longipes* Franch. var. *rosthornii*（Diels）W. T. Wang

（5）腊莲绣球 *Hydrangea strigosa* Rehd.

（6）伞形绣球 *Hydrangea angustipetala* Hay.

（7）阔叶腊莲绣球 *Hydrangea strigosa* Rehd. var. *macrophylla* Rehd.

（8）柔毛绣球 *Hydrangea villosa* Rehd.

6）山梅花属 *Philadelphus* L.

（1）山梅花 *Philadelphus incanus* Koehne

7）冠盖藤属 *Pileostegia* Hk. f. et Thoms.

（1）冠盖藤 *Pileostegia viburnoides* Hk. f. et Thoms.

8）钻地风属 *Schizophragma* S. et Z.

（1）钻地风 *Schizophragma integrifolium*（Franch）Oliv.

## 57. 蔷薇科 Rosaceae

1）龙牙草属 *Agrimonia* L.

（1）龙牙草 *Agrimonia pilosa* Ledeb.

2）巴旦杏属 *Amygdalus* L.

（1）山桃 *Amygdalus davidiana*（Carr.）C. de Vos ex Henry

3）假升麻属 *Aruncus*（L.）Schaeff.

（1）假升麻 *Aruncus sylvester* Kostel. ex Maxim.

4）樱属 *Cerasus* Mill.

（1）华中樱桃 *Cerasus conradinae*（Koehne）Yu et Li

（2）尾叶樱桃 *Cerasus dielsiana*（Schneid.）Yu et Li

（3）西南樱桃 *Cerasus pilosiuscula*（Schneid.）Koehne.

（4）微毛樱桃 *Cerasus clarofolia*（Schneid）Yu et Li

（5）长阳山樱桃 *Cerasus cyclamina*（Koehne）Yu et Li

5）木瓜属 *Chaenomeles* Lindl.

（1）木瓜 *Chaenomeles sinensis*（Thouin）Koehne

6）枸子属 *Cotoneaster* B. Ehrhart.

（1）匍枝枸子 *Cotoneaster adprissus* Boes.

（2）散生枸子 *Cotoneaster divaricatus* Rehd. et Wils.

（3）麻核枸子 *Cotoneaster foveolatus* Rehd. et Wils.

（4）细弱枸子 *Cotoneaster gracilis* Rehd. et Wils.

（5）平枝枸子 *Cotoneaster horizontalis* Decne.

（6）大叶柳枸子 *Cotoneaster salicifolius* Franch. var. *henryanus*（Schneid.）Yu

（7）皱叶柳枸子 *Cotoneaster salicifolius* Franch. var. *rugosus*（Pritz.）Rehd. et Wils.

（8）华中枸子 *Cotoneaster silvestrii* Pamp.

（9）木帚枸子 *Cotoneaster dielsianus* Pritz.

（10）矮生枸子 *Cotoneaster dammerii* Schneid.

（11）柳叶枸子 *Cotoneaster salicifolius* Franch.

（12）泡叶枸子 *Cotoneaster bullatus* Bois

7）山楂属 *Crataegus* L.

（1）华中山楂 *Crataegus wilsonii* Sarg.

（2）野山楂 *Crataegus cuneata* S. et Z.

8）蛇莓属 *Duchesnea* J. E. Smith

（1）蛇莓 *Duchesnea indica*（Andr.）Focke

9）枇杷属 *Eriobotrya* Lindl.

（1）枇杷 *Eriobotrya japonica*（Thunb.）Lindl.

10）草莓属 *Fragaria* L.

（1）东方草莓 *Fragaria orientalis* Lozinsk.

11）路边青属 *Geum* L.

（1）路边青 *Geum aleppicum* Jacq.

12）棣棠花属 *Kerria* DC.

（1）棣棠花 *Kerria japonica*（L.）DC.

13）苹果属 *Malus* Mill.

（1）湖北海棠 *Malus hupehensis*（Pamp.）Rehd.

14）绣线梅属 *Neillia* D. Don

（1）中华绣线梅 *Neillia sinensis* Oliv.

15）稠李属 *Padus* Mill.

（1）短梗稠李 *Padus brachypoda* Batal

（2）细齿短梗稠李 *Padus brachypoda*（Batal.）Schneid. var. *microdonta*（Koehne）Yu et Ku

（3）锈毛稠李 *Padus rufomicans* Koehne

（4）绢毛稠李 *Padus wilsonii* Schneid.

（5）橉木 *Padus buergeriana*（Miq.）Yu et Ku

（6）灰叶稠李 *Padus grayana*（Maxim.）Schneid.

16）石楠属 *Photinia* Lindl.

（1）中华石楠 *Photinia beauverdiana* Schneid.

（2）光叶石楠 *Photinia glabra*（Thunb.）Maxim.

（3）小叶石楠 *Photinia parvifolia*（Pritz.）Schneid.

（4）毛叶石楠 *Photinia villosa*（Thunb.）DC.

（5）中华毛叶石楠 *Photinia villosa*（Thunb.）DC. var. *sinica* Rehd. Et Wils.

（6）绒毛石楠 *Photinia schneideriana* Rehd. Et Wils.

17）臭樱属 *Maddenia* Lindl.

（1）华西臭樱 *Maddenia wilsonii* Koehne.

18）委陵菜属 *Potentilla* L.

（1）委陵菜 *Potentilla chinensis* Ser.

（2）翻白草 *Potentilla discolor* Bge.

（3）蛇含委陵菜 *Potentilla kleiniana* Wight et Arn.

（4）银叶委陵菜 *Potentilla leuconota* D. Don

（5）三叶委陵菜 *Potentilla freyniana* Bornm.

19）火棘属 *Pyracantha* Roem.

（1）全缘火棘 *Pyracantha ataiantioides*（Hance）Stapf

（2）火棘 *Pyracantha fortuneana*（Maxim）H. L. Li.

20）梨属 *Pyrus* L.

（1）豆梨 *Pyrus calleryana* Decne.

（2）麻梨 *Pyrus serrulata* Rehd.

（3）杜梨 *Pyrus betulaefolia* Bge.

21）蔷薇属 *Rosa* L.

（1）小果蔷薇 *Rosa cymosa* Tratt.

（2）卵果蔷薇 *Rosa helenae* Rehd. et Wils.

（3）软条七蔷薇 *Rosa henryi* Bouleng.

（4）金樱子 *Rosa laevigata* Michx.

（5）野蔷薇 *Rosa multiflora* Thunb.

（6）峨眉蔷薇 *Rosa omeiensis* Rolfe

（7）缫丝花 *Rosa roxburghii* Tratt.

22）悬钩子属 *Rubus* L.

（1）竹叶鸡爪茶 *Rubus bambusarum* Focke

（2）毛萼莓 *Rubus chroosepalus* Focke

（3）山莓 *Rubus corchorifolius* L. f.

（4）插田泡 *Rubus coreanus* Miq.

（5）鸡爪茶 *Rubus henryi* Hemsl. et Ktze.

（6）宜昌悬钩子 *Rubus ichangensis* Hemsl. et Ktze.

（7）白叶莓 *Rubus innominatus* S. Moore

（8）高粱泡 *Rubus lambertianus* Ser.

（9）棠叶悬钩子 *Rubus malifolius* Focke

（10）喜阴悬钩子 *Rubus mesogaeus* Focke

（11）针刺悬钩子 *Rubus pungens* Camb.

（12）乌泡子 *Rubus parkeri* Hance

（13）锈毛莓 *Rubus reflexus* Ker.

（14）单茎悬钩子 *Rubus simplex* Focke

（15）灰毛泡 *Rubus irenaeus* Focke

（16）黄泡 *Rubus pectinellus* Maxim.

（17）攀枝莓 *Rubus flagelliflorus* Focke ex Diels

23）地榆属 *Sanguisorba* L.

（1）地榆 *Sanguisorba officinalis* L.

24）珍珠梅属 *Sorbaria*（Ser.）A. Br. ex Aschers.

（1）高丛珍珠梅 *Sorbaria arborea* Schneid.

25）花楸属 *Sorbus* L.

（1）水榆花楸 *Sorbus alnifolia*（S. et Z.）K. Koch

（2）美脉花楸 *Sorbus caloneura*（Stapf）Rehd.

（3）石灰花楸 *Sorbus folgneri*（Schneid.）Rehd.

（4）球穗花楸 *Sorbus glomerulata* Koehne

（5）湖北花楸 *Sorbus hupehensis* Schneid.

（6）毛序花楸 *Sorbus keissleri*（Schneid.）Rehd.

（7）长果花楸 *Sorbus zahlbruckneri* Schneid

（8）华西花楸 *Sorbus wilsoniana* Schneid.

26）绣线菊属 *Spiraea* L.

（1）中华绣线菊 *Spiraea chinensis* Maxim.

（2）翠蓝绣线菊 *Spiraea henryi* Hemsl.

（3）疏毛绣线菊 *Spiraea hirsuta*（Hemsl.）Schneid.

（4）渐尖粉花绣线菊 *Spiraea japonica* L. var. *acuminata* Franch.

（5）李叶绣线菊 *Spiraea prunifolia* S. et Z.

（6）鄂西绣线菊 *Spiraea veitchii* Hemsl.

27）红果树属 *Stranvaesia* Lindl.

（1）波叶红果树 *Stranvaesia davidiana* var. *undulata*（Decne.）Rehd. et Wils.

## 58. 蜡梅科 Calycanthaceae

1）蜡梅属 *Chimonanthus* Lindl.

（1）蜡梅 *Chimonanthus praecox*（L.）Link

## 59. 含羞草科 Mimosaceae

1）合欢属 *Albizia* Durazz.

（1）合欢 *Albizia julibrissin* Durazz.

（2）山合欢 *Albizia kalkora*（Roxb.）Prain

## 60. 苏木科 Caesalpiniaceae

1）羊蹄甲属 *Bauhinia* L.

（1）湖北羊蹄甲 *Bauhinia hupehana* Craib.

2）云实属 *Caesalpinia* L.

（1）华南云实 *Caesalpinia crista* L.

（2）云实 *Caesalpinia decapetala*（Roth）Alston

3）决明属 *Cassia* L.

（1）含羞草决明 *Cassia mimosoides* L.

（2）豆茶决明 *Cassia nomame*（Sieb.）Kitag.

（3）望江南 *Cassia occidentalis* L.

4）紫荆属 *Cercis* L.

（1）紫荆 *Cercis chinensis* Bge.

5）皂荚属 *Gleditsia* L.

（1）皂荚 *Gleditsia sinensis* Lam.

## 61. 蝶形花科 Papilionaceae

1）紫穗槐属 *Amorpha* L.

（1）紫穗槐 *Amorpha fruticosa* L.

2）两型豆属 *Amphicarpaea* Elliott ex Nutt.

（1）三籽两型豆 *Amphicarpaea trispema*（Miq.）Baker ex Jacks.

3）黄芪属 *Astragalus* L.

（1）紫云英 *Astragalus sinicus* L.

4）杭子梢属 *Campylotropis* Bge.

（1）宜昌杭子梢 *Campylotropis ichangensis* Schindl.

5）香槐属 *Cladrastis* Raf.

（1）小花香槐 *Cladrastis sinensis* Hemsl.

（2）香槐 *Cladrastis wilsonii* Takeda

6）黄檀属 *Dalbergia* L. f.

（1）大金刚藤黄檀 *Dalbergia dyeriana* Prain ex Harms

（2）黄檀 *Dalbergia hupehana* Hance

（3）含羞草叶黄檀 *Dalbergia mimosoides* Franch.

7）山蚂蝗属 *Desmodium* Desv.

（1）小槐花 *Desmodium caudatum*（Thunb.）DC.

（2）小叶山绿豆 *Desmodium microphyllum*（Thunb.）DC.

（3）圆菱叶山蚂蝗 *Desmodium podocarpus* DC.

（4）山蚂蝗 *Desmodium racemosum*（Thunb.）DC.

（5）饿蚂蝗 *Desmodium sambuense*（D. Don）DC.

（6）波叶山蚂蝗 *Desmodium sesquax* Wall.

8）山黑豆属 *Dumasia* DC.

（1）山黑豆 *Dumasia truncata* S. et Z.

9）山豆根属 *Euchresta* Benn.

（1）管萼山豆根 *Euchresta tubulosa* Dunn

10）大豆属 *Glycine* Willd.

（1）野大豆 *Glycine soja* S. et Z.

11）米口袋属 *Gueldenstaedtia* Fisch.

（1）米口袋 *Gueldenstaedtia multifolia* Bge.

12）槐蓝属 *Indigofera* L.

（1）多花槐蓝 *Indigofera amblyantha* Craib

（2）铁扫帚 *Indigofera bungeana* Walp.

（3）马棘 *Indigofera pseudotinctoria* Mats.

13）鸡眼草属 *Kummerowia* Schindl.

（1）鸡眼草 *Kummerowia striata*（Thunb.）Schindl.

14）香豌豆属 *Lathyrus* L.

（1）牧地香豌豆 *Lathyrus pratensis* L.

15）胡枝子属 *Lespedeza* Michx.

（1）绿叶胡枝子 *Lespedeza buergeri* Miq.

（2）中华胡枝子 *Lespedeza chinensis* G. Don

（3）截叶铁扫帚 *Lespedeza cuneata*（Dum. Cours.）G. Don

（4）大叶胡枝子 *Lespedeza davidii* Franch.

（5）达呼尔胡枝子 *Lespedeza davurica*（Laxm.）Schindl.

（6）美丽胡枝子 *Lespedeza formosa*（Vog.）Koehne.

（7）铁马鞭 *Lespedeza pilosa*（Thunb.）S. et Z.

（8）山豆花 *Lespedeza tomentosa*（Thunb.）Sieb. Ex Maxim.

（9）细梗胡枝子 *Lespedeza virgata*（Thunb.）DC.

16）百脉根属 *Lotus* L.

（1）百脉根 *Lotus corniculatus* L.

17）苜蓿属 *Medicago* L.

（1）南苜蓿 *Medicago hispida* Gaertn.

（2）小苜蓿 *Medicago minima*（L.）Lam.

18）草木樨属 *Melilotus* Mill.

（1）白香草木樨 *Melilotus albus* Oesr.

（2）印度草木樨 *Melilotus indicus*（L.）All.

（3）草木樨 *Melioltus suaveolens* Ledeb.

19）崖豆藤属 *Millettia* Wignt et Arn.

（1）香花崖豆藤 *Millettia dielsiana* Harms.

20）油麻藤属 *Mucuna* Adans.

（1）常春油麻藤 *Mucuna sempervirens* Hemsl.

21）红豆属 *Ormosia* G. Jacks.

（1）花榈木 *Ormosia henryi* Prain

（2）红豆 *Ormosia hosiei* Hemsl. et Wils.

22）长柄山蚂蟥属 *Podocarpium*（Benth.）Yang et Huang

（1）长柄山蚂蟥 *Podocarpium podocarpum*（DC.）Yang et Huang

（2）宽卵叶长柄山蚂蟥 *Podocarpium podocarpum* var. *fallax*

23）葛属 *Pueraria* DC.

（1）野葛 *Pueraria lobata*（Willd.）Ohwi

24）鹿藿属 *Rhynchosia* Lour.

（1）菱叶鹿藿 *Rhynchosia dielsii* Harms

25）刺槐属 *Robinia* L.

（1）刺槐 *Robinia pseudoacacia* L.

26）槐属 *Sophora* L.

（1）苦参 *Sophora flavescens* Ait.

（2）槐树 *Sophora japonica* L.

（3）白刺花 *Sophora viciifolia* Hance

27）苦马豆属 *Sphaerophysa* DC.

（1）羊尿泡 *Sphaerophysa salsula*（Pall.）DC.

28）车轴草属 *Trifolium* L.

（1）红花车轴草 *Trifolium pratense* L.

（2）白车轴草 *Trifolium repens* L.

29）野碗豆属 *Vicia* L.

（1）山野豌豆 *Vicia amoema* Fissh.

（2）广布野碗豆 *Vicia cracca* L.

（3）小巢菜 *Vicia hirsuta*（L.）S. F. Gray

（4）假香豌豆 *Vicia pseudo – orobus* Fisch. et Mey.

（5）救荒野豌豆 *Vicia sativa* L.

30）紫藤属 *Wisteria* Nutt.

（1）紫藤 *Wisteria sinensis*（Sims.）Sweet.

31）田皂角属 *Aeschynomene* L.

（1）田皂角 *Aeschynomene indice* L.

32）锦鸡儿属 *Caragana* Fabr.

（1）锦鸡儿 *Caragana sinica*（Buchoz）Rehd.

33）猪屎豆属 *Crotalaria* L.

（1）响铃豆 *Crotalaria albida* Heyne ex Roth

34）鱼藤属 *Derrias* Lour.

（1）中南鱼藤 *Derrias fordii* Oliv.

35）岩黄芪属 *Hedysarum* L.

（1）多序岩黄芪 *Hedysarum polybotrys* H. – M.

## 62. 旌节花科 Stachyuraceae

1）旌节花属 *Stachyurus* S. et Z.

（1）中国旌节花 *Stachyurus chinensis* Franch.

（2）西域旌节花 *Stachyurus himalaious* Hk. f. et Thoms. ex Benth.

（3）宽叶旌节花 *Stachyurus chinensis* Franch. ssp. *latus*（Li）Y . C. Tang et Y. L. Cao

## 63. 金缕梅科 Hamamelidaceae

1）蜡瓣花属 *Corylopsis* S. et Z.

（1）蜡瓣花 *Corylopsis sinensis* Hemsl.

（2）红药蜡瓣花 *Corylopsis veitchiana* Bean

2）蚊母树属 *Distylium* S. et Z.

（1）小叶蚊母树 *Distylium buxifolium*（Hance）Merr.

（2）中华蚊母树 *Distylium chinense*（Franch.）Diels.

3）金缕梅属 *Hamamelis* Gronov. ex L.

（1）金缕梅 *Hamamelis mollis* Oliv.

4）枫香属 *Liquidambar* L.

（1）枫香 *Liquidambar formosana* Hance

5）檵木属 *Loropetalum* R. Br.

（1）檵木 *Loropetalum chinense*（R. Br.）Oliv.

6）山白树属 *Sinowilsonia* Hemsl.

（1）山白树 *Sinowilsonia henryi* Hemsl.

7）水丝梨属 *Sycopsis* Oliv.

（1）水丝梨 *Sycopsis sinensis* Oliv.

## 64. 杜仲科 Eucommiaceae

1）杜仲属 *Eucommia* Oliv.

（1）杜仲 *Eucommia ulmoides* Oliv.

## 65. 黄杨科 Buxaceae

1）黄杨属 *Buxus* L.

（1）大花黄杨 *Buxus henryi* Mayr

（2）黄杨 *Buxus sinica*（Rehd. et Wils.）Cheng ex M. Cheng.

（3）尖叶黄杨 *Buxus sinica*（Rehd. et Wils.）Cheng ex M. Cheng ssp. *aemulans*（Rehd. et Wils.）M. Cheng

2）野扇花属 *Sarcococca* Lindl.

（1）双蕊野扇花 *Sarcococca hookerlana* var. *digyna* France.

（2）小野扇花 *Sarcococca humilis* Stapf

（3）野扇花 *Sarcococca ruscifolia* Stapf

（4）东方野扇花 *Sarcococca orientalis* C. Y. Wu

3）板凳果属 *Pachysandra* Michx.

（1）顶花板凳果 *Pachysandra terminalis* S . et Z.

## 66. 杨柳科 Salicaceae

1）杨属 *Populus* L.

（1）响叶杨 *Populus adenopoda* Maxim.

（2）大叶杨 *Populus lasiocarpa* Oliv.

（3）椅杨 *Populus wilsonii* Schneid.

2）柳属 *Salix* L.

（1）川鄂柳 *Salix fargesii* Burk.

（2）紫枝柳 *Salix heterochroma* Seem.

（3）旱柳 *Salix matsudana* Koidz.

（4）皂柳 *Salix wallichiana* Anderss.

（5）康定柳 *Salix paraplesia* Schneid.

## 67. 桦木科 Betulaceae

1）桦木属 *Betula* L.

（1）红桦 *Betula albo – sinensis* Burk.

（2）亮叶桦 *Betula luminifera* H. Winkler.

## 68. 榛科 Corylaceae

1）鹅耳枥属 *Carpinus* L.

（1）中华鹅耳枥 *Carpinus chinensis*（Franch.）Cheng

（2）千金榆 *Carpinus cordata* Bl.

（3）华千金榆 *Carpinus cordata* Bl. var. *chinensis* Franch.

（4）大穗鹅耳枥 *Carpinus fargesii* Franch.

（5）川陕鹅耳枥 *Carpinus fargesiana* H. Winkl.

（6）多脉鹅耳枥 *Carpinus polyneura* Franch.

（7）鹅耳枥 *Carpinus turczaninowii* Hance

2）榛属 *Corylus* L.

（1）华榛 *Corylus chinensis* Franch.

（2）藏刺榛 *Corylus ferox* Wall. var. *thibetica*（Batal.）Franch.

（3）川榛 *Corylus heterophylla fish.* ex Trautv. var. *sutchuenensis* Franch.

## 69. 壳斗科 Fagaceae

1）栗属 *Castanea* Mill.

（1）锥栗 *Castanea henryi* R. et W.

（2）栗 *Castanea mollissima* Bl.

（3）茅栗 *Castanea seguinii* Dode

2）栲属 *Castanopsis* Spach

（1）甜槠 *Castanopsis eyrei*（Champ. et Benth.）Tutch.

（2）栲树 *Castanopsis fargesii* Franch.

（3）钩锥 *Castanopsis tibetana* Hance

（4）苦槠 *Castanopsis sclerophylla*（Lindl.）Schott.

3）青冈属 *Cyclobalanopsis*（Endl.）Oerst.

（1）城口青冈 *Cyclobalanopsis* fargesii（Franch.）C. J. Qi

（2）青冈 *Cyclobalanopsis glauca*（Thunb.）Oerst.

（3）多脉青冈 *Cyclobalanopsis multinervis*（Cheng）Cheng

（4）细叶青冈 *Cyclobalanopsis myrsineafolia*（Bl.）Oerst.

（5）曼青冈 *Cyolobalanopsis oxyodon* Miq.

（6）小叶青冈 *Cyclobalanopsis granilis*（Rehd. et Wils.）Cheng et T. Hong

4）水青冈属 *Fagus* L.

（1）米心水青冈 *Fagus engleriana* Seem.

（2）水青冈 *Fagus longipetiolata* Seem.

5）石栎属 *Lithocarpus* Bl.

（1）包石栎 *Lithocarpus cleistocarpus*（Seem.）Rhed. et Wils.

（2）石栎 *Lithocarpus glaber*（Thunb.）Nakai

（3）绵柯 *Lithocarpus henryi*（Seem.）Rehd. et Wils.

6）栎属 *Quercus* L.

（1）岩栎 *Quercus acrodonta* Seem.

（2）槲栎 *Quercus aliena* Bl.

（3）锐齿槲栎 *Quercus aliena* var. *acuteserrata*

（4）匙叶栎 *Quercus dolicholepis* A. Camus

（5）巴东栎 *Quercus engleriana* Seem.

（6）乌冈栎 *Quercus phillyraeoides* A. Gray

（7）枹栎 *Quercus serrata* Thunb.

（8）短柄枹栎 *Quercus serrata* Thunb. var. *brevipetiolata*（DC.）Nakai

（9）刺叶栎 *Quercus spinosa* David ex Franch.

（10）栓皮栎 *Quercus variabilis* Bl.

（11）白栎 *Quercus fabir* Hance

## 70. 榆科 **Ulmaceae**

1）朴属 *Celtis* L.

（1）紫弹朴 *Celtis biondii* Pamp.

（2）珊瑚朴 *Celtis julianae* Schneid.

（3）黄果朴 *Celtis lavbilis* Schneid.

（4）朴树 *Celtis trtrandra* Roxb. sp. *sinensis*（Pers.）Y. C. Tang

2）青檀属 *Pteroceltis* Maxim.

（1）青檀 *Pteroceltis tatarinowii* Maxim.

3）榆属 *Ulmus* L.

（1）兴山榆 *Ulmus bergmanniana* Schneid.

（2）西蜀榆 *Ulmus bergmanniana* Schneid. var. *lasiophylla* Schneid.

（3）大果榆 *Ulmus macrocarpa* Hance.

（4）榔榆 *Ulmus parvifolia* Jacq.

（5）栗叶榆 *Ulmus castaneifolia* Hemsl.

（6）毛榆 *Ulums wilsoniana* Schneid.

4）榉树属 *Zelkova* Spach

（1）榉树 *Zelkova schneideriana* H. – M.

5）山黄麻属 *Trema* Lour.

（1）羽叶山黄麻 *Trema laevigata* H. – M.

## 71. 桑科 **Moraceae**

1）构属 *Broussonetia* L'Her. ex Vent.

（1）藤构 *Broussonetia kaempferi* Sieb.

（2）小构树 *Broussonetia kazinoki* S. et Z.

（3）构树 *Broussonetia papyrifera*（L.）L'Her. ex Vent.

2）柘树属 *Cudrania* Trec.

（1）柘树 *Cudrania tricuspidata*（Carr.）Bur.

3）水蛇麻属 *Fatoua* Gaud

（1）水蛇麻 *Fatoua villosa*（Thunb.）Nakai

4）榕属 *Ficus* L.

（1）尖叶榕 *Ficus henryi* Warb.

（2）异叶榕 *Ficus heteromorpha* Hemsl.

（3）薜荔 *Ficus pumila* L.

（4）珍珠莲 *Ficus sarmentosa* Buch. – Ham. ex J. E. Sm. var. *henryi*（King）Corner

（5）爬藤榕 *Ficus sarmentosa* Buch. – Ham. ex J. E. Sm. var. *impressa*（Champ.）Corner

（6）地枇杷 *Ficus tikoua* Bur.

（7）小果榕 *Ficus gaspariniana* Miq. var. *viridescens*（Levl. et Vant.）Corner

（8）琴叶榕 *Ficus pandurata* Hamce

5）桑属 *Morus* L.

（1）桑树 *Morus alba* L.

（2）鸡桑 *Morus australis* Poir.

（3）华桑 *Morus cathayana* Hemsl.

（4）蒙桑 *Morus mongolica* Schneid.

## 72. 荨麻科 Urticaceae

1）苎麻属 *Boehmeria* Jacq.

（1）序叶苎麻 *Boehmeria clidemioides* Miq. var. *diffusa*（Wedd.）H. – M.

（2）细苎麻 *Boehmeria gracilis* C. H. Wright

（3）苎麻 *Boehmeria nivea*（L.）Gaud.

（4）小赤麻 *Boehmeria spicata*（Thunb.）Thunb.

（5）长叶苎麻 *Boehmeria longispica* Steud.

（6）悬铃木叶苎麻 *Boehmeria platanifoila* Franch. et Sav.

（7）细序苎麻 *Boehmeria hamiltoniana* Wedd.

2）水麻属 *Debregeasia* Gaudich.

（1）长叶水麻 *Debregeasia longifolia*（Burm. f.）Wedd.

3）楼梯草属 *Elatostema* Gaud.

（1）骤尖楼梯草 *Elatostema cuspidata* Wight

（2）楼梯草 *Elatostema involucratum* Franch. et Sav.

（3）无梗楼梯草 *Elatostema sessile* Forst.

（4）庐山楼梯草 *Elatostema stewardii* Merr.

（5）西南楼梯草 *Elatostema stracheyanum* Wedd.

4）糯米团属 *Gonostegia* Turcz.

（1）糯米团 *Gonostegia hirta*（Bl.）Miq.

5）艾麻属 *Laportea* Gaud.

（1）珠芽艾麻 *Laportea bulbifera*（Sieb. et Zucc.）Wedd.

（2）艾麻 *Laportea cuspidata*（Wedd.）Friis

（3）螫麻 *Laportea dielsii* Pamp.

6）赤车属 *Pellionia* Gaud.

（1）蔓赤车 *Pellionia scabra* Benth.

7）冷水花属 *Pilea* Lindl.

（1）花叶冷水花 *Pilea cadierei* Gagnep.

（2）蒙古冷水花 *Pilea mongolica* Wedd.

（3）冷水花 *Pilea notata* C. H. Wright

（4）粗齿冷水花 *Pilea sinofasiata* C. J. Chen et B. Bartholomew

（5）石筋草 *Pilea plataniflora* C. H. Wright

（6）透茎冷水花 *Pilea pumila*（L.）A. Gray

（7）疣果冷水花 *Pilea verrucosa* H. – M.

（8）急尖冷水花 *Pilea lomatogramma* Hand. – Mazz.

8）荨麻属 *Urtica* L.

（1）白荨麻 *Urtica fissa* Pritz.

（2）宽叶荨麻 *Urtica latevirens* Maxim.

（3）荨麻 *Urtica thunbergiana* S. et Z.

9）紫麻属 *Oreocnide* Miq.

（1）紫麻 *Oreocnide frutescens*（Thunb.）Miq.

## 73. 大麻科 **Cannabidaceae**

1）大麻属 *Cannabis* L.

（1）大麻 *Cannabis sativa* L.

2）葎草属 *Humulus* L.

（1）葎草 *Humulus scandens*（Lour.）Merr.

## 74. 冬青科 **Aquifoliaceae**

1）冬青属 *Ilex* L.

（1）针齿冬青 *Ilex centrochinensis* S. Y. Hu

（2）枸骨 *Ilex cornuta* Lindl. et Paxt.

（3）狭叶冬青 *Ilex fargesii* Franch.

（4）大果冬青 *Ilex macrocarpa* Oliv.

（5）小果冬青 *Ilex micrococca* Maxim.

（6）具柄冬青 *Ilex pedunculosa* Miq.

（7）冬青 *Ilex purpurea* Hassk.

（8）尾叶冬青 *Ilex wilsonii* Loes.

（9）康定冬青 *Ilex franchetiana* Loes.

（10）刺叶中型冬青 *Ilex intermedia* Loes. ex Diels var. *fangii*（Rehd.）S. Y. Hu

（11）长序大果冬青 *Ilex macrocarpa* Oliv. var. *longipedunculata* S. Y. Hu

（12）柳叶冬青 *Ilex metabaptista* Loes. ex Diels

（13）猫儿刺 *Ilex pernyi* Franch.

（14）香冬青 *Ilex suaveilens*（Levl.）Loes.

（15）四川冬青 *Ilex szechwanensis* Loes.

## 75. 卫矛科 Celastraceae

1）南蛇藤属 *Celastrus* L.

（1）苦皮藤 *Celastrus angulatus* Maxim.

（2）大芽南蛇藤 *Celastrus gemmatus* Loes.

（3）青江藤 *Celastrus hindsii* Benth.

（4）粉背南蛇藤 *Celastrus hypoleucus*（Oliv.）Warb. ex Loes.

（5）南蛇藤 *Celastrus orbiculatus* Thunb.

（6）藤木 *Clelastrus rogosus* Rehd et Wils.

（7）短梗南蛇藤 *Celastrus rosthornianus* Loes.

2）卫矛属 *Euonymus* L.

（1）刺果卫矛 *Euonymus acanthocarpus* Franch.

（2）卫矛 *Euonymus alatus*（Thunb.）Sieb.

（3）角翅卫矛 *Euonymus cornutus* Hemsl.

（4）细柄卫矛 *Euonymus euscaphis* H. – M. var. *gracilipes* Rehd.

（5）扶芳藤 *Euonymus fortunei*（Turcz.）H. – M.

（6）西南卫矛 *Euonymus hamiltonianus* Wall.

（7）大果卫矛 *Euonymus myrianthus* Hemsl.

（8）白杜卫矛 *Euonymus bungeanus* Maxim.

（9）胶东卫矛 *Euonymus kiautschovicus* Loes.

（10）垂丝卫矛 *Euonymus oxyphyllus* Miq.

（11）石枣子 *Euonymus sanguineus* Loes.

3）假卫矛属 *Microtropis* Wall. ex Meisn.

（1）三花假卫矛 *Microtropis triflora* Merr. et Freem.

4）雷公藤属 *Tripterygium* Hk. f.

（1）雷公藤 *Tripterygium wilfordii* Hk. f.

## 76. 茶茱萸科 Icacinaceae

1）无须藤属 *Hosiea* Hemsl. et Wils

（1）无须藤 *Hosiea sinensis*（Oliv.）Hemsl. et Wils

## 77. 铁青树科 Olacaceae

1）青皮木属 *Schoepfia* Schreb.

（1）青皮木 *Schoepfia jasminodora* S. et Z.

## 78. 桑寄生科 Loranthaceae

1）桑寄生属 *Loranthus* Jacq.

（1）椆寄生 *Loranthus delavayi* Van Tiegh.

2）钝果寄生属 *Taxillus van* Tiegh.

（1）四川寄生 *Taxillus sutchuenensis*（Lecomte）Danser

（2）松柏钝果寄生 *Taxillus caloreas*（Diels）Danser

3）槲寄生属 *Viscum* L.

（1）扁枝槲寄生 *Viscum articulatum* Burm. f.

（2）棱枝槲寄生 *Viscum diospyrosicolum* Hay.

## 79. 檀香科 Santalaceae

1）百蕊草属 *Thesium* L.

（1）百蕊草 *Thesium chinense* Turcz.

## 80. 蛇菰科 **Balanophoraceae**

1）蛇菰属 *Balanophora* J. R. et G. Forest.

（1）筒鞘蛇菰 *Balanophora involucrata* Hk. f

（2）蛇菰 *Balanophora japonica* Mak.

## 81. 鼠李科 **Rhamnaceae**

1）勾儿茶属 *Berchemia* Neck. ex DC.

（1）多花勾儿茶 *Berchemia floribunda*（Wall.）Brongn.

（2）勾儿茶 *Berchemia sinica* Schneid.

2）枳椇属 *Hovenia* Thunb.

（1）北枳椇 *Hovenia dulcis* Thunb.

（2）枳椇 *Hovenia acerba* Lindl.

3）马甲子属 *Paliurus* Tourn. ex Mill.

（1）铜钱树 *Paliurus hemsleyanus* Rehd.

4）猫乳属 *Rhamnella* Miq.

（1）猫乳 *Rhamnella franguloides*（Maxim.）Weberb.

（2）多脉猫乳 *Rhamnella martinii*（Levl.）Schneid.

5）鼠李属 *Rhamnus* L.

（1）长叶冻绿 *Rhamnus crenata* Sieb. et Zucc.

（2）圆叶鼠李 *Rhamnus globosa* Bge.

（3）薄叶鼠李 *Rhamnus leptophylla* Schneid.

（4）冻绿 *Rhamnus utilis* Decne.

（5）尼泊尔鼠李 *Rhamnus nepalensis*（Wall.）Laws.

6）雀梅藤属 *Sageretia* Brongn.

（1）皱叶雀梅藤 *Sageretia rugosa* Hance

（2）尾叶雀梅藤 *Sageretia subcaudata* Schneid.

（3）雀梅藤 *Sageretia thea*（Osbeck）Johnst.

7）枣属 *Ziziphus* Mill.

（1）无刺枣 *Ziziphus jujuba* Miu. var. *inermis*（Bge.）Rehd.

## 82. 胡颓子科 **Elaeagnaceae**

1）胡颓子属 *Elaeagnus* L.

（1）长叶胡颓子 *Elaeagnus bockii* Diels

（2）铜色叶胡颓子 *Elaeagnus cuprea* Rehd.

（3）巴东胡颓子 *Elaeagnuds difficilis* Serv.

（4）宜昌胡颓子 *Elaeagnus henryi* Warb. ex Diels

（5）披针叶胡颓子 *Elaeagnus lanceolata* Warb. ex Diels

（6）银果牛奶子 *Elaeagnus magna*（Serv.）Rehd.

（7）木半夏 *Elaeagnus multiflora* Thunb.

（8）蔓胡颓子 *Elaeagnus glabra* Thunb.

（9）牛奶子 *Elaeagnus umbellata* Thunb.

## 83. 葡萄科 **Vitaceae**

1）蛇葡萄属 *Ampelopsis* Michx.

（1）蓝果蛇葡萄 *Ampelopsis bodinieri*（Levl. et Vant.）Rhed.

（2）蛇葡萄 *Ampelopsis brevipedunculata*（Maxim.）Trautv.

（3）三裂叶蛇葡萄 *Ampelopsis delavayana* Planch. ex Franch.

（4）异叶蛇葡萄 *Ampelopsis humulifolia* Bge. var. *heterophylla*（Thunb.）K. Koch

（5）大叶蛇葡萄 *Ampelopsis megalophylla* Diels et Gilg

（6）白蔹 *Ampelopsis japonica*（Thunb.）Mak.

2）乌蔹莓属 *Cayratia* Juss.

（1）乌蔹莓 *Cayratia japonica*（Thunb.）Gagn.

（2）尖叶乌蔹莓 *Cayratia pseudotrifolia* W. T. Wang

3）爬山虎属 *Parthenocissus* Planch.

（1）三叶爬山虎 *Parthenocissus himalayana*（Royle）Planch.

（2）爬山虎 *Parthenocissus tricuspidata*（S. et Z.）Planch.

（3）异叶爬山虎 *Parthenocissus heterophylla*（Bl.）Merr.

（4）粉叶爬山虎 *Parthenocissus thomsonii*（Laws.）Planch.

4）崖爬藤属 *Tetrastigma* Planch.

（1）三叶崖爬藤 *Tetrastigma hemsleyanum* Diels et Gilg

（2）崖爬藤 *Tetrastigma obtectum*（Wall.）Planch.

（3）毛叶崖爬藤 *Tetrastigma obtectum*（Wall.）Planch. var. *pilosum* Gagn.

5）葡萄属 *Vitis* L.

（1）桦叶葡萄 *Vitis betulifolia* Diels et Gilg

（2）刺葡萄 *Vitis davidii*（Roman.）Foex.

（3）毛葡萄 *Vitis quinquangularis* Rehd.

（4）秋葡萄 *Vitis romanetii* Roman.

## 84. 芸香科 Rutaceae

1）松风草属 *Boenninghausenia* Reichb. ex Meissn.

（1）松风草 *Boenninghausenia albiflora*（Hk.）Reichb. ex Meissn.

2）柑橘属 *Citrus* L.

（1）宜昌橙 *Citrus ichangensis* Swingle

（2）甜橙 *Citrus sinensis*（L.）Osbeck◎

3）吴茱萸属 *Evodia* J. R. et G. Forst.

（1）臭檀 *Evodia daniellii*（Benn.）Hemsl.

（2）吴茱萸 *Evodia rutaecarpa*（Juss.）Benth

（3）密果吴茱萸 *Evodia compacta* H. － M.

4）黄柏属 *Phellodendron* Rupr.

（1）黄皮树 *Phellodendron chinensis* Schneid.

（2）秃叶黄皮树 *Phellodendron chinense* Schneid. var. *glabriusculum* Schneid.

5）裸芸香属 *Psilopeganum* Hemsl.

（1）裸芸香 *Psilopeganum sinense* Hemsl.

6）茵芋属 *Skimmia* Thunb.

（1）茵芋 *Skimmia japonica* Thunb. ssp. *reevesiana*（Fort.）N. P. Taylor et Airy － Shaw

7）飞龙掌血属 *Toddalia* Juss.

（1）飞龙掌血 *Toddalia asiatica*（L.）Lam.

8）花椒属 *Zanthoxylum* L.

（1）竹叶花椒 *Zanthoxylum armatum* DC.

（2）花椒 *Zanthoxylum bungeanum* Maxim.

（3）刺异叶花椒 *Zanthoxylum dimorphophyllum* Hemsl. var. *spinifolium* Rehd.

（4）蚬壳花椒 *Zanthoxylum dissitum* Hemsl.

（5）小花花椒 *Zanthoxylum micranthum* Hemsl.

（6）竹叶椒 *Zanthoxylum planispinum* S. et Z.

（7）狭叶岭南花椒 *Zanthoxylum austrosinense* Huang var. *stenophyllum* Huang

（8）野花椒 *Zanthoxylum simulans* Hance

（9）波叶花椒 *Zanthoxylum undulatifolium* Hemsl.

## 85. 苦木科 Simarubaceae

1）臭椿属 *Ailanthus* Desf.

（1）臭椿 *Ailanthus altissima*（Mill.）Swingle

（2）刺臭椿 *Ailanthus vilmoriniana* Dode

2）苦木属 *Picrasma* Bl.

（1）苦木 *Picrasma quassioides*（D. Don）Benn.

## 86. 楝科 Meliaceae

1）楝属 *Melia* L.

（1）楝 *Melia azedarach* L.

2）香椿属 *Toona*（Endl.）Roem.

（1）红椿 *Toona ciliata* Roem.

（2）香椿 *Toona sinensis*（A. Juss.）Roem.

## 87. 无患子科 Sapindaceae

1）栾树属 *Koelreuteria* Laxm.

（1）栾树 *Koelreuteria paniculata* Lzxm.

2）无患子属 *Sapindus* L.

（1）无患子 *Sapindus mukoross* Gaertn.

## 88. 七叶树科 Aesculiaceae

1）七叶树属 *Aesculus* L.

（1）七叶树 *Aesculus chinensis* Bge.

（2）天师栗 *Aesculus wilsonii* Rehd.

## 89. 槭树科 Aceraceae

1）槭树属 *Acer* L.

（1）阔叶槭 *Acer amplum* Rehd.

（2）紫果槭 *Acer cordatum* Pax.

（3）青榨槭 *Acer davidii* Franch.

（4）红果罗浮槭 *Acer fabri* Hance var. *rubrocarpum* Metc.

（5）扇叶槭 *Acer flabellatum* Rehd.

（6）房县槭 *Acer franchetii* Pax

（7）血皮槭 *Acer griseum*（Franch.）Pax

（8）建始槭 *Acer henryi* Pax

（9）长柄槭 *Acer longipes* Franch. ex Rehd.

（10）五尖槭 *Acer maximowiczii* Pax

（11）色木槭 *Acer mono* Maxim.

（12）飞蛾槭 *Acer oblongum* Wall.

（13）五裂槭 *Acer oliverianum* Pax

（14）鸡爪槭 *Acer palmatum* Thunb

（15）中华槭 *Acer sinense* Pax

（16）绿叶飞蛾槭 *Acer oblongum* Wall. ex DC. var. *concolor* Pax

（17）叉叶槭 *Acer robustum*

2）金钱槭属 *Dipteronia* Oliv.

（1）金钱槭 *Dipteronia sinensis* Oliv.

## 90. 清风藤科 Sabiaceae

1）泡花树属 *Meliosma* Bl.

（1）珂楠树 *Meliosma beaniana* Rehd. et Wils.

（2）泡花树 *Meliosma cuneifolia* Franch.

（3）垂枝泡花树 *Meliosma flexuoda* Pamp.

（4）红枝柴 *Meliosma oldhamii* Maxim.

（5）暖木 *Meliosma veitchiorum* Hemsl.

2）清风藤属 *Sabia* Colebr.

（1）鄂西清风藤 *Sabia campanulata* Diels ssp. *ritchieae*（Rehd. et Wils.）Y. F. Wu

（2）四川清风藤 *Sabia schumanniana* Diels

## 91. 省沽油科 Staphyleaceae

1）野鸦椿属 *Euscaphis* S. et Z.

（1）野鸦椿 *Euscaphis japonica*（Thunb.）Kantiz

2）省沽油属 *Staphylea* L.

（1）省沽油 *Staphylea bumalda* DC.

（2）膀胱果 *Staphylea holocarpa* Hemsl.

（3）玫红省沽油 *Staphylia holocarpa* Hemsl. var. *rosea* Redh. Et Wils.

3）瘿椒树属 *Tapiscia* Oliv.

（1）瘿椒树 *Tapiscia sinensis* Oliv.

## 92. 漆树科 Anacardiaceae

1）南酸枣属 *Choerospondias* Burtt et Hill

（1）南酸枣 *Choerospondias axillaris*（Roxb.）Burtt et Hill

2）黄栌属 *Cotinus*（Tourn.）Mill.

（1）毛黄栌 *Cotinus coggygria* Scop. var. *pubescens* Engl.

3）黄连木属 *Pistacia* L.

（1）黄连木 *Pistacia chinensis* L.

4）盐肤木属 *Rhus*（Tourn.）L. emend. Moench

（1）盐肤木 *Rhus chinensis* Mill.

（2）青麸杨 *Rhus potaninii* Maxim.

（3）红麸杨 *Rhus punjabensis* Stew. var. *sinica*（Didls）Redh. et Wils.

（4）三叶漆 *Rhus ambigua* Lavallee

5）漆树属 *Toxicodendron*（Tourn.）Mill.

（1）野漆树 *Toxicodendron succedaneum*（L.）O. Ktze.

（2）毛漆树 *Toxicodendron trichocarpum*（Miq.）O. Ktze.

（3）漆树 *Toxicodendron verniciflum*（Stokes）F. A. Barkl.

（4）刺果漆 *Toxicodendron radicans*（L.）O. Ktze. sp. *hispidum*（Engl.）Gillis

（5）木蜡树 *Toxicodendron sylvestre*（S. Et Z.）O. Ktze.

## 93. 胡桃科 Juglandaceae

1）青钱柳属 *Cyclocarya* Iljinsk.

（1）青钱柳 *Cyclocarya paliurus*（Batal.）Iljinsk.

2）胡桃属 *Juglans* L.

（1）野核桃 *Juglans cathayensis* Dode

（2）胡桃 *Juglans regia* L.

3）化香树属 *Platycarya* S. et Z.

（1）化香树 *Platycarya strobilacea* S. et Z.

4）枫杨属 *Pterocarya* Kunth

（1）湖北枫杨 *Pterocarya hupehensis* Skan

（2）枫杨 *Pterocarya stenoptera* C. DC.

## 94. 四照花科 Cornaceae

1）桃叶珊瑚属 *Aucuba* Thunb.

（1）桃叶珊瑚 *Aucuba chinensis* Benth.

（2）西藏桃叶珊 *Aucuba himalaica* Hk. f. et Thoms.

（3）倒心叶桃叶珊瑚 *Aucuba himalaica* Hk. f. et Thoms. var. *obcordata*（Redh.）Q. Y. Xiang

2）梾木属 *Cornus* L.

（1）灯台树 *Cornus controversa* Hemsl. ex Prain

（2）红椋子 *Cornus hemsleyi* Schneid. et Wanger.

（3）梾木 *Cornus macrophylla* Wall.

（4）沙梾 *Cornus bretschneideri* L. Henry

（5）毛梾 *Cornus walteri* Wanger.

（6）光皮梾木 *Cornus wilsoniana* Wanger.

3）四照花属 *Dendrobenthamia* Hutch.

（1）尖叶四照花 *Dendrobenthamia angustata*（Chun）Fang

（2）绒毛尖叶四照花 *Dendrobenthamia angustata*（Chun）Fang. var. *mollis*（Redh.）Fang

（3）四照花 *Dendrobenthamia japonica*（A. P. DC.）Fang var. *chinensis*（Osborn）Fang

4）青荚叶属 *Helwingia* Willd.

（1）中华青荚叶 *Helwingia chinensis* Batal.

（2）小叶青荚叶 *Helwingia chinensis* Batal. var. *microphylla* Fang et Soong

（3）青荚叶 *Helwingia japonica*（Thunb.）Dietr.

（4）乳凸青荚叶 *Helwingia japonica*（Thunb.）Dietr. var. *papillosa* Fang et Soong

（5）西藏青荚叶 *Helwingia himalaica* Hk. f. et Thoms. ex C. B. Clarke

（6）峨眉青荚叶 *Helwingia omeiensis*（Fang）Hara et Kurosawa ex Hara

5）山茱萸属 *Macrocarpium*（Spach）Nakai

（1）川鄂山茱萸 *Macrocarpium chinensis*（Wanger.）Hutch.

（2）山茱萸 *Macrocarpium officinale*（S. et Z.）Nakai

## 95. 八角枫科 Alangiaceae

1）八角枫属 *Alangium* Lam.

（1）八角枫 *Alangium chinense*（Lour.）Harms

（2）瓜木 *Alangium platanifolium*（S. et Z.）Harms

（3）长毛八角枫 *Alangium kurzii* Craib

## 96. 珙桐科 Nyssaceae

1）喜树属 *Camptotheca* Decne

（1）喜树 *Camptotheca acuminata* Decne

2）珙桐属 *Davidia* Baill.

（1）珙桐 *Davidia involucrata* Baill.

（2）光叶珙桐 *Davidia involucrata* Baill. var. *vilmoriniana*（Dode）Wanger.

3）蓝果树属 *Nyssa* L.

（1）蓝果树 *Nyssa sinensis* Oliv.

## 97. 五加科 Araliaceae

1）五加属 *Acanthopanax* Miq.

（1）吴茱萸五加 *Acanthopanax* Franch.

（2）五加 *Acanthopanax gracilistylus* W. W. Sm.

（3）短毛五加 *Acanthopanax gracilistylus* W. W. Sm. var. *pubescens*（Pamp.）

（4）柔毛五加 *Acanthopanax gracilistylus* W. W. Sm. var. *villosulus*（Harms）Li

（5）糙叶五加 *Acanthopanax henryi*（Oliv.）Harms

（6）蜀五加 *Acanthopanax setchuenensis* Herms ex Diels

（7）白簕 *Acanthopanax trifoliatus*（L.）Merr.

（8）藤五加 *Acanthopanax leucorrhizus*（Oliv.）Harms

2）楤木属 *Aralia* L.

（1）楤木 *Aralia chinensis* L.

（2）白背叶楤木 *Aralia chinensis* L. var. *nuda* Nakai

（3）毛叶楤木 *Aralia dasyphylloides*（H. - M.）J. Wen

（4）柔毛龙眼独活 *Aralia henryi* Harms

3）常春藤属 *Hedera* L.

（1）常春藤 *Hedera nepalensis* K. Koch var. *sinensis*（Tobl.）Rehd.

4）刺楸属 *Kalopanax* Miq.

（1）刺楸 *Kalopanax septemlobus*（Thunb.）Koidz.

5）梁王茶属 *Nothopanax* Miq.

（1）异叶梁王茶 *Nothopanax davidii*（Franch.）Harms ex Diels

6）人参属 *Panax* L.

（1）大叶三七 *Panax pseudo - ginseng* Wall. var. *japonicus*（C. A. Mey.）Hoo et Tseng

7）鹅掌柴属 *Schefflera* J. R. et G. Forst.

（1）穗序鹅掌柴 *Schefflera delavayi*（Franch.）Harms ex Diels

8）通脱木属 *Tetrapanax* K. Koch

（1）通脱木 *Tetrapanax papyriferus*（Hook.）K. Koch

## 98. 鞘柄木科 **Torricelliaceae**

1）鞘柄木属 *Torricellia* DC.

（1）角叶鞘柄木 *Torricellia angulata* Oliv.

## 99. 伞形科 **Umbelliforae**

1）当归属 *Angelica* L.

（1）拐芹 *Angelica polymorpha* Maxim.

（2）毛当归 *Angelica pubescens* Maxim.

（3）重齿毛当归 *Angelica pubescens* Maxim. F. Biserrata Shan et Yuan

（4）当归 *Angelica sinensis*（Oliv.）Diels

2）柴胡属 *Bupleurum* L.

（1）坚挺柴胡 *Bupleurum longicaule* Wall. ex DC. var. *strictum* Clarke.

（2）竹叶柴胡 *Bupleurum marginatum* Wall. ex DC.

3）蛇床属 *Cnidium* Cuss.

（1）蛇床 *Cnidium monnieri*（L.）Cuss.

4）鸭儿芹属 *Cryptotaenia* DC.

（1）鸭儿芹 *Cryptotaenia japonica* Hassk.

5）胡萝卜属 *Daucus* L.

（1）野胡萝卜 *Daucus carota* L.

6）茴香属 *Foeniculum* Mill.

（1）茴香 *Foeniculum vulgare* Mill.

7）独活属 *Heracleum* L.

（1）白亮独活 *Heracleum candicans* Wall. ex DC.

（2）独活 *Heracleum hemsleyanum* Diels

8）天胡荽属 *Hydrocotyle* L.

（1）天胡荽 *Hydrocotyle sibthorpioides* Lam.

（2）破铜钱 *Hydrocotyle sibthorpioides* Lam. var. *batrachium*（Hance）H. – M.

（3）鄂西天胡荽 *Hydrocotyle wilsonii* Diels ex Wolff

9）藁本属 *Ligusticum* L.

（1）短叶藁本 *Ligusticum brachylobum* Franch.

（2）藁本 *Ligusticum sinense* Oliv.

（3）川芎 *Ligusticum sinense* Oliv. cv. 'Chuanxiong'

10）羌活属 *Notopterygium* H. Boiss.

（1）宽叶羌活 *Notopterygium forbesii* Boiss.

11）水芹属 *Oenanthe* L.

（1）水芹 *Oenanthe javanica*（Bl.）DC.

12）前胡属 *Peucedanum* L.

（1）紫花前胡 *Peucedanum decursivum*（Miq.）Maxim.

（2）华中前胡 *Peucedanum medicum* Dunn

（3）白花前胡 *Peucedanum praeruptorum* Dunn

13）似囊果芹属 *Physospermopsis* Wolff

　　（1）似囊果芹 *Physispermopsis delavayi*（Franch.）Wolff

14）茴芹属 *Pimpinella* L.

　　（1）异叶茴芹 *Pimpinella diversifolia* DC.

　　（2）尾尖茴芹 *Pimpinella caudata*（Franch.）Wolff

　　（3）菱叶茴芹 *Pimpinella rhombidea* Diels

15）囊瓣芹属 *Pternopetalum* Franch.

　　（1）膜蕨囊瓣芹 *Pternopetalum trichomanifolium*（Franch.）H. – M.

　　（2）异叶囊瓣芹 *Pternopetalum heterophyllum* H. – M.

16）变豆菜属 *Sanicula* L.

　　（1）变豆菜 *Sanicula chinensis* Bge.

　　（2）薄片变豆菜 *Sanicula lamelligera* Hance

　　（3）直刺变豆菜 *Sanicula orthacantha* S. Moore

17）防风属 *Saposhnikovia* Schischk.

　　（1）防风 *Saposhnikovia divaricata*（Trucz.）Schischk.

18）窃衣属 *Torilis* Adans.

　　（1）窃衣 *Torilis scabra*（Thunb.）DC.

　　（2）小窃衣 *Torilis japonica*（Houtt.）DC.

19）积雪草属 *Centella* L.

　　（1）积雪草 *Centella asiatica*（L.）Urban

20）川明参属 *Chuanminshen* Sheh et Shan

　　（1）川明参 *Chuanminshen viliaceum* Sheh et Shan

## 100. 山柳科 Clethraceae

1）山柳属 *Clethra* Gronov. ex L.

　　（1）华中山柳 *Clethra fargesii* Franch.

## 101. 杜鹃花科 Ericaceae

1）吊钟花属 *Enkianthus* Lour.

　　（1）灯笼花 *Enkianthus chinensis* Franch.

　　（2）吊钟花 *Enkianthus quinqueflorus* Lour.

2）南烛属 *Lyonia* Nutt.

　　（1）小果南烛 *Lyonia ovalifolia*（Wall.）Drude var *elliptica*（S. et Z.）H. – M.

　　（2）毛果南烛 *Lyonia ovalifolia*（Wall.）Drude var. *hebecarpa*（Franch. ex Forbes et Hemsl.）Chun

3）杜鹃花属 *Rhododendron* L.

　　（1）毛肋杜鹃 *Rhododendron augustinii* Hemsl.

　　（2）腺萼马银花 *Rhododendron backii* Levl.

　　（3）喇叭杜鹃 *Rhododendron discolor* Franch.

　　（4）云锦杜鹃 *Rhododendron fortunei* Lindl

　　（5）麻花杜鹃 *Rhododendron maculiferum* Franch.

　　（6）满山红 *Rhododendron mariesii* Hemsl. et Wils.

　　（7）照山白 *Rhododendron micranthum* Turcz.

（8）映山红 *Rhododendron simsii* Planch.

（9）四川杜鹃 *Rhododendron sutchuenense* Franch.

（10）耳叶杜鹃 *Rhododendron auriculatum* Hensl.

（11）秀雅杜鹃 *Rhododendron concinnum* Hemsl.

（12）粉红杜鹃 *Rhododendron oreodoxa* Franch. var. *fargesii*（Franch.）Chamb. ex Cullen et Chamb.

（13）马银花 *Rhododendron ovatum* Planch.

（14）早春杜鹃 *Rhododendron praevernum* Hutch.

## 102. 鹿蹄草科 Pyrolaceae

1）鹿蹄草属 *Pyrola* L.

（1）鹿蹄草 *Pyrola calliantha* H. Andr.

（2）普通鹿蹄草 *Pyrola decorata* H. Andr.

## 103. 越橘科 Vacciniaceae

1）越橘属 *Vaccinium* L.

（1）无梗越橘 *Vaccinium henryi* Hemsl.

（2）扁枝越橘 *Vaccinium japonicum* Miq. var. *sinicum*（Nakai）Rehd.

（3）米饭花 *Vaccinium sprengelii*（G. Don）Sleum.

（4）江南越橘 *Vaccinium mandarinorum* Diels

## 104. 水晶兰科 Monotropaceae

1）水晶兰属 *Monotropa* L.

（1）水晶兰 *Monotropa uniflora* L.

2）松下兰属 *Hypopitys* L.

（1）毛花松下兰 *Hypopitys monotropa* Grantz var. *hirsuta* Roth

## 105. 柿树科 Ebenaceae

1）柿树属 *Diospyros* L.

（1）乌柿 *Diospyros cathayensis* A. N. Stwand

（2）柿树 *Diospyros kaki* Thunb. ○

（3）野柿 *Diospyros kaki* Thunb. var. *sylvestris* Mak.

（4）君迁子 *Diospyros lotus* L.

## 106. 紫金牛科 Myrsinaceae

1）紫金牛属 *Ardisia* Swartz

（1）朱砂根 *Ardisia crenata* Sims

（2）百两金 *Ardisia crispa*（Thunb.）A. DC.

（3）紫金牛 *Ardisia japonia*（Thunb.）Bl.

（4）红凉伞 *Ardisia crenata* Sims var. *bicolor*（Walk.）C. Y. Wu et C. Chen

2）杜茎山属 *Maesa* Forsk.

（1）杜茎山 *Maesa japonica*（Thunb.）Moritzi ex Zoll.

3）铁仔属 *Myrsine* L.

（1）铁仔 *Myrsine africana* L.

## 107. 安息香科 Styracaceae

1）赤杨叶属 *Alniphyllum* Matsum.

（1）赤杨叶 *Alniphyllum fortunei*（Hemsl.）Mak.

2）白辛属 *Pterostyrax* S. et Z.

（1）白辛树 *Pterostyrax psilophyllus* Diels ex Perk.

3）野茉莉属 *Styrax* L.

（1）老鸹铃 *Styrax hemsleyanus* Dials

（2）野茉莉 *Styrax japonicus* S. et Z.

（3）粉花安息香 *Styrax roseus* Dunn

（4）垂珠花 *Styrax dasyanthus* Perk.

（5）栓叶安息香 *Styrax suberifolius* Hk. et Arn.

## 108. 山矾科 **Symplocaceae**

1）山矾属 *Symplocos* Jacq.

（1）薄叶山矾 *Symplocos anomala* Brand

（2）华山矾 *Symplocos chinensis*（Lour.）Druce

（3）光亮山矾 *Symplocos lucida*（Thunb.）Sieb. et Zucc.

（4）白檀 *Symplocos paniculata*（Thunb.）Miq.

（5）老鼠矢 *Symplocos stellaris* Brand

（6）叶萼山矾 *Symplocos phyllocalyx* Clarke

（7）多花山矾 *Symplocos ramosissima* Wall. ex G. Don

（8）山矾 *Symplocos sumuntia* Buch. – Ham. ex D. Don

## 109. 马钱科 **Loganiaceae**

1）醉鱼草属 *Buddleja* L.

（1）巴东醉鱼草 *Buddleja albiflora* Hemsl.

（2）大叶醉鱼草 *Buddleja davidii* Franch.

（3）醉鱼草 *Buddleja lindleyana* Fort . et Lindl.

（4）密蒙花 *Buddleja officinalis* Maxim.

## 110. 木犀科 **Oleaceae**

1）连翘属 *Forsythia* Vahl

（1）连翘 *Forsythia suspensa*（Thunb.）Vahl

2）白蜡树属 *Fraxinus* L.

（1）光叶蜡树 *Fraxinus griffithii* C. B. Clarke

（2）苦枥木 *Fraxinus retusa* Champ. ex Benth.

（3）白蜡树 *Fraxinus chinensis* Roxb.

3）素馨属 *Jasminum* Bge.

（1）清香藤 *Jasminum lanceolarium* Roxb.

（2）探春 *Jasminum floridum* Bge.

4）女贞属 *Ligustrum* L.

（1）兴山蜡树 *Ligustrum henryi* Hemsl.

（2）女贞 *Ligustrum lucidum* Ait.

（3）蜡子树 *Ligustrum molliculum* Hance

（4）总梗女贞 *Ligustrum pedunculare* Rehd.

（5）小叶女贞 *Ligustrum quihoui* Carr.

（6）小蜡 *Ligustrum sinense* Lour.

5）木犀属 *Osmanthus* Lour.

（1）红柄木犀 *Osmanthus armatus* Oiels

（2）桂花 *Osmanthus fragrans*（Thunb.）Lour.

## 111. 夹竹桃科 Apocynaceae

1）络石属 *Trachelospermum* Lem.

（1）紫花络石 *Trachelospermum axillare* Hk. f.

（2）细梗络石 *Trachelospermum gracilipes* Hook. f.

（3）湖北络石 *Trachelospermum gracilipes* Hook. f. var. *hupehense* Tsiang et P. T. Li

（4）络石 *Trachelospermum jasminoides*（Lindl.）Lem.

## 112. 萝摩科 Asclepiadaceae

1）鹅绒藤属 *Cynanchum* L.

（1）合掌消 *Cynanchum amplexicaule*（Sieb. et Zucc.）Hemsl.

（2）牛皮消 *Cynanchum auriculatum* Royle ex wight

（3）竹灵消 *Cynanchum inamoenum*（Maxim.）Loes.

（4）徐长卿 *Cynanchum paniculatum*（Bge.）Kitag.

（5）隔山消 *Cynanchum wilfordii*（Maxim.）Hemsl.

2）牛奶菜属 *Marsdenia* R. Br.

（1）牛奶菜 *Marsdenia sinensis* Hemsl.

3）萝摩属 *Metaplexis* R. Br.

（1）华萝摩 *Metaplexis hemsleyana* Oliv.

4）杠柳属 *Periploca* L.

（1）青蛇藤 *Periploca calophylla*（Wight）Falc.

（2）杠柳 *Periploca sepium* Bge.

## 113. 茜草科 Rubiaceae

1）水团花属 *Adina* Salisb.

（1）水团花 *Adina pilulifera*（Lam.）Franch. et Drake

2）香果树属 *Emmenopterys* Oliv.

（1）香果树 *Emmenopterys henryi* Oliv.

3）猪殃殃属 *Galium* L.

（1）猪殃殃 *Galium aparine* L. var. *tenerum*（Gren. et Godr.）Reichb.

（2）六叶葎 *Galium asperuloides* Edgew. var. *hoffmeisteri*（Klotzsch）H. – M.

（3）小叶猪殃殃 *Galium trifidum* L.

（4）光果拉拉藤 *Galium boreale* L. var. *glabrum* Q. H. Liu

（5）四叶律 *Galium bungei* Steud.

（6）日本拉拉藤 *Galium kinuta* Nakai et Hara

4）栀子属 *Gardenia* Ellis

（1）栀子 *Gardenia jasminoides* Ellis

5）蛇根草属 *Ophiorrhiza* L.

（1）日本蛇根草 *Ophiorrhiza japonica* Bl.

（2）广州蛇根草 *Ophiorrhiza cantoniensis* Hance

6）鸡矢藤属 *Paederia* L.

（1）鸡矢藤 *Paederia scandens*（Lour.）Merr.

（2）毛鸡矢藤 *Paederia scandens*（Lour.）Merr. var. *tomentosa*（Bl.）H. M.

7）茜草属 *Rubia* L.

（1）茜草 *Rubia cordifolia* L.

（2）长叶茜草 *Rubia cordifolia* L. var. *longifolia* H. – M.

8）六月雪属 *Serissa* Comm.

（1）白马骨 *Serissa serissoides*（DC.）Druce

9）钩藤属 *Uncaria* Schreb.

（1）钩藤 *Uncaria rhynchophylla*（Miq.）Jacks.

（2）华钩藤 *Uncaria sinensis*（Oliv.）Havil.

10）玉叶金花属 *Mussaenda* L.

（1）大叶白纸扇 *Mussaenda esquiroill* Levl.

11）新耳草属 *Neanotis* W. H. Lewis

（1）新耳草 *Neanotis ingrata*（Wall. ex Hk. f.）W. H. Lewis

12）狗骨柴属 *Tricalysia* A. Rich.

（1）毛狗骨柴 *Tricalysia furticosa*（Hemsl.）K. Schum.

## 114. 忍冬科 Caprifoliaceae

1）六道木属 *Abelia* R. Br.

（1）糯米条 *Abelia chinensis* R. Br.

（2）南方六道木 *Abelia dielsii*（Graebn.）Rehd.

（3）通梗花 *Abelia engleriana*（Graebn.）Rehd.

（4）二翅六道木 *Abelia macrotera*（Graebn. et Buchw.）Rehd.

2）忍冬属 *Lonicera* L.

（1）淡红忍冬 *Lonicera acuminata* Wall.

（2）苦糖果 *Lonicera fragrantissima* Lindl. et Paxt. subsp. *standishii*（Carr.）Hsu et H. J. Wang

（3）蕊被忍冬 *Lonicera gynochlamydea* Hemsl.

（4）忍冬 *Lonicera japonica* Thunb.

（5）金银忍冬 *Lonicera maackii*（Rupr.）Maxim.

（6）盘叶忍冬 *Lonicera tragophylla* Hemsl.

（7）北京忍冬 *Lonicera elisae* Franch.

（8）柳叶忍冬 *Lonicera lanceolata* Wall.

（9）下江忍冬 *Lonicera modesta* Redh.

（10）蕊帽忍冬 *Lonicera pileata* Oliv.

（11）袋花忍冬 *Lonicera saccata* Redh.

3）接骨木属 *Sambucus* L.

（1）接骨草 *Sambucus chinensis* Lindl.

（2）接骨木 *Sambucus williamsii* Hance

4）莛子藨属 *Triosteum* L.

（1）穿心莛子藨 *Triosteum himalayanum* Wall. ex Roxb.

（2）莛子藨 *Triosteum pinnatifidum* Maxim.

5）荚蒾属 *Viburnum* L.

（1）桦叶荚蒾 *Viburnum betulifolium* Batal.

（2）水红木 *Viburnum cylindricum* Buch. – Ham. ex D. Don

（3）荚蒾 *Viburnum dilatatum* Thunb.

（4）宜昌荚蒾 *Viburnum erosum* Thunb.

（5）淡红荚蒾 *Viburnum erubescens* Wall.

（6）直角荚蒾 *Viburnum foetidum* var. *rectangulatum*（Graebn.）Rehd.

（7）黑果荚蒾 *Viburnum melanocarpum* Hsu

（8）蝴蝶戏珠花 *Viburnum plicatum* Thunb. var. *tomentosum*（Thunb.）Miq.

（9）球核荚蒾 *Viburnum propinquum* Hemsl.

（10）皱叶荚蒾 *Viburnum rhytidophyllum* Hemsl.

（11）茶荚蒾 *Viburnum setigerum* Hance

（12）烟管荚蒾 *Viburnum utile* Hemsl.

（13）短柄荚蒾 *Viburnum brevipes* Redh.

（14）毛花荚蒾 *Viburnum dasyanthum* Rehd.

（15）巴东荚蒾 *Viburnum henryi* Hemsl.

（16）珊瑚树 *Viburnum odoratissimum* Ker – Gawl.

（17）合轴荚蒾 *Viburnum sympodiale* Graebn.

6）锦带花属 *Weigela* Thunb.

（1）半边月 *Weigela japonica* Thunb. var. *sinica*（Rehd.）Bailey

（2）锦带花 *Weigela florida*（Bge.）A. DC.

7）双盾木属 *Dipelta* Maxim.

（1）双盾木 *Dipelta floribunda* Maxim.

## 115. 败酱科 Vaorianaceae

1）败酱属 *Patrinia* Juss.

（1）墓头回 *Patrinia heterophylla* Bge.

（2）窄叶败酱 *Patrinia heterophylla* Bge. ssp. *angustifolia*（Hemsl.）H. J. Wang

（3）少蕊败酱 *Patrinia monandra* C. B. Clarke

（4）败酱 *Patrinia scabiosaefolia* Fisch. ex Trev.

（5）攀倒甑 *Patrinia villosa*（Thunb.）Juss.

2）缬草属 *Valeriana* L.

（1）蜘蛛香 *Veleriana jatamansi* Jones

（2）缬草 *Valeriana officinalis* L.

（3）长序缬草 *Valeriana hardwickii* Wall.

（4）宽叶缬草 *Valeriana officinalis* L. var. *latifolia* Miq.

## 116. 川续断科 Dipsacaceae

1）川续断属 *Dipsacus* L.

（1）川续断 *Dipsacus asperoides* C. Y. Cheng et T. M. Ai

2）双参属 *Triplostegia* L.

（1）双参 *Triplostegia glandulifera* Wall. ex DC.

## 117. 菊科 Compositae

1）蓍属 *Achillea* L.

（1）云南蓍 *Achillea wilsoniana* Heim ex H. – M.

2）腺梗菜属 *Adenocaulon* Hk.

　（1）腺梗菜 *Adenocaulon himalicum* Edgew.

3）兔儿风属 *Ainsliaea* DC.

　（1）杏香兔儿风 *Ainsliaea fragrans* Champ.

　（2）纤细兔儿风 *Ainsliaea gracilis* Franch.

　（3）粗齿兔儿风 *Ainsliaea grossedentata* Franch.

　（4）长穗兔儿风 *Ainsliaea henryi* Diels

　（5）铁灯兔儿风 *Ainsliaea macroclinidioides* Hay.

4）香青属 *Anaphalis* DC.

　（1）珠光香青 *Anaphalis margaritacea*（L.）Benth. et Hk. f.

　（2）香青 *Anaphalis sinica* Hance

5）牛蒡属 *Arctium* L.

　（1）牛蒡 *Arctium lappa* L.

6）蒿属 *Artemisia* L.

　（1）艾蒿 *Artemisia argyi* Levl. et Vant.

　（2）茵陈蒿 *Artemisia capillaris* Thunb.

　（3）侧蒿 *Artemisia deversa* Diels

　（4）牛尾蒿 *Artemisia dubia* Wall. ex Bess.

　（5）白苞蒿 *Artemisia lactiflora* Wall. ex DC.

　（6）猪毛蒿 *Artemisia scoparia* Waldst. et Kit.

　（7）黄花蒿 *Artemisia annus* L.

　（8）青蒿 *Artemisia caruifolia* Buch. – Ham.

　（9）牡蒿 *Artemisia japonica* Thunb.

　（10）灰苞蒿 *Artemisia roxburghiana* Bess.

7）紫菀属 *Aster* L.

　（1）三脉紫菀 *Aster ageratoides* Turcz.

　（2）微糙三脉紫菀 *Aster ageratoides* Turcz. var. *scaberulus*（Miq.）Ling

　（3）紫菀 *Aster tataicus* L. f.

　（4）镰叶紫菀 *Aster falcifolius* Hand. – Mazz.

8）苍术属 *Atractylodes* DC.

　（1）白术 *Atractylodes macrocephala* Koidz.

　（2）苍术 *Atractylodes lancea*（Thunb.）DC.

9）云木香属 *Aucklandia* Falc.

　（1）云木香 *Aucklandia* Falc.

10）鬼针草属 *Bidens* L.

　（1）鬼针草 *Bidens pilosa* L.

　（2）狼把草 *Bidens tripartita* L.

　（3）婆婆针 *Bidens bipinnata* L.

　（4）白花鬼针草 *Bidens pilosa* L. var. *radiata* Sch. – Bip.

11）蟹甲草属 *Parasenecio* W. W. Smith et J. Small

　（1）兔儿风花蟹甲草 *Parasenecio ainsliaeflora*（Franch.）H. – M.

（2）翠雀叶蟹甲草 *Parasenecio delphylla*（Levl.）H. – M.

（3）三角叶蟹甲草 *Parasenecio deltophyllus*（Maxim）Y. L. Chen

（4）耳翼蟹甲草 *Parasenecio otopteryx* H. – M.

（5）羽裂蟹甲草 *Parasenecio tangutica*（Franch.）H. – M.

（6）披针叶山尖子 *Parasenecio hastata* L. ssp. *lancifolia*（Franch.）H. Koyama

12）天名精属 *Carpesium* L.

（1）天名精 *Carpesium abrotanoides* L.

（2）烟管头草 *Carpesium cernuum* L.

（3）金挖耳 *Carpesium divaricatum* S. et Z.

（4）贵州天名精 *Carpesium faberi* Winkl.

（5）长叶天名精 *Carpesium longifolium* Chen et C. M. Hu

（6）小花金挖耳 *Carpesium minum* Hemsl.

（7）四川天名精 *Carpesium szechuanense* Chen et C. M. Hu

13）刺儿菜属 *Cephalanoplos* Neck.

（1）刺儿菜 *Cephalanoplos segetum*（Bge.）Kitam.

14）蓟属 *Cirsium* Mill.

（1）等苞蓟 *Cirsium fargesii*（Franch.）Diels.

（2）线叶蓟 *Cirsium lineare*（Thunb.）Sch. – Bip.

（3）蓟 *Cirsium japonicum* Fisch. ex DC.

15）白酒草属 *Conyza* Less.

（1）小蓬草 *Conyza canadensis*（L.）Cronq.

16）秋英属 *Cosmos* Cav.

（1）秋英 *Cosmos bipinnata* Cav.

17）菊属 *Dendranthema*（DC.）Des Moul.

（1）野菊 *Dendranthema indicum*（L.）Des Moul.

（2）野甘菊 *Dendranthema lavandulifolium*（Fisch. ex Trautv.）Ling et Shih var. *seticuspe*（Maxim.）Shih.

18）飞蓬属 *Erigeron* L.

（1）一年蓬 *Erigeron annuus*（L.）Pers.

19）泽兰属 *Eupatorium* L.

（1）佩兰 *Eupatorium fortunei* Turcz.

（2）异叶泽兰 *Eupatorium heterophyllum* DC.

（3）泽兰 *Eupatorium japonicum* Thunb.

（4）华泽兰 *Eupatorium chinense* L.

20）大吴风草属 *Farfugium* Lindl.

（1）大吴风草 *Farfugium japonicum*（L. f.）Kitam.

21）牛膝菊属 *Galinsoga* Ruiz et Pav.

（1）牛膝菊 *Galinsoga parviflora* Cav.

22）鼠曲草属 *Gnaphalium* L.

（1）宽叶鼠曲草 *Gnaphalium adnatum*（Wall. ex DC.）Kitam.

（2）鼠曲草 *Gnaphalium affine* D. Don

（3）秋鼠曲草 *Gnaphalium hypoleucum* DC.

（4）细叶鼠曲草 *Gnaphalium japonicum* Thunb.

23）泥胡菜属 *Hemistepta* Bge.

（1）泥胡菜 *Hemistepta lyrata*（Bge.）Bge.

24）旋覆花属 *Inula* L.

（1）旋覆花 *Inula japonica* Thunb.

（2）湖北旋覆花 *Inula hupehensis*（Ling）Ling

（3）线叶旋覆花 *Inula lineariifolia* Turcz.

25）苦荬菜属 *Ixeris* Cass.

（1）山苦荬 *Ixeris chinensis*（Thunb.）Nakai

（2）苦荬菜 *Ixeris denticulata*（Houtt.）Nakai

（3）抱茎苦荬菜 *Ixeris sonchifolia* Hance

26）马兰属 *Kelimeris* Cass.

（1）马兰 *Kelimeris indica*（L.）Sch. – Bip.

（2）全叶马兰 *Kalimeris integrifolia* Turcz.

27）莴苣属 *Lactuca* L.

（1）台湾莴苣 *Lactuca formosana* Maxim.

（2）山莴苣 *Lactuca indica* L.

28）大丁草属 *Leibnitzia* Cass.

（1）大丁草 *Leibnitzia anandria*（L.）Nakai

29）火绒草属 *Leontopodium* R. Br. ex Cass.

（1）薄雪火绒草 *Leontopodium japonicum* Miq.

30）橐吾属 *Ligularia* Cass.

（1）齿叶橐吾 *Ligularia dentata*（A. Grag）Hara

（2）鹿蹄橐吾 *Ligularia hodgsonii* Hook.

（3）莲叶橐吾 *Ligularia nelumbifolia*（Bur. et Franch.）H. – M.

（4）橐吾 *Ligularia sibirica*（L.）Cass.

（5）离舌橐吾 *Ligularia veitchiana*（Hemsl.）Greenm.

（6）川鄂橐吾 *Ligularia wilsoniana*（Hemsl.）Greenm.

31）蜂斗菜属 *Petasites* Mill.

（1）蜂斗菜 *Petasites japonicus*（Sieb. et Zucc.）F. Schmidt

32）毛莲菜属 *Picris* L.

（1）毛莲菜 *Picris hieracioides* L. spp. *japonica* Krylv.

33）风毛菊属 *Saussurea* L.

（1）三角叶风毛菊 *Saussurea deltoides*（DC.）C. B. Clarke

（2）风毛菊 *Saussurea japonica*（Thunb.）DC.

（3）多头风毛菊 *Saussurea polycephala* H. – M.

（4）白酒风毛菊 *Saussurea conyzoides* Hemsl.

34）千里光属 *Senecio* L.

（1）单头千里光 *Senecio cyclaminifolius* Franch.

（2）秃果千里光 *Senecio globigerus*（Oliv.）Chang

（3）林荫千里光 *Senecio nemorensis* L.

（4）千里光 *Senecio scandens* Buch. – Ham. ex D. Don

（5）蒲儿根 *Senecio oldhamianus* Maxim.

35）豨莶属 *Siegesbeckia* L.

（1）豨莶 *Siegesbeckia orientalis* L.

（2）腺梗豨莶 *Siegesbeckia pubescens* Mak.

36）蒲儿根属 *Sinosenecio* B. Nord.

（1）毛柄华千里光 *Sinosenecio eriopodus*（Cumm＞）C. Jeffrey et Y. L. Chen

（2）白脉蒲儿根 *Sinosenecio albonervius* Y. Liu et Q. E. Yang

37）一支黄花属 *Solidago* L.

（1）一支黄花 *Solidago decurrens* Lour.

38）苦苣菜属 *Sonchus* L.

（1）续断菊 *Sonchus asper*（L.）Hill.

（2）苣荬菜 *Sonchus arvensis* L.

（3）苦苣菜 *Sonchus oleraceus* L.

39）兔儿伞属 *Syneilesis*

（1）兔儿伞 *Syneilesis aconitifolia*（Bge.）Maxim.

40）山牛蒡属 *Synurus* Iljin.

（1）山牛蒡 *Synurus deltoides*（Ait.）Nakai

41）蒲公英属 *Taraxacum* L.

（1）蒲公英 *Taraxacum mongolicum* H.－M.

42）斑鸠菊属 *Vernonia* Schreb.

（1）南漳斑鸠菊 *Vernonia nantcianensis*（Pamp.）H.－M.

43）苍耳属 *Xanthium* L.

（1）苍耳 *Xanthium sibiricum* Patrin. ex Widder

44）黄鹌菜属 *Youngia* Cass.

（1）黄鹌菜 *Youngia japonica*（L.）DC.

45）亚菊属 *Ajania* Poljark

（1）异叶亚菊 *Ajania varifolia*（Chang）Tzvel

46）鳢肠属 *Eclipta* L.

（1）鳢肠 *Eclipta prostrata*（L.）L.

47）三七草属 *Gynura* Cass.

（1）三七草 *Gynura segetum*（Lour.）Merr.

48）六棱菊属 *Laggera* Sch.－Bip. Hochst.

（1）六棱菊 *Laggera alata*（D. Don）Sch.－Bip.

49）福王草属 *Prenanthes* L.

（1）福王草 *Prenanthes tatarinowii* Maxim.

50）翅果菊属 *Pterocypsela* Shih

（1）翅果菊 *Pterocypsela indica*（L.）Shih

## 118. 龙胆科 **Gentianaceae**

1）龙胆属 *Gentiana*（Tourn.）L.

（1）红花龙胆 *Gentiana rhodantha* Franch.

（2）深红龙胆 *Gentiana rubicunda* Franch.

（3）麻花艽 *Gentiana straminea* Maxim.

2）花锚属 *Halenia* Borkh.

（1）椭圆叶花锚 *Halenia elliptica* D. Don

（2）大花花锚 *Halenia elliptica* D. Don var. *grandiflora* Hemsl.

3）翼萼蔓属 *Pterygocalyx* Maxim.

（1）翼萼蔓 *Pterygocalyx volubilis* Maxim.

4）獐牙菜属 *Swertia* L.

（1）獐牙菜 *Swertia bimaculata*（S. et Z.）Hook. f. et Thoms. et C. B. Clarke

（2）贵州獐牙菜 *Swertia kouitchensis* Franch.

（3）紫红獐牙菜 *Swertia punicea* Hemsl.

5）双蝴蝶属 *Tripterospermum* Bl.

（1）双蝴蝶 *Tripterospermum chinense*（Migo）H. Sm.

（2）峨眉双蝴蝶 *Tripterospermum cordatum*（Marq.）H. Sm.

（3）细茎双蝴蝶 *Tripterospermum filicaule*（Hemsl.）H. Smith

## 119. 报春花科 Primulaceae

1）珍珠菜属 *Lysimachia* L.

（1）过路黄 *Lysimachia christinae* Hance

（2）珍珠菜 *Lysimachia clethroides* Duby

（3）星宿菜 *Lysimachia fortunei* Maxim.

（4）显苞过路黄 *Lysimachia rubiginosa* Hemsl.

（5）落地梅 *Lysimachia paridiformis* Franch.

（6）巴东过路黄 *Lysimachia patungensis* H. – M.

（7）光叶巴东过路黄 *Lysimachia patungensis* H. – M. var. *glabrifolia* Chen et C. M. Hu

（8）疏头过路黄 *Lysimachia pseudohenryi* Pamp.

（9）腺药珍珠菜 *Lysimachia stenosepala* Hemsl.

（10）聚花过路黄 *Lysimachia congestifolora* Hemsl.

（11）管茎过路黄 *Lysimachia fistulosa* H. – M.

（12）金爪儿 *Lysimachia gramica* Hance

（13）点腺过路黄 *Lysimachia hemsleyana* Maxim.

2）报春花属 *Primula* L.

（1）无粉报春 *Primula efarinosa* Pax

（2）卵叶报春 *Primula ovalifolia* Franch.

（3）鄂报春 *Primula obconica* Hance

## 120. 车前草科 Plantaginaceae

1）车前草属 *Plantago* L.

（1）平车前 *Plantago depressa* Willd.

（2）车前草 *Plantago asiatica* L.

（3）长叶车前 *Plantago lanceolata* L.

（4）大车前 *Plantago major* L.

## 121. 桔梗科 Campanulaceae

1）沙参属 *Adenophora* Fisch.

（1）丝裂沙参 *Adenophora capillaris* Hemsl.

（2）鄂西沙参 *Adenophora hubeiensis* Hong

（3）杏叶沙参 *Adenophora hunanensis* Nannf.

（4）沙参 *Adenophora stricta* Miq.

（5）无柄沙参 *Adenophora stricta* Miq. ssp. *sessilifolia* Hong

（6）轮叶沙参 *Adenophora tetraphylla*（Thunb.）Fisch.

2）金钱豹属 *Campanumoea* Bl.

（1）金钱豹 *Campanumoea javanica* Bl. ssp. *japonica*（Mak.）Hong

3）党参属 *Codonopsis* Wall.

（1）党参 *Codonopsis pilosula*（Franch.）Nannf.

（2）川党参 *Codonopsis tangshen* Oliv.

4）桔梗属 *Platycodon* DC.

（1）桔梗 *Platycodon grandiflorus*（Jacq.）A. DC.

## 122. 半边莲科 Lobeliaceae

1）半边莲属 *Lobelia* L.

（1）半边莲 *Lobelia chinensis* Lour.

（2）西南山梗菜 *Lobelia sequinii* Levl. et Van.

## 123. 紫草科 Boraginaceae

1）琉璃草属 *Cynoglossum* L.

（1）小花琉璃草 *Cynoglossum lanceolatum* Forsk.

（2）琉璃草 *Cynoglossum zeylanicum*（Vahl）Thunb. ex Lehm.

2）厚壳树属 *Ehretia* L.

（1）粗糠树 *Ehretia macrophylla* Wall.

（2）厚壳树 *Ehretia thyrsiflora*（S. Et Z.）Nakai

3）紫草属 *Lithospermum* L.

（1）梓木草 *Lithospermum zollingeri* DC.

（2）紫草 *Lithospermum erythrorhizon* S. Et Z.

4）车前紫草属 *Singojohnstonia* Hu.

（1）短蕊车前紫草 *Singojohnstonia moupinensis*（Franch.）W. T. Wang ex Z. Y. Zhang

5）盾果草属 *Thyrocarpus* Hance

（1）盾果草 *Thyrocarpus sampsonii* Hance

6）附地菜属 *Trigonotis* Stev.

（1）附地菜 *Trigonotis peduncularis*（Trev.）Beth. ex Baker et Moore

（2）湖北附地菜 *Trigonotis mollis* Hemsl.

## 124. 茄科 Solanaceae

1）曼陀罗属 *Datura* L.

（1）曼陀罗 *Datura stramonium* L.

2）红丝线属 *Lycianthes*（Dunal）Hassl.

（1）单花红丝线 *Lycianthes lysimachioides*（Wall.）Bitter

3）枸杞属 *Lycium* L.

（1）枸杞 *Lycium chinense* Mill.

4）酸浆属 *Physalis* L.

（1）酸浆 *Physalis alkekengi* L.

（2）挂金灯 *Physalis alkekenqi* L. var. *franchetii*（Mast.）Makino

（3）小酸浆 *Physalis minima* L.

5）茄属 *Solanum* L.

（1）千年不烂心 *Solanum cathayanum* C. Y. Wu et S. C. Huang

（2）白英 *Solanum lyratum* Thunb.

（3）龙葵 *Solanum nigrum* L.

## 125. 旋花科 Convolvulaceae

1）银背藤属 *Argyreia* Lour.

（1）葛藤 *Argyreia seguinii*（Levl.）Van. ex Levl.

2）打碗花属 *Calystegia* R. Br.

（1）打碗花 *Calystegia hederacea* Wall. ex Roxb.

（2）旋花 *Calystegia sepium*（L.）R. Br.

（3）藤长苗 *Calystegia pellita*（Ledeb.）G. Don

3）马蹄金属 *Dichondra* J. R. et G. Forst.

（1）马蹄金 *Dichondra repens* Forst.

4）牵牛属 *Pharbitis* Choisy

（1）圆叶牵牛 *Pharbitis purpurea*（L.）Voigt

（2）牵牛 *Pharbitis nil*（L.）Choisy

5）飞蛾藤属 *Porana* Burm. f.

（1）飞蛾藤 *Porana racemosa* Roxb.

6）菟丝子属 *Cuscuta* L.

（1）南方菟丝子 *Cuscuta australis* B. Br.

（2）金灯藤 *Cuscuta japonica* Choisy

## 126. 玄参科 Scrophulariaceae

1）来江藤属 *Brandisia* Hk. f. et Thoms.

（1）来江藤 *Brandisia hancei* Hk. f.

2）钟萼草属 *Lindenbergia* Lehm.

（1）钟萼草 *Lindenbergia philippensis*（Cham.）Benth.

3）母草属 *Lindernia* All.

（1）母草 *Lindernia crustacea*（L.）F. Muell

（2）旱田草 *Lindernia ruellioides*（Colsm.）Pennell

4）通泉草属 *Mazus* Lour.

（1）通泉草 *Mazus japonicus*（Thunb.）O. Ktze.

（2）弹刀子菜 *Mazus stachydifolius*（Turcz.）Maxim.

5）山萝花属 *Melampyrum* L.

（1）山萝花 *Melampyrum roseum* Maxim.

6）沟酸浆属 *Mimulus* L.

（1）四川沟酸浆 *Mimulus szechuanensis* Pai

（2）沟酸浆 *Mimulus tenellus* Bge.

7）泡桐属 *Paulownia* S. et Z.

    （1）光泡桐 *Paulownia tomentosa*（Thunb.）Steud. var. *tsinlingensis*（pai）Gong Tong

    （2）毛泡桐 *Paulownia tomentosa*（Thunb.）Steud.

8）马先蒿属 *Pedicularis* L.

    （1）美观马先蒿 *Pedicularis decora* Franch.

    （2）江南马先蒿 *Pedicularis henryi* Maxim.

    （3）返顾马先蒿 *Pedicularis resupinata* L.

9）松蒿属 *Phtheirospermum* Bge.

    （1）松蒿 *Phtheirospermum japonicum*（Thunb.）Kanitz

10）地黄属 *Rehmannia* Libosch. ex Fisch. et May.

    （1）地黄 *Rehmannia glurinosa*（Gaertn.）Libosch. ex Fisch. et Mey.

    （2）湖北地黄 *Rehmannia henryi* N. E. Br.

11）玄参属 *Scrophularia* L.

    （1）玄参 *Scrophularia ningpoensis* Hemsl.

12）阴行草属 *Siphonostegia* Benth.

    （1）阴行草 *Siphonostegia chinensis* Benth.

13）蝴蝶草属 *Torenia* L.

    （1）光叶蝴蝶草 *Torenia glabra* Osbeck

    （2）紫萼蝴蝶草 *Torenia violacea*（Azaola）Pennell

14）婆婆纳属 *Veronica* L.

    （1）婆婆纳 *Veronica didyma* Tenore

    （2）水苦荬 *Veronica undulata* Wall.

    （3）疏花婆婆纳 *Veronica laxa* Benth.

15）腹水草属 *Veronicastrum* Heist. ex Farbic.

    （1）细穗腹水草 *Veronicastrum stenostachyum*（Hemsl.）Yamazaki

    （2）腹水草 *Veronicastrum stenostachyum*（Hemsl.）Yamazaki ssp. *plukentii*（Yamazaki）

16）毛蕊花属 *Verbascum* L.

    （1）毛蕊花 *Verbascum thapsus* L.

## 127. 列当科 Orobanchaceae

1）草苁蓉属 *Boschniakia* C. A. Mey. ex Bongard

    （1）丁座草 *Boschniakia himalaica* Hk. f. et Thoms.

2）列当属 *Orobanche* L.

    （1）列当 *Orobanche coerulescens* Steph.

    （2）黄花列当 *Orobanche pycnostachya* Hance

3）豆列当属 *Mannagettaea* H. Smith

    （1）豆列当 *Mannagettaea labiata* H. Smith

## 128. 苦苣苔科 Gesneriaceae

1）旋蒴苣苔属 *Boea* Comm. ex Lam.

    （1）大花旋蒴苣苔 *Boea clarkeana* Hemsl.

    （2）旋蒴苣苔 *Boea hygrometrica*（Bge.）R. Br.

2）唇柱苣苔属 *Chirita* Buch. – Ham. ex D. Don

（1）牛耳朵 *Chirita eburnia* Hance

3）宽萼苣苔属 *Chlamydoboea* Stapf

    （1）宽萼苣苔 *Chlamydoboea sinensis*（Oliv.）Stapf

4）珊瑚苣苔属 *Corallodiscus* Batal.

    （1）珊瑚苣苔 *Corallodiscus cordatulus*（Craib.）Burtt

5）半蒴苣苔属 *Hemiboea* C. B. Clarke

    （1）半蒴苣苔 *Hemiboea henryi* C. B. Clarke

    （2）降龙草 *Hemiboea subcapitata* C. B. Clarke

6）吊石苣苔属 *Lysionotus* D. Don

    （1）吊石苣苔 *Lysionotus pauciflorus* Maxim.

7）马铃苣苔属 *Oreocharis* Benth.

    （1）长瓣马铃苣苔 *Oreocharis auricula*（S. Moore）C. B. Clarke

8）蛛毛苣苔属 *Paraboea*（C. B. Clarke）Ridley

    （1）蛛毛苣苔 *Paraboea sinensis*（Oliv.）Burtt

9）石山苣苔属 *Petrocodon* Hance

    （1）石山苣苔 *Petrocodon dealbatus* Hance

10）粗筒苣苔属 *Briggsia* Craib

    （1）鄂西粗筒苣苔 *Briggsia speciosa*（Hemsl.）Craib

## 129. 紫葳科 Bignoniaceae

1）梓属 *Catalpa* Scop.

    （1）楸 *Catalpa bungei* C. A. Mey.

    （2）梓 *Catalpa ovata* G. Don

## 130. 爵床科 Acanthaceae

1）白接骨属 *Asystasiella* Lindau

    （1）白接骨 *Asystasiella chinensis*（S. Moore）E. Houssain

2）山一笼鸡属 *Gutzlaffia* Hance

    （1）多枝山一笼鸡 *Gutzlaffia henryi*（Hemsl.）C. B. Clarke ex S. Moore

3）九头狮子草属 *Peristrophe* Nees

    （1）九头狮子草 *Peristrophe japonica*（Thunb.）Bremek.

4）爵床属 *Rostellularia* Reichb.

    （1）爵床 *Rostellularia procumbens*（L.）Nees

5）马蓝属 *Strobilanthes* Bl.

    （1）杜牛膝 *Strobilanthes dimorphotrichus* Hance

    （2）腺毛马蓝 *Strobilanthes forrestii* Diels

    （3）野芝麻马蓝 *Strobilanthes lamium* C. B. Clarke ex W. W. Sm.

    （4）球花马蓝 *Strobilanthes pentstemonoides*（Ness）T. Anders.

6）地皮消属 *Pararuellia* Bremek. et Nannenga – Bremek.

    （1）地皮消 *Pararuellia delavayana*（Baill.）E. Hossain

## 131. 马鞭草科 Verbenaceae

1）紫珠属 *Callicarpa* L.

    （1）珍珠枫 *Callicarpa bodinieri* Levl.

（2）华紫珠 *Callicarpa cathayana* H. T. Chang

（3）老鸦糊 *Callicarpa giraldii* Hesse ex Rehd.

（4）窄叶紫珠 *Callicarpa japonica* var. *angustata* Rehd.

2）莸属 *Caryopteris* Bge.

（1）莸 *Caryopteris divaricata*（S. et Z.）Maxim.

（2）三花莸 *Caryopteris terniflora* Maxim.

3）大青属 *Clerodendrum* L.

（1）臭牡丹 *Clerodendrum bungei* Steud.

（2）大青 *Clerodendrum cyrtophyllum* Turcz.

（3）海通 *Clerodendrum mandarinorum* Diels

（4）海洲常山 *Clerodendrum trichotomum* Thunb.

4）马鞭草属 *Verbena* L.

（1）马鞭草 *Verbena officinalis* L.

5）牡荆属 *Vitex* L.

（1）黄荆 *Vitex negundo* L.

（2）牡荆 *Vitex negundo* L. var. *cannabifolia*（S. et Z.）H. – M.

6）过江藤属 *Phyla* Lour.

（1）过江藤 *Phyla nodiflora*（L.）Greene

7）豆腐柴属 *Premna* L.

（1）豆腐柴 *Premna mircophylla* Turcz.

（2）臭黄荆 *Premna ligustroides* Hemsl.

## 132. 透骨草科 Phrymaceae

1）透骨草属 *Phryma* L.

（1）透骨草 *Phryma leptostachya* L. var. *asiatica* Hara

## 133. 唇形科 Labiatae

1）藿香属 *Agastache* Clayt. ex Gronov.

（1）藿香 *Agastache rugosa*（Fisch. et Mey.）O. Ktze.

2）筋骨草属 *Ajuga* L.

（1）微毛筋骨草 *Ajuga ciliata* Bge. var. *glabrescens* Hemsl.

（2）金疮小草 *Ajuga decumbens* Thunb.

（3）线叶筋骨草 *Ajuga linearifolia* Pamp.

（4）多花筋骨草 *Ajuga multiflora* Bge.

3）水棘针属 *Amethystea* L.

（1）水棘针 *Amethystea caerulea* L.

4）风轮菜属 *Clinopodium* L.

（1）风轮菜 *Clinopodium chinense*（Benth.）O. Ktze.

（2）灯笼草 *Clinopodium polycephalum*（Vaniot）C. Y. Wu et Hsuan ex Hsu

5）香薷属 *Elsholtzia* Willd.

（1）香薷 *Elsholtzia ciliata*（Thunb.）Hyland.

（2）野香草 *Elsholtzia cypriani*（Pavol.）C. Y. Wu et S. Chow

（3）紫花香薷 *Elsholtzia argyi* Levl.

6）活血丹属 *Glechoma* L.

（1）无毛白透骨消 *Glechoma biondiana*（Diels）C. Y. Wu et C. Chen var. *glabrescens* C. Y. Wu et C. Chen

（2）活血丹 *Glechoma longituba*（Nakai）Kupr.

7）动蕊花属 *Kinostemon* Kudo

（1）动蕊花 *Kinostemon ornatum*（Hemsl.）Kudo

8）野芝麻属 *Lamium* L.

（1）野芝麻 *Lamium barbatum* S. et Z.

（2）宝盖草 *Lamium amplexicaule* L.

9）益母草属 *Leonurus* L.

（1）益母草 *Leonurus artemisia*（Lour.）S. Y. Hu

10）地笋属 *Lycopus* L.

（1）小叶地笋 *Lycopus coreanus* Levl.

（2）硬毛地笋 *Lycopus lucidus* Turcz. var. *hirtus* Regel

11）龙头草属 *Meehania* Britt. ex Small et Vaill

（1）龙头草 *Meehania henryi*（Hemsl.）Sun ex C. Y. Wu

（2）长叶龙头草 *Meehania henryi*（Hemsl.）Sun ex C. Y. Wu var. *kaitcheensis*（Levl.）C. Y. Wu

12）薄荷属 *Mentha* L.

（1）薄荷 *Mentha haplocalyx* Briq.

13）冠唇花属 *Microtoena* Prain

（1）粗壮冠唇花 *Microtoena robusta* Hemsl.

14）石荠苧属 *Mosla* Buch. – Ham. ex Maxim.

（1）石香薷 *Mosla chinensis* Maxim.

（2）小鱼仙草 *Mosla dianthera*（Buch. – Ham.）Maxim.

（3）石荠苧 *Mosla scabra*（Thunb.）C. Y. Wu et H. W. Li

15）牛至属 *Origanum* L.

（1）牛至 *Origanum vulgare* L.

16）紫苏属 *Perilla* L.

（1）紫苏 *Perilla frutescens*（L.）Britt.

（2）野紫苏 *Perilla frutescens*（L.）Britt. var. *acuta*（Thunb.）Kudo

（3）耳齿紫苏 *Perilla frutescens*（L.）Britt. var. *auriculato-dentata* C. Y. Wu et Hsuanex H. W. Li

（4）回回苏 *Perilla frutescens*（L.）Britt. var. *crispa*（Thunb.）H. – M.

17）糙苏属 Phlomis L.

（1）柴续断 *Phlomis szechuanensis* C. Y. Wu

（2）糙苏 *Phlomis umbrosa* Turcz.

（3）南方造苏 *Phlomis umbrosa* Turcz. var. *australis* Hemsl.

（4）凹叶糙苏 *Phlomis umbrosa* Turcz. var. *emarginata* S. H. Fu et J. H. Zheng

18）夏枯草属 *Prunella* L.

（1）夏枯草 *Prunella vulgaris* L.

19）香茶菜属 *Rabdosia*（Bl.）Hassk.

（1）拟缺香茶菜 *Rabdosia excisoides*（Sun ex C. H. Hu）C. Y. Wu et H. W. Li

（2）显脉香茶菜 *Rabdosia nervosa*（Hemsl.）C. Y. Wu et H. W. Li

（3）鄂西香茶菜 *Rabdosia henryi*（Hemsl.）Hara

（4）线纹香茶菜 *Rabdosia lophanthoides*（Buch. – Ham. ex D. Don）Hara

20）鼠尾草属 *Salvia* L.

（1）华鼠尾草 *Salvia chinensis* Benth.

（2）鼠尾草 *Salvia japonica* Thunb.

（3）鄂西鼠尾草 *Salvia maximowicziana* Hemsl.

（4）丹参 *Salvia miltiorrhiza* Bge.

（5）荔枝草 *Salvia plebeia* R. Br.

21）黄芩属 *Scutellaria* L.

（1）半枝莲 *Scutellaria barbata* D. Don

（2）韩信草 *Scutellaria indica* L.

（3）黄芩 *Scutellaria baicalensis* Georgi

（4）锯叶峨眉黄芩 *Scutellaria omeiensis* C. Y. Wu var. *serratifolia* C. Y. Wu et S. Chow

22）水苏属 *Stachys* L.

（1）水苏 *Stachys japonica* Miq.

（2）毛水苏 *Stachys baicalensis* Fisch. ex Benth.

（3）针筒菜 *Stachys oblongifolia* Benth.

（4）甘露子 *Stachys sieboldi* Miq.

23）香科科属 *Teucrium* L.

（1）二齿香科 *Teucrium bidentatum* Hemsl.

（2）微毛血见愁 *Teucrium viscidum* Bl. var. *nepetoides*（Levl.）C. Y. Wu et S. Chow

24）荆芥属 *Nepeta* L.

（1）荆芥 *Nepeta cataria* L.

25）钩子木属 *Rostrinucula* Kudo

（1）长叶钩子木 *Rostrinucula sinensis*（Hemsl.）C. Y. Wu

## 134. 泽泻科 Alismataceae

1）慈姑属 *Sagittaria* L.

（1）矮慈姑 *Sagittaria pygmaea* Miq.

（2）慈姑 *Sagittaria trifolia* L.

## 135. 鸭跖草科 Commelinaceae

1）鸭跖草属 *Commelina* L.

（1）饭包草 *Commelina benghalensis* L.

（2）鸭跖草 *Commelina communis* L.

2）水竹叶属 *Murdannia* Royle

（1）水竹叶 *Murdannia triquetra*（Wall.）Bruckn.

3）杜若属 *Pollia* Thunb.

（1）杜若 *Pollia japonica* Thunb.

4）竹叶吉祥草属 *Spatholirion* Ridl

（1）竹叶吉祥草 *Spatholirion longifolium*（Gagn.）Dunn

5）竹叶子属 *Streptolirion* Edgew.

（1）竹叶子 *Streptolirion volubile* Edgew.

### 136. 谷精草科 Eriocaulaceae

1）谷精草属 *Eriocaulon* L.

（1）谷精草 *Eriocaulon buergerianum* Koern.

### 137. 姜科 Zingiberaceae

1）山姜属 *Aplinia* L.

（1）山姜 *Aplinia japonica*（Thunb.）Miq.

2）姜属 *Zingiber* Boehm.

（1）襄荷 *Zingiber mioga*（Thunb.）Rosc.

3）舞花姜属 *Globba* Boehm.

（1）舞花姜 *Globba racemosa* Smith

### 138. 百合科 Liliaceae

1）粉条儿菜属 *Aletris* L.

（1）粉条儿菜 *Aletris spicata*（Thunb.）Franch.

2）葱属 *Allium* L.

（1）野葱 *Allium chrysanthum* Regel

（2）天蓝韭 *Allium cyaneum* Regel

（3）玉簪叶韭 *Allium funckiaefolium* H. – M.

（4）疏花韭 *Allium henryi* C. H. Wright

（5）薤白 *Allium macrostemon* Bge.  ○

（6）天蒜 *Allium paepalanthoides* Airy – Shaw

（7）合被韭 *Allium tubiflorum* Rendle

3）天门冬属 *Asparagus* L.

（1）羊齿天门冬 *Asparagus filicinus* Ham ex D. Don

（2）天门冬 *Asparagus cochinchinensis*（Lour.）Merr.

4）大百合属 *Cardiocrinum*（Endl.）Lindl.

（1）荞麦叶大百合 *Cardiocrinum cathayanum*（Wils.）Stearn

（2）大百合 *Cardiocrinum giganteum*（Wall.）Mak.

5）七筋姑属 *Clintonia* Raf.

（1）七筋姑 *Clintonia udensis* Trautv.

6）竹根七属 *Disporopsis* Hance

（1）散斑竹根七 *Disporopsis aspera*（Hua）Engl. ex Krause

（2）竹根七 *Disporopsis fuscopicta* Hance

（3）深裂竹根七 *Disporopsis pernyi*（Hua）Diels

7）万寿竹属 *Disporum* Salisb.

（1）万寿竹 *Disporum cantoniense*（Lour.）Merr.

（2）宝铎草 *Disporum sessile* D. Don

（3）长蕊万寿竹 *Disporum bodinieri*（Levl. et Vant.）Wang et Tang

8）贝母属 *Fritillaria* L.

（1）湖北贝母 *Fritillaria hupehensis* Hsiao et K. C. Hsia

（2）浙贝母 *Fritillaria thunbergii* Miq.

9）萱草属 *Hemerocallis* L.

　　（1）萱草 *Hemerocallis fulva*（L.）L.

10）玉簪属 *Hosta* Tratt

　　（1）紫萼 *Hosta ventricosa*（Salisb.）Stearn

　　（2）玉簪 *Hosta plantaginea*（Lam.）Aschers.

11）百合属 *Lilium* L.

　　（1）野百合 *Lilium brownii* F. E. Brown ex Miellez

　　（2）百合 *Lilium brownii* F. E. Brown var. *viridulum* Baker

　　（3）渥丹 *Lilium concolor* Salisb.

　　（4）绿花百合 *Lilium farqesii* Franch.

　　（5）卷丹 *Lilium lancifolium* Thunb.

　　（6）宜昌百合 *Lilium leucanthum*（Baker）Baker

12）山麦冬属 *Liriope* Lour.

　　（1）阔叶山麦冬 *Liriope platyphylla* Wang et Tang

　　（2）山麦冬 *Liriope spicata*（Thunb.）Lour.

13）沿阶草属 *Ophiopogon* Ker. – Gawl.

　　（1）沿阶草 *Ophiopogon bodinieri* Levl.

　　（2）连药沿阶草 *Ophiopogon bockianus* Diels

　　（3）棒叶沿阶草 *Ophiopogon clavatus* C. H. Wright ex Oliv

　　（4）间型沿阶草 *Ophiopogon intermedius* D. Don.

　　（5）麦冬 *Ophiopogon japonicus*（L. f.）Ker. – Gawl.

14）球子草属 *Peliosanthes* Andr.

　　（1）大盖球子草 *Peliosanthes macrostegia* Hance

15）黄精属 *Polygonatum* Mill.

　　（1）多花黄精 *Polygonatum cyrtonema* Hua

　　（2）长梗黄精 *Polygonatum filipes* Merr.

　　（3）距药黄精 *Polygonatum franchetii* Hua

　　（4）玉竹 *Polygonatum odoratum*（Mill.）Druce

　　（5）黄精 *Polygonatum sibiricum* Delar. ex Redoute

　　（6）轮叶黄精 *Polygonatum verticillatum*

　　（7）湖北黄精 *Polygonatum zanlanscianense* Pamp.

16）吉祥草属 *Reineckea*

　　（1）吉祥草 *Reineckea carnea*（Andr.）Kunth

17）鹿药属 *Smilacina* Desf.

　　（1）丽江鹿药 *Smilacina lichiangensis*（W. W. Sm.）W. W. Sm.

　　（2）鹿药 *Smilacina japonica* A. Gray

18）岩菖蒲属 *Tofieldia* Huds.

　　（1）岩菖蒲 *Tofieldia thibetica* Franch.

19）油点草属 *Tricyrtis* Wall.

　　（1）油点草 *Tricyrtis macropoda* Miq.

　　（2）黄花油点草 *Tricyrtis maculata*（D. Don）Machride

20）开口箭属 *Tupistra* Ker. – Gawl.

　　（1）开口箭 *Tupistra chinensis* Baker

（2）筒花开口箭 *Tupistra delavayi* Franch.

21）藜芦属 *Veratrum* L.

（1）藜芦 *Veratrum nigrum* L.

（2）长梗藜芦 *Veratrum oblongum* Loes. f.

（3）牯岭藜芦 *Veratrum schindleri* Loes. f.

## 139. 延龄草科 Trilliaceae

1）重楼属 *Paris* L.

（1）球药隔重楼 *Paris fargesii* Franch.

（2）七叶一枝花 *Paris polyphylla* Sm.

（3）华重楼 *Paris polyphylla* Sm. var. *chinensis*（Franch.）Hara

（4）狭叶重楼 *Paris polyphylla* Sm. var. *stenophylla* Franch.

（5）宽叶重楼 *Paris polyphylla* Sm var. *stenophylla* Franch f. *latifolia*（Wang et Chang）H. Li

（6）宽瓣重楼 *Paris polyphylla* Sm. var. *yunnanensis*（Franch.）H. – M.

（7）金线重楼 *Paris delavayi* Franch.

2）延龄草属 *Trillium* L.

（1）延龄草 *Trillium tschonoskii* L.

## 140. 菝葜科 Smilacaceae

1）肖菝葜属 *Heterosmilax* Kunth

（1）肖菝葜 *Heterosmilax japonica* Kunth

2）菝葜属 *Smilax* L.

（1）菝葜 *Smilax china* L.

（2）银叶菝葜 *Smilax cocculoioles* Warb.

（3）托柄菝葜 *Smilax discotis* Warb.

（4）土茯苓 *Smilax glabra* Roxb.

（5）黑果菝葜 *Smilax glauco – china* Warb.

（6）武当菝葜 *Smilax outanscianensis* Paxb.

（7）牛尾菜 *Smilax riparia* A. DC. .

（8）鞘柄菝葜 *Smilax stans* Maxim.

（9）密疣菝葜 *Smilax chapaensis* Gagn.

（10）无刺菝葜 *Smilax mairer* Levl.

（11）防己叶菝葜 *Smilax menispermoidea* A. DC.

（12）黑叶菝葜 *Smilax nigrescens* Wang et Tang ex P. Y. Li

（13）短梗菝葜 *Smilax scobinicaulis* C. H. Wright

## 141. 天南星科 Araceae

1）菖蒲属 *Acorus* L.

（1）菖蒲 *Acorus calamus* L.

（2）石菖蒲 *Acorus tatarinowii* Schott

（3）金钱蒲 *Acorus gramineus* Soland.

2）魔芋属 *Amorphophallus* Blume

（1）蘑芋 *Amorphophallus rivieri* Durieu

3）天南星属 *Arisaema* Mart.

（1）一把伞南星 *Arisaema erubescens*（Wall.）Schott

（2）蟒蟹七 *Arisaema fargesii* Buchet

（3）七叶灯台莲 *Arisaema sikokianum* Franch. et Sav. var. *henryanum*（Engl.）H. Li

（4）灯台莲 *Arisaema sikokianum* Franch. et Sav. var. *serratum*（Mak.）H. – M.

（5）天南星 *Arisaema heterophyllum* Bl.

4）芋属 *Colocasia* Schott

（1）野芋 *Colocasia antiquorum* Schott

5）半夏属 *Pinellia* Tenore

（1）虎掌 *Pinellia pedatisecta* Schott

（2）半夏 *Pinellia ternata*（Thunb.）Breit.

6）犁头尖属 *Typhonium* Schott

（1）独角莲 *Typhonium giganteum* Engl.

7）石柑属 *Pothos* Schott

（1）石柑子 *Pothos chinensis*（Raf.）Merr.

## 142. 香蒲科 Typhaceae

1）香蒲属 *Typha* L.

（1）东方香蒲 *Typha orientalis* Presl

## 143. 石蒜科 Amaryllidaceae

1）石蒜属 *Lycoris* Herb.

（1）忽地笑 *Lycoris aurea*（L'Her.）Herb.

（2）石蒜 *Lycoris radiata*（L'Her.）Herb.

（3）玫瑰石蒜 *Lycoris rosea* Traub et Moldenke

## 144. 鸢尾科 Iridaceae

1）射干属 *Belamcanda* Adans.

（1）射干 *Belamcanda chinensis*（L.）DC

2）鸢尾属 *Iris* L.

（1）蝴蝶花 *Iris japonica* Thunb.

（2）小花鸢尾 *Iris speculatrix* Hance

（3）鸢尾 *Iris tectorum* Maxim.

## 145. 百部科 Stemonaceae

1）百部属 *Stemona* Lour.

（1）大百部 *Stemona tuberosa* Lour.

## 146. 薯蓣科 Dioscoreaceae

1）薯蓣属 *Dioscorea* L.

（1）叉蕊薯蓣 *Dioscorea collettii* Hook. f.

（2）粉背薯蓣 *Dioscorea collettii* Hook. f. var. *hypoglauca*（Palib.）Péi et C. T. Ting

（3）毛芋头薯蓣 *Dioscorea kamoonensis* Kunth

（4）高山薯蓣 *Dioscorea kamoonensii* Kunth

（5）穿龙薯蓣 *Dioscorea nipponica* Mak.

（6）山草薢 *Dioscorea tokoro* Mak.

（7）盾叶薯蓣 *Dioscorea zingiberensis* C. H. Wright

（8）薯蓣 *Dioscorea opposita* Thunb.

（9）绵萆薢 *Dioscorea septemloba* Thunb.

## 147. 棕榈科 **Palmaceae**

1）棕榈属 *Trachycarpus* H. Wendl.

　（1）棕榈 *Trachycarpus fortunei*（Hk. f.）H. Wendl.

## 148. 兰科 **Orchidaceae**

1）白芨属 *Bletilla* Reichb. f.

　（1）黄花白芨 *Bletilla ochracea* Schltr.

2）石豆兰属 *Bullbophyllum* Thou.

　（1）广东石豆兰 *Bullbophyllum kwangtungense* Schltr.

3）虾脊兰属 *Calanthe* R. Br.

　（1）剑叶虾脊兰 *Calanthe davidii* Franch.

　（2）虾脊兰 *Calanthe discolor* Lindl.

　（3）流苏虾脊兰 *Calanthe fimbriata* Franch.

　（4）细花虾脊兰 *Calanthe graciliflora* Hay.

　（5）钩距虾脊兰 *Calanthe hamata* H. － M.

　（6）长阳虾脊兰 *Calanthe henryi* Rolfe

4）头蕊兰属 *Cephalanthera* Rich.

　（1）银兰 *Cephalanthera erecta*（Thunb.）Bl.

　（2）长叶头蕊兰 *Cephalanthera longifolia*（Huds.）Fritsch.

5）杜鹃兰属 *Cremastra* Lindl.

　（1）杜鹃兰 *Cremastra appendiculata*（D. Don）Mak.

6）兰属 *Cymbidium* Sw.

　（1）蕙兰 *Cymbidium faberi* Rolfe.

　（2）多花兰 *Cymbidium floribundum* Lindl.

　（3）春兰 *Cymbidium goeringii*（Rchb. f.）Rchb. f

　（4）寒兰 *Cymbidium kanran* Mak.

　（5）建兰 *Cymbidium ensifolium*（L.）Sw.

7）杓兰属 *Cypripedium* L.

　（1）毛杓兰 *Cypripedium franchetii* Wils.

　（2）绿花杓兰 *Cypripedium henryi* Rolfe

　（3）扇脉杓兰 *Cypripedium japonicum* Thunb.

8）石斛属 *Dendrobium* Sw.

　（1）广东石斛 *Dendrobium wilsonii* Rolfe

9）火烧兰属 *Epipactis* Zinn.

　（1）大叶火烧兰 *Epipactis mairei* Schltr.

　（2）小花火烧兰 *Epipactis helloborine*（L.）Crantz.

10）山珊瑚属 *Galeola* Lour.

　（1）毛萼山珊瑚 *Galeola lindleyana*（Hk. f. et Thoms.）Reiichb. f.

11）天麻属 *Gastrodia* R. Br.

　（1）天麻 *Gastrodia elata* Bl.

12）斑叶兰属 *Goodyera* R. Br.

（1）大花斑叶兰 *Goodyera biflora*（Lindl.）Hk. f.

（2）小斑叶兰 *Goodyera repens*（L.）R. Br.

（3）大斑叶兰 *Goodyera schlechtendaliana* Reichb. f.

13）角盘兰属 *Herminium* L.

（1）叉唇角盘兰 *Herminium lanceum*（Thunb.）Vvuijk

14）羊耳蒜属 *Liparis* Rich.

（1）羊耳蒜 *Liparis japonica*（Miq.）Maxim.

（2）大唇羊耳蒜 *Liparis dunnii* Rolfe

15）对叶兰属 *Listera* R. Br.

（1）大花对叶兰 *Listera grandiflora* Rolfe

16）石仙桃属 *Pholidota* Lindl.

（1）云南石仙桃 *Pholidota yunnanensis* Rolfe

17）独蒜兰属 *Pleione* D. Don

（1）独蒜兰 *Pleione bulbocodioides*（Franch.）Rolfe

18）朱兰属 *Pogonia* Juss.

（1）朱兰 *Pogonia japonica* Reichb. f.

19）绶草属 *Spiranthes* Rich.

（1）绶草 *Spiranthes sinensis*（Pers.）Ames

20）无柱兰属 *Amitostigma* Rich.

（1）大花无柱兰 *Amitostigma pinguiculum*（S. Moore）Schltr.

21）玉凤花属 *Habenaria* Willd.

（1）鹅毛玉凤花 *Habenaria dentata*（Sw.）Schltr.

## 149. 灯心草科 Juacaceae

1）灯心草属 *Juncus* L.

（1）翅茎灯心草 *Juncus alatus* Franch. et Sav.

（2）星花灯芯草 *Juncus diastrophanthus* Buchen.

（3）灯心草 *Juncus effusus* L.

（4）野灯心草 *Juncus setchuensis* Buchen.

（5）江南灯心草 *Juncus leschenaultii* Gay

2）地杨梅属 *Luzula* L.

（1）多花地杨梅 *Luzula multiflora*（Retz.）Lej.

## 150. 莎草科 Cyperaceae

1）球柱草属 *Bulbostylis* C. B. Clarke

（1）丝叶球柱草 *Bulbostylis densa*（Wall.）H. – M.

2）苔草属 *Carex* L.

（1）栗褐苔草 *Carex brunnea* Thunb.

（2）弯囊苔草 *Carex dispalata* Boott

（3）蕨状苔草 *Carex filicina* Nees

（4）穹隆苔草 *Carex gibba* Wahlenb.

（5）宽叶苔草 *Carex siderosticta* Hance

（6）细梗苔草 *Carex teinogyna* Boott

（7）西藏苔草 *Carex thibetica* Franch.

（8）隐杆苔草 *Carex lanceolata* Boott var. *macrosandra* Franch.

（9）舌叶苔草 *Carex ligulata* Nees ex Wight

（10）湖北苔草 *Carex henryi* C. B. clarke

（11）丝叶苔草 *Carex capilliformis*

3）莎草属 *Cyperus* L.

（1）具芒碎米莎草 *Cyperus microiria* Steud.

（2）香附子 *Cyperus rotundus* L.

4）羊胡子草属 *Eriophorum* L.

（1）丛毛羊胡子草 *Eriophorum comofum* Nees

5）飘拂草属 *Fimbristylis* Vahl

（1）两歧飘拂草 *Fimbristylis dichotoma*（L.）Vahl

（2）宜昌飘拂草 *Fimbristylis henryi* C. B. Clarke

6）水蜈蚣属 *Kyllinga* Rottb.

（1）短叶水蜈蚣 *Kyllinga brevifolia* Rottb.

7）藨草属 *Scirpus* L.

（1）萤蔺 *Scirpus juncoides* Roxb.

（2）庐山藨草 *Scirpus lushanensis* Ohwi

## 151. 禾本科 Gramineae

1）看麦娘属 *Alopecurus* L.

（1）看麦娘 *Alopecurus aequalis* Sobol.

（2）日本看麦娘 *Alopecpcurus japonicus* Steud.

2）荩草属 *Arthraxon* Beauv.

（1）矛叶荩草 *Arthraxon prionodes*（Steud.）Dandy

（2）荩草 *Arthraxon hispidus*（Thunb.）Mak.

3）野古草属 *Arundinella* Raddi.

（1）野古草 *Arundinella hirta*（Thunb.）Tanaka

4）芦竹属 *Arundo* L.

（1）芦竹 *Arundo donax* L.

5）燕麦属 *Avena* L.

（1）野燕麦 *Avena fatua* L.

（2）光稃野燕麦 *Avena fatua* L. var. *glabrata* Peterm.

6）菵草属 *Beckmannia* Host

（1）菵草 *Beckmannia syzigachne*（Steud.）Fern.

7）孔颖草属 *Bothriochloa* Kuntze

（1）白羊草 *Bothriochloa ischaemum*（L.）Keng

（2）臭根子草 *Bothriochloa intermedia*（R. Br.）A. Camus

8）雀麦属 *Bromus* L.

（1）雀麦 *Bromus japonicus* Thunb.

9）拂子茅属 *Calamagrostis* Adans.

（1）拂子茅 *Calamagrostis epigejos*（L.）Roth

（2）密花拂子茅 *Calamagrostis epigejos*（L.）Roth var. *densiflora* Griseb.

10）细柄草属 *Capillipedium* Stapf

（1）细柄草 *Capillipedium parviflorum*（R. Br.）Stapf

（2）硬秆子草 *Capillipedium assimile*（Steud.）A. Camus

11）狗牙根属 *Cynodon* Rich.

（1）狗牙根 *Cynodon dactylon*（L.）Pers.

12）鸭茅属 *Dactylis* L.

（1）鸭茅 *Dactylis glomerata* L.

13）野青茅属 *Deyeuxia* Clarion ex beauv.

（1）野青茅 *Deyeuxia arundianacea*（L.）Beauv.

（2）大叶章 *Deyeuxia langsdorffii*（Link）Kunth

14）马唐属 *Digitaria* Heister ex Fabr.

（1）升马唐 *Digitaria adscendens*（H. B. K.）Henrard

（2）马唐 *Digitaria sanguinalis*（L.）Scop.

15）稗属 *Echinochloa* Beauv.

（1）光头稗 *Echinochloa colonum*（L.）Link

（2）稗 *Echinochloa crusgalli*（L.）Beauv.

（3）旱稗 *Echinochloa crusgalli*（L.）Beauv. var. *hispidula*（Retz.）Honda

（4）无芒稗 *Echinochloa crusgalli*（L.）Beauv. var. *mitis*（Pursh）Peterm

16）穇属 *Eleusine* Gaertn.

（1）牛筋草 *Eleusine indica*（L.）Gaertn.

17）画眉草属 *Eragrostis* Beauv.

（1）知风草 *Eragrostis ferruginea*（Thunb.）Beauv.

（2）日本画眉草 *Eragrostis japonica*（Thunb.）Trin.

（3）画眉草 *Eragrostis pilosa*（L.）Beauv.

18）野黍属 *Eriochloa* Kunth

（1）野黍 *Eriochloa villosa*（Thunb.）Kunth

19）拐棍竹属 *Fargesia* Franch.

（1）拐棍竹 *Fargesia spathacea* Franch.

20）羊茅属 *Festuca* L.

（1）日本羊茅 *Festuca japonica* Mak.

21）黄茅属 *Heteropogon* Pers

（1）黄茅 *Heteropogon contortus*（L.）Beauv.

22）白茅属 *Imperata* Cyr.

（1）白茅 *Imperata cylindrica*（L.）Beauv. var. *major*（Nees）Hubb.

23）箬竹属 *Indocalams* Nakai

（1）阔叶箬竹 *Indocalamus latifolius*（Keng）McClure

（2）箬叶竹 *Indocalamus longiauritus* H.－M.

（3）箬竹 *Indocalamus tessellatus*（Munro）Keng f.

（4）柔毛箬竹 *Indocalamus guangdongensis* H. R. Zhao et Y. L. Yang var. *mollis* H. R. Zhao et Y. L. Yang

24）柳叶箬属 *Isachne* R. Br.

（1）柳叶箬 *Isachne globosa*（Thunb.）O. Ktze.

25）千金子属 *Leptochloa* Beauv.

（1）千金子 *Leptochloa chinensis*（L.）Nees

26）淡竹叶属 *Lophatherum* Brongn.

（1）淡竹叶 *Lophatherum gracile* Brongn.

27）臭草属 *Melica* L.

（1）广序臭草 *Melica onoei* Franch. et Sav.

（2）臭草 *Melica scabrosa* Trin.

28）莠竹属 *Microstegium* Nees

（1）竹叶茅 *Microstegium nudum*（Trin.）A. Camus

29）粟草属 *Milium* L.

（1）粟草 *Milium effusum* L.

30）芒属 *Miscanthus* Anderss.

（1）芒 *Miscanthus sinensis* Anderss.

31）乱子草属 *Muhlenbergia* Schreb.

（1）乱子草 *Muhlenbergia hugelii* Trin.

32）球米草属 *Oplismenus* Beauv.

（1）球米草 *Oplismenus undulatifolius*（Arduino）Roem. et Schlut

33）黍属 *Panicum* L.

（1）糠稷 *Panicum bisulcatum* Thunb.

34）雀稗属 *Paspalum* L.

（1）雀稗 *Paspalum thunbergii* Kunth ex Steud.

（2）双穗雀稗 *Paspalum distichum* L.

（3）圆果雀稗 *Paspalum orbiculare* G. Forst.

35）狼尾草属 *Pennisetum* Rich.

（1）狼尾草 *Pennisetum alopecuroides*（L.）Spreng.

36）显子草属 *Phaenosperma* Mumro ex Benth.

（1）显子草 *Phaenosperma globosua* Munro ex Benth.

37）芦苇属 *Phragmites* Trin.

（1）芦苇 *Phragmites communis* Trin.

38）毛竹属 *Phyllostachys* S. et Z.

（1）罗汉竹 *Phyllostachys aurea* Carr. ex a. et C. Riv

（2）桂竹 *Phyllostachys bambusoides* S. et Z.

（3）水竹 *Phyllostachys heteroclada* Oliv.

（4）毛金竹 *Phyllostachys nigra*（Lodd. ex Lindl.）Munro var. *henonis*（Mitf.）Stapf ex Rendle

（5）刚竹 *Phyllostachys viridis*（Young）McClure

（6）篌竹 *Phyllostachys nidularia* Munro

（7）紫竹 *Phyllostachys nigra*（Lodd. ex Lindl.）Munro

39）苦竹属 *Pleioblastus* Nakai

（1）苦竹 *Pleioblastus amarus*（Keng）Keng f.

40）早熟禾属 *Poa* L.

（1）早熟禾 *Poa annua* L.

（2）细长早熟禾 *Poa prolixior* Rendle

41）棒头草属 *Polypogon* Desf.

（1）棒头草 *Polypogon fugax* Nees ex Steud.

（2）长芒棒头草 *Polypogon monspeliensis*（L.）Desf.

42）鹅观草属 *Roegneria* C. Koch

（1）竖立鹅观草 *Roegneria japonensis*（Honda）Keng

（2）鹅观草 *Roegneria kamoji* Ohwi

43）狗尾草属 *Setaria* Beauv.

（1）皱叶狗尾草 *Setaria plicata*（Lam.）T. Cooke

（2）狗尾草 *Setaria viridis*（L.）Beauv.

（3）金色狗尾草 *Setaria glauca*（L.）Beauv.

44）箭竹属 *Sinarundinaria* Nakai

（1）箭竹 *Sinarundinaria nitida*（Mitf.）Nakai

45）鼠尾粟属 *Sporobolus* R. Br.

（1）鼠尾粟 *Sporobolus indicus*（L.）R. Br. var. *purpurea-suffusum*（Ohwi）T. Koyama

46）菅属 *Themeda* Forsk.

（1）黄背草 *Themeda gigantea* Forsk. var *japonica*（Willd.）Mak.

47）牛鞭草属 *Hemarthria* R. Br.

（1）牛鞭草 *Hemarthria altissima*（Poir.）Stapf et C. E. Hubb

48）三毛草属 *Trisetum* Pers.

（1）湖北三毛草 *Trisetum henryi* Rendle

## 152. 芭蕉科 Musaceae

1）芭蕉属 *Musa* L.

（1）芭蕉 *Musa basjoo* S. et Z. ◎

注"◎"为栽培种

# 附录2. 湖北崩尖子自然保护区昆虫名录

## 一、原尾目 Protura

1. 夕蚖科 Hesperentomidae

（1）青海夕蚖 *Hesperentomon chinghaiensis*

（2）华山夕蚖 *Hesperentomon huashanensis*

2. 檗蚖科 Berberentomidae

（3）天目山巴蚖 *Baculentulus tienmushanensis*

（4）河南肯蚖 *Kenyentulus henanensis*

（5）三治肯蚖 *Kenyentulus saryiarnus*

（6）湖北肯蚖 *Kenyentulus hubeinicus*

（7）兴山肯蚖 *Kenyentulus xingshanensis*

3. 古蚖科 Eosentomidae

（8）大眼古蚖 *Eosentomon megaglemun*

（9）东方古蚖 *Eosentomon oeientalis*

（10）樱花古蚖 *Eosentomon sakura*

（11）多毛中国蚖 *Zhongguohentomon piligeruwn*

## 二、弹尾目 Collembola

4. 等节䖡科 Isotomidae

（12）绿等䖡 *Isotoma uiridis*

## 三、双尾目 Diplura

5. 康蚥科 Campodeidae

（13）东方羽蚥 *Leniwytsmania orientalis*

（14）韦氏鳞蚥 *Leniwytsmania ueberi*

6. 副铗蚥科 Parajapygidae

（15）爱媚副铗蚥 *Parajapyx emeryanus*

（16）黄副铗蚥 *Parajapyx isabellae*

（17）杨氏副铗蚥 *Parajapyx yangi*

## 四、缨尾目 Thysanura

7. 衣鱼科 Lepismatidae

（18）毛衣鱼 *Ctenolepisma villosa*

## 五、蜉蝣目 Ephemeroptera

8. 蜉蝣科 Ephemeridae

（19）直线蜉 *Ephemera lieata*

## 六、蜻蜓目 Odonata

9. 大蜓科 Cordulegasteridae

（20）双斑圆臀大蜓 *Anotogaster kuchenbeiseri*

10. 蜓科 Ashnidae

（21）碧伟蜓 *Anax parthenope julius*

（22）狭痣头蜓 *Cephalaeschma magdalena*

11. 春蜓科 Gomphidae

（23）索氏缅春蜓 *Burmagomphus sowerbyi*

（24）弗鲁戴春蜓幼小亚种 *Dauidius fruhstorferi junnior*

（25）联纹小叶春蜓 *Gomphidia confluens*

（26）长角华春蜓 *Sinogomphus scissus*

（27）黄唇棘尾春蜓 *Trigomphus beatus*

12. 蜻科 Libellulidae

（28）红蜻 *Crocothemis servilia*

（29）闪绿宽腹蜻 *Lyriothemis pachygatra*

（30）白尾灰蜻 *Orthetrum albistylum*

（31）褐肩灰蜻 *Orthetrum japonicum internum*

（32）异色灰蜻 *Orthetrum melania*

（33）黄蜻 *Pantala flavescens*

（34）黄带伪蜻 *Pseudothemis zonata*

（35）黑裳蜻 *Rhyothemis fuliginosa*

（36）眉赤蜻 *Sympetrum eroticum eroticum*

13. 色螅科 Calopterygidae

（37）黑色螅 *Agrion atratum*

（38）烟翅绿色螅 *Mnais mneme*

（39）褐单脉色螅 *Matrona basilaris nigripectus*

14. 腹鳃螅科 Euphaeidae

（40）紫闪溪螅 *Caliphaea consimilis*

15. 螅科 Coenagrionldae

（41）长尾黄螅 *Ceriagrion fallax*

（42）短尾黄螅 *Ceragrion melanurum*

16. 扇螅科 Platycenmidae

（43）扁胫扇螅 *Copera annulata*

（44）军配豆娘 *Copera marginipes*

# 七、渍翅目 Plecoptera

17. 叉渍科 Nemouridae

（45）湖北印叉渍 *Indonemoura hubeiensis*

18. 渍科 Perlidae

（46）浅褐钩渍 *Claassenia fulva*

（47）细刺钩渍 *Kamimuria tenuispna*

（48）黄色扣渍 *Kiotina biocellata*

（49）有边新渍 *Neoperla limbatella*

（50）中华襟渍 *Togoperla sinensis*

# 八、蜚蠊目 Blattaria

19. 鳖蠊科 Corybiidae

（51）中华真地鳖 *Eupolyphaga sinensis*

20. 蜚蠊科 Blattidae

（52）东方蜚蠊 *Blatta orientalis*

（53）美洲大蠊 *Periplaneta americana*

（54）黑胸大蠊 *Periplaneta fuliginosa*

（55）日本大蠊 *Periplaneta japonnica*

21. 光蠊科 Epilampridae

（56）黑带大光蠊 *Rhabdoblatta nigrovittata*

22. 姬蠊科 Blattellidae

（57）德国小蠊 *Blattella gernanica*

（58）广纹小蠊 *Blattella latistriga*

## 九、螳螂目 Mantodea

23. 花螳科 Hymenopodidae

（59）去眼斑螳 *Creobroter nebulosa*

（60）中华大齿螳 *Odontomantis sinensis*

24. 螳科 Mantidae

（61）广斧螳螂 *Hierodula patellifera*

（62）薄翅螳螂 *Mantis religiosa*

（63）棕污斑螳螂 *Statilia maculata*

（64）绿污斑螳螂 *Statilia nemoralis*

（65）短胸大刀螳 *Tenodera brevicollis*

（66）中华大刀螳 *Tenodera sinensis*

（67）狭翅大刀螳（北大刀螳）*Tenodera angustipennis*

## 十、直翅目 Orthoptera

25. 癞蝗科 Pamphagidae

（68）笨蝗 *Haplotropis brunneriana*

26. 锥头蝗科 Pyrgomorphidae

（69）短额负蝗 *Atractomorpha sinensis*

（70）长额负蝗 *Atractomorpha lata*

27. 斑腿蝗科 Catantopidae

（71）黑膝胸斑蝗 *Apalacris nigrogeniculata*

（72）短星翅蝗 *Calliptamus abbreviatus*

（73）红褐斑腿蝗 *Catantops pinguis*

（74）棉蝗 *Chondracris rosea rosea*

（75）斑角蔗蝗 *Hieroglyphus annulicornis*

（76）绿腿腹露蝗 *Fruhstoreriola viridifemorata*

（77）山稻蝗 *Oxya agavisa*

（78）中华稻蝗 *Oxya chinensis*

（79）小稻蝗 *Oxya intricata*

（80）日本稻蝗 *Oxya japonica*

（81）日本黄脊蝗 *Patanga japonica*

（82）尖翅小蹦蝗 *Pedopodisma epacroptera*

（83）秦岭小蹦蝗 *Pedopodisma tsinlingensis*

（84）长翅素木蝗 *Shirakiacris shirakii*

（85）短角直斑腿蝗 *Stenocatantops mistshenkoi*

（86）中华板胸蝗 *Sathosternurn prasiniferum sinenes*

（87）短角外斑腿蝗 *Xenocatantops brachycerus*

28. 斑翅蝗科 Oedipoidae

（88）花胫绿纹蝗 *Aiolopus tamulus*

（89）赤翅蝗 *Celes skalozubovi akitanus*

（90）云斑车蝗 *Gastrimargus marmoratus*

（91）方异距蝗 *Heteropternis respondens*

（92）东亚飞蝗 *Locusta migratoria*

（93）黄胫小车蝗 *Oedaleus infernalis infernalis*

（94）长翅草绿蝗 *Parapleurus alliaceus*

（95）黄翅踵蝗 *Pternoscirta calliginosa*

（96）疣蝗 *Trilophidia annulata*

29. 网翅蝗科 Arcypteridae

（97）大青脊蝗 *Ceracris nigricornis laeta*

（98）中华雏蝗 *Chrothippus chinensis*

（99）北方雏蝗 *Chrothippus hammarstroemi*

（100）黄脊竹蝗 *Rammeacris kiangsu*

（101）东方雏蝗 *Chrothippus intermedius*

30. 剑角蝗科 Acridae

（102）中华剑角蝗 *Acrida cinerea*

（103）短翅佛蝗 *Phlaeoba angustidorsis*

31. 缺齿蜢科 Eruciidae

（104）幕螳秦蜢 *China mantispoides*

32. 蚱科 Tetrigidae

（105）武当山微翅蚱 *Alulatettix wudangshanensis*

（106）日本蚱 *Tetrix japonia*

33. 露螽科 Phaneropteridae

（107）薄翅树螽 *Phaneroptera falcata*

（108）瘦露螽 *Phaneroptera gracilis*

（109）日本条螽 *Ducetia japonica*

（110）日本绿树螽 *Holochlora japonica*

34. 草螽科 Conocephalidae

（111）中华草螽 *Conocephalus chinensis*

（112）斑翅草螽 *Conocephalus maculatus*

（113）悦鸣草螽 *Conocephalus melas*

（114）鼻优草螽 *Euconocephalus nasutus*

（115）素色似织螽 *Hexacentrus unicolor*

35. 蛩螽科 Meconematidae
  （116）中华剑螽 *Xiphidiopsis sinensis*
  （117）贺氏剑螽 *Xiphidiopsis houardi*
36. 螽斯科 Tettigoniidae
  （118）短翅鸣螽 *Gampsocleis gratiosa*
  （119）江苏寰螽 *Atlanticus kiangsu*
  （120）绿螽斯 *Tettigonia viridissima*
37. 拟叶螽科 Pseudophyllidae
  （121）中华扇螽 *Phyllomimus sinicus*
38. 蛉蟋科 Trigoridiidae
  （122）斑翅灰针蟋 *Dianemobius taprobanensis*
  （123）亮褐拟针蟋 *Pteronemobius nitidus*
39. 蟋蟀科 Gryllidar
  （124）中华蟋 *Gryllus chinensis*
  （125）灶马 *Gryllodes sigillatus*
  （126）油葫芦 *Gryllus testaceus*
  （127）多伊榨头蟋 *Loxoblemmus doenitzi*
  （128）石首榨头蟋 *Loxoblemmus equestris*
  （129）小姬蟋 *Modicogryllus minusculus*
  （130）饰纹斗蟋 *Velarifictorus ornatus*
40. 树蟋科 Oecanthidae
  （131）黄树蟋 *Oecanthus rufescens*
41. 蝼蛄科 Gryllotalidae
  （132）东方蝼蛄 *Gryllotalpa orientalis*
  （133）华北蝼蛄 *Gryllotalpa unispina*

## 十一、䗛目 Phasmidae
42. 异䗛科 Heteronemiidae
  （134）垂臀华枝䗛 *Sinophasma brevipenne*
43. 䗛科 Phasmatidae
  （135）密粒短肛䗛 *Baculum granulosum*
44. 叶䗛科 Phyllidae
  （136）叶䗛 *Phyllium pulchrifolium*

## 十二、革翅目 Dermaptera
45. 大尾螋科 Pygidicranidae
  （137）大尾螋 *Challia fletcheri*
46. 肥螋科 Anisolabididae
  （138）黄足肥螋 *Euborellia pallipes*
47. 蠼螋科 Labiduridae
  （139）蠼螋 *Labidura riparia*
48. 球螋科 Forficulidae
  （140）粗皱异球螋 *Allodahlia scabruscula*
  （141）日本张球螋 *Anechura japonica*

（142）中华山球蜚 *Oreasiobia chinensis*

## 十三、等翅目 Isoptera

49. 木白蚁科 Kalotermitidae

（143）当阳树白蚁 *Glyptotermes dangyangensis*

（144）黑树白蚁 *Glyptotermes fuscus*

50. 鼻白蚁科 Rhinotermitidae

（145）台湾乳白蚁 *Coptotermes formosanus*

（146）尖唇散白蚁 *Reticulitermes aculabialis*

（147）短额散白蚁 *Reticulitermes brachygnathus*

（148）中唇散白蚁 *Reticulitermes medilabris*

（149）平胸散白蚁 *Reticulitermes planithorax*

（150）兴山散白蚁 *Reticulitermes xingshangensis*

（151）南大别山散白蚁 *Reticulitermes notialdabieshangensis*

51. 白蚁科 Termitidae

（152）黄翅大白蚁 *Macrotermes barneyi*

（153）黑翅土白蚁 *Odontotermes formosanus*

## 十四、啮虫目 Corrodentia

52. 窃啮科 Trogiidae

（154）弹窃啮 *Trogium pulsatorium*

53. 单啮科 Caeciliidae

（155）中带单啮 *Caecilius medivithatus*

（156）湖北单啮 *Caecilius hubaiensis*

54. 离啮科 Dasydemellidae

（157）杨氏安啮 *Dasydemella stipitiformis*

55. 外啮科 Ectopsocidae

（158）双孔邻外啮 *Etctopsocopsis biporosus*

56. 围啮科 Peripsocidae

（159）柳杉端围啮 *Periterminalis cryptomeriae*

57. 叉啮科 Pseudocaeciliidae

（160）额斑异啮 *Heterocaecilius maculiforns*

58. 啮科 Psocidae

（161）白斑触啮 *Psococerastis albimaculatus*

（162）粗茎触啮 *Psococerastis stulticaulis*

（163）中国带麻啮 *Trichadenotecnum chinense*

## 十五、虱目 Anoplura

59. 虱科 Pediculidae

（164）人体虱 *Pediculus humanus humanus*

（165）人头虱 *Pediculus humanus capitis*

60. 血虱科 Haematopinidae

（166）猪血虱 *Hamatopinus suis*

（167）瘤突血虱 *Hamatopinus tuberculatus*

61. 颚虱科 Linognathidae

　　（168）牛颚虱 *Linognathus vituli*

　　（169）绵羊颚虱 *Linognathus ovillus*

62. 多板虱科 Polyplacidae

　　（170）棘多板虱 *Polyplax spinulosa*

# 十六、同翅目 Homoptera

63. 蝉科 Cicdidae

　　（171）黑蚱蝉 *Cryptotympana atrata*

　　（172）山西姬蝉 *Cicadetta shansiensis*

　　（173）碧蝉 *Hea fasciata*

　　（174）红蝉 *Huechys sanguinea*

　　（175）点细酱蝉 *Leptopsalta radiator*

　　（176）周氏寒蝉 *Meimuna choui*

　　（177）蒙古寒蝉 *Meimuna mongolica*

　　（178）雷鸣蝉 *Oncotympana maculaticollis*

　　（179）草春蝉 *Mogannia hebes*

　　（180）兰章蝉 *Mogannia Cyanea*

　　（181）螗姑 *Platypleura kaempferi*

　　（182）大苦蛾蝉 *Tibicen flammatus*

64. 角蝉科 Membracidae

　　（183）中华高冠角蝉 *Hypsauchenia chinensis*

　　（184）瘤耳角蝉 *Maurya nodosa*

　　（185）黄足三刺角蝉 *Orthobelus flavipes*

　　（186）背峰锯角蝉 *Pantaleon dorsalis*

65. 沫蝉科 Cercopidae

　　（187）四斑长头沫蝉 *Abidama contigua*

　　（188）松沫蝉 *Aphrophora flavipes*

　　（189）稻沫蝉（雷火虫）*Callitettix versicolor*

　　（190）斑带丽沫蝉 *Cosmoscarta bispecularis*

　　（191）背斑沫蝉 *Cosmoscarta dorsimaculata*

66. 尖胸沫蝉科 Aphrophoridae

　　（192）中华奏沫蝉 *Qinophora sinica*

　　（193）神农华沫蝉 *Sinophora shennongjiensis*

67. 叶蝉科 Cicadellidae

　　（194）格氏安大叶蝉 *Atkinsoniella grahami*

　　（195）湖北条大叶蝉 *Atkinsoniella hopehna*

　　（196）黑尾大叶蝉 *Bothrogonia feruginea*

　　（197）鄂凹大叶蝉 *Bothrogonia eana*

　　（198）华凹大叶蝉 *Bothrogonia sinica*

　　（199）二刺丽叶蝉 *Calodia obliquasimilaris*

　　（200）大青叶蝉 *Cicadulla viridis*

（201）白边利叶蝉 *Empoasca limbifera*

（202）电光叶蝉 *Inazuma dorsalis*

（203）稻叶蝉 *Inemadara oryzae*

（204）黑颜单突叶蝉 *Lodiana brevus*

（205）二点叶蝉 *Macrosteles fascifrons*

（206）四点叶蝉 *Macrosteles quardrimaculatus*

（207）桨头叶蝉 *Nacolus assamensis*

（208）黑尾叶蝉 *Nephotettix cincticeps*

（209）白翅叶蝉 *Thaia rubiginosa*

（210）桃一点斑叶蝉 *Typhlocyba sudra*

68. 飞虱科 Delphacidae

（211）短头飞虱 *Epeurysa nawaii*

（212）褐飞虱 *Nilaparvata lugens*

（213）长绿飞虱 *Saccharosydne procerus*

（214）白背飞虱 *Sogatella furcifera*

（215）稗飞虱 *Sogatella vibix*

（216）白条飞虱 *Terthron albovittatum*

69. 蜡蝉科 Fulgoridae

（217）斑衣蜡蝉 *Lycorma delicatula*

70. 菱蜡蝉科 Cixiidae

（218）黑尾菱蜡蝉 *Oliarus apicalis*

71. 象蜡蝉科 Dictyopharidae

（219）苹果象蜡蝉 *Dictyophara patruelis*

72. 袖蜡蝉科 Derbidae

（220）红袖蜡蝉 *Diostrombus politus*

（221）湖北长袖蜡蝉 *Zoraida hubeiensis*

73. 蛾蜡蝉科 Flatidae

（222）褐缘蛾蜡蝉 *Salurnis marginella*

（223）锈涩蛾蜡蝉 *Seliza ferruginea*

74. 广翅蜡蝉科 Ricanidae

（224）眼纹疏广翅蜡蝉 *Euricania ocellus*

（225）八点广翅蜡蝉 *Ricania speculum*

75. 斑木虱科 Aphalaridae

（226）带斑木虱 *Aphalara fasciata*

76. 木虱科 Psyllidae

（227）合欢羞木虱 *Acizzia jamatonica*

（228）东方羞木虱 *Acizzia sasakii*

77. 丽木虱科 Calophyidae

（229）盐肤木丽木虱 *Calophya verticornis*

（230）中国丽木虱 *Calophya chinensis*

78. 裂木虱科 Carisdaridae

（231）梧桐裂木虱 *Carsidara limbata*

79. 个木虱科 Triozidae

  （232）地肤异个木虱 *Heterotrioza kochiicola*

80. 粉虱科 Aleyrodidae

  （233）黑刺粉虱 *Aleurocanthus spiniferus*

  （234）白粉虱 *Trialeurodes vaporariorum*

81. 瘿绵蚜科 Pemphigidae

  （235）枣铁倍蚜 *Kaburagia rhusicola ensigallis*

  （236）蛋铁倍蚜 *Kaburagia rhusicola ovogallis*

  （237）角倍蚜 *Schlechtendalia chinensis*

  （238）榆四脉绵蚜 *Tetraneura ulmi*

82. 群蚜科 Thelaxeridae

  （239）枫杨刻蚜 *Kurisakia onigurumii*

  （240）山核桃刻蚜 *Kurisakia sinicarye*

83. 斑蚜科 Drepanosiphidae

  （241）枫杨肉刺斑蚜 *Daysaphis rhusae*

  （242）榆长斑蚜 *Tinocallis saltans*

84. 大蚜科 Lachnidae

  （243）松大蚜 *Cinara pinea*

  （244）柏大蚜 *Cinara tujafilina*

  （245）板栗大蚜 *Lachnus tropicalis*

85. 蚜科 Aphididae

  （246）绣线菊蚜 *Aphis citricola*

  （247）大豆蚜 *Aphis glycines*

  （248）绵蚜 *Aphis gossypii*

  （249）中国槐蚜 *Aphis sophoricola*

  （250）月季长管蚜 *Longicaudus trirhodus*

  （251）橘蚜 *Toxoptera citricidus*

  （252）桃蚜 *Myzus persicae*

  （253）玉米蚜 *Rhopalosiphum maidis*

  （254）梨二叉蚜 *Schizaphia piricola*

86. 扁蚜科 *Hormaphididae*

  （255）竹茎扁蚜 *Pseadoregma bambusicola*

87. 绵蚧科 Margarodidae

  （256）草履蚧 *Drosicha corpulenta*

88. 粉蚧科 Pseudococcidae

  （257）竹白尾粉蚧 *Antonina crawi*

  （258）康氏粉蚧 *Pseudococcus comstocki*

89. 绒蚧科 Eriococcidae

  （259）柿绒蚧 *Eriococcus kaki*

90. 红蚧科 Kermococcidae

  （260）栗红蚧 *Kermes nawae*

91. 蜡蚧科 Coccidae

（261）日本龟蜡蚧 *Ceroplastes japonicus*

（262）伪角蜡蚧 *Ceroplastes rubens*

（263）白蜡蚧 *Ericerus pela*

（264）扁平球坚蚧 *Parthenolecanium corni*

92. 盾蚧科 Diaspididae

（265）橘红肾圆蚧 *Aonidiella aurantii*

（266）橘黄肾圆蚧 *Aonidiella citrina*

（267）蔷薇白轮蚧 *Aulacaspis rosae*

（268）卫茅长牡蚧 *Insualaspis corni*

（269）长牡盾蚧 *Lepidosaphes gloverii*

（270）榆牡盾蚧 *Lepidosaphes ulmi*

（271）山茶片盾蚧 *Parlatoria camelliae*

（272）桑白盾蚧 *Pseudaulaeaspis pentagona*

（273）矢尖蚧 *Unaspis yanonensis*

# 十七、半翅目 Hemiptera

93. 龟蝽科 Plataspidae

（274）显著圆龟蝽 *Coptosoma notabilis*

（275）子都圆龟蝽 *Coptosoma pulchella*

（276）筛豆龟蝽 *Megacopta cribraria*

94. 土蝽科 Cydnidae

（277）三点边土蝽 *Adomerus triguttulus*

（278）大鳖土蝽 *Adris magna*

（279）侏地土蝽 *Fromundus pygmaeus*

95. 兜蝽科 Dinidoridae

（280）兜蝽（九香虫）*Coridus chinensis*

（281）小皱蝽 *Cyclopelta parva*

96. 盾蝽科 Scutelleridae

（282）角盾蝽 *Cantao ocellatus*

（283）丽盾蝽 *Chrysocoris grandis*

（284）扁盾蝽 *Eurygaster testudinarius*

（285）亮盾蝽 *Lamprocoris roylii*

（286）金绿宽盾蝽 *Poecilocoris lewisi*

97. 荔蝽科 Tessaratomidae

（287）硕蝽 *Eurostus validus*

（288）巨蝽 *Eusthenes robustus*

98. 蝽科 Pentatomidae

（289）华麦蝽 *Aelia fieberi*

（290）中华蠋蝽 *Arma chinensis*

（291）苍蝽 *Brachynema germarii*

（292）宽胫格蝽 *Cappaea tibialis*

（293）红角辉蝽 *Carbula crassiventris*

（294）辉蝽 *Carbula obtusangula*

（295）凹肩辉蝽 *Carbula sinica*

（296）峨眉瘤蝽 *Cazira emeia*

（297）峰疣蝽 *Cazira horvathi*

（298）斑须蝽 *Dolycoris baccarum*

（299）滴蝽 *Dolycoris reticulata*

（300）麻皮蝽 *Erthesina fullo*

（301）菜蝽 *Eurydema dominulus*

（302）横纹菜蝽 *Eurydema gebleri*

（303）二星蝽 *Eysarcoris guttiger*

（304）广二星蝽（黑腹蝽）*Eysarcoris ventralis*

（305）黄肩青蝽 *Glaucias crassa*

（306）赤条蝽 *Graphosoma rubrolineata*

（307）茶翅蝽 *Hayomorpha halys*

（308）弯胫草蝽 *Holcostethus ovatus*

（309）全蝽 *Homalogonoa obtusa*

（310）红玉蝽 *Hoplistodera pulchra*

（311）十点蝽（弯角蝽）*Lelia decempunctata*

（312）宽曼蝽 *Menida lata*

（313）东北曼蝽 *Menida musiva*

（314）紫兰曼蝽 *Menida violacea*

（315）稻绿蝽 *Nezara viridula*

（316）稻褐蝽（白边蝽）*Niphe elongata*

（317）川甘碧蝽 *Palomena haemorrhoidalis*

（318）圆卷蝽 *Peterculus ovatus*

（319）红足真蝽 *Pentatoma rufipes*

（320）益蝽 *Picromerus lewisi*

（321）斑莽蝽 *Placosternum urus*

（322）珀蝽 *Plautia crossota*

（323）庐山珀蝽 *Plautia lushanica*

（324）褐普蝽 *Priassus testaceus*

（325）稻黑蝽 *Scotinophara lurida*

（326）突蝽 *Udonga spindens*

（327）蓝蝽 *Zicrona caerula*

99. 同蝽科 Acanthosomatidae

（328）细铗同蝽 *Acanthosoma forficula*

（329）宽铗同蝽 *Acanthosoma labiduroides*

（330）黑刺同蝽 *Acanthosoma nigrospina*

（331）圆肩泛刺同蝽 *Acanthosoma spinicolle*

（332）宽肩直同蝽 *Elasmostethus humeralis*

（333）直同蝽 *Elasmostethus interstinctus*

（334）娇匙同蝽 *Elasmucha decorata*

（335）背匙同蝽 *Elasmucha dorsalis*

（336）窄肩匙同蝽 *Elasmucha putoni*

（337）绿板同蝽 *Lindbergicornis hochii*

（338）伊锥同蝽 *Sastragata esakii*

100. 异蝽科 Urostylidae

（339）短壮异蝽 *Urochela falloui*

（340）花壮异蝽 *Urochela luteovaria*

（341）匙突娇异蝽 *Urostylis striicornis*

（342）淡娇异蝽 *Urostylis yangi*

101. 缘蝽科 Coreidae

（343）瘤缘蝽 *Acanthocoris scaber*

（344）斑背安缘蝽 *Anoplocnemis binotata*

（345）稻棘缘蝽 *Cletus punctiger*

（346）宽棘缘蝽 *Cletus schmidti*

（347）波原缘蝽 *Coreus potanini*

（348）褐奇缘蝽 *Dereptrlyx fuliginosa*

（349）月肩奇缘蝽 *Dereptrlyx lunata*

（350）广腹同缘蝽 *Homoeocerus dilatatus*

（351）一点同缘蝽 *Homoeocerus unipunctatus*

（352）暗黑缘蝽 *Hygia opaca*

（353）环胫黑缘蝽 *Hygia touckei*

（354）栗缘蝽 *Liorhyssus hyalinus*

（355）肩异缘蝽 *Pterygomia humeralis*

（356）拉缘蝽 *Rhamnomia dubia*

（357）开环缘蝽 *Stictopleurus minutus*

102. 蛛缘蝽科 Alydidae

（358）黑长缘蝽 *Megalotomus junceus*

（359）点蜂缘蝽 *Riptortus pedestris*

103. 姬缘蝽科 Rhopalidae

（360）点伊缘蝽 *Rhopalus latus*

（361）褐伊缘蝽 *Rhopalus sapporensis*

104. 长蝽科 Lygaeidae

（362）南亚大眼长蝽 *Geocoris ochropterus*

（363）大眼长蝽 *Geocoris pallidipennis*

（364）林长蝽 *Drymus sylvaticus*

（365）中国松果长蝽 *Gastrodes chinensis*

（366）横带红长蝽 *Lygaeus equestris*

（367）方红长蝽 *Lygaeus quadratomaculatus*

（368）黑斑尖长蝽 *Oxycarenus lugubris*

（369）川鄂缢胸长蝽 *Paraeucosmetus sinensis*

（370）白斑地长蝽 *Rhyparochromus albomaculatus*

（371）中国斑长蝽 *Scolopostethus chinensis*

105. 红蝽科 Pyrrhocoridae

　　（372）小斑红蝽 *Physopelta cincticollis*

　　（373）曲缘红蝽 *Pyrrhocoris sinuaticollis*

　　（374）直红蝽 *Pyrrhopeplus carduelis*

106. 扁蝽科 Aradidae

　　（375）同扁蝽 *Aradus compar*

　　（376）湖北脊扁蝽 *Neuroctenus hubeiensis*

　　（377）中华脊扁蝽 *Neuroctenus sinensis*

　　（378）湖北尤扁蝽 *Usingerida hubeiensis*

107. 网蝽科 Tingidae

　　（379）长头网蝽 *Cantacader lethierrys*

　　（380）角菱背网蝽 *Eteonnus angulatus*

　　（381）菊背脊网蝽 *Galeatus spinifrons*

　　（382）梨冠网蝽 *Stephanitis nashi*

　　（383）杜鹃冠网蝽 *Stephanitis pyrioides*

　　（384）广布裸菊网蝽 *Tingis cardui*

108. 瘤蝽科 Phymatidae

　　（385）中国螳瘤蝽 *Cnizocoris sinensis*

109. 猎蝽科 Reduviidae

　　（386）多氏田猎蝽 *Agriosphodrus dohrni*

　　（387）黄足猎蝽 *Sirthenea flauipes*

　　（388）黑红赤猎蝽（二色赤猎蝽）*Haematoloecha nigrorufa*

　　（389）褐菱猎蝽 *Isyndus obscurus*

　　（390）日月盗猎蝽 *Pirates arcuatus*

　　（391）环斑猛猎蝽 *Sphedanolestes impressicollis*

　　（392）红股隶猎蝽 *Lestomerus femoralis*

　　（393）斑缘猛猎蝽 *Sphedanolestes subtilis*

110. 姬蝽科 Nabidae

　　（394）拟原姬蝽中国亚种 *Nabis pseudoferus chinensis*

111. 臭虫科 Cimicidae

　　（395）温带臭虫 *Cimex lectularius*

112. 跳蝽科 Saldidae

　　（396）黄颊跳蝽 *Saldula arsenjevi*

113. 花蝽科 Anthocoridae

　　（397）细角花蝽 *Lyctocoris campestris*

　　（398）南方小花蝽 *Orius similis*

114. 盲蝽科 Miridae

　　（399）淡尖苜蓿盲蝽 *Adelphocoris apicalis*

　　（400）黑唇苜蓿盲蝽 *Adelphocoris nigritylus*

　　（401）中黑苜蓿盲蝽 *Adelphocoris suturalis*

　　（402）烟草盲蝽 *Cyrtopeltis tenuis*

　　（403）大长盲蝽 *Dolichomiris antennatis*

124. 翼蛉科 Osmylidae

(433)胜利离溪蛉 *Lysmus victus*

(434)偶瘤溪蛉 *Osmylus tuberosus*

(435)透翅翼蛉 *Plethosmylus hyalinatus*

125. 褐蛉科 Hemerobiidae

(436)黑体褐蛉 *Hemerobius atrocorpus*

(437)全北褐蛉 *Hemerobius hunuli*

(438)中华齐褐蛉 *Kimminsia sinica*

(439)勺突广褐蛉 *Megalomus arytaenoideus*

126. 草蛉科 Chrysopidae

(440)丽草蛉 *Chrysopa formosa*

(441)大草蛉 *Chrysopa septempunctata*

(442)松氏通草蛉 *Chrysoperla savioi*

(443)中华通草蛉 *Chrysoperla sinica*

(444)鄂西叉草蛉 *Dichorysa exiana*

(445)日意草蛉 *Italochrysa japonica*

(446)亚非玛草蛉 *Mallada boninensis*

127. 蝶角蛉科 Ascalaphidae

(447)完眼蝶角蛉 *Protidricerus exilis*

(448)日完眼蝶角蛉 *Protidricerus japonicus*

128. 蚁蛉科 Myrmeleonidae

(449)三峡东蚁蛉 *Euroleon sanxianus*

(450)钩臀穴蚁蛉 *Myrmeleon bore*

(451)褐纹树蚁蛉 *Dendroleon pantherinus*

## 二十一、蛇蛉目 Raphidiodea

129. 蛇蛉科 Raphidiidae

(452)神农鄂蛇蛉 *Raphidia shennongjiana*

## 二十二、鞘翅目 Coleoptera

130. 虎甲科 Cicindelidae

(453)钳端虎甲 *Cicindela lebipennis*

(454)中国虎甲 *Cicindela chinensis*

(455)曲皱虎甲 *Cicindela elisae*

(456)褴虎甲 *Cicindela laetescripta*

(457)镜面虎甲 *Cicindela specularis*

(458)多型虎甲铜翅亚种 *Cicindela hybrida transbaicalica*

131. 步甲科 Carabidae

(459)翅端齿残步甲 *Agonum buchanani*

(460)日本细胫步甲 *Agonum japonicum*

(461)黄斑青步甲 *Chlaenius micans*

(462)铜色暗步甲 *Amara chalcites*

(463)墨绿锥须步甲 *Bembidion quadricolle*

（464）大星步甲 *Calosoma maximoviczi*

（465）逗斑青步甲 *Chlaenius uiygulifer*

（466）脊青步甲 *Chlaenius costiger*

（467）艳大步甲 *Carabus（Coptolabrus）lafossei coelestis*

（468）黄胫边步甲 *Craspedonotus tibialis*

（469）中华金星步甲 *Calosoma chinense*

（470）日本盘步甲 *Dischissus japonicus*

（471）赤胸步甲 *Dolichus halensis*

（472）黄缘肩步甲 *Epomis nigricans*

（473）绢室婪步甲 *Harpalus corporosus*

（474）毛地婪步甲 *Harpalus griseus*

（475）大劫步甲 *Lesticus magnus*

（476）三叉气步甲 *Pheropsophus occipitalis*

（477）中国圆胸步甲 *Stenolophus connotatus*

（478）铜绿圆胸步甲 *Stenolophus chalceus*

（479）集圆胸步甲 *Stenolophus iridicolor*

132. 龙虱科 Dytiscidae

（480）东方异爪龙虱 *Hyphydrus orientalis*

133. 水甲科 Hydraenidae

（481）广东舟形水甲 *Limnebius（Bilimneus）kwangtungensis*

134. 牙甲科 Hydrophilidae

（482）路氏刺鞘牙甲 *Berosus lewisius*

135. 葬甲科 Silphidae

（483）尼负葬甲 *Necrophorus nepalensis*

（484）亚洲尸葬甲 *Necrodes asiaticus*

136. 隐翅甲科 Staphylinidae

（485）青翅蚁形隐翅虫 *Paederus fuscipes*

137. 花萤科 Cantharidae

（486）斑胸异花萤 *Athemus maculithorax*

（487））武当丽花萤 *Themus wudangshanus*

138. 郭公甲科 Cleridae

（488）赤颈郭公虫 *Necrobia ruficollis*

（489）暗褐郭公虫 *Thaneroclerus buquet*

139. 叩甲科 Elateridae

（490）泥红槽缝叩甲 *Agrypnus argillaceus*

（491）丽叩甲 *Camposoternus auratus*

（492）朱肩丽叩甲 *Campsosternus gemma*

（493）筛胸梳爪叩甲 *Melanotus cribricollis*

（494）铜紫金叩甲 *Selatosomus aeneomicans*

（495）粒翅土叩甲 *Xabthopenthes granulipennis*

140. 吉丁甲科 Bupresidae

（496）泡桐窄吉丁 *Agrilus cyaneoniger*

  （497）朴树窄吉丁 *Agrilus discalis*

  （498）黑铜窄吉丁 *Agrilus nigrocalruleus*

  （499）中华窄吉丁 *Agrilus sinensis*

  （500）日本松脊吉丁 *Chalcophora japonica*

  （501）铜胸纹吉丁 *Coroebus cloueti*

  （502）黄胸圆纹吉丁 *Coroebus sauteri*

  （503）铜绿块斑吉丁 *Ovalisia virgata*

  （504）翠绿块斑吉丁 *Ovalisia vivata*

  （505）紫鞘尖翅吉丁 *Sphenoptera forceps*

141. 溪泥甲科 Elmidae

  （506）中华溪泥甲 *Stenelmis sinica*

142. 皮蠹科 Dermestidae

  （507）小圆皮蠹 *Anthrenus verbasci*

  （508）黑皮蠹 *Attagenus unicolor japonicus*

  （509）白腹皮蠹 *Dermestes maculatus*

143. 谷盗科 Ostomatidae

  （510）大谷盗 *Tenebroides mauritanicus*

144. 露尾甲科 Nitidulidae

  （511）隆胸露尾甲 *Carpophilus obsoletus*

  （512）四星露尾甲 *Librodor japonicus*

145. 方头甲科 Cybocephalidae

  （513）深裂方头甲 *Cybocephalus dissectus*

146. 扁甲科 Cucujidae

  （514）锈赤扁谷盗 *Cryptolestes ferrugineus*

  （515）土耳其扁谷盗 *Cryptolestes turcicus*

147. 锯谷盗科 Silvanidae

  （516）米扁虫 *Chthartus advena*

  （517）四星蜡斑甲 *Helota gemmata*

  （518）据谷盗 *Oryzaephilus surinamensis*

148. 大蕈甲科 Erotylidae

  （519）凹黄蕈甲 *Dacne japonica*

149. 隐食甲科 Cryptophagidae

  （520）锯胸隐食甲 *Cryptophagus dentates*

150. 毛蕈甲科 Biphyllidae

  （521）褐蕈甲 *Cryptophilus inteher*

151. 薪甲科 Lathridiidae

  （522）珠角薪甲 *Cartodere filiformis*

  （523）四行薪甲 *Lathricius bergrothi*

  （524）红颈小薪甲 *Microgramme ruficollis*

152. 小蕈甲科 Mycetophagidae

  （525）毛蕈甲 *Typhea stercorea*

153. 邻坚甲科 Murmidiidae

（526）小圆甲 *Murmidius ovalis*

154. 瓢甲科 Coccinellidae

（527）奇变瓢虫 *Aiolocaria hexaspilota*

（528）华裸瓢虫 *Calvia chinensis*

（529）十五星裸瓢虫 *Calvia quindecimguttata*

（530）湖北红点唇瓢虫 *Chilocorus hupehanus*

（531）红点唇瓢虫 *Chilocorus kuwanae*

（532）黑缘红瓢虫 *Chilocorus rubidus*

（533）双七瓢虫 *Coccinella quatuodecimpustulata*

（534）七星瓢虫 *Coccinella septempunctata*

（535）横斑瓢虫 *Coccinella transversoguttata*

（536）瓜茄瓢虫 *Epilachna admirabilis*

（537）九斑食植瓢虫 *Epilachna freyana*

（538）菱斑食植瓢虫（菱斑整瓢虫）*Epilachna insignis*

（539）菱斑食植瓢虫 *Epilachna insignis*

（540）异色瓢虫 *Harmonia axyridis*

（541）隐斑瓢虫 *Harmonia yedoensis*

（542）茄二十八星瓢虫 *Henosepilachna vigintioctopunctata*

（543）马铃薯瓢虫 *Henosepilachna vigintioctomacutata*

（544）多异瓢虫 *Hippodamia（Adonia）variegata*

（545）红颈盘瓢虫 *Lemnia melanaria*

（546）白条菌瓢虫 *Macroilleis hauseri*

（547）六斑月瓢虫 *Menochilus sexmaculatus*

（548）稻红瓢虫 *Micraspis discolor*

（549）艳色广盾瓢虫 *Platynaspis lewisii*

（550）四斑广盾瓢虫 *Platynaspis maculosa*

（551）龟纹瓢虫 *Propylaea japonica*

（552）红环瓢虫 *Rodolia limbata*

（553）套矛毛瓢虫 *Scymnus（Neopullus）thecacontus*

（554）后斑小瓢虫 *Scymnus（Pullus）posticalis*

（555）柳端小瓢虫 *Scymnus（Pullus）rhamphiatus*

（556）十二斑褐菌瓢虫 *Vibidia duodecimguttata*

155. 芫菁科 Meloidae

（557）中国豆芫菁 *Epicauta chinensis*

（558）豆黑芫菁 *Epicauta taishoensis*

（559）凹胸豆芫菁 *Epicauta xantusi*

（560）绿芫菁 *Lytta caraganae*

（561）眼斑芫菁 *Mylabris cichorii*

（562）大斑芫菁 *Mylabris phalerata*

156. 拟步甲科 Tenebrionide

（563）齿朽木甲 *Allecula densaticollis*

（564）类曲扁足甲 *Colpotinus simulator*

（565）拟粉虫 *Neatus atronitens*

（566）点线隆背烁甲 *Plesiophthalmus lineipunctatus*

（567）中华树潜 *Strongylium chinense*

（568）黄唇树潜 *Strongylium flauilabre*

（569）褐菌虫 *Alphitobius laevigatus*

（570）亚紫原菌虫 *Encyalesthus subviolaceus*

（571）黄粉虫 *Tenebrio molitor*

（572）黑粉虫 *Tenebrio obscurus*

（573）赤拟谷盗 *Tribolium ferrugineum*

157. 伪叶甲科 Lagriidae

（574）突边伪叶甲（龙首伪叶甲）*Lagria carinulata*

（575）黑胸伪叶甲 *Lagria nigricollis*

（576）凸纹伪叶甲 *Lagria lameyi*

（577）眼伪叶甲 *Lagria opyhthalmica*

（578）肩伪叶甲 *Lagriogonia humerasa*

（579）齿胸大伪叶甲 *Macrolagria denticollis*

（580）四斑角伪叶甲 *Cerogria quadrimaculata*

（581）黑漆伪叶甲 *Chlorophila melagenus*

（582）瑟氏绿伪叶甲 *Chlorophila semenowi*

158. 圆蕈甲科 Ciidae

（583）木菌圆蕈甲 *Cis mikagensis*

159. 粉蠹科 Lyctidae

（584）褐粉蠹 *Lyctus brunneus*

（585）中华粉蠹 *Lyctus sinensis*

160. 长蠹科 Bostrychidae

（586）竹长蠹 *Dinoderus minutus*

（587）谷蠹 *Rhizopertha dominica*

161. 窃蠹科 Anobiidae

（588）烟草甲 *Lasioderma serricorne*

（589）大理窃蠹 *Ptilineurus marmoratus*

（590）药材甲 *Stegobium paniceum*

162. 蛛甲科 Ptinidae

（591）褐蛛甲 *Eurostus hilleri*

（592）日本蛛甲 *Ptinus japonicus*

163. 金龟子科 Scarabaeidae

（593）锐齿蜣螂 *Copris acutidens*

（594）中华蜣螂 *Copris sinicus*

（595）叉角利蜣螂 *Liatongus vertagus*

164. 粪金龟科 Geotrupidae

（596）帽球粪金龟 *Bolbocerosoma apicatus*

（597）金绿粪金龟 *Geotrupes metallescens*

（598）黑沟粪金龟 *Geotrupes substriatellus*

165. 鳃金龟科 Melolonthidae

(599) 华阿鳃金龟 *Apogonia chinensis*

(600) 虹齿爪鳃金龟 *Holotrichia subiridea*

(601) 泛红齿爪鳃金龟 *Holotrichia rufescens*

(602) 毛脊鳃金龟 *Holotrichia trichophora*

(603) 刻背胸突鳃金龟 *Hoplostenus sculpticollis*

(604) 小玛绢金龟 *Maladera ouatula*

(605) 黑花小绢金龟 *Microserica nigropicta*

(606) 熊新绢金龟 *Neoserica ursina*

(607) 大云鳃金龟 *Polyphylla laticollis*

(608) 戴云鳃金龟 *Polyphylla davidis*

(609) 短头切根鳃金龟 *Rhizotrogus breuiceps*

(610) 分额切根鳃金龟 *Rhizotrogus diuersifrons*

(611) 双脊阿鳃金龟 *Apogonia bicarinata*

(612) 瘦弱绢金龟 *Serica famelica*

(613) 影斑等鳃金龟 ( 影等鳃金龟 ) *Exolontha umbraculata*

(614) 展六鳃金龟 *Hexataenius protensus*

(615) 短胸七鳃金龟 *Heptophylla brevicollis*

(616) 额臀大黑鳃金龟 *Holotrichia convexopyga*

(617) 拟毛黄鳃金龟 *Holotrichia formosana*

(618) 宽齿爪鳃金龟 *Holotrichia lata*

(619) 大齿爪鳃金龟 *Holotrichia maxima*

(620) 华北大黑鳃金龟 *Holotrichia oblita*

(621) 暗黑鳃金龟 *Holotrichia parallela*

(622) 灰胸突鳃金龟 *Hoplosternus incanus*

166. 丽金龟科 Rutelidae

(623) 黑跗长丽金龟 *Adoretosoma atritarse*

(624) 纵带长丽金龟 *Adoretosoma elegans*

(625) 斑喙丽金龟 ( 斑喙长丽金龟 ) *Adoretus tenuimaculatus*

(626) 绿脊异丽金龟 *Anomala aulax*

(627) 铜绿丽金龟 *Anomala corpulenta*

(628) 漆黑异丽金龟 *Anomala ebenina*

(629) 蒙古丽金龟 *Anomala mongolica*

(630) 川毛异丽金龟 *Anomala pilosella*

(631) 圆脊异丽金龟 *Anomala straminea*

(632) 畦翅异丽金龟 *Anomala sulcipennis*

(633) 蓝边矛丽金龟 *Callistehus plagiicollis*

(634) 墨绿彩丽金龟 ( 亮绿彩丽金龟 ) *Mimela splendens*

(635) 棉花弧丽金龟 *Popillia mutans*

(636) 曲带弧丽金龟 *Popillia pustulata*

(637) 中华弧丽金龟 *Popillia quadriguttata*

167. 犀金龟科 Dynastidae

  （638）双叉犀金龟 *Allomyrina dichotoma*

  （639）中华晓扁犀金龟 *Eophileurus chinensis*

168. 花金龟科 Cetoniidae

  （640）白星花金龟 *Potosia breuitarsis*

  （641）黄毛带花金龟 *Taeniodera fuluoguttata*

  （642）磨坪带花金龟 *Taeniodera moupinensis*

  （643）小青花金龟 *Oxycetonia jucunda*

  （644）多纹星花金龟 *Potosia famelica*

169. 蜉金龟科 Aphodiidae

  （645）两斑蜉金龟 *Aphodius elegans*

170. 斑金龟科 Trichiidae

  （646）十七斑格斑金龟 *Gnorimus septemdecimguttatus*

171. 锹甲科 Lucanidae

  （647）安陶锹甲 *Dorcus antaeus*

  （648）巨锯锹甲 *Serrognathus titanus*

172. 天牛科 Cerambycidae

  （649）粗粒巨瘤天牛 *Morimospasma taberculatum*

  （650）小灰长角天牛 *Acanthocinus griseus*

  （651）苜蓿多节天牛 *Agapanthia amurensis*

  （652）红翅肖亚天牛 *Amarysius sanguinipennis*

  （653）蓝突肩花天牛 *Anoplodera cyanea*

  （654）星天牛 *Anoplophora chinensis*

  （655）光肩星天牛 *Anoplophora glabripennis*

  （656）棟星天牛 *Anoplophora horsfieldi*

  （657）桑天牛 *Apriona germari*

  （658）隆纹幽天牛 *Arhopalus quadricostulatum*

  （659）褐梗天牛 *Arhopalus rusticus*

  （660）桃红颈天牛 *Aromia bungii*

  （661）黄荆重突天牛 *Astathes episcopalis*

  （662）梨眼天牛 *Bacchisa fortunei*

  （663）云斑白条天牛 *Batocera lineolata*

  （664）竹绿虎天牛（竹虎天牛）*Chlorophorus annularis*

  （665）槐绿虎天牛 *Chlorophorus diadema*

  （666）台湾绿虎天牛 *Chlorophorus taiwanus*

  （667）赤杨褐天牛 *Corymbia dichroa*

  （668）曲牙土天牛 *Dorysthenes hydropicus*

  （669）大牙土天牛 *Dorysthenes paradoxus*

  （670）瘤胸金花天牛 *Gaurotes tuberculicollis*

  （671）榆楔天牛 *Glenea relicta*

  （672）金绒花天牛 *Leptura auratopilosa*

  （673）黑角瘤筒天牛 *Linda atricornis*

（674）顶斑瘤筒天牛 *Linda fraterna*

（675）密齿天牛 *Macrotoma fisheri*

（676）赤梗天牛 *Arhopalus unicolor*

（677）栗山天牛 *Massicus raddei*

（678）中华薄翅天牛 *Megopis sinica*

（679）四点象天牛 *Mesosa myops*

（680）双簇污天牛 *Moechotypa diphysis*

（681）松墨天牛 *Monochamus alternatus*

（682）樟灰翅筒天牛 *Oberea grisecpennis*

（683）粉天牛 *Olenecamptus cretaceus*

（684）八星粉天牛 *Olenecamptus octopustulatus*

（685）菊小筒天牛 *Phytoecia rufiventris*

（686）黄条多带天牛 *Polyzornus fasciatus*

（687）葱绿多带天牛 *Polyzornus prasinus*

（688）锯天牛 *Prionus insularis*

（689）双条楔天牛 *Saperda bilineatooollis*

（690）双条杉天牛 *Semanotus bifasciatus*

（691）短角幽天牛 *Spondylis buprestoides*

（692）拟蜡天牛 *Stenygrinum quadrinotatum*

（693）蚤瘦花天牛 *Strangalia fortunei*

（694）家茸天牛 *Trichoferus campestris*

（695）核桃脊虎天牛 *Xylotrechus contortus*

（696）巨胸脊虎天牛 *Xylotrechus magnicollis*

（697）四带脊虎天牛 *Xylotrechus polyzonus*

（698）合欢双条天牛 *Xystrocera globosa*

173. 负泥虫科 Crioceridae

（699）蓝负泥虫 *Lema concinnipennis*

（700）红顶负泥虫 *Lema coronsta*

（701）红带负泥虫 *Lema delicatula*

（702）鸭跖草负泥虫 *Lema diversa*

（703）红胸负泥虫 *Lema fortunei*

（704）中华负泥虫 *Lilioceris sinica*

174. 叶甲科 Chrysomelidae

（705）朴草跳甲 *Altica caesulesceus*

（706）旋心异跗萤叶甲 *Apophylia flauouirens*

（707）麦茎异跗萤叶甲 *Apophylia thalassina*

（708）双色阿萤叶甲 *Athrotus bipartitus*

（709）丝殊角萤叶甲 *Agelastica filicornis*

（710）长角阿萤叶甲 *Athrotus longicornis*

（711）水杉阿萤叶甲 *Athrotus nigrofasciatus*

（712）双色长翅萤叶甲 *Atrachya bipartita*

（713）紫榆叶甲 *Ambrostoma quadriimpressum*

(714) 印度黄守瓜 *Aulacophora indica*

(715) 黑足黑守瓜 *Aulacophora nigripennis*

(716) 黑条皮萤叶甲 *Brachyphora nigrovittata*

(717) 酸模叶甲 *Castrophysa atrocyanea*

(718) 蒿金叶甲 *Chrysolina aurichalcea*

(719) 斑胸叶甲 *Chrysomela maculicollis*

(720) 杨叶甲 *Chrysomela populi*

(721) 柳二十叶甲 *Chrysomela vigintipunctata*

(722) 光背锯角叶甲 *Clytra laeviuscula*

(723) 麻克萤叶甲 *Cneorane cariosipennis*

(724) 闽克萤叶甲 *Cneorane fokiensis*

(725) 茶无缘叶甲 *Colaphellus bowringii*

(726) 茶斑德萤叶甲 *Dercetina flavocincta*

(727) 黄斑德萤叶甲 *Dercetina flavocincta*

(728) 胸斑柱萤叶甲 *Callerucida thoracica*

(729) 黑翅哈萤叶甲 *Haplosomoides costatus*

(730) 缅甸寡毛跳甲 *Luperomorpha birmanica*

(731) 核桃扁叶甲指名亚种 *Gastrolina depressa depressa*

(732) 蓝翅瓢萤叶甲 *Oides bowringii*

(733) 十三斑角胫叶甲 *Gonioctena tredecimmaculata*

(734) 江苏宽缘跳甲 *Hemipyxis kiangsuana*

(735) 红坪日萤叶甲 *Japonitata hongpingana*

(736) 绿翅隶萤叶甲 *Liroetis aeneipennis*

(737) 暗红长跗跳甲 *Longitarsus piceorufus*

(738) 一日榕萤叶甲 *Morphosphaera japonica*

(739) 四斑长跗萤叶甲 *Monolepta signata*

(740) 黑端长跗萤叶甲 *Monolepta yama*

(741) 长阳弗叶甲 *Phratora multipunctata*

(742) 葡萄十星萤叶甲 *Oides decempunctatus*

(743) 宽缘瓢萤叶甲 *Oides maculatus*

(744) 漆树直缘跳甲 *Ophrida scaphoides*

(745) 核桃凹翅萤叶甲 *Paleosepharia posticata*

(746) 四斑拟守瓜 *Paridea 4-plagiata*

(747) 斑角拟守瓜 *Paridea (Semacia) angulicollis*

(748) 梨斑叶甲 *Paropsides soriculata*

(749) 牡荆叶甲（十八点椭圆叶甲）*Phola octodecimguttata*

(750) 黄曲条菜跳甲 *Phyllotreta striolata*

(751) 柳蓝叶甲（橙胸斜缘叶甲）*Plagiodera versicolora*

(752) 黄色凹缘跳甲（漆跳甲）*Podontia lutea*

(753) 褐方胸萤叶甲 *Proegmena pallidipennis*

(754) 黑头宽缘萤叶甲 *Pseudosepharia nigriceps*

(755) 中华毛萤叶甲 *Pymhalta chinensis*

(756) 粗长毛萤叶甲 *Pymhalta griseouillosa*

175. 肖叶甲科 Eumolpidae

（757）葡萄叶甲 *Bromium obscurus*

（758）梳叶甲 *Clytrasoma palliatum*

（759）麦颈叶甲 *Colasposoma dauricum dauricum*

（760）斑鞘隐头叶甲 *Cryptocephalus regalis*

（761）粉筒胸叶甲 *Lypesthes ater*

（762）蓝扁角叶甲 *Platycorynus peregrinus*

（763）黑额光叶甲 *Smaragdina nigrifrons*

（764）银纹毛叶甲 *Trichochrysea japana*

176. 铁甲科 Hispidae

（765）北锯龟甲 *Basiprionota bisignata*

（766）锯齿叉趾铁甲 *Dactylispa angulosa*

（767）束腰扁趾铁甲指名亚种 *Dactylispa crassicuspis*

（768）红端趾铁甲 *Dactylispa sauteri*

（769）水稻铁甲华东亚种 *Dicladispa armigera similis*

（770）甘薯腊龟甲 *Laccoptera quadrimaculata*

（771）蓝黑准铁甲 *Rhadinosa nigrocyanea*

177. 豆象科 Bruchidae

（772）豌豆象 *Bruchus pisorum*

（773）蚕豆象 *Bruchus rufimanus*

178. 锥象科 Brenthidae

（774）鲍氏巴象锥 *Baryrrhynchus poweri*

179. 长角象科 Anthribidae

（775）咖啡豆象 *Araecerus fasciculatus*

180. 象甲科 Curculionidae

（776）柞栎象 *Curculio arakawai*

（777）栗实象 *Curculio davidi*

（778）淡灰瘤象 *Dermatoxenus caesicollis*

（779）核桃横沟象 *Dyscerus juglans*

（780）沟眶象 *Eucryrrhynchus chinensis*

（781）松皮象 *Hylobius abietis haroldi*

（782）波纹斜纹象 *Lepyrus japonicus*

（783）尖翅筒喙象 *Lixus acutipennis*

（784）圆筒筒喙象 *Lixus mandaranus fukienensis*

（785）斜纹筒喙象 *Lixus obliquivittis*

（786）红木蠹象 *Pissodes nitidus*

（787）长尾绿象 *Chlorophanus caudatus*

（788）粗足角胫象 *Shirahoshizo pini*

（789）米象 *Sitophilus oryzae*

（790）玉米象 *Sitophilus zeamais*

181. 卷象科 Attelabidae

（791）栗卷象 *Apoderus jekeli*

（792）白杨卷叶象 *Byctiscus congener*

（793）梨虎象 *Rhynchites foveipennis*

（794）李虎象 *Rhynchites plumbeus*

182. 小蠹科 Scolytidae

（795）华山松大小蠹 *Dendroctonus armandi*

（796）落叶松毛小蠹 *Dryocoetes baicalicus*

（797）纵坑切梢小蠹 *Tomicus piniperda*

## 二十三、毛翅目 Trichoptera

183. 原石蛾科 Rhyacophilidae

（798）日本喜马原石蛾 *Himaloptera japonica*

184. 角石蛾科 Stenopsychidae

（799）格氏角石蛾 *Stenopsyche grahami*

（800）灰翅角石蛾 *Stenopsyche griseipennis*

（801）尖头角石蛾 *Stenopsyche lanceolata*

（802）纳氏角石蛾 *Stenopsyche navasi*

185. 长角石蛾科 Leptoceridae

（803）黑斑栖长角石蛾 *Oecetis pallidipanctata*

## 二十四、鳞翅目 Lepidoptera

186. 蝙蝠蛾科 Hepialidae

（804）黄斑蝙蝠蛾 *Phassus signifer*

187. 透翅蛾科 Aegeriidae

（805）杨大透翅蛾 *Aegeria apiformis*

188. 麦蛾科 Gelechiidae

（806）甘薯麦蛾 *Brachmia macroscopa*

189. 织蛾科 Oecophoridae

（807）米织蛾 *Anchonoma xeraula*

190. 巢蛾科 Yponomeutidae

（808）稠李巢蛾 *Yponomeuta euonymellus*

191. 潜叶蛾科 Phyllocnistidae

（809）柑橘潜叶蛾 *Phyllocnistis citrella*

192. 举翅蛾科 Heliodinidae

（810）核桃举翅蛾 *Atrijuglans hetauchei*

193. 木蠹蛾科 Cossidae

（811）柳乌蠹蛾 *Holcocerus vicarius*

（812）咖啡豹蠹蛾 *Zeuzera coffeae*

（813）梨豹蠹蛾 *Zeuzera pyrina*

194. 蓑蛾科 Psychidae

（814）大袋蛾 *Clania vartegata*

（815）茶袋蛾 *Clania minuscula*

195. 刺蛾科 Limacodidae

（816）灰双线刺蛾 *Cania bilineta*

（817）枣刺蛾（枣奕刺蛾）*Iragoides conjuncta*

（818）断带丽绿刺蛾 *Latoia mutifascia*

（819）肖媚绿刺蛾 *Latoia pseudorepanda*

（820）黄刺蛾 *Monema flavescens*

（821）梨娜刺蛾 *Narosoideus flavidorsalis*

（822）中国绿刺蛾 *Parasa sinica*

（823）绒刺蛾 *Phocodema velutina*

（824）桑褐刺蛾 *Setora postornata*

（825）扁刺蛾 *Thosea sinensis*

196. 斑蛾科 Zygaenidae

（826）黄基透翅锦斑蛾 *Agalope davidi*

（827）黄纹旭锦斑蛾 *Campylotes pratti*

（828）茶柄脉锦斑蛾 *Eterusia aedea*

（829）黑心赤眉锦斑蛾 *Rhodopsona rubiginosa*

（830）茶六斑褐锦斑蛾 *Sorita pulchella sexpunctata*

197. 小卷蛾科 Dlethreutidae

（831）松实小卷蛾 *Petrova cristata*

（832）松梢小卷蛾 *Rhyacionia pinicolana*

（833）桃白小卷蛾 *Spilonota albicana*

198. 卷蛾科 Tortricidae

（834）黄色卷蛾 *Choyistoneura longicellana*

（835）褐带弧翅卷蛾 *Croesia leechi*

（836）栎弧翅卷蛾 *Croesia conchyloides*

（837）豆小卷蛾 *Matsumuraeses phaseoli*

（838）松褐卷蛾 *Pandemis cinnamoeana*

（839）歧褐卷蛾 *Pandemis dryoxesta*

（840）桃褐卷蛾 *Pandemis dumetana*

（841）长褐卷蛾 *Pandemis emptycta*

（842）杉梢小卷蛾 *Polychrosis cunninghamiacola*

199. 网蛾科 Phyrididae

（843）树形拱肩网蛾 *Camptochilus aurea*

（844）后中线网蛾 *Rhodoneura pallida*

（845）金盏拱肩网蛾 *Camptochilus sinuosus*

（846）斜线网蛾 *Striglina scitaria*

200. 斑螟科 Phycitidae

（847）干果斑螟 *Cadra cautella*

201. 螟蛾科 Pyralidae

（848）米黑虫 *Aglossa dimidiata*

（849）盐肤木黑条螟 *Arippara indicator*

（850）脂斑翅野螟 *Bocchoris adipalis*

（851）白斑翅野螟 *Bocchoris inspersalis*

（852）黄翅缀叶野螟 *Botyodes diniasalis*

（853）齿斑翅野螟 *Chabula onychinalis*

（854）黑斑草螟 *Chrysoteuchia atrosignata*

（855）金黄镰翅野螟 *Circobotys aurealis*

（856）稻纵卷叶螟 *Cnaphalocrocis medinalis*

（857）竹织叶野螟 *Coclebotys coclesalis*

（858）桃蛀螟 *Conogethes punctiferalis*

（859）绿翅绢野螟 *Diaphania angustalis*

（860）四斑绢野螟 *Diaphania quadrimaculalis*

（861）瓜绢野螟 *Diaphania indica*

（862）桑绢野螟 *Diaphania pyloalis*

（863）黄杨绢野螟 *Diaphania perspectalis*

（864）微红梢斑螟 *Diorytria rubella*

（865）红歧角螟 *Endotricha flammealis*

（866）豆荚斑螟 *Etiella zinckenella*

（867）赤纹螟（赤双纹螟）*Herculia pelasgalis*

（868）稻切叶螟 *Herpetogramma licarsissalis*

（869）葡萄叶螟 *Herpetogramma luctuosalis*

（870）甜菜白带野螟 *Hymenia recurvalis*

（871）三环须水螟 *Mabra charonialis*

（872）大豆卷叶螟（豆荚野螟）*Maruca testulalis*

（873）懒伸喙野螟 *Mecyna segnalis*

（874）菜野螟 *Mesographe forficalis*

（875）三点并脉草螟 *Neopediasia mixtalis*

（876）棉卷叶野螟 *Notarcha derogata*

（877）黑萍水螟 *Nymphula enixalis*

（878）稻黄纹水螟 *Nymphula fengwhanalis*

（879）栗叶瘤丛螟 *Orthaga achatina*

（880）谷粗喙螟 *Orthopygia glaucinalis*

（881）金双点螟 *Orybina flaviplaga*

（882）紫双点螟 *Orybina plangonalis*

（883）亚洲玉米螟 *Ostrinia nubilalis*

（884）接骨木尖须野螟 *Pagyda amphisalis*

（885）乌苏里褶缘野螟 *Paratalanta ussurialis*

（886）枇杷卷叶野螟 *Pleuroptya balteata*

（887）三条螟蛾 *Pleuroptya chlorophanta*

（888）印度谷螟 *Plodia interpunctella*

（889）大白班野螟 *Ploythlipta liquidalis*

（890）高粱条螟 *Proceras venosatus*

（891）黑脉厚须螟 *Propachys nigrivena*

（892）旱柳原野螟 *Proteuclasta stotzneri*

（893）泡桐卷叶野螟 *Pycnarmon cribrata*

（894）金黄螟 *Pyralis regalis*

（895）窗斑野螟 *Pyrausta mundalis*

（896）紫云英云翅斑螟 *Sacada semirubella*

（897）三化螟 *Seipophaga incertulas*

（898）楸蛀蟊野螟 *Sinmphiisa plagialis*

（899）大豆蛛丛螟 *Teliphasa elegans*

（900）朱硕螟 *Toccolosida rubriceps*

（901）橙黑纹野螟 *Tyspanodes striata*

202. 枯叶蛾科 Lasiocampidae

（902）三线枯叶蛾 *Arguda vinata*

（903）兰灰小毛虫 *Cosmotriche monotona*

（904）马尾松毛虫 *Dendrolimus punctatus*

（905）油松毛虫 *Dendrolimus tabulaeformis*

（906）杨枯叶蛾 *Gastropacha populifolia*

（907）李枯叶蛾 *Gastropacha quercifolia*

（908）油茶大毛虫 *Lebeda nobilis*

（909）棕色天幕毛虫 *Malacosoma dentata*

（910）苹果枯叶蛾 *Odonestis pruni*

（911）松栎毛虫 *Paralebeda plagifera*

（912）竹黄毛虫 *Philudoria laeta*

（913）月斑枯叶蛾 *Somadasys lanata*

（914）栗黄枯叶蛾 *Trabala vishnou*

203. 大蚕蛾科 Saturniidae

（915）绿尾大蚕蛾 *Actias selene ningpoana*

（916）银杏大蚕蛾 *Dictyopca japonica*

（917）黄豹大蚕蛾 *Leopa katinka*

（918）樗蚕 *Philosamia cynthia*

（919）猫目大蚕蛾 *Salassa thespis*

204. 箩纹蛾科 Brahmaeidae

（920）女贞箩纹蛾 *Brahmaea ledereri*

（921）枯球箩纹蛾 *Brahmophthalma wallichii*

205. 蚕蛾科 Bombycidae

（922）野蚕蛾 *Theophila mandarina*

（923）直线野蚕蛾 *Theophila religiosa*

206. 蚬蛾科 Lemoniidae

（924）蒲公英蚬蛾 *Lemonia taraxaci*

207. 圆钩蛾科 Cyclidiidae

（925）洋麻圆钩蛾 *Cyclidia substigmaria*

208. 钩蛾科 Drepanidae

（926）窗距钩蛾 *Agnidra fenestra*

（927）栎距钩蛾 *Agnidra scabiosa fixseni*

（928）中华豆斑钩蛾指名亚种 *Auzata chinensis chinensis*

（929）五线绢钩蛾 *Auzatella pentesticha*

（930）六点钩蛾 *Betalbara acuminata*

（931）美钩蛾 *Callicilix abraxata*

（932）豆点丽钩蛾广东亚种 *Callidrepana gemina curta*

（933）泰丽钩蛾 *Callidrepana ouata*

（934）斑晶钩蛾指名亚种 *Deroca inconclusa inconciusa*

（935）后四白钩蛾 *Didymana chama*

（936）雪白钩蛾 *Didymana chionea*

（937）五斜线白钩蛾 *Didymana obliquilinea*

（938）接骨木山钩蛾 *Oreta loochooana*

（939）豆点丽钩蛾 *Callidrepana gemina*

（940）肾点丽钩蛾 *Callidrepana patrana patrana*

（941）掌绮钩蛾 *Cilix tatsienluica*

（942）钳钩蛾 *Didymana bidens*

（943）一点镰钩蛾 *Drepana pallida flexuosa*

（944）中华大窗钩蛾 *Macrauzuzata maxima chinensis*

（945）日本线钩蛾 *Nordstroemia japonica*

（946）三线钩蛾 *Pseudalbara parvula*

（947）青冈树钩蛾 *Zanclalbbara scabiasa*

209. 波纹蛾科 Thyatiridae

（948）荞麦波纹蛾 *Spica parallelangula*

（949）阔洒波纹蛾 *Tethea commifera*

（950）藕洒波纹蛾 *Tethea oberthuri*

（951）波纹蛾 *Thyatira batis*

（952）黄波纹蛾 *Thyatira flavida*

210. 尺蛾科 Geometrldae

（953）焦边尺蛾 *Bizia aexaria*

（954）丝棉木金星尺蛾 *Abraxas suspecta*

（955）掌尺蛾 *Amraica superans*

（956）黄星尺蛾 *Arichanna melanaria fraterna*

（957）星尺蛾 *Arichanna jaguararia*

（958）棉尺蛾（大造桥虫）*Ascotis selenaria*

（959）桦尺蛾 *Biston betularia*

（960）油桐尺蛾 *Buzura suppressaria*

（961）云尺蛾 *Buzura thibetaria*

（962）葡萄迂回纹尺蛾 *Chartographa ludovicaria praemutans*

（963）五彩青尺蛾 *Chloromachia gavissima aphrodite*

（964）木橑尺蛾 *Culcula panterinaria*

（965）枯叶尺蛾 *Gandaritis flavata sinicaria*

（966）水蜡尺蛾 *Garaeus parva distans*

（967）贡尺蛾 *Gonododontis aurata*

（968）柑橘尺蛾 *Hemerophila subplagiata*

（969）白纹绿尺蛾 *Hipparchus albovenaria*

（970）蝶青尺蛾 *Hipparchus papilionaria*

（971）黄辐射尺蛾 *Iotaphora iridicolor*

（972）铁线莲波尺蛾 *Melanthia procellata*

（973）女贞尺蛾 *Naxa seriaria*

（974）虎纹粤尺蛾 *Obeidia tigrata*

（975）核桃星尺蛾 *Ophthalmodes albosignaria*

（976）四星尺蛾 *Ophthalmodes irroraria*

（977）雪尾尺蛾 *Ourapteryx nivea*

（978）波尾尺蛾 *Ourapteryx persica*

（979）柿星尺蛾 *Percnia giraffata*

（980）桑尺蛾 *Phthonandria atrilineata*

（981）苹烟尺蛾 *Phthonosema tendinosaria*

（982）佳眼尺蛾 *Problepsis eucircota*

（983）槐尺蛾 *Semiothisa（Macaria）cinerearia*

（984）忍冬尺蛾 *Somatina indicataria*

（985）镰翅绿尺蛾 *Tanaorhinus reciprocata confuciaria*

（986）次粉垂耳尺蛾 *Terpna pratti*

（987）玉臂黑尺蛾 *Xandrames dholaria sericea*

（988）中国亮尺蛾（中国虎尺蛾）*Xanthabraxas hemionata*

211. 燕蛾科 Uranliidae

（989）大燕蛾 *Nyctalemon menoetius*

（990）斜线燕蛾 *Acropteris iphiata*

212. 凤蛾科 Epicopeidae

（991）浅翅凤蛾 *Epicopeia hainesi sinicaria*

213. 蛱蛾科 Epiplemidae

（992）后单齿蛱蛾 *Epiplema suisharyonis*

（993）中带蛱蛾 *Gathynia simulans*

214. 天蛾科 Sphingidae

（994）鬼脸天蛾 *Acheronitia lachesis*

（995）芝麻鬼脸天蛾 *Acheronitia styx*

（996）缺角天蛾 *Aconsmeryx castanea*

（997）葡萄天蛾 *Ampelophaga nubiginosa nubiginosa*

（998）榆绿天蛾 *Callambulyx tatarinovi*

（999）豆天蛾 *Clanis billineata tsingtauica*

（1000）洋槐天蛾 *Clanis deucalion*

（1001）大星天蛾 *Dolbina inexacta*

（1002）斑腹长喙天蛾 *Macroglossum uariegatum*

（1003）甘薯天蛾 *Herse convolvuli*

（1004）女贞天蛾 *Kentrochrysalis streckeri*

（1005）椴六点天蛾 *Marumba dyras*

（1006）梨六点天蛾 *Marumba gaschkewitschi complacens*

（1007）小豆长喙天蛾（鸟蜂蛾）*Macroglossum stellatarum*

（1008）枣桃六点天蛾 *Marumba gaschkewitschi gaschkewitschi*

（1009）栗六点天蛾 *Marumba sperchius*

（1010）构月天蛾 *Parum colligata*

（1011）红天蛾 *Pergasa elpenor lewisi*

（1012）盾天蛾 *Phyllosphingia dissinilis sinensis*

（1013）霜天蛾 *Psilogramma menephron*

（1014）白肩天蛾 *Rhagastis mongoliana mongoliana*

（1015）蓝目天蛾 *Smerinthus planus planus*

（1016）斜纹天蛾 *Theretra clotho clotho*

（1017）雀纹天蛾 *Theretra japomica*

（1018）芋双线天蛾 *Theretra oldenlandiae*

215. 舟蛾科 Notodontidae

（1019）杨二尾舟蛾 *Cerira menciana*

（1020）杨扇舟蛾 *Clostera anachoreta*

（1021）灰舟蛾 *Cnethodonta grisescens*

（1022）高粱舟蛾 *Dinara combusta*

（1023）黑蕊尾舟蛾 *Dudusa sphingiformis*

（1024）栎纷舟蛾 *Fentonia ocypeta*

（1025）三线雪舟蛾 *Gazalina chrysolopha*

（1026）角翅舟蛾 *Gonoclostera timonides*

（1027）怪舟蛾 *Hagapteryx admirbilis*

（1028）腰带燕尾舟蛾 *Harpyia lanigera*

（1029）栎枝背舟蛾 *Harpyia umbrosa*

（1030）黄二星舟蛾 *Lampronadata cristata*

（1031）银二星舟蛾 *Lampronadata splendida*

（1032）栎掌舟蛾 *Phalera assimilis*

（1033）苹掌舟蛾 *Phalera flavescens*

（1034）刺槐掌舟蛾 *Phalera sangana*

（1035）金纹舟蛾 *Plusiogamma aurisigna*

（1036）槐羽舟蛾 *Pterostoma sinicum*

（1037）锈玫舟蛾 *Rosama ornata*

（1038）艳金舟蛾 *Spatalia doerriesi*

（1039）点舟蛾 *Stigmatophorina hammamelis*

（1040）肖剑心银斑舟蛾 *Tarsolepis japonica*

（1041）核桃美舟蛾 *Uropyia meticulodina*

（1042）梨威舟蛾 *Wilemanus bidentatus*

216. 鹿蛾科 Amatidae

（1043）蜀鹿蛾 *Amata davidi*

（1044）蕾鹿蛾 *Amata germana*

（1045）清新鹿蛾 *Caeneressa diaphana*

217. 灯蛾科 Arctiidae

（1046）头橙华苔蛾 *Agylla gigantea*

（1047）宽带华苔蛾 *Agylla latifascia*

（1048）锯角华苔蛾 *Agylla serrata*

（1049）红缘灯蛾 *Amsacta lactinea*

（1050）肉色艳苔蛾 *Asura carnea*

（1051）仿首丽灯蛾 *Callimorpha epuitlis*

（1052）大丽灯蛾 *Callimorpha histrio*

（1053）首丽灯蛾 *Callimorpha principalis*

（1054）华虎丽灯蛾 *Calpenia zerenaria*

（1055）红尾花布灯蛾（花布灯蛾）*Camptoloma interiorata*

（1056）雪白灯蛾 *Chionarctia nivea*

（1057）八点灰灯蛾 *Creatonotos transiens*

（1058）蛛雪苔蛾 *Cyana ariadne*

（1059）合雪苔蛾 *Cyana connectilis*

（1060）优雪苔蛾 *Cyana hamata*

（1061）黄土苔蛾 *Eilema nigripoda*

（1062）肖褐带东灯蛾 *Eospilarctia jordansi*

（1063）黄灰佳苔蛾 *Hypeugoa flavogrisea*

（1064）淡黄望灯蛾 *Lemyra jankowskii*

（1065）黑缘美苔蛾 *Miltochrista delineata*

（1066）娇美苔蛾 *Miltochrista gratiosa*

（1067）灰红美苔蛾 *Miltochrista griseirufa*

（1068）优美苔蛾 *Miltochrista striata*

（1069）钩新丽灯蛾 *Neochelonia poultoni*

（1070）长翅丽灯蛾 *Nikaea longipennis*

（1071）乌闪苔蛾 *Paraona staudingeri*

（1072）肖浑黄灯蛾 *Rhyparioides amurensis*

（1073）红点浑黄灯蛾 *Rhyparioides subvaria*

（1074）净污灯蛾 *Spilarctia album*

（1075）昏斑污灯蛾 *Spilarctia irregularis*

（1076）边星污灯蛾 *Spilarctia seriatopunctata*

（1077）人纹污灯蛾 *Spilarctia subcarnea*

218. 虎蛾科 Agaristidae

（1078）中国虎蛾 *Seudyra mandarina*

（1079）豪虎蛾 *Secrobigera amatrix*

（1080）黄修虎蛾 *Seudyra flavida*

（1081）葡萄修虎蛾 *Seudyea subflava*

（1082）艳修虎蛾 *Seudyea venusta*

219. 夜蛾科 Noctuidae

（1083）桑剑纹夜蛾（桑夜蛾）*Acronicta major*

（1084）小剑纹夜蛾 *Acronicta omorii*

（1085）梨剑纹夜蛾 *Acronicta rumicis*

（1086）黄地老虎 *Agrotis segetum*

（1087）大地老虎 *Agrotis tokionis*

（1088）小地老虎 *Agrotis ypsilon*

（1089）小造桥夜蛾 *Anomis flaua*

（1090）盗鲁夜蛾 *Amathes honei*

（1091）三角鲁夜蛾 *Amathes triangulum*

（1092）紫黑杂夜蛾 *Amphipyra livida*

（1093）辐射夜蛾 *Apsarasa radians*

（1094）超桥夜蛾 *Anomis fulvida*

（1095）桥夜蛾 *Anomis mesogona*

（1096）烦夜蛾 *Anophia leucomelas*

（1097）青安钮夜蛾 *Anua tirhaca*

（1098）安钮夜蛾 *Anua triphaenoides*

（1099）秀夜蛾 *Apamea sordens*

（1100）中带薄夜蛾 *Araeognatha lankesteri*

（1101）银纹夜蛾 *Argyrogramma agnata*

（1102）白条夜蛾 *Argyrogramma albostriata*

（1103）黑点丫纹夜蛾 *Autographa nigrisigna*

（1104）燕夜蛾 *Aventiola pusilla*

（1105）朽木夜蛾 *Axylia putris*

（1106）两色碧夜蛾 *Bena prasinana*

（1107）双条波夜蛾 *Bocana bistrigata*

（1108）参卜镆夜蛾 *Bomolocha obesalis*

（1109）阴卜镆夜蛾 *Bomolocha stygiana*

（1110）豆卜镆夜蛾 *Bomolocha tristalis*

（1111）短栉夜蛾 *Brevipecten consanguis*

（1112）苔藓夜蛾 *Bryophila ramosa*

（1113）散纹夜蛾 *Callopistria juventina*

（1114）红晕散纹夜蛾 *Callopistria repleta*

（1115）羽壶夜蛾 *Calpe capucina*

（1116）柳裳夜蛾 *Catocala electa*

（1117）杨裳夜蛾 *Catocala nupta*

（1118）日月夜蛾 *Chasmina biplaga*

（1119）银辉夜蛾（闪银纹夜蛾）*Chrysodeixis chalcytes*

（1120）客来夜蛾 *Chrysorithrum amata*

（1121）律草流夜蛾 *Chytonix segregata*

（1122）三斑蕊夜蛾 *Cymatophoropsis trimcaulata*

（1123）饰翠夜蛾 *Daseochaeta pallida*

（1124）娓翠夜蛾 *Daseochaeta vivida*

（1125）棕色歹夜蛾 *Diarsia brunnea*

（1126）赭黄歹夜蛾 *Diarsia stictica*

（1127）两色夜蛾 *Dichromia trigonalis*

（1128）红尺夜蛾 *Dierna timandra*

（1129）双纳夜蛾 *Dinumma deponens*

（1130）暗翅夜蛾 *Dypterygia caliginosa*

（1131）白肾夜蛾 *Edessena gentiusalis*

（1132）钩白肾夜蛾 *Edessena hamada*

（1133）旋皮夜蛾 *Eligma narcissus*

（1134）白薯绮夜蛾（谐夜蛾）*Emmelia trabealis*

（1135）黑缘裳夜蛾 *Ephesia actaea*

（1136）光裳夜蛾 *Ephesia fulminea*

（1137）奇光裳夜蛾 *Ephesia mirifica*

（1138）白光裳夜蛾 *Ephesia nivea*

（1139）白线蓖夜蛾 *Episparis lituruta*

（1140）玉边魔目夜蛾 *Erebus albicincta*

（1141）毛魔目夜蛾 *Erebus pilosa*

（1142）白斑锦夜蛾 *Euplexia albovittata*

（1143）十日锦夜蛾 *Euplexia gemmifera*

（1144）白肾锦夜蛾 *Euplexia lucipara*

（1145）漆尾夜蛾 *Eutelia geyeri*

（1146）癞皮夜蛾 *Gadirtha inexacta*

（1147）斜线夜蛾（斜线哈夜蛾）*Hamodes butleri*

（1148）棉铃实夜蛾（棉铃虫）*Heliothis armigera*

（1149）烟实夜蛾 *Heliothis assulta*

（1150）茶色地老虎（茶色侠翅夜蛾）*Hermonassa cecilia*

（1151）苹梢夜蛾 *Hypocala subsatura*

（1152）蓝条夜蛾 *Ischyja manlia*

（1153）橘肖毛翅夜蛾 *Lagoptera dotata*

（1154）苹美皮蛾 *Lamprothripa lactaria*

（1155）间纹德夜蛾 *Lepidodelta intermedia*

（1156）点线黏夜蛾 *Leucania lineatissima*

（1157）白点黏夜蛾 *Leucania loreyi*

（1158）祝黏夜蛾 *Leucania pryeri*

（1159）黏虫 *Leucania separata*

（1160）锈色俚夜蛾 *Lithacodia signifera*

（1161）银锭夜蛾 *Macdumoughia crassisigna*

（1162）土夜蛾 *Macrochthonia fervens*

（1163）甘蓝夜蛾 *Mamestra brassicae*

（1164）蚪目夜蛾 *Metopta rectifasciata*

（1165）妇毛胫夜蛾 *Mocis ancilla*

（1166）懈毛胫夜蛾 *Mocis annetta*

（1167）毛胫夜蛾 *Mocis undata*

（1168）缤夜蛾 *Moma alpium*

（1169）黄颈缤夜蛾 *Moma fulvicollis*

（1170）曲纹秘夜蛾 *Mythimna curvata*

（1171）大光腹黏虫（光腹黏虫）*Mythimna grandis*

（1172）窄直禾夜蛾 *Oligia arctides*

（1173）曲线禾夜蛾 *Oligia vulgaris*

（1174）鸟嘴壶夜蛾 *Oraesia excavata*

（1175）梦尼夜蛾 *Orthosia incerta*

（1176）白斑眉夜蛾 *Pangrapta costinotata*

（1177）遮眉夜蛾 *Pangrapta similistigma*

（1178）浓眉夜蛾 *Pangrapta trimantesalis*

（1179）点眉夜蛾 *Pangrapta vasava*

（1180）短喙夜蛾 *Panthauma egregia*

（1181）玫瑰巾夜蛾 *Parallelia arctotaenia*

（1182）霉巾夜蛾 *Parallelia naturata*

（1183）疆夜蛾 *Peridroma saucia*

（1184）楚星夜蛾 *Perigea dolorosa*

（1185）暗灰夜蛾 *Polia consanguis*

（1186）植灰夜蛾 *Polia culta*

（1187）灰夜蛾 *Polia nebulosa*

（1188）华灰夜蛾 *Polia splendens*

（1189）裙剑夜蛾 *Polyphaenis pulcherrima*

（1190）淡银纹夜蛾 *Puriplusia purissima*

（1191）淡剑纹夜蛾 *Sidemia depravata*

（1192）华长扇夜蛾 *Sineugraphe longipennis sinensis*

（1193）胡桃豹夜蛾 *Sinna extrema*

（1194）蓝纹夜蛾 *Stenoloba jankowskii*

（1195）粉点闪夜蛾 *Sypna punctosa*

（1196）两色困夜蛾 *Tarache bicolora*

（1197）纶夜蛾 *Thalatha sinens*

（1198）掌夜蛾 *Tiracola plagiata*

（1199）白斑陌夜蛾 *Trachea auriplena*

（1200）光斑陌夜蛾 *Trachea nitens*

（1201）暗后夜蛾 *Trisuloides caliginea*

（1202）黄后夜蛾 *Trisuloides subflava*

（1203）木叶夜蛾 *Xylophylla punctifascia*

220. 毒蛾科 Lymantriidae

（1204）苔肾毒蛾 *Cifuna eurydice*

（1205）肾毒蛾 *Cifuna locuples*

（1206）点茸毒蛾 *Dasychira angulata*

（1207）暗茸毒蛾 *Dasychira tenebrosa*

（1208）乌桕黄毒蛾 *Euproctis bipunctapex*

（1209）曲带黄毒蛾 *Euproctis curvata*

（1210）柿黄毒蛾 *Euproctis flava*

（1211）梯带黄毒蛾 *Euproctis mesostiba*

（1212）云星黄毒蛾 *Euproctis niphonis*

（1213）景星黄毒蛾 *Euproctis telephanes*

（1214）云黄毒蛾 *Euproctis xuthonepha*

（1215）黄足毒蛾 *Ivela auripes*

（1216）榆黄足毒蛾 *Ivela ochropada*

（1217）瑕素毒蛾 *Laelia monoscola*

（1218）络毒蛾 *Lymantria concolor*

（1219）舞毒蛾 *Lymantria dispar*

（1220）条毒蛾 *Lymantria dissoluta*

（1221）杧果毒蛾 *Lymantria marginata*

（1222）槲毒蛾（栎毒蛾）*Lymantria mathura*

（1223）模毒蛾 *Lymantria monacha*

（1224）侧柏毒蛾 *Parocneria furva*

（1225）黄羽毒蛾 *Pida strigipennis*

（1226）黑褐盗毒蛾 *Porthesia atereta*

（1227）戟盗毒蛾 *Porthesia kurosawai*

（1228）豆盗毒蛾 *Porthesia piperita*

（1229）盗毒蛾 *Porthesia similis*

（1230）杨雪毒蛾 *Stilpnotia candida*

（1231）明毒蛾 *Topomesoides jonasi*

221. 拟灯蛾科 Hypsidae

（1232）楔斑拟灯蛾 *Asota paliura*

222. 带蛾科 Eupterotidae

（1233）褐斑带蛾 *Apha tychoona*

（1234）灰纹带蛾 *Canisa cynugrisea*

223. 驼蛾科 Hyblaeidae

（1235）模驼蛾 *Hyblaea puera*

224. 弄蝶科 Hesperiidae

（1236）白弄蝶 *Abraximorpha davidii*

（1237）黄斑弄蝶 *Ampittia dioscorides*

（1238）孔子黄室弄蝶 *Potanthus confucius*

（1239）中华谷弄蝶 *Pelopidas sinensis*

（1240）灰弄蝶 *Pyrgus communis*

（1241）黑弄蝶 *Daimio tethys*

（1242）双带弄蝶 *Lobocla bifasciata*

（1243）花弄蝶 *Pyrgus maculatus*

225. 凤蝶科 Papilionidae

（1244）宽尾凤蝶 *Agehana elwesi*

（1245）红珠凤蝶 *Pachliopta aristolochiae*

（1246）绿带翠凤蝶 *Papilio maackii*

（1247）红基美凤蝶 *Papilio alcmenor*

（1248）樟凤蝶 *Graphium sarpedon*

（1249）碧凤蝶 *Papilio bianor*

（1250）金凤蝶 *Papilio machaon*

（1251）巴黎翠凤蝶 *Papilio paris*

（1252）玉带凤蝶 *Papilio polytes*

（1253）蓝凤蝶 *Papilio protenor*

（1254）长尾金凤蝶 *Papilio verityi*

（1255）柑橘凤蝶 *Papilio xuthus*

226. 绢蝶科 Parnassidae

（1256）白绢蝶 *Parnassius glacialis*

227. 粉蝶科 Pieridae

（1257）山楂绢粉蝶（绢粉蝶）*Aporia crataegi*

（1258）褐纹菜粉蝶 *Artogeia melete*

（1259）橙黄豆粉蝶 *Colias fielldii*

（1260）黑角方粉蝶 *Dercas lycorias*

（1261）宽边黄粉蝶 *Eurema hecabe*

（1262）尖角黄粉蝶 *Eurema laeta*

（1263）角翅粉蝶 *Gonepteryx rhamni*

（1264）莫氏小粉蝶 *Leptidea morsei*

（1265）东方菜粉蝶 *Pieris canidia*

（1266）菜粉蝶 *Pieris rapae*

228. 灰蝶科 Lycaenidae

（1267）琉璃灰蝶 *Celastrina argiola*

（1268）双珠淡蓝灰蝶 *Euchrysops cnejus*

（1269）蓝灰蝶 *Everes argiades*

（1270）宽红缘灰蝶 *Heliophorus epicles*

（1271）红灰蝶 *Lycaena phlaeas*

（1272）黑灰蝶 *Niphanda fusca*

（1273）乌灰蝶 *Strymonidia w-album*

229. 蚬蝶科 Riodinidae

（1274）黄带褐蚬蝶 *Abisara fylla*

（1275）白蚬蝶 *Stiboges nymphidia*

（1276）豹蚬蝶 *Takashia nana*

230. 喙蝶科 Libytheidae

（1277）朴喙蝶中国亚种 *Libythea celtis chinensis*

231. 眼蝶科 Satyridae

（1278）中华矍眼蝶 *Ypthima chinensis*

（1279）梨瞳艳眼蝶 *Callerebia albipuncta*

（1280）白带黛眼蝶 *Lethe confusa*

（1281）圆翅黛眼蝶 *Lethe butler*

（1282）棕褐黛眼蝶 *Lethe christophi*

（1283）苔娜黛眼蝶 *Lethe diana*

（1284）明带黛眼蝶 *Lethe helle*

（1285）连纹黛眼蝶 *Lethe syrcis*

（1286）紫线黛眼蝶 *Lethe violaceopicta*

（1287）多点眼蝶 *Kirinia epimenides*

（1288）白眼蝶 *Melanargia halimede*

（1289）黑纱白眼蝶 *Melanargia lugens*

（1290）蛇眼蝶 *Minois dryas*

（1291）眉眼蝶 *Mycalesis francisca*

（1292）稻眉眼蝶 *Mycalesis gotama*

（1293）蒙链荫眼蝶 *Neope muirheadi*

（1294）前雾矍眼蝶 *Ypthima praenubila*

232. 环蝶科 Amathusiidae

（1295）链珠环蝶（灰色链珠环蝶）*Faunis aerope*

（1296）双星箭环蝶（小鱼纹环蝶）*Stichophthalma neumogeni*

233. 斑蝶科 Danaidae

（1297）黑绢斑蝶 *Parantica melanea*

234. 蛱蝶科 Nymphalidae

（1298）紫闪蛱蝶 *Apatura iris*

（1299）曲纹蜘蛱蝶 *Araschnia doris*

（1300）绿豹蛱蝶 *Argyeus paphia*

（1301）斐豹蛱蝶 *Argyeus hyperbius*

（1302）奥蛱蝶 *Auzakia danava*

（1303）灿福蛱蝶 *Fabriciana adippe taurica*

（1304）棕目蛱蝶 *Junonia iphita*

（1305）艳目蛱蝶 *Junonia orithya*

（1306）星三线蛱蝶 *Ladoga sulpitia*

（1307）隐小三纹蛱蝶 *Neptis aceris*

（1308）重环蛱蝶 *Neptis alwina*

（1309）双断三纹蛱蝶 *Neptis ananta*

（1310）圆斑三纹蛱蝶 *Neptis antilope*

（1311）中环蛱蝶 *Neptis hylas*

（1312）中三纹蛱蝶 *Neptis lylas*

（1313）显角蛱蝶 *Nymphalis xanthomelas*

（1314）卵斑褐蛱蝶 *Pantoporia punctata*

（1315）眼纹星点蛱蝶 *Parathyma helmanni*

（1316）黄钩蛱蝶 *Polygonia c - aureum*

（1317）大二尾蛱蝶 *Polyura eudamippus*

（1318）大紫蛱蝶 *Sasakia charonda*

（1319）黑紫蛱蝶 *Sasakia funebris*

（1320）猫蛱蝶（黑斑蛱蝶）*Timelaea maculata*

# 二十五、双翅目 Diptera

235. 大蚊科 Tipulidae

(1321)孔氏偶栉大蚊 *Dictenidia knutsoni*

(1322)黄肩偶栉大蚊 *Dictenidia partialis*

(1323)楔纹短柄大蚊 *Nephrotoma cuneata*

(1324)峨眉短柄大蚊 *Nephrotoma omeiana*

(1325)直刺短柄大蚊 *Nephrotoma rectispina*

(1326)湖北奇栉大蚊 *Tanyptera hubeiensis*

(1327)宽突尖大蚊 *Tipula buboda*

(1328)湖北尖大蚊 *Tipula hubeiana*

(1329)将氏蜚大蚊 *Tipula jiangi*

(1330)翘尾日大蚊 *Tipula phaedina*

(1331)黄头蜚大蚊 *Tipula xanthocephala*

236. 毛蛉科 Psychodidae

(1332)中华白蛉 *Phlebotomus chinensis*

(1333)鳞喙白蛉 *Sergentomyia squamipleuris*

237. 蚊科 Culicidae

(1334)白纹伊蚊 *Aedes albopictus*

(1335)阿萨姆伊蚊 *Aedes assaminsis*

(1336)棘刺伊蚊 *Aedes elsiae*

(1337)双棘伊蚊 *Aedes hatori*

(1338)朝鲜伊蚊 *Aedes koreicus*

(1339)日本伊蚊 *Aedes japonicus*

(1340)显著伊蚊 *Aedes prominens*

(1341)美腹伊蚊 *Aedes pulchriventer*

(1342)云南伊蚊 *Aedes yunnanensis*

(1343)骚扰伊蚊 *Aedes vexans*

(1344)林氏按蚊 *Anopheles lindesayi*

(1345)中华按蚊 *Anopheles sinensis*

(1346)贾氏库蚊 *Culex jacksoni*

(1347)马来库蚊 *Culex malayi*

(1348)斑翅库蚊 *Culex mimeticus*

(1349)白胸库蚊 *Culex pellidothorax*

(1350)薛氏库蚊 *Culex shebbeari*

(1351)拟安直脚蚊 *Orthopodomyia anopheloides*

(1352)竹生杵蚊 *Trtoteroids bambusa*

238. 蠓科 Ceratopogonidae

(1353)哮库蠓 *Culicoides arakauai*

(1354)原野库蠓 *Culicoides homotomus*

(1355)日本库蠓 *Culicoides nipponensis*

(1356)虚库蠓 *Culicoides schultzei*

(1357)异域库蠓 *Culicoides peregrinus*

(1358)灰黑库蠓 *Culicoides pulicaris*

(1359)贵船库蠓 *Culicoides ribunensis*

（1360）南方蠛蠓 *Lasiohelea notialis*

（1361）台湾蠛蠓 *Lasiohelea taiwana*

239. 摇蚊科 Chironomidae

（1362）背摇蚊 *Chironomus dorsalis*

（1363）羽摇蚊 *Chironomus plumisus*

（1364）岸摇蚊 *Chironomus riparius*

（1365）黑趋流摇蚊 *Rheocricotopus nigrus*

240. 毛蚊科 Bibionidae

（1366）红腿毛蚊 *Bibio consanguineus*

（1367）兴山毛蚊 *Bibio xingshanus*

（1368）泛叉毛蚊 *Penthetria japonica*

241. 菌蚊科 Mycetophilidae

（1369）大新菌蚊 *Neoenpheria magnusa*

242. 瘿蚊科 Cecidomyiidae

（1370）柑橘花蕾蛆 *Contarinia citri*

243. 鹬虻科 Rhagionidae

（1371）湖北金鹬虻 *Chrysopilus hubeiensis*

244. 虻科 Tabanidae

（1372）黄绿黄虻 *Atylotus horvathi*

（1373）骚扰黄虻 *Atylotus miser*

（1374）舟山斑虻 *Chrysops chusanensis*

（1375）黄胸斑虻 *Chrysops flaviscutullus*

（1376）四列斑虻 *Chrysops vanderwulpi*

（1377）触角麻虻 *Hasmatopota antennata*

（1378）峨眉山瘤虻 *Hybomitra omeishanensis*

（1379）土灰原虻 *Tabanus amaenus*

（1380）大尾原虻 *Tabanus grandicauda*

（1381）稻田原虻 *Tabanus ichiokai*

（1382）鸡公山原虻 *Tabanus jigongshanensis*

（1383）线带原虻 *Tabanus lineataenia*

（1384）长芒原虻(长芒虻) *Tabanus longistylus*

（1385）庐山原虻 *Tabanus lushanensis*

（1386）日本原虻(日本虻) *Tabanus nipponicus*

（1387）华广原虻 *Tabanus signtipennis*

（1388）三重原虻 *Tabanus trigenminus*

（1389）渭河原虻 *Tabanus weiheensis*

245. 食虫虻科 Asilidae

（1390）阿尔低颜食虫虻 *Cerdistus alpinus*

（1391）毛圆突食虫虻 *Machimus setibarbis*

246. 水虻科 Stratiomyidae

（1392）金黄指突水虻 *Ptecticus aurifer*

247. 蜂虻科 Bombyliidae

（1393）长刺姬蜂虻 *Systropus delichochaetaus*

（1394）湖北姬蜂虻 *Systropus hubeianus*

（1395）黑角姬蜂虻 *Systropus melanocerus*

248. 舞虻科 Empididae

（1396）林氏鬃螳舞虻 *Chelipoda lyneborgi*

（1397）神农鬃螳舞虻 *Chelipoda shennogana*

（1398）黄头鬃螳舞虻 *Chelipoda xanthocephala*

249. 头蝇科 Pipunculidae

（1399）趋稻头蝇 *Tomosvaryella orzaetora*

250. 食蚜蝇科 Syrphidae

（1400）黑带食蚜蝇 *Episyrphus balteatus*

（1401）灰带管蚜蝇 *Eristalis cerealis*

（1402）印度食蚜蝇 *Sphaerophória indiana*

（1403）宽带细腹食蚜蝇 *Sphaerophoria macrogaster*

（1404）短翅细腹食蚜蝇 *Sphaerophoria scripta*

251. 果蝇科 Drosophilidae

（1405）黑叶阿果蝇 *Amiota nigrifoliiseta*

（1406）冈田氏阿果蝇 *Amiota okadai*

（1407）叶毛阿果蝇 *Amiota phylochaeta*

（1408）银额果蝇 *Drosophila albomicans*

（1409）缅甸果蝇 *Drosophila burmae*

（1410）布氏纹果蝇 *Drosophila busckii*

（1411）黑花果蝇 *Drosophila coracina*

（1412）台湾果蝇 *Drosophila formosana*

（1413）海德氏果蝇 *Drosophila hydei*

（1414）伊菲斯果蝇 *Drosophila ifestia*

（1415）马里果蝇 *Drosophila maryensis*

（1416）亮额果蝇 *Drosophila nixifrons*

（1417）古冰山毛果蝇 *Drosophila oldenbergi*

（1418）东方淡果蝇 *Leucophenga orientalis*

（1419）方斑淡果蝇 *Leucophenga spilosoma*

（1420）直菌果蝇 *Mycodrosophila erecta*

（1421）银色拟淡果蝇 *Paraleucaphenga argentosa*

（1422）点斑拟果蝇 *Paramydrosophila pictula*

（1423）大线果蝇 *Zaprionus grandis*

252. 粪蝇科 Scathophagidae

（1424）黄粪蝇 *Scathophaga stercoraria*

253. 花蝇科 Anthomyiidae

（1425）粪种蝇 *Adia cinerella*

（1426）横带花蝇 *Anthomyia illocata*

（1427）陈氏拟花蝇 *Calythea chini*

（1428）三条地种蝇 *Delia flabellifera*

（1429）灰地花蝇 *Delia platura*

（1430）长板粪泉蝇 *Emmesomyia hasegawai*

254. 蝇科 Muscidae

（1431）双毛芒蝇 *Atherigona biseta*

（1432）裸足庶芒蝇 *Atherigona falcata*

（1433）中华毛庶芒蝇 *Atherigona reversura*

（1434）铜腹重毫蝇 *Dichaetomyia bibax*

（1435）夏厕蝇 *Fannia canicularis*

（1436）元厕蝇 *Fannia prisca*

（1437）天目斑纹蝇 *Graphomya maculata tienmushanensis*

（1438）绯胫纹蝇 *Graphomya rufitibia*

（1439）血刺蝇 *Haematobosca sanguinolenta*

（1440）刺足齿股蝇 *Hydrotaea aromipes*

（1441）台湾齿股蝇 *Hydrotaea jacobsoni*

（1442）双条溜蝇 *Lispe bivittata*

（1443）东方溜蝇 *Lispe orientalis*

（1444）壮墨蝇 *Mesembrina magnifica*

（1445）园莫蝇 *Morellia hortensia*

（1446）秋家蝇 *Musca autumnalis*

（1447）逐畜家蝇 *Musca conducens*

（1448）肥喙家蝇 *Musca crassirostris*

（1449）家蝇 *Musca domestica*

（1450）市蝇 *Musca sorbens*

（1451）骚家蝇 *Musca tempestiva*

（1452）黄腹家蝇 *Musca ventrosa*

（1453）狭额腐蝇 *Muscina angustifrons*

（1454）日本腐蝇 *Muscina japonica*

（1455）厩腐蝇 *Muscina stabulans*

（1456）美丽圆蝇 *Mydaea bideserta*

（1457）华中妙蝇 *Myospila meditabunda brunettiana*

（1458）紫翠蝇 *Neomyia gavisa*

（1459）蓝翠蝇 *Neomyia timorensis*

（1460）斑足蔗黑蝇 *Ophyra chalcogaster*

（1461）峨眉直脉蝇 *Polietes fuscisquamosus*

（1462）厩螯蝇 *Stomoxys calcitrans*

（1463）印度螯蝇 *Stomoxys indicus*

255. 丽蝇科 Calliphoridae

（1464）巨尾阿丽蝇 *Adrichina grahami*

（1465）新月陪丽蝇 *Bellardia manechma*

（1466）红头丽蝇 *Calliphora vicina*

（1467）反吐丽蝇 *Calliphora vomitoria*

（1468）肥躯金蝇 *Chrysomya pinguis*

（1469）瘦叶带绿蝇 *Hemiprellia ligurriens*

（1470）三色依蝇 *Idiella tripartita*

（1471）崂山壶绿蝇 *Lucilia ampullaceal laoshanensis*

（1472）亮绿蝇 *Lucilia illustris*

（1473）紫绿蝇 *Lucilia porphyrina*

（1474）丝光绿蝇 *Lucilia sericata*

（1475）中华绿蝇 *Lucilia sinensis*

（1476）青原丽蝇 *Protocalliphora azurea*

（1477）异色口鼻蝇 *Stomorhina discolor*

（1478）不显口鼻蝇 *Stomorhina obsoleta*

256. 麻蝇科 Sarcophagidae

（1479）棕尾别麻蝇 *Boetterisca peregrina*

（1480）黑尾黑麻蝇 *Helicophagella melanura*

（1481）白头亚麻蝇 *Parasarcophoga albiceps*

（1482）肥须亚麻蝇 *Parasarcophoga crassipalpis*

（1483）酱亚麻蝇 *Parasarcophoga dux*

（1484）巨亚麻蝇 *Parasarcophoga gigas*

（1485）巧亚麻蝇 *Parasarcophoga idmais*

（1486）拟对岛亚麻蝇 *Parasarcophoga kanoi*

（1487）黄须亚麻蝇 *Parasarcophoga misera*

（1488）秉氏亚麻蝇 *Parasarcophoga pingi*

（1489）褐须亚麻蝇 *Parasarcophoga sericea*

（1490）野亚麻蝇 *Parasarcophoga similis*

（1491）华南球麻蝇 *Phallosphaera gravelyi*

（1492）台南细麻蝇 *Pierretia josephi*

（1493）上海细麻蝇 *Pierretia ugamskii*

257. 寄蝇科 Tachindae

（1494）蚕饰腹寄蝇 *Blepharipa zebina*

（1495）健壮刺蛾寄蝇 *Chaetexorista eutachinoides*

（1496）黏虫缺须寄蝇 *Cuphocera varia*

（1497）伞裙追寄蝇 *Exorista civilis*

（1498）日本追寄蝇 *Exorista japonica*

（1499）毛虫追寄蝇 *Exorista rossica*

（1500）饰额短须寄蝇 *Linnaemyia compta*

（1501）玉米螟厉寄蝇 *Lydella grisescens*

（1502）双斑截腹寄蝇 *Nemorllia maculosa*

（1503）松毛虫小盾寄蝇 *Nemosturmia amoena*

（1504）稻苞虫赛寄蝇 *Pseudeperchaeta insidiosa*

（1505）稻苞虫鞘寄蝇 *Thecocatcelia parnarus*

258. 长足寄蝇科 Dexiidae

（1506）银颜筒寄蝇 *Halydaia luleicornia*

（1507）金龟长喙寄蝇 *Prosena siberita*

259. 杆蝇科 Chloropidae

  （1508）稻杆蝇 *Chlorops oryzae*

260. 实蝇科 Typetidae

  （1509）丽长痣实蝇 *Acidiostigma longipennis*

  （1510）柑橘大实蝇 *Bactrocera（Tetradacus）minax*

# 二十六、膜翅目 Megalodontidae

261. 扁叶蜂科 Pamphiliidae

  （1511）鞭角华扁叶蜂 *Chinolyda flagelliconis*

262. 树蜂科 Siricidae

  （1512）扁脚黑树蜂 *Tremex apicalis*

  （1513）烟扁角树蜂 *Tremex fuscicornis*

263. 茎蜂科 Cephidae

  （1514）黄颚细茎蜂 *Calameuta mandibularis*

  （1515）纤细茎蜂 *Calameuta tenuis*

264. 叶蜂科 Tenthredinidae

  （1516）皮勒尖腹叶蜂 *Aglaostigma pieli*

  （1517）白唇平背叶蜂 *Allantus nigrocaeruleus*

  （1518）黑胫残青叶蜂 *Athalia proxima*

  （1519）短斑残青叶蜂 *Athalia rosae ruficornis*

  （1520）中华唇叶蜂 *Clypea sinica*

  （1521）双峰盾叶蜂 *Conaspidia bicuspis*

  （1522）淡带盾叶蜂 *Conaspidia indistincta*

  （1523）多型麦叶蜂 *Dolerus germanicus*

  （1524）亚美曲叶蜂 *Emphytus niyrotibiali*

  （1525）台湾长亚叶蜂 *Lagidina taiwana*

  （1526）黄唇宽腹叶蜂 *Macrophya abbreviata*

  （1527）樟叶蜂 *Moricella rufonofa*

  （1528）中华栉齿叶蜂 *Neclia sinensis*

  （1529）黑唇副元叶蜂 *Parasiobla attenata*

  （1530）黄苜原潜叶蜂 *Profenusa xanthocephala*

  （1531）白唇角瓣叶蜂 *Senoclidia decora*

  （1532）环丽希叶蜂 *Siobla venusta*

  （1533）中华痣斑叶蜂 *Stigmatozona sinensis*

  （1534）黄尾棒角叶蜂 *Tenthredo analis*

  （1535）雾带环角叶蜂 *Tenthredo sordidezonata*

  （1536）纹角叶蜂 *Tenthredo striaticornis*

  （1537）天目叶蜂 *Tenthredo tienmushanna*

  （1538）鸭茅合叶蜂 *Tenthredopsis nassata*

  （1539）格氏细锤角叶蜂 *Leptocimbex grahami*

265. 锤角叶蜂科 Cimbicidae

  （1540）别氏阿锤角叶蜂 *Abia berezovsii*

（1541）格氏细锤角叶蜂 *Leptocimbex grahami*

266. 三节叶蜂科 Argidae

（1542）榆三节叶蜂 *Arge captiva*

（1543）桦三节叶蜂 *Arge pullata*

（1544）杜鹃三节叶蜂 *Arge similes*

267. 姬蜂科 Ichneumonidae

（1545）混姬蜂 *Brachycyrtus confusus*

（1546）强脊草蛉姬蜂 *Brachycyrtus nawaii*

（1547）稻苞虫凹眼姬蜂 *Casinaria pedunculata*

（1548）螟蛉悬茧姬蜂 *Charops bicolor*

（1549）满点黑瘤姬蜂 *Coccygomimus aethiops*

（1550）日本黑瘤姬蜂 *Coccygomimus japonicus*

（1551）台湾瘦姬蜂 *Diadegma akoensis*

（1552）花胫蚜蝇姬蜂 *Diplazon laetatorius*

（1553）何氏细颚姬蜂 *Enicospilus hei*

（1554）细线细颚姬蜂 *Enicospilus plicatus*

（1555）三阶细颚姬蜂 *Enicospilus tripartitus*

（1556）喜马拉雅聚瘤姬蜂 *Iseropus*（*Gregopimpla*）*himalayensis*

（1557）夜蛾瘦姬蜂 *Ophion luteus*

（1558）螟黄抱缘姬蜂 *Temelucha biguttula*

（1559）菲岛抱缘姬蜂 *Temelucha philippinensis*

（1560）黄眶离缘姬蜂 *Trathala flavo - orbitalis*

（1561）稻苞虫弧脊姬蜂 *Trichonotus japonicus*

（1562）神农毛眼姬蜂 *Trichomma shennongica*

（1563）黏虫白星姬蜂 *Vulgichneumon leucaniae*

（1564）广黑点瘤姬蜂 *Xanthopimpla punctata*

（1565）无齿辅齿姬蜂 *Yamatarotes undentalis*

268. 茧蜂科 Braconidae

（1566）脊腹脊茧蜂 *Aleiodes cariniventris*

（1567）黏虫脊茧蜂 *Aleiodes mythimnae*

（1568）弄蝶绒茧蜂 *Apanteles baoris*

（1569）黏虫绒茧蜂 *Apanteles kariyai*

（1570）螟蛉绒茧蜂 *Apanteles ruficrus*

（1571）螟黑纹茧蜂 *Bracon onukii*

（1572）麦蛾茧蜂 *Habrobracon hebetor*

（1573）中华茧蜂 *Myosoma chinensis*

（1574）食心虫白茧蜂 *Phanerotoma planifrons*

269. 瘿蜂科 Cynipidae

（1575）板栗瘿蜂 *Dryocosmus kuriphilus*

270. 蚜茧蜂科 Aphidiidae

（1576）桃瘤蚜茧蜂 *Ephedris persicae*

（1577）棉蚜茧蜂 *Lysiphlebia japonica*

271. 小蜂科 Chalcididae
   （1578）广大腿小蜂 *Brachymeria lasus*
   （1579）次生大腿小蜂 *Brachymeria secundaria*

272. 广肩小蜂科 Eurytomidae
   （1580）黏虫广肩小蜂 *Eurytoma vertillata*

273. 金小蜂科 Pteromalidae
   （1581）稻苞虫金小蜂 *Eupteromalus parnarae*
   （1582）米象金小蜂 *Lariophagus distinguendus*
   （1583）蝶蛹金小蜂 *Pteromalus puparum*

274. 跳小蜂科 Encyrtidae
   （1584）瓢虫隐尾跳小蜂 *Homalotylus flaminius*

275. 无后缘姬小蜂科 Tetrastichidae
   （1585）螟卵齿小蜂 *Tetrastichus schoenobii*

276. 黑卵蜂科 Scelionidae
   （1586）松毛虫黑卵蜂 *Telenomus dendrolimusi*
   （1587）等腹黑卵蜂 *Telenomus diguns*
   （1588）长腹黑卵蜂 *Telenomus rowani*

277. 旋小蜂科 Eupelmidae
   （1589）松毛虫短角平腹小蜂 *Mesocomys orientalis*

278. 赤眼蜂科 Trichogrammatidae
   （1590）舟蛾赤眼蜂 *Trichogramma closterae*
   （1591）螟黄赤眼蜂 *Trichogramma chilonis*
   （1592）松毛虫赤眼蜂 *Trichogramma dendrolimi*
   （1593）稻螟赤眼蜂 *Trichogramma japonicum*
   （1594）广赤眼蜂 *Trichogramma evanescens*
   （1595）黏虫赤眼蜂 *Trichogramma leucaniae*
   （1596）玉米螟赤眼蜂 *Trichogramma ostriniae*
   （1597）凤蝶赤眼蜂 *Trichogramma sericini*

279. 肿腿蜂科 Bethylidae
   （1598）窃蠹肿腿蜂 *Sclerodermus nipponicus*

280. 螯蜂科 Dryinidae
   （1599）两色食虱螯蜂 *Echthrodelphax fairchildii*
   （1600）稻虱红单节螯蜂 *Haplogonatopus apicalis*
   （1601）黑腹单节螯蜂 *Haplogonatopus oratorius*
   （1602）黄腿双距螯蜂 *Gonatopus flavfemur*
   （1603）侨双距螯蜂 *Gonatopus hospes*

281. 蚁科 Formicidae
   （1604）高桥盘腹蚁 *Aphaenogaster takahashii*
   （1605）黄足短猛蚁 *Brachyponera luteipes*
   （1606）伊东弓背蚁 *Camponotus itoi*
   （1607）四斑弓背蚁 *Camponotus quadrinotatus*
   （1608）马氏举腹蚁 *Crematogaster matsumurai*

（1609）掘穴蚁 *Formica cunicularia*

（1610）亮腹黑褐蚁 *Formica gagatoides*

（1611）黑毛蚁 *Lasius niger*

（1612）小家蚁 *Monomorium pharaonis*

（1613）拟亮稀切叶蚁 *Oligomyrmex pseudolusciosus*

（1614）黄立毛蚁 *Paratrechina flavipes*

（1615）阿禄斜结蚁 *Plagiolepis alluaudi*

282. 青蜂科 Chrisididae

（1616）上海青蜂 *Chrysis shanghaiensis*

（1617）紫闪青蜂 *Stilbum cyanurum*

283. 土蜂科 Scoliidae

（1618）白毛长腹土蜂 *Campsomeris annulata*

（1619）金毛长腹土蜂 *Campsomeris prismatica*

284. 臀钩土蜂科 Tiphiidae

（1620）普臀钩土蜂 *Tiphia communis*

285. 马蜂科 Polistidae

（1621）角马蜂 *Polistes antennalis*

（1622）柑马蜂 *Polistes mandarinus*

286. 胡蜂科 Vespidae

（1623）黄腰胡蜂 *Vespa affinis*

（1624）黑尾胡蜂 *Vespa tropica ducalis*

（1625）墨胸胡蜂 *Vespa velutina nigrithorax*

（1626）额斑黄胡蜂 *Vespula maculifrons*

287. 异腹胡蜂科 Polybiidae

（1627）变侧异腹胡蜂 *Parapolybia varia varia*

288. 蜾蠃科 Eumenidae

（1628）日本元蜾蠃 *Discodllius japonicus*

（1629）镶黄蜾蠃 *Eumenes decoratus*

（1630）中华唇蜾蠃 *Eumenes labiatus sinicus*

（1631）孔蜾蠃 *Eumenes punctatus*

（1632）丽旁喙蜾蠃 *Pararrhynchium ornatum ornatum*

289. 隧蜂科 Halictidae

（1633）拟变色淡脉隧蜂 *Lasioglossum subversicolum*

（1634）变色淡脉隧蜂 *Lasioglossum versicolum*

290. 切叶蜂科 Megachilidae

（1635）短板尖腹蜂 *Coelioxys ducalis*

291. 木蜂科 Xylocopidae

（1636）竹木蜂 *Xylocopa nasalis*

（1637）黄胸木蜂 *Zylocopa appendiculata*

（1638）中华木蜂 *Zylocopa sinensis*

292. 条蜂科 Anthophoridae

（1639）黄足条蜂 *Anthophroa florea*

293. 蜜蜂科 Apidae

(1640) 绿条无垫蜂 *Amegilla zonata*

(1641) 意大利蜂 *Apis mellifera*

(1642) 中华蜜蜂 *Apis cerana*

# 二十七、蚤目 Siphonaptera

294. 蚤科 Pulicidae

(1643) 猫栉首蚤指名亚种 *Ctenocephalides felis felis*

(1644) 人蚤 *Pulex irritans*

(1645) 印鼠客蚤 *Xenopsylla cheopis*

295. 角叶蚤科 Ceratophyllidae

(1646) 卷带倍蚤巴东亚种 *Amphalius spirataenius abdongensis*

(1647) 禽蓬松蚤指名亚种 *Dasypsyllus gallinulae gallinulae*

(1648) 不等单蚤 *Monopsyllus anisus*

(1649) 冯氏单蚤 *Monopsyllus fengi*

296. 多毛蚤科 Hystrichopsyllidae

(1650) 特新蚤指名亚种 *Neopsylla specialis minpiensis*

(1651) 斯氏新蚤指名亚种 *Neopsylla steuensi steuensi*

(1652) 棒新蚤 *Neopsylla clauelia*

(1653) 双凹古蚤 *Palaeopsylla biconcava*

(1654) 短额古蚤 *Palaeopsylla brevifrontata*

297. 蝠蚤科 Ishnopsyllidae

(1655) 长鬃蝠蚤 *Ischnopsyllus comans*

(1656) 印度蝠蚤 *Ischnopsyllus indicus*

298. 细蚤科 Leptopeyllidae

(1657) 棕形额蚤神农架亚种 *Frontopsylla spadix shennongjiaensis*

(1658) 李氏茸足蚤 *Geusibia liae*

(1659) 缓慢细蚤 *Leptosylla segnis*

(1660) 三角小栉蚤 *Minyctenopsyllus triangularus*